中等职业教育国家规划教材

全国中等职业教育教材审定委员会审定

建 筑 材 料（第三版）

（工业与民用建筑专业）

主　编　李业兰

参　编　秦永高

　　　　李晓嵩

中国建筑工业出版社

图书在版编目（CIP）数据

建筑材料/李业兰主编. —3版. 北京：中国建筑工业出版
社，2015.7（2023.4重印）
中等职业教育国家规划教材. 全国中等职业教育教材审定
委员会审定（工业与民用建筑专业）
ISBN 978-7-112-18231-2

Ⅰ.①建… Ⅱ.①李… Ⅲ.①建筑材料-中等专业学
校-教材 Ⅳ.①TU5

中国版本图书馆 CIP 数据核字（2015）第 141555 号

本书介绍了建筑材料的基本性质以及水泥、混凝土、木材、钢材、防水材料
和新型建筑材料的技术性能、品种、规格、质量标准以及材料的选用和保管知识。
本书注意贯彻理论联系实际的原则，对材料性能的形成机理、混凝土材料的配合
比计算等作了由浅入深的介绍。

本次修订继续以贯彻落实国家节能、利废、环保技术政策为核心；以国家
"十二五"规划期间，对新型建筑材料及其制品推广和应用为重点；以近年来相继
颁布实施的最新国家、行业标准、规范等为依据。修订内容如下：①增加了国外
（部分地区与国家）标准代号及表示方法；材料及制品的燃烧性能；通用水泥质量
等级划分，技术要求及质量评定；混凝土耐久性能和长期性能；高强热轧带肋钢
筋及高延性冷轧带肋钢筋等相关内容。②重新编写了第四、六、七、九章；试验
二、六、八。③本次修订涉及新颁布的现行标准、规范、规程共计 162 个。

本书既可以作为中等职业学校（工业与民用建筑专业）规划教材，也可供中
等层次各类学校建筑类专业教学及有关技术人员培训使用。

* * *

责任编辑：朱首明　陈　桦　聂　伟
责任校对：张　颖　关　健

中 等 职 业 教 育 国 家 规 划 教 材
全国中等职业教育教材审定委员会审定
建 筑 材 料（第三版）
（工业与民用建筑专业）
主　编　李业兰
参　编　秦永高　李晓嵩

＊

中国建筑工业出版社出版、发行（北京西郊百万庄）
各地新华书店、建筑书店经销
北京红光制版公司制版
北京建筑工业印刷厂印刷

＊

开本：787×1092毫米　1/16　印张：22¼　字数：538千字
2015年9月第三版　　2023年4月第三十三次印刷
定价：42.00元
ISBN 978-7-112-18231-2
（27450）

中等职业教育国家规划教材出版说明

为了贯彻《中共中央国务院关于深化教育改革全面推进素质教育的决定》精神，落实《面向21世纪教育振兴行动计划》中提出的职业教育课程改革和教材建设规划，根据教育部关于《中等职业教育国家规划教材申报、立项及管理意见》（教职成〔2001〕1号）的精神，我们组织力量对实现中等职业教育培养目标和保证基本教学规格起保障作用的德育课程、文化基础课程、专业技术基础课程和80个重点建设专业主干课程的教材进行了规划和编写，从2001年秋季开学起，国家规划教材将陆续提供给各类中等职业学校选用。

国家规划教材是根据教育部最新颁布的德育课程、文化基础课程、专业技术基础课程和80个重点建设专业主干课程的教学大纲（课程教学基本要求）编写，并经全国中等职业教育教材审定委员会审定。新教材全面贯彻素质教育思想，从社会发展对高素质劳动者和中初级专门人才需要的实际出发，注重对学生的创新精神和实践能力的培养。新教材在理论体系、组织结构和阐述方法等方面均作了一些新的尝试。新教材实行一纲多本，努力为教材选用提供比较和选择，满足不同学制、不同专业和不同办学条件的教学需要。

希望各地、各部门积极推广和选用国家规划教材，并在使用过程中，注意总结经验，及时提出修改意见和建议，使之不断完善和提高。

教育部职业教育与成人教育司

2002 年 10 月

第 三 版 前 言

中等职业教育国家规划教材出版说明

中等职业教育国家规划教材《建筑材料》（第二版）的修订工作于 2013 年开始，历时一年半，现已完成。

本次修订的宗旨是：继续突出教材的先进性，实用性，紧密结合生产实际，学以致用；继续以贯彻落实国家节能、利废、环保技术政策为核心；以国家"十二五"规划期间，对新型建筑材料及其制品推广和应用为重点；以近年来相继颁布实施的最新国家、行业标准、规范等为依据。

修订内容如下：

1. 增加了国外（部分地区与国家）标准代号及表示方法；材料及制品的燃烧性能；通用水泥质量等级划分、技术要求及质量评定；混凝土耐久性能和长期性能；高强热轧带肋钢筋及高延性冷轧带肋钢筋等相关内容。

2. 重新编写了：第四章 有特殊要求的混凝土及轻混凝土；第六章 砌墙砖、砌块及墙板；第七章 建筑砂浆；第九章 防水材料；试验二 普通混凝土的骨料试验；试验六 建筑砂浆试验；试验八 高分子防水材料（均质片、复合片）试验。

3. 补充了 2008 年以来新颁布实施的规范、标准、规程涉及的新内容，并替换了相应旧的内容。本次修订涉及现行标准、规范、规程共计 162 个。

4. 删除了工程中已基本不再使用的石灰抹灰砂浆、麻刀石灰抹灰砂浆、纸筋石灰抹灰砂浆、膨胀珍珠岩抹灰砂浆、石油沥青纸胎油毡和不适用于本专业的石油沥青试验等内容。

5. 针对本书的使用反馈意见，对需要修改的内容，进行了修订。

6. 适当增加了部分插图及照片。

7. 订正了教材中的个别错误与疏漏。

本次修订是在原编者修订的基础上，由黑龙江建筑职业技术学院李晓嵩副教授重新编写了第四、六、七、九章及试验二、六、八等内容。

希望使用本书的广大师生和读者不吝指教，提出宝贵意见。

第 二 版 前 言

中等职业教育国家规划教材《建筑材料》，于 2002 年开始编写，2003 年出版发行。五年来随着国民经济及建筑业的发展，新型建筑材料和施工技术不断涌现，与其相关的国家及行业标准、规范和规程（含修订与新编），相继颁布与实施。

为了确保教材的质量，保持教材的先进性与实用性，紧密结合生产实际，反映新材料、新技术，进一步体现建筑节能、节地、节水、节材及环保的国策，以及根据教材使用中的反馈意见，2007 年 10 月开始对《建筑材料》教材进行全面修订。

本次修订的内容包括以下四个方面：

1. 增加新编的第五章"保温隔热材料"；重新编写了第六章，并将章名改为"砌墙砖、砌块及墙板"。

2. 补充 2003 年以来新颁布的规范、标准、规程涉及的新内容；用修订后的现行标准、规范、规程替换相应旧的内容（含试验及插图）；本次修订涉及的现行标准、规范、规程等共近 90 个，其中包括 2008 年 6 月开始执行的标准。

3. 对有关章节进行了必要的改写和文字加工。

4. 订正原书中的个别错误与疏漏。

修订后的教材模块划分如下：基础模块——绪论、第一章至第九章；选用模块——第十章至第十四章；实践模块——建筑材料试验。

这次修订是在原编者修订的基础上，由李业兰编写了"保温隔热材料"；重编了"第六章"，增加了有关墙体材料的新内容，以满足贯彻墙体材料革新和建筑节能国策的需求；并对木材和建筑装修材料的有关内容进行了修订。

今后，随着科学技术进步和教学改革的不断深入，我们将会不断修订本教材。欢迎使用本书的广大师生和读者，提出宝贵意见。

编　者

2008 年 10 月

第 一 版 前 言

本书是根据《面向 21 世纪教育振兴行动计划》提出的实施职业教育课程改革思路，《中等职业教育工业与民用建筑专业教育标准》提出的培养目标，毕业生适应业务范围和中等职业学校工业与民用建筑专业《建筑材料》教学大纲要求，编写的中职 3 年制建筑材料课程教材。

本教材为培养能从事工业与民用建筑的施工操作和基层技术管理的高素质劳动者和满足中级专门人才的需要，本着少而精、够用即可的原则，密切结合工程实践，注重实用。本教材着重介绍工程中主要材料的概念、品种、规格、特性、标准及要求、质量检验与评定、保管与应用等方面的知识和试验操作等内容。

建筑材料课程具有很强的实践性。通过课堂学习和试验实践，使学生了解建筑材料，掌握建筑材料，具有合理选用及保管建筑材料的初步能力，培养学生的动手能力，学习掌握材料的试验方法，培养具有对常用建筑材料的检验、评定的能力。

本教材按照教学大纲的要求，分基础模块（绪论、第一章至第八章）、选用模块（第九章至第十三章）和实践模块（建筑材料试验）三部分内容编写，使教材具有更大程度上的灵活性。

建筑材料随着科学技术进步，不断日新月异。教材以介绍常用材料为主，充分反映新材料和新技术，以便开阔学生视野，培养创新意识。

为使教材内容与生产实践同步，充分反映现行国家标准、行业标准，认真贯彻有关技术政策。本教材共涉及约 130 个现行标准和规范，其中 1999～2003 年新颁布的就有 61 个。同时将国家有关环保、节能、节地、节水等重大技术政策渗透到有关章节之中。本书附有现行建筑材料试验报告单（部分），以与工程实践接轨。

本教材力求内容精练、概念清楚、简明实用、文图（示意图、立体图）对照，增强学生的学习兴趣和感性认识。各章均附思考题与习题。

本教材除能满足中等职业教育层次的有关专业教学需要外，还可供从事建设工程的技术人员参考。

本教材由黑龙江建筑职业技术学院李业兰高级讲师主编，并编写了前言、绪论、第一、二、三、四、五、七、八章和试验一、二、三、四、五、七、八部分，此部分的插图由李晓嵩工程师绘制。四川建筑职业技术学院秦永高高级讲师编写了第六、九、十、十一、十二、十三章及试验六部分。

本教材蒙南京工业大学岳昌年教授和金钦华教授审阅，提出了很多宝贵的意见，谨此表示衷心感谢！

由于编者水平所限，加上时间仓促，书中可能有不妥之处，欢迎使用本书的广大师生和读者指正，谨致谢意！

目　　录

绪论 ··· 1
　　思考题与习题 ··· 5
第一章　建筑材料的基本性质 ··· 6
　　第一节　材料的物理性质 ··· 6
　　第二节　材料的力学性质 ··· 11
　　第三节　材料及制品的燃烧性能 ·· 13
　　第四节　材料的耐久性 ··· 16
　　思考题与习题 ··· 16
第二章　水泥 ·· 18
　　第一节　硅酸盐系水泥主要原料 ·· 18
　　第二节　通用硅酸盐水泥 ··· 22
　　第三节　专用硅酸盐水泥与特性硅酸盐水泥 ··· 26
　　第四节　硫铝酸盐系水泥和铁铝酸盐系水泥 ··· 29
　　第五节　水泥质量评定及验收保管 ·· 31
　　思考题与习题 ··· 34
第三章　普通混凝土 ··· 36
　　第一节　混凝土的原材料 ··· 36
　　第二节　混凝土拌合物的性质 ··· 60
　　第三节　混凝土凝结硬化过程中的性质 ··· 63
　　第四节　混凝土硬化后的性质 ··· 64
　　第五节　混凝土耐久性能与长期性能 ·· 66
　　第六节　混凝土配合比设计 ·· 70
　　第七节　预拌混凝土与灌孔混凝土 ·· 82
　　思考题与习题 ··· 84
第四章　有特殊要求的混凝土及轻混凝土 ·· 86
　　第一节　有特殊要求的混凝土 ··· 86
　　第二节　轻混凝土 ··· 92
　　思考题与习题 ·· 101
第五章　保温隔热材料 ··· 103
　　第一节　保温材料的分类 ·· 103
　　第二节　无机保温材料 ·· 104
　　第三节　有机保温材料 ·· 113
　　第四节　质量验收批组确定及检验项目 ··· 120

思考题与习题 ······ 121

第六章 砌墙砖、砌块及墙板 ······ 122
　第一节　砌墙砖 ······ 122
　第二节　砌块 ······ 135
　第三节　墙板 ······ 149
　思考题与习题 ······ 166

第七章 建筑砂浆 ······ 167
　第一节　砌筑砂浆的原材料 ······ 167
　第二节　砌筑砂浆的性质 ······ 168
　第三节　砌筑砂浆的配合比设计 ······ 172
　第四节　抹灰砂浆与特种砂浆 ······ 178
　第五节　预拌砂浆 ······ 186
　第六节　质量检验与质量判断 ······ 191
　思考题与习题 ······ 194

第八章 建筑钢材 ······ 195
　第一节　钢材的力学性能与工艺性能 ······ 195
　第二节　建筑用钢 ······ 198
　第三节　钢筋 ······ 202
　第四节　预应力混凝土用钢丝和钢绞线 ······ 211
　第五节　钢筋、钢丝及钢绞线的质量检验与质量判定 ······ 218
　思考题与习题 ······ 219

第九章 防水材料 ······ 221
　第一节　沥青 ······ 221
　第二节　沥青防水卷材 ······ 224
　第三节　改性沥青防水卷材 ······ 226
　第四节　合成高分子防水卷材 ······ 233
　第五节　防水涂料 ······ 243
　第六节　建筑密封材料 ······ 246
　第七节　防水材料的检验、判定及选用 ······ 249
　思考题与习题 ······ 251

第十章 石灰、石膏、水玻璃 ······ 252
　第一节　石灰 ······ 252
　第二节　石膏 ······ 254
　第三节　水玻璃 ······ 256
　第四节　石灰、石膏的运输及保管 ······ 257
　思考题与习题 ······ 257

第十一章 建筑塑料及胶粘剂 ······ 258
　第一节　建筑塑料 ······ 258
　第二节　胶粘剂 ······ 259

思考题与习题 ·· 260

第十二章　天然石材 ·· 261

第一节　建筑工程中常用的天然石材 ·· 261

第二节　天然石材产品 ·· 263

思考题与习题 ·· 263

第十三章　木材 ·· 264

第一节　木材的基本构造 ··· 264

第二节　木材的物理力学性能 ··· 265

第三节　工程中常用木材 ··· 267

第四节　木材的综合利用 ··· 267

思考题与习题 ·· 270

第十四章　建筑装修材料 ·· 271

第一节　玻璃及其制品 ·· 271

第二节　饰面砖 ··· 273

第三节　饰面板 ··· 274

第四节　壁纸 ·· 276

第五节　建筑涂料 ·· 276

第六节　建筑装修材料的管理 ··· 278

思考题与习题 ·· 278

建筑材料试验 ·· 280

试验一　水泥试验 ·· 280

试验 1-1　水泥细度检验 ·· 280

试验 1-2　水泥标准稠度用水量测定（标准法） ···························· 281

试验 1-3　水泥净浆凝结时间测定 ·· 282

试验 1-4　水泥安定性测定（雷氏夹法） ······································ 284

试验 1-5　水泥胶砂强度检验（ISO 法） ······································ 285

试验二　普通混凝土的骨料试验 ·· 288

试验 2-1　砂的颗粒级配试验 ·· 289

试验 2-2　砂表观密度试验（标准法） ··· 290

试验 2-3　砂松散堆积密度试验 ··· 291

试验 2-4　砂含水率试验（标准法） ·· 292

试验 2-5　碎石、卵石颗粒级配试验 ·· 292

试验 2-6　碎石、卵石表观密度试验（标准法） ······························ 293

试验 2-7　碎石、卵石的松散堆积密度与空隙率试验 ························ 294

试验 2-8　碎石、卵石含水率试验 ·· 295

试验三　普通混凝土拌合物性能试验 ·· 296

试验 3-1　稠度试验——坍落度与坍落扩展度法 ······························ 297

试验 3-2　稠度试验——维勃稠度法 ·· 298

试验 3-3　稠度试验——增实因数法 ·· 299

　　试验 3-4　凝结时间试验 ……………………………………………… 302

　　试验 3-5　泌水试验 ……………………………………………………… 304

　　试验 3-6　压力泌水试验 ………………………………………………… 306

　　试验 3-7　表观密度试验 ………………………………………………… 307

试验四　混凝土抗压强度试验 ……………………………………………… 308

　　试验 4-1　试件制备及养护 ……………………………………………… 308

　　试验 4-2　立方体抗压强度试验 ………………………………………… 310

试验五　烧结普通砖试验 …………………………………………………… 311

　　试验 5-1　外观质量检验 ………………………………………………… 311

　　试验 5-2　抗压强度试验 ………………………………………………… 313

试验六　建筑砂浆试验 ……………………………………………………… 315

　　试验 6-1　砂浆稠度试验 ………………………………………………… 316

　　试验 6-2　砂浆保水性试验 ……………………………………………… 316

　　试验 6-3　砂浆分层度试验（标准法） ………………………………… 318

　　试验 6-4　立方体抗压强度试验 ………………………………………… 318

　　试验 6-5　拉伸粘结强度试验 …………………………………………… 320

试验七　钢筋性能试验 ……………………………………………………… 322

　　试验 7-1　钢筋拉伸性能试验 …………………………………………… 323

　　试验 7-2　钢筋弯曲试验 ………………………………………………… 326

试验八　高分子防水材料（均质片、复合片）试验 ……………………… 327

　　试验 8-1　均质片与复合片拉伸试验 …………………………………… 330

　　试验 8-2　无割口直角形试样撕裂强度试验 …………………………… 333

　　试验 8-3　不透水性试验 ………………………………………………… 334

　　试验 8-4　低温弯折试验 ………………………………………………… 334

附录　现行建筑材料试验报告单（部分） ………………………………… 336

参考文献 ……………………………………………………………………… 344

绪　　论

建筑业是国民经济的支柱产业之一，建筑材料是建筑业的重要物质基础。

建筑材料是用于建造建筑物和构筑物的所有材料和制品的总称。建筑材料包括非金属材料和金属材料两大类。非金属材料中包括无机材料和有机材料；金属材料包括黑色金属材料和有色金属材料。随着科学技术的进步，我国在发展传统材料和开发新材料方面，都取得了举世瞩目的成就。

一

在我国历史上，先民在认识、生产和使用建筑材料方面，曾经取得了重大成就。早期使用生土、石块、木料等天然材料从事营造活动。始建于公元前 7 世纪春秋时代的万里长城，估计全部材料体积约 3 亿 m³。公元 595～605 年，全部采用石材建成的世界著名的赵州桥，是现存最早、跨度最大的（净跨 37.02m）空腹式单孔圆弧石拱桥。建于公元 857年的山西五台山木结构佛光寺大殿，保留至今仍然完好无损。建于公元 1056 年的山西应县佛宫寺木塔，高达 67.31m。砖、瓦以及其他烧土制品的出现，使人类第一次冲破了天然材料的束缚。据考证，我国在龙山文化时期（公元前 2800～前 2300 年）的古城下，就埋有陶质排水管。约在公元前 11 世纪（西周初期）制造出瓦，公元前 5～前 3 世纪出现了砖。砖、瓦等烧土制品，比生土具有更优越的性能，促使人们开始大量地、广泛地建造各种工程。这些实例有力地证明了历史上我国在建筑材料的生产、合理使用及科学处理方面所取得的伟大成就。

人类大约在 17 世纪 70 年代开始使用生铁，19 世纪开始用熟铁建造桥梁。19 世纪中叶开始出现强度高、延性好、质量均匀的建筑钢材，从而使钢结构在桥梁及建筑方面得到了广泛应用。除应用原有的梁、拱结构外，桁架、框架、网架、悬索结构逐渐发展，工程的跨径从砖石结构与木结构的几米、几十米发展到一百米、几百米直到现代的千米以上。工程的高度，由单层的几米，多层的十几米到高层、超高层的几十米、几百米。

大约在 19 世纪 20 年代水泥问世，产生了混凝土。混凝土不仅骨料可以就地取材，还具有其他材料不能比拟的可塑性，但由于它的抗拉强度太小，用途受到限制。19 世纪中叶以后，由于钢铁产量激增，随之出现了钢筋混凝土这种复合材料。在钢筋混凝土中，混凝土承担压力，钢筋承担拉力，发挥各自的优点。20 世纪 30 年代出现了预应力混凝土。由于预应力混凝土的抗裂性能、刚度和承载能力大大高于钢筋混凝土，因而用途更为广泛。我国从 1956 年开始应用预应力混凝土技术，当时建造的乌江江界河大桥全长 461m，主跨 330m，是目前世界上跨度最大的预应力混凝土桁式组合拱桥。在建筑方面，1992 年建成的广东国际大厦，高 199m，是当时最高的钢筋混凝土建筑物。由于混凝土结构的出现，给土木工程带来了新的经济、美观的工程结构形式，使土木工程又一次飞跃发展。现代钢筋混凝土和预应力混凝土结构的一个显著特点是以高效钢材取代低强、低性能的钢材，用高强度、高性能混凝土取代普通混凝土，进一步提高了混凝土结构的性能，有效地节约了钢材。

随着我国综合国力的提高和对外开放、贸易和旅游事业的发展，许多高层建筑拔地而起。1998 年建成的上海金茂大厦，采用钢筋混凝土核心筒、外框钢骨混凝土柱及钢柱结构，高 421m，当时居世界第三位。2008 年建成的上海环球金融中心大厦高 492m，其楼顶高度和人可到达高度两项指标，当时均为世界最高。预计 2015 年即将建成的上海中心大厦，建筑高度达 632m，结构高度为 565.6m，比目前的上海第一高楼——上海环球金融中心大厦，还要高出 140m。

二

改革开放以来，我国建材工业发展迅速，形成了完整的工业体系。水泥、玻璃、建筑陶瓷等的产量，多年位居世界第一位。建材产品的质量、档次也有了不同程度的提高，基本上满足了国民经济和社会发展的需要。随着经济体制改革的不断深入，宏观经济环境和市场供求关系发生了深刻变化。随着我国加入世界贸易组织，环境保护、合理利用资源越来越受到重视。环境保护、可持续发展对建材工业的发展提出了更高的要求，建材行业要逐步实现"由大变强、靠新出强"的历史性跨越。

"十五"规划期间建材工业产值，年均增长约 7%～8%。随着国民经济的蓬勃发展和城乡建设的需要，对建筑材料的需求处在持续增长阶段。

建筑材料行业将适应建筑业快速发展的需求，向着更高、更新的方向发展。建筑材料的发展趋势是：

（1）高强、轻质、多功能、节能、节地、节水，提高产品档次与质量，并能适应机械化施工的发展；

（2）大搞综合利用（如粉煤灰、矿渣、窑灰等），化害为利，变废为宝，节约能源，改善生态环境，造福于人类。

三

"十一五"规划期间，为贯彻落实科学发展观，建设资源节约型、环境友好型社会，建筑材料技术领域的发展方向为：

（1）大力发展保温、隔热功能材料，加快发展新型墙体材料及门窗等建筑围护材料，继续推进墙体材料革新和建筑节能工作。到"十一五"末，使新型墙体材料的应用比重达到 60%以上，所有城市禁止使用实心黏土砖。

（2）发展绿色建材与新型建材。大力发展和推广应用干拌砂浆、预拌混凝土等水泥深加工制品。重点研究开发集结构、保温、装饰为一体的内外墙复合板材，以满足建筑节能的需要。并适应建筑施工机械化和现代化以及住宅产业化的要求。

（3）重点推广高强、高性能混凝土与轻集料混凝土，混凝土高效外加剂与掺合料，及高强钢筋与新型钢筋的应用。

（4）重点推广塑料门窗与复合材料门窗，塑料管道与复合管道，新型建筑防水材料、新型建筑涂料及配套材料，建筑用新型胶粘剂技术。

（5）加大建筑装饰装修材料的发展力度，不断满足人们日益增长的对装饰装修材料的需要。建筑装饰装修材料应朝着系列配套、绿色环保、促进健康、复合多功能方向发展。

（6）探索解决城市生活垃圾、建筑垃圾、相关工业可燃废弃物和各类矿山尾矿等固体废弃物在建材工业中应用的系列配套技术；探索解决具有自主知识产权的健康促进型建材、复合多功能建材系列配套技术。

（7）重点推广高层钢结构、轻型钢结构、钢结构住宅、预应力钢结构、钢与混凝土组合结构、预制混凝土结构、预应力混凝土结构、新型砌体结构、大开间楼盖结构以及大空间结构技术等。

总之，建筑材料以服务于建筑业为重点，将向着低投入、高产出、低消耗、少排放、能循环、可持续发展的方向，促进建材与建筑的联动发展。

四

"十二五"规划期间是全面建成小康社会的关键时期，随着经济发展方式的转变，建材工业将由"增量扩张"转向"提质增效"，由高速增长转向平稳发展。

"十二五"规划期间建材工业发展重点为：

（1）加快结构调整

积极发展集防火、抗震、环保、保温、防水、降噪、装饰等各种功能于一体的新型建筑墙体；发展太阳能光伏发电——建筑一体化屋面系统及太阳能光伏发电墙体；与屋顶绿化相关的屋面材料与制品；加大节能环保新型建筑材料在新农村建设中的推广力度。"十二五"期间新型建筑材料产品发展重点见表0-1。

（2）发展循环经济

综合利用煤矸石、粉煤灰、矿渣、副产石膏、建筑垃圾等固体废弃物，建立与相关产业衔接的循环经济生产体系，扩大资源综合利用范围和利用量。

（3）加快技术创新

在新产品、专业技术装备、建筑制品等方面加大研发力度。

新型建筑材料产品发展重点　　　　　　　　　表0-1

新型墙体材料	砌块；建筑板材和多功能复合一体化产品；轻质化、空心化产品；石膏板复合保温板、硅酸钙板、外装饰挂板、蒸压加气混凝土板及各类多功能复合板等产品；高强度、高孔洞率、高保温性能的烧结制品及复合保温墙体材料
保温绝热材料	建筑外墙用安全环保型保温材料；节能自保温型建筑墙体材料；真空隔热材料；热反射材料；新型绝热材料；耐1300℃以上高温的绝热材料及制品
建筑防水材料	改性沥青防水卷材、自粘型防水卷材、热塑性弹性体（TPO）防水卷材、种植屋面用抗根穿刺防水卷材及防水保温一体化产品；柔性太阳能薄膜防水卷材；聚氨酯、聚脲类防水涂层、聚合物乳液类防水涂料和玻纤胎沥青瓦等
建筑装饰装修材料	环保型墙纸；环保、耐候、自洁型建筑涂料；环保、功能型实木复合地板和强化木地板；环保型多功能门窗；防腐木材，木塑制品，耐水、耐火、高强等功能型纸面石膏板；保温、防火、耐候及涂色铝塑复合板等

五

为了确保建筑材料的产品质量，适应建筑工业发展的需要，我国对各种材料产品制定了专门的技术标准。

技术标准是材料生产、质量检验、验收及应用等方面的技术准则和技术依据，是技术条令和必须遵守的技术法规。目前我国建筑材料的技术标准分为五类，包括国家标准、行业标准、地方标准、协会标准和企业标准。各类标准规定的代号和表示方法举例见表 0-2。

各类标准规定的代号和表示方法举例   表 0-2

标准种类		代　号	表　示　方　法
国家标准	GB	GB 强制性国家标准 GB/T 推荐性国家标准	标准代号、发布顺序号、发布年号 例如：GB 5027—2012 　　　 GB/T 15229—2011
行业标准	建材 JC	JC 建材行业强制性标准 JC/T 建材行业推荐性标准	标准代号、行业标准序号、发布年号 例如：JC 860—2008 　　　 JC/T 2085—2011
	建筑工业 JG	JG 建筑工业行业强制性标准 JG/T 建筑工业行业推荐性标准	标准代号、行业标准序号、发布年号 例如：JG 149—2003 　　　 JG/T 266—2011
	黑色冶金 YB	YB 冶金行业强制性标准 YB/T 冶金行业推荐性标准	标准代号、行业标准序号、发布年号 例如：YB 4104—2000 　　　 YB/T 3301—2005
地方标准	DB	DB 地方强制性标准 DB/T 地方推荐性标准	地方标准代号、地方名称代号、地方标准序号、发布年号 例如：DB 11/T 212—2003，地方（北京）2003年第 212 号推荐性标准 DB 31/T 294—2003，地方（上海）2003年第 294 号推荐性标准 DB 23/1064—2006，地方（黑龙江）2006年第 1064 号强制性标准
协会标准	CECS	中国工程建设标准化协会标准	协会标准名称代号、发布顺序号、发布年号 例如：CECS 257—2009
企业标准	Q	Q 企业标准	企业标准代号、企业名称、企业标准序号、发布年号 例如：Q/HTS 008—2001

注：1. 工程建设标准封面左上角，要加有识别符号"P"；
　　2. 各行业标准用汉语拼音字母表示：如化工行业—HG；石油化工行业—SH；交通行业—JT；林业—LY 等；
　　3. 地方标准中，地方名称的代号，随发布标准的省、自治区、直辖市而不同。如：北京市—DB11/；黑龙江省—DB23/；上海市—DB31/；广东省—DB44/；四川省—DB51/；云南省—DB53/；台湾省—DB71/；香港特别行政区—DB81/；澳门特别行政区—DB82/等；
　　4. 企业标准中，企业名称用汉语拼音表示。

随着我国对外开放、对外贸易发展的实际需要，与其相关的各类产品的技术标准也随之与国外接轨。有关国际、国外（部分国家）标准的代号和表示方法举例见表 0-3。

国际、国外（部分国家）标准规定的代号和表示方法举例　　　　　表 0-3

标准种类	标准代号及标准名称		表 示 方 法
国际标准	ISO	国际标准化组织	标准代号、标准顺序号、发布年号
欧盟标准	EN	欧盟标准委员会	例如：
美国标准	ANSI	美国国家标准学会	1. ISO 9597：2008
	ACI	美国混凝土学会	国际标准化组织 9597 号标准，2008 年发布
	ASTM	美国材料与试验学会	2. EN 14509：2006
	NRMCA	美国国家预拌混凝土协会	欧盟标准委员会 14509 号标准，2006 年发布
英国标准	BS	英国标准学会	3. ASTM 6878：2008
德国标准	DIN	德国标准化学会	美国材料与试验学会 6878 号标准，2008 年发布
法国标准	NF	法国标准化学会	4. DIN 52101：2005
澳大利亚标准	AS	澳大利亚标准协会	德国标准化学会 52101 号标准，2005 年发布
加拿大标准	CGSB	加拿大通用标准委员会	
日本标准	JIS	日本工业标准调查会	

六

　　建筑材料课程的主要内容是研究材料的组成、构造、物理力学性能、技术标准、质量检验与评定、验收与保管等方面的知识，为今后学生在从事专业技术工作中，合理地选择和应用材料打下基础。课程的任务是通过学习使学生获得有关建筑材料的性能与应用方面的基本知识和必要的基础理论，并通过学习材料试验，获得有关材料性能测试与评定的基本技能的训练。

　　建筑材料品种繁多、性质各异，在学习过程中应注意学习方法。学习过程中要在领会材料个性的同时，注意总结其共性，提高对材料技术性质的认识，以便有所比较、有所鉴别地合理选择和应用材料。建筑材料课程本身属于应用技术，实践性很强，学习中应注意理论联系实际，充分利用参观和参加工程实践的各种机会，获取感性知识。试验课是建筑材料课程的重要组成部分。课前应做到复习有关课程的内容、预习试验方法；课堂上应一丝不苟地严格按标准规定的试验方法进行操作，并做好记录；课后认真及时填写试验报告。还要养成经常阅读有关书报刊和上网学习的好习惯，及时了解新材料和制品的发展动向，学习掌握有关新技术、新规范和新材料技术标准，不断丰富建筑材料知识，与时俱进，以适应不断发展的形势需要。

思 考 题 与 习 题

　0-1　建筑材料如何分类？每类各包括哪些建筑材料？

　0-2　试述我国改革开放以来建筑材料工业所取得的成就和今后建筑材料发展的方向。

　0-3　我国"十二五"期间重点推广应用的主要材料及新技术有哪些？

　0-4　为什么要制定建筑材料产品标准？标准分哪几类？试述各类标准的代号及表示方法。

　0-5　"建筑材料"课程研究的主要内容是什么？

第一章　建筑材料的基本性质

建筑材料在建筑中要承受各种作用，如外力、自然界和人为因素的影响。所以在工程设计与施工中，必须充分地了解和掌握各种材料的性质和特点，以便正确、合理地选择和使用建筑材料。建筑材料的基本性质主要包括物理性质、力学性质和化学性质。

第一节　材料的物理性质

一、表观密度

表观密度是指多孔固体（粉末或颗粒状）材料质量与其表观体积（包括空隙的体积）之比。空隙包括材料间的空隙和本身的开口孔、裂口或裂纹（浸渍时能被液体填充）以及封闭孔或空洞（浸渍时不能被液体填充），可按下式计算：

$$\rho_0 = \frac{m}{V_0}$$

式中　ρ_0——表观密度，kg/m^3；

　　　m——材料干燥状态下的质量，kg；

　　　V_0——材料表观体积，m^3。

二、实际密度

实际密度是指多孔固体材料质量与其体积（不包括空隙的体积）之比，可按下式计算：

$$\rho = \frac{m}{V}$$

式中　ρ——实际密度，kg/m^3；

　　　m——材料的质量，kg；

　　　V——材料体积（不包括空隙体积），m^3。

三、堆积密度（容积密度）

堆积密度是指在特定条件下，既定容积的容器内，疏松状（小块、颗粒、纤维）材料质量与其体积之比，可按下式计算：

$$\rho'_0 = \frac{m}{V'_0}$$

式中　ρ'_0——堆积密度，kg/m^3；

　　　m——材料的质量，kg；

　　　V'_0——材料的堆积体积，m^3。堆积体积示意图见图1-1。

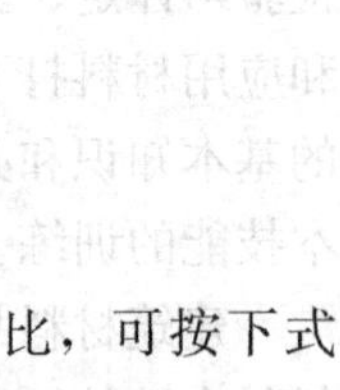

图 1-1　堆积体积示意图
（堆积体积＝颗粒体积
＋颗粒间空隙体积）

四、密实度与孔隙率

1. 密实度

密实度是指材料体积内被固体物质所充实的程度，即材料的密实体积与表观体积之比，可按下式计算：

$$D = \frac{V}{V_0} \cdot 100\%$$

式中　D——材料的密实度，%。

材料的密实度也可按材料的实际密度与表观密度计算：

因为
$$\rho = \frac{m}{V}; \quad \rho_0 = \frac{m}{V_0}$$

故
$$V = \frac{m}{\rho}; \quad V_0 = \frac{m}{\rho_0}$$

所以
$$D = \frac{V}{V_0} \cdot 100\% = \frac{m/\rho}{m/\rho_0} \cdot 100\% = \frac{\rho_0}{\rho} \cdot 100\%$$

例如：烧结多孔砖 $\rho_0 = 1640 \text{kg/m}^3$；$\rho = 2500 \text{kg/m}^3$，其密实度：

$$D = \frac{\rho_0}{\rho} \cdot 100\% = \frac{1640}{2500} \cdot 100\% = 66\%。$$

2. 孔隙率

孔隙率是指材料体积内，孔隙体积（开口的和封闭的）所占总体积的比例，可按下式计算：

$$P = \frac{V_0 - V}{V_0} \cdot 100\% = \left(1 - \frac{V}{V_0}\right) \cdot 100\% = \left(1 - \frac{\rho_0}{\rho}\right) \cdot 100\% = 1 - D$$

式中　P——材料的孔隙率，%。

例如：按上例计算烧结多孔砖的孔隙率：$P = 1 - D = 1 - 0.66 = 0.34$，即 34%。

材料的孔隙率与密实度是从两个不同方面反映材料的同一性质。通常采用孔隙率表示。孔隙率又分为开口孔隙率和闭口孔隙率两类。

（1）开口孔隙率（P_K）：是指常温下能被水所饱和的孔隙体积与材料表观体积之比的百分数，可按下式计算：

$$P_K = \frac{m_2 - m_1}{V_0} \cdot \frac{1}{\rho_{H_2O}} \cdot 100\%$$

式中　P_K——材料的开口孔隙率，%；

　　　m_1——干燥状态下材料的质量，g；

　　　m_2——水饱和状态下材料的质量，g；

　　　ρ_{H_2O}——水的密度，g/cm³。

（2）闭口孔隙率（P_B）：是指总孔隙率（P）与开口孔隙率（P_K）之差，即：$P_B = P - P_K$。

开口孔隙能提高材料的吸水性、透水性，但降低抗冻性。减少开口孔隙，增加闭口孔隙，可提高材料的耐久性。

材料的许多性质，如表观密度、强度、导热性、透水性、抗冻性、抗渗性、耐蚀性等，除与孔隙率大小有关外，还与孔隙构造特征有关。孔隙构造特征，主要指孔隙的形状和大小（图1-2）。孔隙的形状，有开口孔隙与闭口孔隙之分。孔隙的大小分为粗孔与微孔。由于材料性能不同，对孔结构的要求也不同。

3. 填充率与空隙率

（1）填充率（D'）

填充率是指颗粒或粉状材料在堆积体积内，被颗粒材料所填充的程度，可按下式计算：

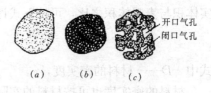

图 1-2 颗粒的孔隙类型
(a) 密实的颗粒；(b) 具有封闭孔隙的颗粒；(c) 具有封闭和开口孔隙的颗粒

$$D' = \frac{V'}{V'_0} \cdot 100\% \ \text{或} \ D' = \frac{\rho'_0}{\rho} \cdot 100\%$$

（2）空隙率（P'）

空隙率是指颗粒或粉状材料在堆积体积内、颗粒之间的空隙体积所占总体积的百分率，可按下式计算：

$$P' = \frac{V'_0 - V'}{V'_0} \cdot 100\% = \left(1 - \frac{V'}{V'_0}\right) \cdot 100\% = \left(1 - \frac{\rho'_0}{\rho'}\right) \cdot 100\%$$

即：$P' = 1 - D'$ 或 $D' + P' = 1$

五、吸水性

材料与水接触时，根据其能否被水润湿，可分为亲水性材料与憎水性材料两大类。

大多数建筑材料，如石料、砖、混凝土、木材等都属于亲水性材料。沥青、石蜡等属于憎水性材料。因此，憎水性材料经常作为防水材料或作为亲水材料表面的防水处理使用。

吸水性是指材料在水中能吸收水分的性质。吸水性大小可用吸水率表示。吸水率分为质量吸水率和体积吸水率。

1. 质量吸水率（$W_\text{质}$）

质量吸水率是指材料所吸收水分的质量占材料干燥质量的百分数，可按下式计算：

$$W_\text{质} = \frac{m_\text{湿} - m_\text{干}}{m_\text{干}} \cdot 100\%$$

式中 $W_\text{质}$——材料的质量吸水率，%；

　　　$m_\text{湿}$——材料吸水饱和后的质量，g；

　　　$m_\text{干}$——材料烘干到恒重时的质量，g。

2. 体积吸水率（$W_\text{体}$）

体积吸水率是指材料体积内被水充实的程度，即材料吸收水分的体积占干燥体积的百分数，可按下式计算：

$$W_\text{体} = \frac{m_\text{湿} - m_\text{干}}{V_1} \cdot \frac{1}{\rho_{H_2O}} \cdot 100\%$$

式中 $W_\text{体}$——材料的体积吸水率，%；

　　　V_1——材料干燥状态下的体积，cm^3。

体积吸水率与质量吸水率关系为：$W_\text{体} = W_\text{质} \cdot \rho_0$。

材料吸水率的大小与材料的孔隙率和孔隙特征有关。一般情况下，孔隙率越大，吸水率也越大。但在材料的孔隙中，不是全部孔隙都能够被水所填充，如封闭的孔中水分不易渗入；而粗大的孔隙，水分又不易存留，故材料的体积吸水率常小于孔隙率。这类材料常用质量吸水率表示它的吸水性。

对于某些轻质材料，如软木、泡沫塑料等，由于具有很多开口且微小的孔隙，所以它的质量吸水率往往超过 100%，即湿质量为干质量的几倍，在这种情况下最好用体积吸水率表示其吸水性。

六、吸湿性

材料在潮湿的空气中吸收空气中水分的性质，称为吸湿性。吸湿性的大小用含水率表示。

含水率是指材料所含水的质量占材料干质量的百分数，可按下式计算：

$$W_含 = \frac{m_含 - m_干}{m_干} \cdot 100\%$$

式中　$W_含$——材料的含水率，%；

　　　$m_含$——材料含水时的质量，g；

　　　$m_干$——材料干燥至恒重时的质量，g。

材料的含水率大小，除与材料本身的成分、组织构造等因素有关外，还与周围环境的温度、湿度有关。材料的含水率随空气的湿度大小变化，既能在空气中吸收水分，也能向外界蒸发水分，最后与空气湿度达到平衡。此时含水率称为平衡含水率。材料在空气中，水分向外发散的性质称为材料的还水性。

平衡含水率是指在自然环境中，材料中所含有的水分与空气湿度达到平衡量，这部分水的质量占材料干质量的百分率，可按下式计算：

$$W_{平衡含水率} = \frac{m_{平衡含水} - m_干}{m_干} \times 100\%$$

七、耐水性

材料长期在水作用下，不被破坏、强度也不显著降低的性质称为耐水性。材料的耐水性用软化系数表示，可按下式计算：

$$K_软 = \frac{f_饱}{f_干}$$

式中　$K_软$——材料的软化系数；

　　　$f_饱$——材料在饱和水状态下的抗压强度，MPa；

　　　$f_干$——材料在干燥状态下的抗压强度，MPa。

材料的软化系数范围在 0～1 之间。用于严重受水侵蚀或潮湿环境的材料，其软化系数应在 0.85～0.9 之间；用于受潮较轻或次要建筑的材料，也不宜小于 0.7～0.85。软化系数大于 0.8 的材料，通常可以认为是耐水材料。

八、抗冻性

材料在吸水饱和状态下，经多次冻结和融化作用（冻融循环）而不破坏，同时也不严重降低强度的性质，称为抗冻性。

通常采用 -15℃ 的温度冻结，再在 20℃ 的水中融化，这样的一个过程称为一次循环。如果经过规定次数的冻融循环后，质量损失不大于 5%，强度损失不超过 25% 时，通常认为是抗冻材料。

对于季节性冰冻地区的建筑，由于交替地受到冻融作用，尤其是冬季气温达 -15℃ 的地区，一定要对使用的材料进行抗冻性试验。材料的抗冻性按冻融循环次数来划分，其抗冻等级用代号 F 加循环次数表示，如 F10、F15、F25、F50、F100 等，其数字为规定材料能承受的冻融循环次数。

九、抗渗性

材料抵抗水、油等液体压力作用渗透的性质，称为抗渗性。材料的抗渗性主要与材料的孔隙率和孔隙特征有关，绝对密实材料和具有封闭孔隙的材料，就不会产生渗透现象。

材料的抗渗性可用抗渗等级表示。抗渗等级用代号 P 表示，如 P4、P6、P8、P10、P12……。如 P8 表示能承受 0.8MPa 水压而无渗透。

十、比热容

比热容是指单位质量的材料温度升高（或降低）1K，所吸收（或放出）的热量，简称：比热。

比热容（比热）可按下式计算：

$$c = \frac{Q}{m \cdot (t_2 - t_1)}$$

式中　c——比热容，J/（kg·K）；

　　　Q——材料吸收或放出的热量，J；

　　　m——材料的质量，kg；

　　$t_2 - t_1$——材料受热或冷却前后的温差，K。

材料的比热容是反映材料吸热或放热能力大小的物理量。不同材料的比热容不同，即使是同一种材料，由于所处物态不同，比热容也不同。例如，水 $c = 4.186 \times 10^3$J/（kg·K），冰 $c = 2.093 \times 10^3$J/（kg·K）。比热容大的材料有利于建筑物内部温度稳定。

十一、热膨胀系数

材料随温度升高或降低，体积会膨胀或收缩，其比率如果是以两点之间的距离计算时，称为线膨胀系数；如果以材料的体积计算时，则称为体膨胀系数。在工程实践中，常用线膨胀系数。

线膨胀系数是指在一定温度范围内，材料由于温度上升或下降 1℃，所引起的长度增长或缩短值，与其在 0℃ 时长度的比值。例如：钢筋的线膨胀系数为（10～12）×10^{-6}/℃，混凝土的线膨胀系数为（5.8～12.6）×10^{-6}/℃。线膨胀系数是计算材料在温度变化时，所引起的变形以及计算温度应力等常用的参数。

十二、导热性与导热系数

材料两侧表面存在温差的条件下，热量由材料的一面传至另一面的性质，称为导热性。导热性是材料一个非常重要的热物理指标，是材料传递热量的性能，见图 1-3。材料的导热性用导热系数 λ 表示。

导热系数是单位厚度的材料，当两侧表面温差为 1K 时，在单位时间内通过单位面积的热量，可按下式计算：

$$\lambda = \frac{Q \cdot a}{A \cdot Z \cdot (t_2 - t_1)}$$

式中　λ——导热系数，W/（m·K）；

　　　Q——传导热量，J；

　　　a——材料厚度，m；

A——传热面积，m^2；

Z——传热时间，h；

$t_2 - t_1$——材料传热时两侧表面的温度差，K。

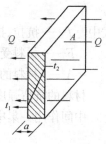

一般材料的导热系数约在 $0.035 \sim 3.5 W/(m \cdot K)$ 之间。导热系数愈小，材料的保温隔热性能愈好。通常将 $\lambda < 0.23 W/(m \cdot K)$ 的材料，称为绝热材料。材料的导热系数主要与材料的孔结构特征、表观密度、含水率等有关。如孔隙率大、孔隙尺寸小且封闭的材料，λ 值则小；当材料由于气候、施工和使用的影响，含水率增大时，其 λ 随之增大。水的 $\lambda = 0.58 W/(m \cdot K)$，比静态空气的 λ 值 $0.023 W/(m \cdot K)$ 大 20 倍。如果孔隙中的水分冻结成冰，其 $\lambda = 2.33 W/(m \cdot K)$，是水的 4 倍。因而，材料受潮和受冻将严重影响其保温及隔热效果。

图 1-3 材料导热示意图

十三、传热系数与热阻

传热系数是指在稳定传热条件下，围护结构两侧空气温差为 1K，在单位时间内通过单位面积围护结构的传热量，传热系数用符号 K 表示，单位为 $W/(m^2 \cdot K)$。

传热系数的倒数称为围护结构的热阻，用符号 R 表示。

$$R = \frac{1}{K}$$

式中 R——表征围护结构（包括两侧表面空气边界层）阻抗传热能力的物理量。

热阻值愈大，说明传热过程的阻力愈大，通过围护结构的热量愈少。可见对围护结构进行保温隔热处理，就应增大热阻，减少围护结构两侧温差，以达到节能的目的。

单一材料围护结构的热阻（R）与材料的厚度（δ）成正比，与材料的导热系数（λ）成反比，即 $R = \dfrac{\delta}{\lambda}$。

多层材料组成的围护结构其材料的热阻等于各层材料热阻之和，即：$R = R_1 + R_2 + \cdots + R_n$。

第二节 材料的力学性质

一、强度

材料在外力（荷载）作用下抵抗破坏的能力称为强度。

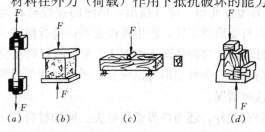

(a)   (b)   (c)   (d)

图 1-4 材料承受各种外力示意图

(a) 拉力；(b) 压力；(c) 弯曲；(d) 剪力

材料所受的外力主要有拉力、压力、弯曲和剪力。材料抵抗这些外力破坏的能力，分别称为抗拉、抗压、抗弯和抗剪强度。材料承受各种外力的示意图，见图 1-4。

材料的抗拉、抗压、抗剪强度可按下式计算：

$$f = F/A$$

式中 f——抗拉、抗压、抗剪强度，MPa；

　　　F——材料受拉、受压、受剪破坏时的荷载，N；

　　　A——材料的受力面积，mm^2。

材料的抗弯强度（也称抗折强度）与材料受力情况有关。试验时将试件放在两个支点上，中间作用一集中荷载。对矩形截面试件，抗弯强度可按下式计算：

$$f_f = \frac{3FL}{2bh^2}$$

式中 f_f——抗弯强度，MPa；

　　　F——材料试件受弯时的破坏荷载，N；

　　　L——材料试件两支点间的距离，mm；

　　　b、h——材料试件的截面宽度、高度，mm。

材料的强度与它的成分、构造有关。不同种类的材料，有不同的强度；同一种材料随其孔隙率及构造特征不同，强度也会有较大差异。一般情况下，表观密度愈小，孔隙率愈大，质地愈疏松的材料强度也愈低。

强度是材料的主要技术性能之一。不同材料的强度，可按规定的标准试验方法确定。材料可根据其强度值大小划分为若干等级。

二、弹性与塑性

材料在外力作用下产生变形，当取消外力后，能够完全恢复原来形状的性质称为弹性。能够完全恢复的变形称为弹性变形，见图1-5。

材料在外力作用下产生变形，如果取消外力后，仍保持变形后的形状和尺寸，并且不产生裂缝的性质称为塑性。这种不能恢复的变形称为塑性变形，见图1-6。

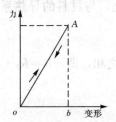
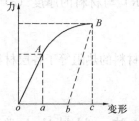
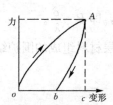

图1-5　材料的弹性变形　　图1-6　材料的弹性与塑性变形　　图1-7　材料的弹塑性变形

bc—弹性变形；ob—塑性变形

在图1-6中，bc段为弹性变形；ob段为塑性变形。应该指出，单纯的弹性材料是没有的。有些材料在荷载不大的情况下，外力与变形成正比，产生弹性变形；荷载超过一定限度后，接着出现塑性变形。常用建筑钢材就属于这种情况。如图1-7所示的材料在受力后，弹性变形与塑性变形同时产生。去掉荷载后，弹性变形可以恢复，而其塑性变形则不能恢复。混凝土材料受力后的变形就属于这种情况。

材料的弹性与塑性除与材料本身的成分有关外，还与外界条件有关。例如材料在一定温度和外力条件下属于弹性性质，但当改变其条件时，也可能变为塑性性质。

一般建筑工程中，常用建筑材料性能见表1-1。

几种常用建筑材料性能比较表   表 1-1

材料名称	实际密度 （g/cm³）	表观密度 （kg/m³）	堆积密度 （kg/m³）	抗压强度 （MPa）	导热系数 [W/(m·K)]	传热系数 [W/(m²·K)]
烧结多孔砖	2.5	1000～1300		10～30	0.58	
烧结保温砖	2.5	700～1000		3.5～15		0.4～2.0
普通混凝土	2.9	2000～2800		7.5～60	1.28～1.51	
水泥	3.1		1000～1600	32.5～62.5		
砂	2.6	>2500	>1400			
碎石、卵石		>2600	>1350			
膨胀珍珠岩			35～250		0.027～0.07	
蒸压加气混凝土砌块		300～800		1.0～10.0	0.10～0.20	
木材	1.55	400～700		25～85（顺纹）	0.14～0.35	
钢材	2.85	7850		235～1600	58.2	
水	1.00	1000			0.58	

第三节　材料及制品的燃烧性能

火灾事故的发生将会殃及人们的生命财产安全，造成一定经济损失和社会影响。因此研究构成建筑物的材料及其制品的燃烧性能尤为重要。

燃烧性能是指材料及其制品燃烧的可能性与难易程度。

随着火灾科学和消防工程学科领域研究的不断深入和发展，对燃烧性能的评定从过去单纯考虑火焰传播和蔓延，现已扩展到包括燃烧热释放速率、燃烧热释放量、燃烧烟密度、燃烧产物毒性、燃烧滴落物（微粒）等参数方面。通过规定的试验方法进行试验，获取上述参数判据，并按现行标准规定值来划分燃烧性能的等级。

一、燃烧性能等级及标识

建筑材料主要包括平板状建筑材料、铺地材料和管状绝热材料。

建筑材料及制品[1]燃烧性能等级，按现行标准规定，共分为四个级别，即：A、B₁、B₂、B₃，见表 1-2。

建筑材料及制品的燃烧性能等级[2]   表 1-2

燃烧性能等级	名　　称	燃烧性能等级	名　　称
A（A₁、A₂）	不燃材料（制品）	B₂（D、E）	可燃材料（制品）
B₁（B、C）	难燃材料（制品）	B₃（F）	易燃材料（制品）

注：现行标准规定建筑材料及制品燃烧性能的基本分级为 A、B₁、B₂、B₃，同时建立了与欧盟标准分级 A1、A2、B、C、D、E、F 的对应关系，并采用了欧盟标准的分级判据。

经检验符合标准规定的建筑材料及制品，应在产品上及说明书中冠以相应的燃烧性能等级标识。

【例 1-1】燃烧性能等级细化分级为 C 级的难燃平板状建筑材料，其标识为：GB

---

[1]　建筑用制品分为四类：①窗帘幕布、家具制品装饰用织物；②电线电缆套管、电器制品外壳及附件；③电器与家具制品用泡沫塑料；④软质家具与硬质家具。

[2]　建筑材料及制品的燃烧性能等级的判据，详见 GB 8624。

8624B₁ 级。

二、燃烧性能等级的附加信息及标识

1. 附加信息

附加信息包括产烟特性、燃烧滴落物（微粒）等级和烟气毒性等级，并分别分为三个等级，燃烧性能的附加信息等级划分见表 1-3。

燃烧性能的附加信息等级划分❶   表 1-3

附加信息等级	燃烧性能等级
产烟特性等级分为：s1、s2、s3	A_2、B、C、D 级建筑材料及制品在产烟方面应给出附加等级 s1、s2、s3 级
燃烧滴落物（微粒）等级分为：d0、d1、d2	A_2、B、C、D 级建筑材料及制品在其燃烧滴落物（微粒）方面应给出附加等级 d0、d1、d2 级
产烟毒性等级分为：t0、t1、t2	A_2、B、C 级建筑材料及制品在热分解烟气毒性方面应给出产烟毒性附加等级 t0、t1、t2 级

2. 附加信息的标识

当建筑材料及制品按规定需要显示附加信息时，燃烧性能等级标识为：

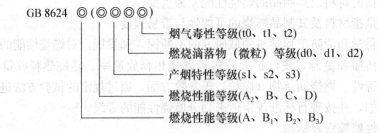

【**例 1-2**】建筑材料及制品为难燃 B_1 级，燃烧性能细化分级为 B 级，产烟特性等级为 s1 级，燃烧滴落物（微粒）等级为 d0 级，烟气毒性等级为 t1 级。其燃烧性能等级标识为：GB 8624 B_1（B-s1，d0，t1）。

通过对建筑材料、制品及建筑物内部使用的部分特定用途材料燃烧性能分级及对分级标识的了解，有利于对材料防火性能做出正确评价，对于建筑工程的合理选材、设计、施工等会起到一定的指导和监督作用。

三、燃烧性能的试验项目

建筑材料、制品的燃烧性能等级的确定所需的试验项目见表 1-4。

燃烧性能分级的试验项目   表 1-4

试验项目	该项试验适用于燃烧性能等级	说　明
建筑材料不燃性试验	A1、A2	本试验用于确定不会燃烧或不会明显燃烧的建筑制品，而不论这些制品的最终应用形态
建筑材料燃烧热值试验	A1、A2	本试验测定制品完全燃烧后的最大热释放总量，而不论这些制品的最终应用形态

---

❶ 建筑材料及制品燃烧性能的附加信息等级划分的判据，详见 GB 8624。

试验项目	该项试验适用于燃烧性能等级	说　明
建筑材料或制品的单体燃烧试验	A2、B、C、D 注：符合 GB 8624—2012 的规定条件下，本试验也可用于 A1 级	本试验评价在房间角落处，模拟制品附近有单体燃烧火源的火灾场景下，制品本身对火灾的影响
建筑材料可燃性试验	B、C、D、E	本试验评价在与小火焰接触时制品的着火性。 注：着火性是在规定试验条件下，物体被点燃难易程度的度量
材料产烟毒性危险分级试验	A2、B、C	本试验测定材料充分产烟时，无火焰烟气的毒性
建筑材料或制品的单体燃烧试验	A2、B、C、D 级制品，在产烟方面可以有附加等级：s1、s2、s3 三级	按规定试验所获得的测量数据确定
材料产烟毒性危险分级试验	A2、B、C 级制品，在热分解烟气毒性方面需有材料产烟毒性附加等级 t0、t1、t2 级	按标准规定，对应于不同的烟气毒性等级
建筑材料可燃性试验 建筑材料或制品的单体燃烧试验	A2、B、C、D 级制品，在其燃烧滴落物（微粒）方面可以有附加等级 d0、d1、d2 级	通过观察试验中燃烧滴落物（微粒）得出
建筑材料可燃性试验	E 级制品在燃烧滴落物（微粒）方面有 E、d2 级：当过滤纸未被引燃，即通过，定为 E 级；过滤纸被引燃，未通过，定为 d2 级	在规定试验条件下，测定制品被点燃难易程度

F 级，无性能要求

四、燃烧性能分级标识

建筑制品（铺地材料除外）燃烧性能的分级表示形式由两部分构成，即由燃烧性能等级代号和附加等级代号组成。举例见表 1-5。

建筑制品的燃烧性能分级（部分）标识举例　　　　　　表 1-5

举例序号	燃烧性能等级、附加等级代号	说　明
1	A1	表示燃烧性能等级为 A1 级
2	A2-s1，d0，t0	表示燃烧性能等级为 A2 级，产烟、燃烧滴落物（微粒）和产烟毒性附加等级分别为 s1、d0、t0 级
3	B-s2，d1，t2	表示燃烧性能等级为 B 级，产烟附加等级为 s2 级，燃烧滴落物（微粒）附加等级为 d1 级，对产烟毒性附加等级没有限制
4	C-s1，d2，t2	表示燃烧性能等级为 C 级，产烟附加等级为 s1 级，对燃烧滴落物（微粒）附加等级、产烟毒性附加等级均没有限制

举例序号	燃烧性能等级、 附加等级代号	说　　明
5	D-s3，d0	表示燃烧性能等级为 D 级，对产烟附加等级没有限制，燃烧滴落物（微粒）附加等级为 d0 级
6	E-d2	表示燃烧性能等级为 E 级，对燃烧滴落物（微粒）附加等级没有限制
7	F	表示燃烧性能等级为 F 级，无性能要求

注：若某一级表示中含有 s3 和（或）d2 和（或）t2 级，则意味它对产烟和（或）燃烧滴落物（微粒）和（或）产烟毒性方面没有限制。

通过对建筑材料、制品及建筑物内部使用的部分特定用途材料的燃烧性能分级及对分级标识的了解，有利于对材料防火性能做出正确评价。因此，对于建筑工程的合理选材、设计、施工等防火安全方面都会起到一定的指导和监督作用。

第四节　材料的耐久性

材料在各种外界因素作用下，能长期地正常工作，不破坏、不失去原来性能的性质，称为材料的耐久性。耐久性是材料的一项综合性质，它包括材料的抗冻性、抗渗性、抗化学侵蚀性、抗碳化性、大气稳定性及耐磨性等。

材料的耐久性因材料组成和结构不同而异。材料在使用过程中，除受到各种外力作用，还会经常由于受到物理、化学和生物的作用下破坏。如金属材料易被氧化腐蚀；无机非金属材料因碳化、溶蚀、冻融、热应力、干湿交替作用而破坏。如混凝土的碳化；水泥石的溶蚀；砖、混凝土等材料的冻融破坏；处于水中或水位升降范围内的混凝土、石材、砖等材料，因受环境水的化学侵蚀作用而破坏；有机材料如木材、竹材及其他植物纤维组成的材料，常因虫、菌的蛀蚀、溶蚀而破坏；沥青因受到阳光、空气和热的作用逐渐变得硬脆老化而破坏。

为了提高材料的耐久性，可设法减轻大气或其他介质对材料的破坏作用。如降低湿度、排除侵蚀性物质；提高材料本身的密实度、改变材料的孔隙构造；适当改变成分、进行憎水处理及防腐处理等；也可用保护层保护材料，如抹灰、涂刷涂料、做饰面等使材料免受破坏。

建筑材料的耐久性是随着材料实际使用条件的不同而异。因此，应对实际使用条件进行分析、观测、试验，作出正确判断。

思 考 题 与 习 题

1-1　何谓材料的实际密度、表观密度和堆积密度？各如何计算？

1-2　何谓材料的孔隙率和密实度？两者有什么关系？

1-3　材料的孔隙率与空隙率有何不同？各如何计算？

1-4　利用表 1-1 的数据，计算黏土空心砖、混凝土、木材、钢材的孔隙率。

1-5　建筑材料的憎水性和亲水性，在建筑工程中有什么实际意义？

1-6 材料的质量吸水率和体积吸水率有何不同？两者存在什么关系？什么情况下采用体积吸水率？什么情况下采用质量吸水率？

1-7 何谓材料的吸水性、吸湿性、耐水性、抗渗性和抗冻性？各用什么指标表示？

1-8 材料的孔隙率与孔隙特征对材料的表观密度、吸水、吸湿、抗渗、抗冻、强度及保温隔热等性能有何影响？

1-9 软化系数是反映材料什么性质的指标？为什么要控制这个指标？

1-10 解释抗冻等级 F15、抗渗等级 P10 的含义。在建筑工程中什么情况下需要对材料进行抗冻性试验？

1-11 何谓材料的导热系数？材料导热系数和比热值的大小，对建筑物的使用功能有何影响？

1-12 弹性材料与塑性材料有何不同？试各举一例。

1-13 何谓材料的强度？根据外力作用方式不同，各种强度如何计算？其单位如何表示？

1-14 何谓燃烧性能？评定燃烧性能需要哪几个方面的参数？

1-15 燃烧性能共分几个等级？各等级需要的试验项目有哪些？

1-16 什么情况下需要测定燃烧性能的附加等级？附加等级包括哪几个方面？各分几个等级？

1-17 试述下列建筑材料及制品燃烧性能标识的含义：A2-s3，d1，t0；B-s1，d0，t0；C-s1，d2，t1；D-s2，d2，t0。

1-18 为什么要研究学习材料及制品的燃烧性能？在工程实践中有何意义？

1-19 何谓材料耐久性？耐久性应包括哪些内容？

第二章　水　　泥

水泥是土木建筑工程中最主要的材料之一。

水泥是一种粉状水硬性胶凝材料。加水拌合后，成为塑性浆体，能胶结砂、石等适当材料，并能在空气和水中硬化。

水泥按其主要熟料矿物成分可分为：硅酸盐系水泥、铝酸盐系水泥、铁铝酸盐系水泥、硫铝酸盐系水泥等。在各类工程中多以硅酸盐系水泥为主。

硅酸盐系水泥按其性能及用途可分为：通用硅酸盐水泥、专用硅酸盐水泥及特性硅酸盐水泥，详见表2-1。

硅酸盐系水泥按性能及用途分类　　　　表 2-1

类　　别		主　要　品　种	用　　途
通用硅酸盐水泥		如：硅酸盐水泥、普通硅酸盐水泥、矿渣硅酸盐水泥、火山灰质硅酸盐水泥、粉煤灰硅酸盐水泥、复合硅酸盐水泥、石灰石硅酸盐水泥	用于一般土木建筑工程
专用硅酸盐水泥		如：砌筑水泥、耐酸水泥、道路水泥、油井水泥等	用于某种专用工程
特性硅酸盐水泥	按快硬性分	快硬水泥、特快硬水泥	用于对混凝土某些性能有特殊要求的工程
	按水化热分	中热水泥、低热水泥	
	按抗硫酸盐腐蚀性分	中抗硫酸盐腐蚀水泥、高抗硫酸盐腐蚀水泥	
	按膨胀性分	膨胀水泥、自应力水泥	

第一节　硅酸盐系水泥主要原料

硅酸盐系水泥是指以硅酸钙为主要成分的各种水泥的总称。硅酸盐系水泥主要是由硅酸盐水泥熟料（简称水泥熟料）、适量石膏和混合材料等配制而成。

水泥熟料按用途和特性分为：通用水泥熟料、低碱水泥熟料、中抗硫酸盐水泥熟料、高抗硫酸盐水泥熟料、中热水泥熟料和低热水泥熟料等。

一、通用硅酸盐水泥熟料

通用硅酸盐水泥熟料是一种主要含 CaO（如石灰石）、SiO_2、Al_2O_3、Fe_2O_3（如黏土、氧化铁粉等）等原料（即生料），按适当比例配合，磨成细粉，经煅烧至部分熔融，所得以硅酸钙为主要矿物成分的水硬性胶凝物质。它是生产水泥的关键成分。

1. 熟料矿物成分

水泥生料在煅烧过程中，分解成 CaO 与 SiO_2、Al_2O_3、Fe_2O_3，随温度的升高，CaO 与 SiO_2、Al_2O_3、Fe_2O_3 相结合，就形成以 $2CaO \cdot SiO_2$（C_2S）、$3CaO \cdot SiO_2$（C_3S）、$3CaO \cdot Al_2O_3$（C_3A）、$4CaO \cdot Al_2O_3 \cdot Fe_2O_3$（$C_4AF$）为主要成分的水泥熟料，见表2-2。

另外，在凝结初期，因C_3A的水化和凝结硬化速度最快，为延缓水泥凝结时间，方便施工而加入起缓凝作用的石膏。部分水化铝酸钙将与石膏作用，生成水化硫铝酸钙的针状结晶称钙矾石，并伴有明显的体积膨胀。该水化生成物沉积于水泥颗粒表面形成阻碍C_3A水化的膜，它可延缓水泥凝结。上述矿物成分组成是决定水泥性质的根源，它在水泥中所占的比例及自身特性，直接决定着水泥的性质及应用范围。如提高C_3S的含量，可制成高强水泥；降低C_3S和C_3A含量，可制成低水化热的水泥，如大坝水泥等。

熟料矿物与水作用时的性质及水化物 表 2-2

矿物名称	缩写符号	含　量	与水作用时生成的水化物	与水作用时主要特性
硅酸三钙 $3CaO \cdot SiO_2$	C_3S	$36\% \sim 60\%$	水化硅酸钙凝胶、氢氧化钙晶体	水化热高、凝结硬化快、强度高、耐腐蚀性差
硅酸二钙 $2CaO \cdot SiO_2$	C_2S	$15\% \sim 37\%$	水化硅酸钙凝胶	水化热低、凝结硬化慢、早期强度低、后期强度高、耐腐蚀性好
铝酸三钙 $3CaO \cdot Al_2O_3$	C_3A	20%左右	水化铝酸三钙晶体	水化热高、凝结硬化最快、强度低、耐腐蚀性最差
铁铝酸四钙 $4CaO \cdot Al_2O_3 \cdot Fe_2O_3$	C_4AF		水化铝酸三钙晶体、水化铁酸钙凝胶	水化热中等、凝结硬化快、强度中等、耐腐蚀性中等

2. 水化物

水泥加水后，熟料矿物与水发生水化反应，生成一系列新的化合物，主要有水化硅酸钙、水化铁酸钙凝胶、氢氧化钙、水化铝酸钙和水化硫铝酸钙晶体（表 2-2），并放出热量。这些水化产物将直接影响硬化后水泥石的一系列特性。

3. 水泥石组成

水泥加水后的水化反应，首先在水泥颗粒表面进行，随着不断水化，逐步向颗粒深处进行，水化生成物形成凝胶体。凝胶体逐渐变浓，水泥浆逐渐失去塑性，出现凝结现象。此后，凝胶体中氢氧化钙和含水铝酸钙转化为结晶，贯穿于胶凝体中，形成水泥石。此过程称为水泥的凝结硬化过程，见图 2-1。

图 2-1　水泥凝结硬化过程示意图
1—未水化水泥颗粒；2—水泥凝胶；3—氢氧化钙和
含水铝酸钙结晶；4—毛细管孔隙

水泥浆硬化体即水泥石，其结构见图 2-2。

水泥石是由晶体、胶体、未完全水化的颗粒、游离水分和气孔等组成的不均质的结构体。水泥石内部各成分所占的比例，将直接影响水泥石强度及其他性质。

4. 影响水泥凝结硬化的因素

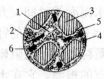

图 2-2 水泥石
结构示意图
1—毛细孔；2—胶凝孔；
3—未水化的水泥颗粒；
4—凝胶；5—过渡带；
6—Ca(OH)₂ 等晶体

（1）温度、湿度

水泥的水化与硬化过程的快与慢除与熟料矿物成分、含量及各成分的特性有关外，还与温度、湿度有关。在保证湿度的前提下，在一定范围内，温度越高，水化速度越快，凝结硬化越快，强度增长也越快，反之则慢。如水泥石在完全干燥的情况下，水化就无法进行，此时硬化停止、强度不再增长。所以，混凝土构件浇灌后应加强洒水养护。当温度低于 0℃时，水泥的水化基本停止。因此，冬期施工时，需要采取保温措施，以保证水泥凝结硬化正常进行。

（2）龄期（时间）

水泥的水化反应是从颗粒表面逐渐深入到内层的。开始进行较快，以后由于水泥颗粒表层生成了凝胶膜，水分渗入越来越困难，所以水化作用就越来越慢。实践证实，完成水泥水化、水解全过程，需要几年、几十年的时间。一般水泥在开始的 3～7d 内，水化速度快，所以强度增长较快。大致 28d 可以完成水泥水化这个过程的基本部分，以后显著减缓，强度增长也极为缓慢。

水泥在硬化过程中，体积会产生收缩。收缩率的大小与矿物成分、水泥浆稠度、石膏掺量、掺加混合材的种类、养护条件等有关。由试验可知，C_3A 的收缩率最大，低热水泥收缩率最小。发热量大的早强水泥收缩率最大。此外，还有干燥引起的收缩，若收缩率过大，会影响水泥石的耐久性。

二、石膏

在水泥生产过程中，为了调节水泥的凝结时间，应在水泥中加入适量石膏作为缓凝剂。如天然二水石膏（G）、硬石膏（A）以及混合石膏（M）或工业副产石膏（以硫酸钙为主要成分的工业副产品，如：磷石膏、钛石膏、氟石膏、盐石膏、硼石膏等）。G、A、M 各类石膏分级见表 2-3。工业副产石膏对水泥性能的影响应符合表 2-4 的规定。

各类石膏产品分级 表 2-3

产品名称 级别	品位，%(m/m)	二水石膏（G） $CaSO_4 \cdot 2H_2O$	硬石膏（A） $CaSO_4 + CaSO_4 \cdot 2H_2O$ 且[$CaSO_4/(CaSO_4 + CaSO_4 \cdot 2H_2O)$ ≥0.80(质量比)]	混合石膏（M） $CaSO_4 + CaSO_4 \cdot 2H_2O$ 且[$CaSO_4/(CaSO_4 + CaSO_4 \cdot 2H_2O)$ <0.80(质量比)]
特级		≥95	—	≥95
一级			≥85	
二级			≥75	
三级			≥65	
四级			≥55	

注：品位计算：

1．G 类产品的品位计算：$CaSO_4 \cdot 2H_2O = 4.7785 \times H_2O^+\%$；

2．A 类和 M 类产品的品位计算：$CaSO_4 + CaSO_4 \cdot 2H_2O = 1.7005 \times SO_3\% + H_2O^+\%$；

3．$CaSO_4$ 含量的计算：$CaSO_4 = 1.7005 \times SO_3\% - 3.7785 \times H_2O^+\%$；

式中 $H_2O^+\%$——结晶水质量百分含量，%；

$SO_3\%$——三氧化硫质量百分含量，%。

工业副产石膏对水泥性能的影响 表2-4

试验项目	性能比对指标（与比对水泥相比）
凝结时间	延长时间小于2h
标准稠度需水量	绝对增加幅度小于1%
沸煮安定性	必须合格
水泥胶砂流动度	相对降低幅度小于5%
水泥胶砂抗压强度	3天降低幅度不大于5%，28天降低幅度不大于5%
钢筋锈蚀	符合相应标准规定
水泥与减水剂相容性	初始流动性降低幅度小于10%，经时损失率绝对增加幅度小于5%

三、混合材料

混合材料是指在水泥生产过程中，为改善水泥性能，调节水泥强度等级而加到水泥中的矿物质材料。水泥混合材的分类见表2-5。

水泥混合材的分类 表2-5

类 别	定 义	品 种
活性混合材料	系指这类材料中含有一定的活性组分，这些活性组分在常温下能与熟料水化析出的 Ca（OH）$_2$ 或 $CaSO_4$ 作用，生成具有胶凝性质的稳定化合物。凡具有这些活性组分的材料，称为活性混合材料	粒化高炉矿渣、粒化高炉矿渣粉、火山灰质混合材料、粉煤灰
非活性混合材料	活性指标低于活性混合材料标准要求的材料，称为非活性混合材料	粒化高炉矿渣、粒化高炉矿渣粉、火山灰质混合材料、粉煤灰、石灰石和砂岩等
其他材料		窑 灰

常用品种有：

1. 粒化高炉矿渣、粒化高炉矿渣粉

高炉冶炼生铁所得以硅酸钙与铝硅酸钙为主要成分的熔融物，经淬冷成粒后的产品称粒化高炉矿渣，又称水淬高炉矿渣（俗称高炉水渣）。将符合要求的粒化高炉矿渣经干燥、粉磨（或添加少量石膏粉磨），达到相当细度且符合活性指数的粉体，称粒化高炉矿渣粉，简称矿渣粉。

2. 火山灰质混合材料

具有火山灰性的天然的（如：火山灰、凝灰岩、浮石、沸石岩、硅藻土、硅藻石等）或人工的（如：煤矸石、烧黏土、烧页岩、煤渣、硅质渣等）矿物质材料，称为火山灰质混合材料。

火山灰性是指磨细的活性混合材料在与水拌合后，不会发生水化反应，不具有水硬性，但当在常温下与石灰和水接触后，会产生明显的水化反应，形成具有水硬性的化合物（如：水化硅酸钙、水化铝酸钙等）的性质。

3. 粉煤灰、高钙粉煤灰

粉煤灰是从电厂煤粉炉烟道气体中收集的粉末，以氧化硅和氧化铝为主要成分，含少量氧化钙，具有火山灰性。某些褐煤燃烧所得的粉煤灰，除氧化硅和氧化铝外，一般含

10％以上氧化钙，故称为高钙粉煤灰，本身具有一定的水硬性。磨成细粉和水拌合成浆后，能在潮湿空气和水中硬化并形成稳定化合物。

4. 石灰石

石灰石主要成分为碳酸钙，石灰石中的碳酸钙与熟料中矿物生成碳铝酸钙，有利于水泥强度的提高。

5. 窑灰

从水泥回转窑尾废气中收集的粉尘。其主要成分为氧化钙，其次为二氧化硅、三氧化二铝等。

为了保证水泥质量，上述原材料的各项技术要求均应符合有关标准的规定。

四、助磨剂

水泥粉磨时允许加入不大于水泥质量 0.5％的助磨剂，其技术要求应符合相应标准。

第二节 通用硅酸盐水泥

通用硅酸盐水泥是以通用硅酸盐水泥熟料和适量的石膏，及规定的混合材料制成的水硬性胶凝材料。我国建筑工程中使用的水泥，绝大部分是通用硅酸盐水泥，其产量占水泥总量的 95％以上。

一、分类

1. 按混合材料的品种和掺量，如表 2-1 所列，通用硅酸盐水泥包括：硅酸盐水泥、普通硅酸盐水泥、矿渣硅酸盐水泥、火山灰质硅酸盐水泥、粉煤灰硅酸盐水泥和复合硅酸盐水泥，简称硅酸盐水泥、普通水泥、矿渣水泥、火山灰水泥、粉煤灰水泥和复合水泥。

2. 按抗压、抗折强度分为如下强度等级：

（1）硅酸盐水泥：分为 42.5、42.5R、52.5、52.5R、62.5、62.5R 六个等级。

（2）普通硅酸盐水泥：分为 42.5、42.5R、52.5、52.5R 四个等级。

（3）矿渣硅酸盐水泥、火山灰质硅酸盐水泥、粉煤灰硅酸盐水泥和复合硅酸盐水泥，各分为 32.5、32.5R、42.5、42.5R、52.5、52.5R 六个等级。

二、组分

通用硅酸盐水泥的组分应符合表 2-6 的规定。

通用硅酸盐水泥的组分 表 2-6

品 种	代 号	组分（质量分数,%）				
		熟料＋石膏	粒化高炉矿渣	火山灰质混合材料	粉煤灰	石灰石
硅酸盐水泥	P·I	100	—	—	—	—
	P·II	≥95	≤5	—	—	—
		≥95	—	—	—	≤5
普通硅酸盐水泥	P·O	≥80 且＜95		>5 且≤20[a]		—
矿渣硅酸盐水泥	P·S·A	≥50 且＜80	>20 且≤50[b]	—	—	—
	P·S·B	≥30 且＜50	>50 且≤70[b]	—	—	—

品　种	代　号	组分（质量分数，%）				
		熟料＋石膏	粒化高炉矿渣	火山灰质混合材料	粉煤灰	石灰石
火山灰质硅酸盐水泥	P·P	≥60且<80	—	>20且≤40[c]	—	—
粉煤灰硅酸盐水泥	P·F	≥60且<80	—	—	>20且≤40[d]	—
复合硅酸盐水泥	P·C	≥50且<80	>20且≤50[e]			

注：1. 硅酸盐熟料中，硅酸钙矿物含量（质量分数）不小于66%，氧化钙和氧化硅质量比不小于2.0；

2. 石膏：应符合表2-3中规定的G类或M类二级（含）以上的二水石膏或混合石膏；工业副产石膏采用前，应经过试验证明对水泥性能无害，见表2-4的规定；

3. 普通硅酸盐水泥中，本组分材料a为符合标准要求的活性混合材料，其中允许用不超过水泥质量8%的非活性混合材料，或不超过水泥质量5%的符合标准要求窑灰代替；

4. 矿渣硅酸盐水泥中，本组分材料b为符合标准要求的活性混合材料，其中允许用不超过水泥质量8%且符合标准要求的活性混合材料或非活性混合材料或符合标准要求的窑灰中的任一种材料代替；

5. 火山灰质硅酸盐水泥中，本组分材料c为符合标准要求的活性混合材料；

6. 粉煤灰硅酸盐水泥中，本组分材料d为符合相应标准要求的活性混合材料；

7. 复合硅酸盐水泥中，本组分材料e为由两种（含）以上符合标准要求的活性混合材料或/和非活性混合材料组成。其中允许用不超过水泥质量8%且符合标准要求的窑灰代替。掺矿渣时，混合材料掺量不得与矿渣硅酸盐水泥重复；

8. 活性混合材料或非活性混合材料的品种见表2-5。

三、技术要求

1. 化学指标

通用硅酸盐水泥化学指标应符合表2-7的规定。

通用硅酸盐水泥化学指标（%）　　　　　　　　　表2-7

品　种	代　号	不溶物（质量分数）	烧失量（质量分数）	三氧化硫（质量分数）	氧化镁（质量分数）	氯离子（质量分数）
硅酸盐水泥	P·Ⅰ	≤0.75	≤3.0	≤3.5	≤5.0[a]	≤0.06[c]
	P·Ⅱ	≤1.50	≤3.5			
普通硅酸盐水泥	P·O	—	≤5.0			
矿渣硅酸盐水泥	P·S·A	—	—	≤4.0	≤6.0[b]	
	P·S·B	—	—			
火山灰质硅酸盐水泥	P·P	—	—	≤3.5	≤6.0[b]	
粉煤灰硅酸盐水泥	P·F	—	—			
复合硅酸盐水泥	P·C	—	—			

注：1. 上标a表示如果水泥压蒸试验合格，则水泥中氧化镁的含量（质量分数）允许放宽至6.0%；

2. 上标b表示如果水泥中氧化镁的含量（质量分数）大于6.0%时，需进行水泥压蒸安定性试验并合格；

3. 上标c表示当有更低要求时，该指标由买卖双方确定。

2. 碱含量（选择性指标）

水泥中碱含量按 $Na_2O+0.658K_2O$ 计算值表示。若使用活性骨料，用户要求提供低碱水泥时，水泥中的碱含量应不大于 0.60% 或由买卖双方协商确定。

3. 物理指标

（1）凝结时间：水泥从加水开始到失去流动性，即从可塑状态发展到固体状态所需的时间。水泥凝结时间分为初凝时间和终凝时间。测定方法试验 1-3，其测定结果应符合表 2-8 的规定。

初凝时间是从水泥加水拌合起至水泥浆开始失去可塑性所需的时间；从加水拌合至水泥浆完全失去塑性的时间为水泥的终凝时间。水泥的初凝时间不宜过早，以便施工时有足够的时间，保证施工工艺的需要（混凝土搅拌、运输和浇捣所需的时间）；水泥的终凝时间不宜过迟，以免影响水泥硬化后的性质和拖延工期，影响工程进度。

（2）体积安定性：是指水泥浆体硬化后，体积变化的稳定性。它是评价水泥质量的重要指标之一。测定方法见试验 1-4，其试验结果应符合表 2-8 的规定。

水泥体积安定性不良，会使结构产生膨胀性裂缝，甚至破坏。其主要原因是水泥熟料中含有过量的有害成分，如：游离氧化钙（ f-CaO）、游离氧化镁（ f-MgO）或掺入过量的石膏等。安定性不良的水泥严禁使用。在水泥采购保管中应给予足够的重视。

（3）细度（选择性指标）：细度是指水泥颗粒的粗细程度。通常以标准筛的筛余百分数（试验 1-1）或比表面积●表示。同样成分同样质量的水泥，颗粒越细总表面积越大，不仅水化速度快，同时水化充分，因此会使水泥的早期强度提高。但颗粒过细，硬化时收缩较大，易产生裂缝。同时粉磨过程中能耗大，会使水泥成本提高。所以，应合理地控制细度。其技术指标应符合表 2-8 的规定。

水泥凝结时间、安定性和细度的规定值　　　　　表 2-8

水 泥 品 种	项	目	指 标
硅酸盐水泥	凝结时间	初凝时间（min） ≥	45
		终凝时间（min） ≤	390
普通硅酸盐水泥、矿渣硅酸盐水泥、火山灰质硅酸盐水泥、粉煤灰硅酸盐水泥、复合硅酸盐水泥		初凝时间（min） ≥	45
		终凝时间（min） ≤	600
全部六种通用硅酸盐水泥	安定性（沸煮法）		应合格
硅酸盐水泥、普通硅酸盐水泥（以比表面积表示）	细度	比表面积（m²/kg） ≥	300
矿渣硅酸盐水泥、火山灰质硅酸盐水泥、粉煤灰硅酸盐水泥、复合硅酸盐水泥（以筛余量表示）		80μm 方孔筛筛余（%） ≤	10
		45μm 方孔筛筛余（%） ≤	30

（4）强度：不同品种不同强度等级的通用硅酸盐水泥，其不同龄期的强度应符合表 2-9 的规定。

● 比表面积：单位质量水泥颗粒的总表面积，m²/kg。

通用硅酸盐水泥的强度值 表 2-9

品 种	强度等级	抗压强度（MPa）		抗折强度（MPa）	
		3d	28d	3d	28d
硅酸盐水泥	42.5	≥17.0	≥42.5	≥3.5	≥6.5
	42.5R	≥22.0		≥4.0	
	52.5	≥23.0	≥52.5	≥4.0	≥7.0
	52.5R	≥27.0		≥5.0	
	62.5	≥28.0	≥62.5	≥5.0	≥8.0
	62.5R	≥32.0		≥5.5	
普通硅酸盐水泥	42.5	≥17.0	≥42.5	≥3.5	≥6.5
	42.5R	≥22.0		≥4.0	
	52.5	≥23.0	≥52.5	≥4.0	≥7.0
	52.5R	≥27.0		≥5.0	
矿渣硅酸盐水泥、火山灰质硅酸盐水泥、粉煤灰硅酸盐水泥、复合硅酸盐水泥	32.5	≥10.0	≥32.5	≥2.5	≥5.5
	32.5R	≥15.0		≥3.5	
	42.5	≥15.0	≥42.5	≥3.5	≥6.5
	42.5R	≥19.0		≥4.0	
	52.5	≥21.0	≥52.5	≥4.0	≥7.0
	52.5R	≥23.0		≥4.5	

四、特性和适用范围

通用硅酸盐水泥的主要特性和适用范围见表 2-10。

通用硅酸盐水泥的主要特性和适用范围 表 2-10

品 种	主要特征	适用范围	不适用范围
硅酸盐水泥	1. 早强快硬；2. 水化热高；3. 抗冻性好；4. 耐热性好；5. 耐腐蚀性差	1. 适用快硬早强工程；2. 配制强度等级较高混凝土	1. 大体积混凝土工程；2. 受化学侵蚀水及压力水作用的工程
普通硅酸盐水泥	1. 早强；2. 水化热较高；3. 抗冻性较好；4. 耐热性较差；5. 耐腐蚀性较差	1. 地上地下及水中的混凝土、钢筋混凝土和预应力混凝土结构、早期强度要求较高的工程；2. 配制建筑砂浆	1. 大体积混凝土工程；2. 受化学侵蚀水及压力水作用的工程
矿渣硅酸盐水泥	1. 早期强度较低，后期强度增长较快；2. 水化热较低；3. 耐热性较好；4. 抗硫酸盐侵蚀较好；5. 抗冻性较差；6. 干缩性较大	1. 大体积工程；2. 配制耐热混凝土；3. 蒸汽养护的构件；4. 一般地上地下的混凝土和钢筋混凝土结构；5. 配制建筑砂浆	1. 早期强度要求较高的混凝土工程；2. 严寒地区并在水位升降范围内的混凝土工程
火山灰质硅酸盐水泥	1. 早期强度较低，后期强度增长较快；2. 水化热较低；3. 耐热性较差；4. 抗硫酸盐侵蚀较好；5. 抗冻性较差；6. 干缩性较大；7. 抗渗性较好	1. 大体积工程；2. 有抗渗要求的工程；3. 蒸汽养护的构件；4. 一般混凝土和钢筋混凝土工程；5. 配制建筑砂浆	1. 早期强度要求较高的混凝土工程；2. 严寒地区并在水位升降范围内的混凝土工程；3. 干燥环境中的混凝土工程；4. 有耐磨性要求的工程

品　种	主要特征	适用范围	不适用范围
粉煤灰硅酸盐水泥	1. 早期强度较低，后期强度增长较快；2. 水化热较低；3. 耐热性较差；4. 抗硫酸盐侵蚀较好；5. 抗冻性较差；6. 干缩性较小	1. 地上地下、水中和大体积混凝土工程；2. 蒸汽养护的构件；3. 一般混凝土工程；4. 配制建筑砂浆	1. 早期强度要求较高的混凝土工程；2. 严寒地区并在水位升降范围内的混凝土工程；3. 有抗碳化要求的工程

第三节　专用硅酸盐水泥与特性硅酸盐水泥

一、砌筑水泥

凡由一种或一种以上的水泥混合材料，加入适量的硅酸盐水泥熟料和石膏，经磨细制成的工作性较好的水硬性胶凝材料，称为砌筑水泥，代号 M。

水泥中混合材料掺加量按质量百分比计应大于 50%。允许掺入适量的石灰石或窑灰。

1. 技术要求

（1）水泥强度等级：砌筑水泥强度等级分为 12.5 和 22.5 两个强度等级。

砌筑水泥强度等级按规定龄期的抗压强度和抗折强度来划分，砌筑水泥各龄期强度不得低于表 2-11 规定的数值。

砌筑水泥各龄期强度　　　　表 2-11

水泥强度等级	抗压强度（MPa）		抗折强度（MPa）	
	7d	28d	7d	28d
12.5	7.0	12.5	1.5	3.0
22.5	10.0	22.5	2.0	4.0

（2）三氧化硫：不得超过 4.0%。

（3）细度：80μm 方孔筛的筛余不得超过 10%。

（4）凝结时间：初凝不得早于 60min，终凝不得迟于 12h。

（5）安定性：用沸煮法检验，应合格。

（6）保水率：应不低于 80%。

2. 特性和适用范围

砌筑水泥主要特性及适用范围见表 2-12。

砌筑水泥主要特性和适用范围　　　　表 2-12

主　要　特　点	适　用　范　围	不　适　用　范　围
1. 强度低、硬化慢 2. 和易性好 3. 保水性好	1. 适用于砌筑和抹面砂浆 2. 垫层混凝土等 3. 生产砌块和压瓦	不应用于结构混凝土

二、白色硅酸盐水泥

由氧化铁含量少的硅酸盐水泥熟料加入适量石膏及混合材料（石灰石或窑灰），磨细制成的水硬性胶凝材料，称为白色硅酸盐水泥（简称白水泥），代号 P·W。磨制水泥时，允许加入不超过水泥质量 10％的石灰石或窑灰。

白水泥分为 32.5、42.5、52.5 三个强度等级。

1. 技术要求

（1）强度：水泥强度等级按规定龄期的抗压强度和抗折强度来划分。白水泥各龄期强度不得低于表 2-13 规定数值。

白水泥各龄期强度　　　　　　　　　　表 2-13

强度等级	抗压强度（MPa）		抗折强度（MPa）	
	3d	28d	3d	28d
32.5	12.5	32.5	3.0	6.0
42.5	17.0	42.5	3.5	6.5
52.5	22.0	52.5	4.0	7.0

（2）白度：水泥白度值应不低于 87。

（3）三氧化硫：不得超过 3.5％。

（4）细度：$80\mu m$ 方孔筛的筛余不得超过 10％。

（5）凝结时间：初凝不早于 45min，终凝不得迟于 10h。

（6）安定性：用沸煮法检验必须合格。

2. 特性和适用范围

白水泥主要特性及适用范围见表 2-14。

白水泥主要特性及适用范围　　　表 2-14

主 要 特 性	适 用 范 围
1. 早强	适用于白色和彩色灰浆、砂浆及混凝土
2. 水化热较高	

三、中热、低热硅酸盐水泥、低热矿渣硅酸盐水泥

中热硅酸盐水泥：以适当成分的硅酸盐水泥熟料，加入适量石膏，磨细制成的具有中等水化热的水硬性胶凝材料，简称中热水泥，代号 P·MH。

低热硅酸盐水泥：以适当成分的硅酸盐水泥熟料，加入适量石膏磨细制成的具有低水化热的水硬性胶凝材料，简称低热水泥，代号 P·LH。

低热矿渣硅酸盐水泥：以适当成分的硅酸盐水泥熟料，加入粒化高炉矿渣、适量石膏，磨细制成的具有低水化热的水硬性胶凝材料，简称低热矿渣水泥，代号 P·SLH。

1. 技术要求

（1）三氧化硫：水泥中三氧化硫的含量应不大于 3.5％。

（2）比表面积：水泥的比表面积应不低于 $250m^2/kg$。

（3）凝结时间：初凝应不早于 60min，终凝应不迟于 12h。

（4）安定性：用沸煮法检验应合格。

（5）强度等级：中热水泥强度等级为 42.5；

　　　　　　　低热水泥强度等级为 42.5；

低热矿渣水泥强度等级为 32.5。

各龄期的抗压强度和抗折强度应不低于表 2-15 的数值。

水泥的等级与各龄期强度 表 2-15

品 种	强度等级	抗 压 强 度（MPa）			抗 折 强 度（MPa）		
		3d	7d	28d	3d	7d	28d
中热水泥	42.5	12.0	22.0	42.5	3.0	4.5	6.5
低热水泥	42.5	—	13.0	42.5	—	3.5	6.5
低热矿渣水泥	32.5	—	12.0	32.5	—	3.0	5.5

（6）水化热：水泥各龄期的水化热应不大于表 2-16 的数值。

水泥强度等级的各龄期水化热 表 2-16

品 种	强度等级	水 化 热（kJ/kg）	
		3d	7d
中热水泥	42.5	251	293
低热水泥	42.5	230	260
低热矿渣水泥	32.5	197	230

注：低热水泥型式检验 28d 的水化热应不大于 310kJ/kg。

2. 特性和适用范围

三种水泥特性和适用范围见表 2-17。

水泥特性和适用范围 表 2-17

主 要 特 性	适 用 范 围
1. 三种水泥的水化热较低，并具有一定的抗硫酸盐能力 2. 中、低热硅酸盐水泥的抗冻性和耐磨性较好	1. 一般大体积建筑工程 2. 大坝或其他大体积水工建筑物 3. 要求具有较低水化热的部位

四、明矾石膨胀水泥

凡以硅酸盐水泥熟料为主，铝质熟料、石膏和粒化高炉矿渣（或粉煤灰），按适当比例磨细制成的，具有膨胀性能的水硬性胶凝材料，称为明矾石膨胀水泥，代号 A·EC。

铝质熟料是经一定温度煅烧后，具有活性，Al_2O_3 含量在 25％以上的材料。

明矾石膨胀水泥分为 32.5、42.5、52.5 三个强度等级。

1. 技术指标

（1）强度：水泥强度等级按规定龄期抗压强度和抗折强度来划分。明矾石膨胀水泥各龄期的强度不得低于表 2-18 的规定。

明矾石膨胀水泥各龄期强度 表 2-18

强度等级	抗压强度（MPa）			抗折强度（MPa）		
	3d	7d	28d	3d	7d	28d
32.5	13.0	21.0	32.5	3.0	4.0	6.0
42.5	17.0	27.0	42.5	3.5	5.0	7.5
52.5	23.0	33.0	52.5	4.0	5.5	8.5

（2）三氧化硫：水泥中硫酸盐含量以三氧化硫计应不大于 8.0%。

（3）细度：比表面积应不小于 400m²/kg。

（4）凝结时间：初凝不早于 45min，终凝不迟于 6h。

（5）限制膨胀率：3 天应不小于 0.015%；28 天应不大于 0.10%。

（6）不透水性：3 天不透水性应合格。若该水泥不用在防渗工程中可以不作透水性试验。

（7）碱含量：当水泥在混凝土中和骨料可能发生有害反应并经用户提出碱要求时，明矾石膨胀水泥中碱的含量以 R_2O（$Na_2O+0.658K_2O$）当量计应不大于 0.60%。

2. 特性和适用范围

表 2-19 为明矾石膨胀水泥主要特性和适用范围。

明矾石膨胀水泥主要特性和适用范围 表 2-19

主　要　特　性	适　用　范　围
1. 补偿收缩 2. 提高混凝土抗裂性	1. 补偿收缩混凝土结构工程；2. 防渗抗裂混凝土工程；3. 补强和防渗抹面；4. 现浇混凝土工程的后浇缝；5. 预制混凝土构件的接缝；6. 梁柱和管道接头等

第四节　硫铝酸盐系水泥和铁铝酸盐系水泥

除硅酸盐系水泥外，硫铝酸盐系水泥和铁铝酸盐系水泥统称为"第三系列水泥"。这是我国"九五"期间重点推广的水泥品种，在众多工程实践中，取得了很好的技术经济效果。

硫铝酸盐系水泥和铁铝酸盐系水泥，包括快硬水泥、膨胀水泥、自应力水泥和低碱水泥等。

一、快硬硫铝酸盐水泥

以适当成分的生料，经煅烧所得以无水硫铝酸钙和硅酸二钙为主要矿物成分的熟料，加入适量石膏和少量的石灰石，磨细制成具有早期强度高的水硬性胶凝材料，称为快硬硫铝酸盐水泥，代号 R·SAC。

二、快硬铁铝酸盐水泥

以适当成分的生料，经煅烧所得以无水硫铝酸钙、铁铝酸四钙和硅酸二钙为主要矿物成分的熟料，加入适量石膏和少量的石灰石，磨细制成早期强度高的水硬性胶凝材料，称为快硬铁铝酸盐水泥，代号 R·FAC。

上述两种水泥中，石灰石掺加量均应不大于水泥质量的 15%。

上述两种水泥，均分为 42.5、52.5、62.5 和 72.5 四个强度等级。

1. 技术性质

（1）强度：上述两种水泥的强度等级，均以 3d 抗压强度划分，各龄期强度不得低于表 2-20 规定的数值。

快硬硫铝酸盐水泥和快硬铁铝酸盐水泥各龄期强度 表 2-20

水泥标号	抗压强度（MPa）			抗折强度（MPa）		
	1d	3d	28d	1d	3d	28d
42.5	30.0	42.5	45.0	6.0	6.5	7.0
52.5	40.0	52.5	55.0	6.5	7.0	7.5
62.5	50.0	62.5	65.0	7.0	7.5	8.0
72.5	55.0	72.5	75.0	7.5	8.0	8.5

（2）细度和凝结时间限值见表 2-21。

快硬硫铝酸盐水泥和快硬铁铝酸盐水泥细度和凝结时间 表 2-21

项　目	指　标　值	项　目	指　标　值
1. 细度	比表面积≥350m²/kg	2. 凝结时间	初凝≤25min
			终凝≥180min

2. 特性和适用范围

表 2-22 为上述两种水泥的主要特性及适用范围。

快硬硫铝酸盐水泥和快硬铁铝酸盐水泥的主要特性及适用范围 表 2-22

主　要　特　性	适　用　范　围	不　适　用　范　围
1. 早强 2. 抗渗性好 3. 抗冻性好 4. 抗腐蚀性好 5. 干缩性小	1. 配制早强、抗冻、抗渗和抗硫酸盐侵蚀混凝土 2. 冬期（负温）施工 3. 抢修、堵漏等工程	不适用于温度经常处于 100℃ 以上的混凝土工程

三、低碱度硫铝酸盐水泥

低碱度硫铝酸盐水泥（简称低碱度水泥），由适当成分的硫铝酸盐水泥熟料和较多量石灰石，适量石膏共同磨细制成，具有碱度低的水硬性胶凝材料。其代号为 L. SAC。

石灰石掺量应不小于水泥质量的 15% 且不大于水泥质量的 35%。

1. 技术要求

（1）强度：以 7d 抗压强度来划分强度等级分为 32.5、42.5 和 52.5 三个等级。各强度等级水泥各龄期强度不应低于表 2-23 的规定。

低碱度硫铝酸盐水泥各龄期强度值 表 2-23

强度等级	抗压强度（MPa）		抗折强度（MPa）	
	1d	7d	1d	7d
32.5	25.0	32.5	3.5	5.0
42.5	30.0	42.5	4.0	5.5
52.5	40.0	52.5	4.5	6.0

（2）细度：以比表面积表示，其值应≥400m²/kg。

（3）凝结时间：初凝≤25min；终凝≥3h。

（4）碱度 pH 值：≤10.5。

（5）自由膨胀率：28d 自由膨胀率 0.00%～0.15%。

2. 特性及适用范围

低碱度硫铝酸盐水泥的主要特性及适用范围见表 2-24。

低碱度硫铝酸盐水泥主要特性和适用范围 表 2-24

主 要 特 性	适 用 范 围
1. 碱度低 2. 自由膨胀率小 3. 凝结时间类似快硬硫铝酸盐水泥 4. 早强	主要用于玻璃纤维增强水泥复合材料，用以生产新型墙板。如：GRC 轻质多孔隔墙板、GRC 复合外墙板、纤维增强低碱度水泥建筑平板（TK 板、NTK 板）等

第五节　水泥质量评定及验收保管

一、质量等级划分

依据水泥产品标准和实物质量，将通用水泥划分三个等级：优等品、一等品和合格品。

1. 优等品

水泥产品标准必须达到国际先进水平，且水泥实物质量水平与国外同类产品相比达到近 5 年内的先进水平。

2. 一等品

水泥产品标准必须达到国际一般水平，且水泥实物质量水平达到国际同类产品的一般水平。

3. 合格品

按我国现行水泥产品标准组织生产，水泥实物质量水平必须达到现行标准的要求。

二、质量等级的技术要求

1. 水泥实物质量在符合相应标准的技术要求基础上，进行实物质量水平的分级。

2. 通用水泥的实物质量水平，根据 3d 抗压强度、28d 抗压强度、终凝时间、氯离子含量进行分级。其各等级性能指标应符合表 2-25 的要求。

通用水泥的性能指标 表 2-25

项　目			质　量　等　级			
			优 等 品		一 等 品	合 格 品
			硅酸盐水泥 普通硅酸盐水泥	矿渣硅酸盐水泥 火山灰质硅酸盐水泥 粉煤灰硅酸盐水泥 复合硅酸盐水泥	硅酸盐水泥 普通硅酸盐水泥	矿渣硅酸盐水泥 火山灰质硅酸盐水泥 粉煤灰硅酸盐水泥 复合硅酸盐水泥	硅酸盐水泥 普通硅酸盐水泥 矿渣硅酸盐水泥 火山灰质硅酸盐水泥 粉煤灰硅酸盐水泥 复合硅酸盐水泥
抗压 强度 (MPa)	3d	$\geqslant$	24.0	22.0	20.0	17.0	符合国家现行标准对通用水泥各品种的技术要求
	28d	$\geqslant$	48.0	48.0	46.0	38.0	
		$\leqslant$	$1.1\overline{R}$	$1.1\overline{R}$	$1.1\overline{R}$	$1.1\overline{R}$	
凝结时间(min)		$\leqslant$	300	330	360	420	
氯离子含量(%)		$\leqslant$	0.06				

注：$\overline{R}$ 表示同品种同强度等级水泥 28d 抗压强度上月平均值，至少以 20 个编号平均，不足 20 个编号时，可两个月或三个月合并计算。对于 62.5（含 62.5）以上水泥，28d 抗压强度 $\leqslant 1.1\overline{R}$ 时不做规定。

三、质量等级评定

1. 水泥企业可按表2-25对水泥质量等级的要求，以出厂水泥试验结果确定相应的产品等级。结果符合表2-25中相应等级所有指标要求的为相应等级品。任一项不符合要求的降为下一等级品。

2. 当水泥企业确定产品为优等品、一等品或合格品，并在包装袋上印有相应质量等级时，质量管理部门（即第三方机构）应按企业确定等级进行考核、监督。不合格者不得在产品包装或其他形式上标识。

3. 水泥产品实物质量水平的验证由省级或省级以上国家认可的水泥质量检验机构负责进行。目前国内使用的水泥，主要为合格品等级的通用水泥。

四、现场"合格品"水泥质量评定

1. 检验批确定

水泥进入施工现场的质量检验，主要根据相应产品技术标准和试验方法标准进行。试样的采集应按如下规定进行：

（1）对同一水泥厂同期出厂的同品种、同强度等级（或标号）、同一出厂编号的为一批。但散装水泥一批的总量不得超过200t。

（2）试样应具有代表性。对散装水泥，应随机地从不少于3个车罐中，各取对等量水泥；对于袋装水泥，应随机地从不少于20袋中，各取等量水泥。将所取水泥混拌均匀后，再从中称取不少于20kg水泥作为检验试样。

2. 检验项目

对于常用硅酸盐系水泥的检验项目主要有：

①化学指标；②凝结时间；③安定性；④抗折强度；⑤抗压强度。

3. 检验结果评定

（1）合格水泥的评定

凡化学指标、凝结时间、安定性、强度符合表2-7～表2-9的规定为合格品。

（2）不合格品水泥的评定

凡化学指标、凝结时间、安定性、强度，不符合表2-7～表2-9中的任一项技术要求为不合格。

五、现场质量控制与验收

水泥的检验结果如不符合标准规定时，应停止使用。及时向水泥供应单位查明情况，确定处理方案。

对进场的每批水泥，视存放情况，应重新采集试样复验，检验安定性和强度。若有要求时，尚应检验其他性能。具体试验方法见试验一。

水泥进场后，应进行验收工作。验收的主要内容如下：

1. 检查、核对水泥生产厂的质量证明书。

2. 检验报告：当用户需要时，生产厂应在水泥发出之日起7天内寄发除28天强度以外的各项检验结果；32天内补报28天的检验结果。

3. 若安定性需仲裁检验时，应在取样之日起10天以内完成。

4. 水泥的品种、强度等级和数量应符合"销售合同"的要求。

5. 检验水泥外观质量

（1）水泥品种鉴别

可通过观察水泥的颜色来区分水泥的品种，详见表 2-26。

通用水泥的品种（颜色）鉴别   表 2-26

水 泥 品 种	颜 色	水 泥 品 种	颜 色
硅酸盐水泥、普通水泥、矿渣水泥	灰绿色	火山灰水泥	淡红或淡绿色
粉煤灰水泥	灰黑色		

（2）水泥包装检验

应注意核对包装袋上的执行标准、工厂名称、生产许可证标志（QS）及编号、出厂编号、包装日期、净含量、水泥品种、代号、强度等级等内容。常用水泥包装标志见表 2-27。

常用水泥包装标志   表 2-27

水泥品种	包 装 标 志
硅酸盐水泥 普通水泥	包装袋两面印有水泥名称、强度等级等，印刷颜色为红色
矿渣水泥 火山灰水泥 粉煤灰水泥 复合水泥	包装袋两面印有水泥名称、强度等级等。矿渣水泥的印刷颜色为绿色，火山灰水泥、粉煤灰水泥和复合水泥的印刷颜色为黑色或蓝色

6. 散装发运时应提交与袋装标志相同内容的卡片。

7. 水泥数量检验。

一般袋装水泥，每袋净重 50kg，且不得少于标志质量的 99%；随机抽取 20 袋，其总质量（含包装袋）不得少于 1000kg。

8. 质量检验见前面所述。

9. 水泥受潮程度的鉴别与处理

（1）水泥受潮

水泥中的活性矿物与空气中的水分、二氧化碳发生水化反应，使水泥变质的现象，称为水泥受潮（也称水泥风化）。受潮后的水泥，凝结迟缓、强度也逐渐降低，会影响正常使用。

（2）水泥受潮程度与处理

水泥受潮程度的鉴别与处理方法见表 2-28。

水泥受潮程度的鉴别与处理办法   表 2-28

受 潮 情 况	处 理 方 法	使 用
有粉块、用手可捏成粉末	将粉块压碎	经试验后，根据实际强度使用
部分结成硬块	将硬块筛除、粉块压碎	经试验后，根据实际强度使用。用于受力小的部位，强度要求不高的工程，可用于配制砂浆
大部分结成硬块	将硬块粉碎磨细	不作为水泥使用，可掺入新水泥中作为混合物材料使用（掺量应小于 25%）

六、水泥贮存

进场水泥的贮存，应符合下列规定：

1. 散装水泥的贮存

散装水泥宜在仓罐中贮存，不同品种和强度等级（或标号）的水泥不得混仓，并应定期清仓。

散装水泥在库内贮存时，水泥库的地面和外墙内侧应进行防潮处理。

2. 袋装水泥的贮存

（1）库房内贮存

库房地面应有防潮措施。库内应保持干燥，防止雨露侵入。

堆放时，应按品种、强度等级（或标号）、出厂编号、到货先后或使用顺序排列成垛。堆垛高度以不超过 12 袋为宜。堆垛应至少离开四周墙壁 20cm，各垛之间应留置宽度不小于 70cm 的通道。

（2）露天堆放

当限于条件，水泥露天堆放时，应在距地面不少于 30cm 垫板上堆放，垫板下不得积水。水泥堆垛必须用苫布覆盖严密，防止雨露侵入使水泥受潮。

3. 贮存期限

水泥贮存期过长，其活性将会降低。一般贮存三个月以上的水泥，强度约降低 10%～20%；六个月约降低 15%～30%；一年后约降低 25%～40%。对已进场的每批水泥，视在场存放情况，应重新采集试样复验其强度和安定性。

存放期超过三个月的通用水泥和存放期超过一个月的快硬水泥，使用前必须复验，并按复验结果使用。

思 考 题 与 习 题

2-1 试述水泥的分类及硅酸盐水泥熟料的分类。

2-2 何谓硅酸盐水泥熟料？水泥熟料中有哪些主要矿物成分？各有哪些特性？

2-3 生产水泥时为什么要加入适量石膏？石膏分哪几类？按其品位分几个级别？

2-4 试述水泥中的混合材料的分类。何谓活性及非活性混合材料？各有哪些品种？

2-5 何谓粒化高炉矿渣及粒化高炉矿渣粉？何谓火山灰性？何谓火山灰质混合材料？

2-6 粉煤灰与高钙粉煤灰有何不同？

2-7 何谓通用硅酸盐水泥？对其熟料及掺入水泥中的石膏有何要求？

2-8 通用硅酸盐水泥有哪几个品种？分几个强度等级？水泥强度等级按什么来划分？

2-9 写出 I 型和 II 型硅酸盐水泥的代号及按其组分、它们化学指标比较有哪些不同。

2-10 何谓水泥的细度、凝结时间和安定性？它们有何实际意义？

2-11 引起安定性不良的原因有哪些？

2-12 评定硅酸盐水泥、普通水泥、矿渣水泥、火山灰水泥、粉煤灰水泥、复合水泥质量时应控制哪几个主要技术指标？它们的适用范围如何？

2-13 试分析硅酸盐水泥、普通水泥、矿渣水泥、火山灰水泥、粉煤灰水泥在性质上的差异。

2-14 何谓砌筑水泥、白水泥、中热硅酸盐水泥、低热硅酸盐水泥、低热矿渣硅酸盐水泥、明矾石膨胀水泥？它们各有哪些特性？各有什么用途？

2-15 何谓硫铝酸盐水泥和铁铝酸盐水泥？具有哪些特性？适用范围如何？

2-16 何谓低碱度硫铝酸盐水泥？有何技术要求？说明其特性及适用范围。

2-17 如何进行水泥的质量评定与验收？

2-18 通用水泥的优等品、一等品及合格品如何划分？各质量等级的技术要求有哪些？水泥的质量等级如何评定？

2-19 何谓水泥的受潮？对水泥受潮程度如何鉴别？如何处理？

第三章 普通混凝土

混凝土是以胶凝材料、粗骨料、细骨料、水，必要时加入外加剂或矿物混合材料，按适当比例配合，经过均匀搅拌，密实成型及养护硬化而成的人工石材。

混凝土是现代土木建筑工程不可缺少的重要工程材料。

建筑工程中用量最大、用途最广的，是以水泥为胶凝材料制成的水泥混凝土，其分类见表3-1，其中应用最多的是普通混凝土。

水泥混凝土的分类   表 3-1

混凝土分类	混凝土品种
按表观密度分	重混凝土：干表观密度大于 2800kg/m³ 的水泥混凝土 普通混凝土：干表观密度为 2000～2800kg/m³ 的水泥混凝土 轻混凝土：干表观密度小于 1950kg/m³ 的水泥混凝土
按拌合物稠度	超干硬性混凝土、特干硬性混凝土、干硬性混凝土、半干硬性混凝土 低塑性混凝土、塑性混凝土 流动性混凝土、大流动性混凝土
按配筋情况分	素混凝土、钢筋混凝土、预应力混凝土、纤维混凝土
按施工工艺分	现浇普通混凝土、预拌混凝土、离心成型混凝土、泵送混凝土、喷射混凝土
按使用功能分	高强混凝土、高性能混凝土、抗渗混凝土、抗冻混凝土、保温混凝土、耐酸混凝土、耐热混凝土、耐碱混凝土、耐硫酸盐混凝土、防水混凝土、水工混凝土、海洋混凝土、防辐射混凝土

普通混凝土由水泥、卵石或碎石、砂和水配制而成，干表观密度为 2000～2800kg/m³，以下简称混凝土。其中砂和石起骨架作用，被称为"骨料"（或"集料"）。石子为粗骨料，砂为细骨料。普通混凝土结构示意图见图3-1。

组成混凝土原材料的质量、各组分所占的比例，将会影响混凝土的一系列性质。

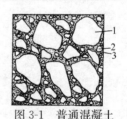

图 3-1 普通混凝土
结构示意图

1—粗骨料；2—细骨料；3—水泥浆

第一节 混凝土的原材料

为了保证混凝土的质量，配制符合各项技术要求的混凝土，合理选择原材料非常重要。

一、水泥

应根据混凝土工程的特点、所处环境和设计、施工的要求，并结合各种水泥的不同特性及适用范围，合理地选择水泥的品种与强度等级。

配制混凝土一般用硅酸盐水泥、普通水泥、矿渣水泥、火山灰水泥、粉煤灰水泥等；

必要时可选用专用水泥或特性水泥。各种水泥的技术要求及适用范围，详见第二章。

水泥强度等级的选择，应与混凝土的设计强度等级相适应，并应充分地利用水泥的活性。

二、砂

1. 砂的分类

配制混凝土用砂可分为天然砂和机制砂两大类。

天然砂：自然生成的，经人工开采和筛分的粒径小于 4.75mm 的岩石颗粒，包括河砂、湖砂、山砂、淡化海砂，但不包括软质、风化的岩石颗粒。

机制砂：经除土处理，由机械破碎、筛分制成的，颗粒小于 4.75mm 的岩石、矿山尾矿或工业废渣颗粒，但不包括软质、风化的颗粒，俗称人工砂。

砂按技术要求分为Ⅰ类、Ⅱ类和Ⅲ类，共三个类别。

2. 砂的物理性质

砂的物理性质主要包括：表观密度、堆积密度、空隙率、含水率等指标。具体数值应通过试验测定，详见试验 2-2～试验 2-4。

一般情况下应符合如下规定：表观密度应不小于 2500kg/m³；松散堆积密度（干燥状态）不小于 1400kg/m³；空隙率不大于 44%。

若砂处于潮湿状态，其表观密度将随砂中含水率增大而增大，同时砂的体积也会发生膨胀或回缩。砂中含水率，对砂外观体积变化的影响见图 3-2 和图 3-3。

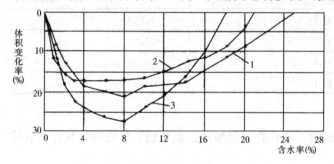

图 3-2　砂含水率与体积的变化关系
1—细砂；2—中砂；3—粗砂

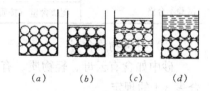

图 3-3　砂的体积随含水率变化示意图
（a）干砂；（b）加少量水填充砂粒空隙，质量增加，体积不变；（c）继续加水，砂粒周围形成水膜，体积膨胀；（d）再继续加水，砂粒紧贴，体积缩小

由于砂中含水量不同，将会影响混凝土的拌合水量和砂的用量。所以在混凝土配合比设计中为了有可比性，规定砂的用量应按完全干燥状态为基准计算；对于其他含水率状态应进行换算。

3. 技术要求

砂的质量指标含义如下：

（1）含泥量、石粉含量和泥块含量

1）含泥量：天然砂中粒径小于 75μm 的颗粒含量。

2）石粉含量：机制砂中粒径小于 $75\mu m$ 的颗粒含量。

3）泥块含量：砂中原粒径大于 1.18mm，经水浸洗、手捏后小于 $600\mu m$ 的颗粒含量。

天然砂的含泥量和泥块的含量应符合表 3-2 的规定。

天然砂的含泥量和泥块的含量　　　　　　　　　　表 3-2

类　　别	Ⅰ	Ⅱ	Ⅲ
含泥量（按质量计）（%）	≤1.0	≤3.0	≤5.0
泥块含量（按质量计）（%）	0	≤1.0	≤2.0

天然砂中含泥过多，对混凝土是有害的，必须严格控制。而机制砂中适量的石粉对混凝土是有益的。尤其是对强度等级低的混凝土的和易性的改善极为有利。但为了防止机制砂在开采、加工过程中因各种因素混入过量的泥土，必须对机制砂进行亚甲蓝 MB 值的定量检验；或采用亚甲蓝 MB 定性快速检验，此方法适用于生产现场和使用现场的生产控制及复试。用以区分小于 $75\mu m$ 的颗粒是泥土还是石粉，以便合理使用机制砂。

机制砂中石粉含量及泥块含量应符合表 3-3 的规定。

机制砂中石粉含量和泥块含量　　　　　　　　　　表 3-3

类　　别		Ⅰ类	Ⅱ类	Ⅲ类
MB 值≤1.4 或快速法试验合格	MB 值	≤0.5	≤1.0	≤1.4 或合格
	石粉含量（按质量计）（%）		≤10.0	
	泥块含量（按质量计）（%）	0	≤1.0	≤2.0
MB 值＞1.4 或快速法试验不合格	石粉含量（按质量计）（%）	≤1.0	≤3.0	≤5.0
	泥块含量（按质量计）（%）	0	≤1.0	≤2.0

（2）有害物质含量

砂中如含有云母、轻物质、有机物、硫化物、硫酸盐、氯化物、贝壳等，其含量应符合表 3-4 的规定。

砂中有害物质含量　　　　　　　　　　表 3-4

类　　别	Ⅰ类	Ⅱ类	Ⅲ类
云母（按质量计）（%）	≤1.0	≤2.0	
轻物质（按质量计）（%）		≤1.0	
有机物		合格	
硫化物及硫酸盐（按 SO_3 质量计）（%）		≤0.5	
氯化物（以氯离子质量计）（%）	≤0.01	≤0.02	≤0.06
贝壳（按质量计）（%）	≤3.0	≤5.0	≤8.0

注："贝壳"仅适用于海砂，其他砂种不做要求。

表中轻物质是指砂中表观密度小于 $2000kg/m^3$ 的物质。其过多的含量会使混凝土表面形成薄弱层，或因一些化学反应产生膨胀或引起钢筋的腐蚀，而影响混凝土的强度。有抗冻、抗渗要求的混凝土对砂中云母的含量要求更加严格。

（3）坚固性

砂的坚固性是指砂在自然风化和其他外界物理化学因素作用下，抵抗破裂的能力。砂的坚固性用硫酸钠溶液检验。试样经 5 次循环后，天然砂、机制砂其质量损失及机制砂的压碎指标应符合表 3-5 的规定。

砂坚固性与压碎指标 表 3-5

砂 的 种 类		天然砂			机制砂		
砂 的 类 别		Ⅰ类	Ⅱ类	Ⅲ类	Ⅰ类	Ⅱ类	Ⅲ类
坚固性	质量损失（%）	≤8		≤10	≤8		≤10
压碎指标	单级最大压碎指标（%）	—		—	≤20	≤25	≤30

（4）碱骨料反应

经碱骨料反应试验后，试件应无裂缝、酥裂、胶体外溢等现象，在规定的试验龄期膨胀率应小于 0.01%。

（5）含水率和饱和面干吸水率

当有要求时，应报告该实测值。

（6）颗粒级配与粗细程度

1）颗粒级配

颗粒级配是指各种粒径在骨料中所占的比例。颗粒级配示意图见图 3-4。

当采用一种砂时，其空隙率最大（图 3-4a）；两种不同粒径搭配得当，空隙率则减少（图 3-4b）；采用粗、中、细或更细等多种粒径混合时，空隙率会更小（图 3-4c）。这样一级一级颗粒互相填充搭配，若比例适当，就会使砂子的空隙率达到最小。砂的级配好，通常就是指砂的空隙率较小，需用于填实砂空隙的水泥浆就少，这样填充可以节约水泥。

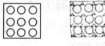

图 3-4 颗粒级配示意图
(a) 单一粒径砂；(b) 两种粒径砂；
(c) 多种粒径砂

2）粗细程度

砂的粗细程度，是指不同粒径的砂粒混合在一起总体的粗细程度。砂的粗细程度影响单位质量砂的总表面积。在相同用量条件下，细砂总表面积大，粗砂总表面积小。为了获得比较小的总表面积，以节约混凝土中的水泥用量，应尽量采用较粗的颗粒。但颗粒过粗，易使混凝土拌合物产生离析，影响和易性。若中、粗颗粒过多，中、小颗粒搭配又不好，则会使砂的空隙率增大。因此，砂的粗细程度要和砂的颗粒级配同时考虑。

3）颗粒级配与粗细程度的确定

图 3-5 砂石标准筛

按标准规定的方法，采用规定孔径（表 3-6）的一组标准筛（图 3-5），进行砂的筛分析试验（试验 2-1）。称量各筛上的筛余量，并计算各号筛的筛余量占试样总量的百分率，即为各号筛的分计筛余百分率；再计算各号筛的累计筛余百分率，即该号筛的分计筛余百分率加上该号筛以上各筛的分计筛余百分率之和。

经实测后砂子各筛的累计筛余百分率，若在表 3-6 规定的三个级配区中任一区间范围内，或符合级配规定的要求时，即为颗粒级配合格。砂级配类别对应的级配区见表3-7。

砂颗粒级配 表 3-6

砂的分类	天然砂			机制砂		
级配区	1 区	2 区	3 区	1 区	2 区	3 区
方筛孔	累计筛余（%）					
4.75mm	10～0	10～0	10～0	10～0	10～0	10～0
2.36mm	35～5	25～0	15～0	35～5	25～0	15～0
1.18mm	65～35	50～10	25～0	65～35	50～10	25～0
600μm	85～71	70～41	40～16	85～71	70～41	40～16
300μm	95～80	92～70	55～55	95～80	92～70	85～55
150μm	100～90	100～90	100～90	97～85	94～80	94～75

砂级配类别 表 3-7

类 别	Ⅰ类	Ⅱ类	Ⅲ类
级配区	2 区	1、2、3 区	

2 区砂粗细适宜，性能较好，配制混凝土应优先选用 2 区的砂；1 区的砂偏粗，应提高砂率，并保持足够的水泥或胶凝材料用量，满足混凝土工作性的要求；3 区砂偏细，保水性好，用其配制混凝土时，宜适当地降低砂率，以保证混凝土强度。

表 3-6 中反映的是砂大致的粗细程度，按有关标准规定可用细度模数（M_x）来准确地评定砂的粗细程度。

按细度模数可将砂分为粗砂、中砂和细砂三级。

粗砂：$M_x=3.1\sim3.7$；中砂：$M_x=2.3\sim3.0$；细砂：$M_x=1.6\sim2.2$。

三、石子

1. 石子的分类

制备混凝土用石子，可分为卵石和碎石两类。按其技术要求分为Ⅰ类、Ⅱ类和Ⅲ类。

卵石是由自然风化、水流搬运和分选、堆积形成的粒径大于 4.75mm 的岩石颗粒。

碎石是天然岩石、卵石或矿山废石经机械破碎、筛分制成的，粒径大于 4.75mm 的岩石颗粒。

2. 物理性质

（1）卵石、碎石表观密度、连续级配松散堆积空隙率，应符合下列规定：

表观密度不小于 2600kg/m³；连续级配松散堆积空隙率见试验 2-7，并应符合表 3-8 的规定。

连续级配松散堆积空隙率 表 3-8

类 别	Ⅰ类	Ⅱ类	Ⅲ类
空隙率（%）	≤43	≤45	≤47

（2）吸水率、含水率和堆积密度

吸水率应符合表 3-9 的规定。含水率和堆积密度可通过试验测得，见试验 2-7、试验

2-8。

吸水率			表 3-9
类别	Ⅰ类	Ⅱ类	Ⅲ类
吸水率（%）	≤1.0	≤2.0	≤2.0

3. 技术要求

（1）含泥量与泥块含量

卵石、碎石中粒径小于 $75\mu m$ 的颗粒含量，称为含泥量。

卵石、碎石中原粒径大于 4.75mm，经水浸洗，手捏后变成小于 2.36mm 的颗粒含量，为泥块含量。

卵石、碎石的含泥量和泥块含量应符合表 3-10 的规定。

含泥量和泥块含量			表 3-10
类别	Ⅰ类	Ⅱ类	Ⅲ类
含泥量（按质量计）（%）	≤0.5	≤1.0	≤1.5
泥块含量（按质量计）（%）	0	≤0.2	≤0.5

骨料的含泥量及泥块含量，对混凝土抗压、抗拉、抗折等强度，抗渗、抗冻及干缩等性能的影响，随着混凝土强度等级的提高而增大。

（2）有害物质含量

卵石和碎石中有害物质含量应符合表 3-11 的规定。

有害物质含量			表 3-11
类别	Ⅰ类	Ⅱ类	Ⅲ类
有机物	合格	合格	合格
硫化物及硫酸盐（按 SO_3 质量计）（%）	≤0.5	≤1.0	≤1.0

骨料中的硫化物、硫酸盐能腐蚀混凝土，引起钢筋锈蚀，降低混凝土的强度和耐久性；有机物会延迟混凝土的硬化，影响混凝土的强度增长。所以，应严格控制骨料中有害物质的含量。

（3）坚固性

采用硫酸钠溶液法进行试验，卵石和碎石经 5 次循环后，其质量损失应符合表 3-12 的规定。

坚固性指标			表 3-12
类别	Ⅰ类	Ⅱ类	Ⅲ类
质量损失（%）	≤5	≤8	≤12

（4）针片状颗粒含量

颗粒的长度大于该颗粒所属粒级的平均粒径 2.4 倍者，为针状颗粒；厚度小于平均粒径 0.4 倍者，为片状粒径。平均粒径指该粒级上、下限粒径的平均值。

例如：公称粒径为 5～10mm 连续粒级的卵石，其中厚度小于 3mm 的颗粒为片状颗粒，

因为 $\dfrac{5+10}{2}\times 0.4=3$。

卵石和碎石的针、片状颗粒含量应符合表 3-13 的规定。

针、片状颗粒含量　　　　表 3-13

类别	Ⅰ类	Ⅱ类	Ⅲ类
针、片状颗粒总含量（按质量计）（%）	≤5	≤10	≤15

卵石与碎石中的针、片状颗粒含量多，会影响混凝土拌合物的工作性，同时会降低混凝土强度，尤其是对抗折强度的影响较抗压强度更大。

（5）强度

碎石的强度可用岩石的抗压强度和压碎指标表示。碎石的抗压强度应比所配制的混凝土强度至少高 20%。当混凝土强度等级≥C60 时，应进行岩石抗压强度检验。在水饱和状态下，其抗压强度火成岩应不小于 80MPa，变质岩应不小于 60MPa，水成岩应不小于 30MPa。工程中可采用压碎值指标进行质量控制。碎石、卵石的压碎值指标应符合表 3-14 的规定。

压　碎　指　标　　　　表 3-14

类别	Ⅰ	Ⅱ	Ⅲ
碎石压碎指标（%）	≤10	≤20	≤30
卵石压碎指标（%）	≤12	≤14	≤16

（6）碱骨料反应，要求与砂相同。

（7）颗粒级配

卵石、碎石的颗粒级配，其原理与砂基本相同，试验方法见试验 2-5。可分为连续粒级和单粒级两种。

连续粒级，按其粒径尺寸分为 5 级。每级颗粒尺寸都是由小到大连续的，并占适当的比例。单粒级分为 7 级，其颗粒粒径不连续排列，缺少某些粒径的颗粒搭配。所以必要时也可以根据需要采用不同单粒级卵石或碎石组合成满足要求的连续粒级；也可与连续粒级混合使用，以改善其级配或配成较大粒度的连续粒级。以尽量使空隙减少，降低水泥浆的需要量。

卵石、碎石的颗粒级配应符合表 3-15 的规定。

颗　粒　级　配　　　　表 3-15

公称粒级 (mm)		累计筛余（%）										
		方孔筛（mm）										
		2.36	4.75	9.50	16.0	19.0	26.5	31.5	37.5	53.0	63.0	75.0	90
连续粒级	5～16	95～100	85～100	30～60	0～10	0							
	5～20	95～100	90～100	40～80	—	0～10	0						
	5～25	95～100	90～100	—	30～70	—	0～5	0					
	5～31.5	95～100	90～100	70～90	—	15～45	—	0～5	0				
	5～40	—	95～100	70～90	—	30～65	—	—	0～5	0			

42

公称粒级 (mm)		累计筛余（%）											
		方孔筛（mm）											
		2.36	4.75	9.50	16.0	19.0	26.5	31.5	37.5	53.0	63.0	75.0	90
单粒粒级	5～10	95～100	80～100	0～15	0								
	10～16		95～100	80～100	0～15								
	10～20		95～100	85～100		0～15	0						
	16～25			95～100	55～70	25～40	0～10						
	16～31.5		95～100		85～100			0～10	0				
	20～40			95～100		80～100			0～10	0			
	40～80					95～100			70～100		30～60	0～10	0

（8）最大粒径

公称粒径的上限为该粒级的最大粒径。

粗骨料的最大粒径，应在条件允许情况下，尽量选用大的。这样可以减少其总表面积、节约水泥。但粒径过大又会给施工操作带来不便。所以应根据结构物的种类、尺寸、钢筋间距等选择其最大粒径。按有关规定：混凝土用的粗骨料，其最大粒径不得大于结构物最小截面最小边长的 1/4，同时不得大于钢筋间最小净距的 3/4。对于实心板，最大粒径不得超过板厚的 1/2，且不得超过 50mm。

四、混凝土用水

混凝土用水是拌合用水和养护用水的总称，包括：饮用水、地表水、地下水、再生水、混凝土企业设备洗刷水和海水等。

1. 技术要求

（1）水的质量

为了保证用水的质量，使混凝土性能符合相应的技术要求，对混凝土拌合用水水质要求应符合表 3-16 的规定。

混凝土拌合用水水质要求 表 3-16

项 目	预应力混凝土	钢筋混凝土	素混凝土
pH 值	≥5.0	≥4.5	≥4.5
不溶物（mg/L）	≤2000	≤2000	≤5000
可溶物（mg/L）	≤2000	≤5000	≤10000
Cl^-（mg/L）	≤500	≤1000	≤3500
SO_4^{2-}（mg/L）	≤600	≤2000	≤2700
碱含量	≤1500	≤1500	≤500

注：碱含量按 $Na_2O+0.658K_2O$ 计算值来表示。采用非碱活性骨料时，可不检验碱含量。

（2）放射性

地表水、地下水、再生水的放射性要求，应按国家标准《生活饮用水卫生标准》GB 5749—2006 的规定从严控制，超标者不能使用。

（3）对比试验

当混凝土拌合用水采用非饮用水时，应进行对比试验。

1）被检验水样应与饮用水样进行水泥凝结时间对比试验。对比试验的水泥初凝时间差及终凝时间差均不应大于 30min；

2）被检验水样应与饮用水样进行水泥胶砂强度对比试验，被检验水样配制的水泥胶砂 3d 和 28d 强度不应低于饮用水配制的水泥胶砂 3d 和 28d 强度的 90%。

（4）其他

为了保证混凝土的性能，混凝土拌合用水不应有漂浮明显的油脂泡沫，以及明显的颜色；不得采用带有异味的水，以免影响环境。

2. 应用

（1）对于设计使用年限为 100 年的结构混凝土，氯离子含量不得超过 500mg/L；对使用钢丝或经热处理钢筋的预应力混凝土，氯离子含量不得超过 350mg/L。因氯离子会引起钢筋锈蚀。

（2）混凝土企业设备洗刷水不适用于预应力混凝土、装饰混凝土、加气混凝土和暴露于腐蚀环境下的混凝土；不得用于碱活性或潜在碱活性骨料的混凝土。

（3）未经处理的海水，严禁用于钢筋混凝土和预应力混凝土，因海水中含盐量较高，尤其是氯离子含量高，会导致混凝土中的钢筋锈蚀，严重影响混凝土的耐久性。

在无法获得水源的情况下，海水可用于素混凝土，但不宜用于装饰混凝土。海水会引起混凝土表面返潮和泛霜，从而影响混凝土表面质量。

（4）对混凝土养护用水的要求，可较拌合用水适当放宽，对水泥凝结时间、水泥胶砂强度及水中不溶物和可溶物可不做检验，其他检验项目符合表 3-16 要求即可。

五、掺合料

为了改善混凝土的性质、节约水泥、降低成本，可在混凝土中掺入适量的矿物材料，称为混凝土的掺合料。工程中常用的掺合料品种如下：

1. 粉煤灰

（1）分类

粉煤灰按煤种分为 F 类和 C 类。

F 类粉煤灰——由无烟煤或烟煤煅烧收集的粉煤灰；

C 类粉煤灰——由褐煤或次烟煤煅烧收集的粉煤灰，其氧化钙含量一般大于 10%。

拌制混凝土用粉煤灰按其品质分为Ⅰ、Ⅱ、Ⅲ三个等级。

（2）技术性质

粉煤灰的技术指标见表 3-17。

粉煤灰技术指标　　　　　　　　　　　　　　　表 3-17

项　　目		技 术 要 求		
		Ⅰ 级	Ⅱ 级	Ⅲ 级
细度（45μm 方孔筛筛余）（%）　≤	F 类粉煤灰	12.0	25.0	45.0
	C 类粉煤灰			
需水量比（%）　≤	F 类粉煤灰	95	105	115
	C 类粉煤灰			
烧失量（%）　≤	F 类粉煤灰	5.0	8.0	15.0
	C 类粉煤灰			

项　目		技　术　要　求		
		Ⅰ级	Ⅱ级	Ⅲ级
含水量(%) ≤	F类粉煤灰	1.0		
	C类粉煤灰			
三氧化硫(%) ≤	F类粉煤灰	3.0		
	C类粉煤灰			
游离氧化钙(%) ≤	F类粉煤灰	1.0		
	C类粉煤灰	4.0		
安全性,雷氏夹沸煮后增加距离(mm) ≤	C类粉煤灰	5.0		
放射性		合格		

（3）应用

Ⅰ级粉煤灰适用于钢筋混凝土和跨度小于6m的预应力混凝土；Ⅱ级粉煤灰适用于钢筋混凝土和无筋混凝土；Ⅲ级粉煤灰适用于无筋混凝土。

2. 粒化高炉矿渣粉

粒化高炉矿渣粉（简称矿渣粉）分为 S105、S95、S75 三个等级，其技术指标应符合表 3-18 的规定。

矿渣粉的技术指标　　　　　　　　　　　　表 3-18

项　　目		级　　别		
		S105	S95	S75
密度（g/cm³） ≥		2.8		
比表面积（m²/kg） ≥		500	400	300
活性指数（%） ≥	7d	95	75	55
	28d	105	95	75
流动度比（%） ≥		95		
含水量（质量分数）（%） ≤		1.0		
三氧化硫（质量分数）（%） ≤		4.0		
氯离子（质量分数）（%） ≤		0.06		
烧失量（质量分数）（%） ≤		3.0		
玻璃体含量（质量分数）（%） ≥		85		
放射性		合格		

3. 天然沸石粉

天然沸石粉是指以天然沸石岩为原料，经破碎、磨细至规定细度制成的粉状物质，简称沸石粉。沸石粉分为Ⅰ、Ⅱ、Ⅲ级。Ⅰ级沸石粉适用于强度等级不低于C60的混凝土；Ⅱ级沸石粉适用于强度等级低于C60的混凝土；Ⅲ级用于砂浆。

4. 硅灰

硅灰是铁合金厂在冶炼硅铁合金或金属硅时，从烟尘中收集的一种飞灰。其颗粒呈球状，平均粒径约为 0.1μm。

由于硅灰颗粒细小，能显著减少混凝土的孔隙率和孔尺寸，改善骨料界面及过渡层的水泥浆体结构，适用于强度等级 C80 以上高强混凝土。

六、外加剂的分类与技术要求

混凝土外加剂是一种在混凝土搅拌之前或拌制过程中掺入的，用以改善新拌混凝土和

（或）硬化混凝土性能的材料。外加剂中氨的释放量应小于或等于 0.10％（质量分数）。外加剂掺量是以外加剂占水泥（或者总胶凝材料）质量的百分数表示。

混凝土外加剂按其主要性能分为四类，见表 3-19。

外加剂的分类   表 3-19

序号	主要性能	种类
1	调节或改善混凝土拌合物流变性能	减水剂、泵送剂、絮凝剂等
2	调节混凝土凝结时间、硬化性能	早强剂、缓凝剂、速凝剂等
3	改善混凝土耐久性	引气剂、防水剂、防冻剂、膨胀剂、阻锈剂等
4	改善混凝土其他性能	加气剂、泡沫剂、着色剂、界面剂、保水剂、黏度调节剂等

混凝土外加剂质量应符合表 3-20 的规定。

外加剂匀质性指标   表 3-20

项目	指标
氯离子含量（％）	不超过生产厂控制值
总碱量（％）	不超过生产厂控制值
含固量（％）	$S>25\%$ 时，应控制在 $0.95S\sim1.05S$；$S\leqslant25\%$ 时，应控制在 $0.90S\sim1.10S$
含水率（％）	$W>5\%$ 时，应控制 $0.90W\sim1.10W$；$W\leqslant5\%$ 时，应控制在 $0.80W\sim1.20W$
密度（g/cm³）	$D>1.1$ 时，应控制在 $D\pm0.03$；$D\leqslant1.1$ 时，应控制在 $D\pm0.02$
细度	应在生产厂控制范围内
pH 值	应在生产厂控制范围内
硫酸钠含量（％）	不超过生产厂控制值

注：1. 生产厂应在相关的技术资料中明示产品匀质性指标的控制值；
    2. 对相同和不同批次之间的匀质性和等效性的其他要求，可由供需双方商定；
    3. 表中的 S、W 和 D 分别为含固量、含水率和密度的生产厂控制值。

应用外加剂主要注意事项：

1. 外加剂的品种应根据工程设计和施工要求选择。工程原材料应通过试验及技术经济比较后确定。

2. 几种外加剂复合使用时，应注意不同品种外加剂之间的相容性及对混凝土性能的影响。使用前应进行试验，满足要求后方可使用。

3. 对钢筋混凝土和有耐久性要求的混凝土应按有关标准规定，严格控制混凝土中氯离子含量和碱的数量。混凝土中氯离子含量和总碱量，分别是指其各种原材料所含氯离子含量之和及碱含量之和。

4. 严禁使用对人体产生危害，对环境产生污染的外加剂。

七、减水剂

减水剂是混凝土外加剂中最重要的品种。减水剂是在不影响混凝土和易性前提下，具有减水及增强作用的外加剂。

1. 减水剂的作用

水泥加水拌合后，水泥颗粒间会相互吸引，在水中形成许多絮状物。在絮状结构中包裹着很多拌合水，使得这部分水起不到增加浆体流动性的作用。当加入减水剂后，这种表面活性剂，能拆散水泥絮状结构，形成分散的浆体（图3-6），使其被包裹的水分释放出来，达到减水的目的，并有效地增加混凝土拌合物的流动性。由于减水剂对水泥的分散作用，使得水泥颗粒与水接触的表面增多，水化充分，并不同程度地改变了硬化后水泥石结构，使大孔减少，微孔增多，从而提高混凝土的强度和耐久性。

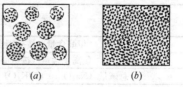

图 3-6　减水剂分布作用示意图
（a）絮状浆体；（b）分散浆体

2. 减水剂的类型及代号

减水剂按其减水率（大小）性能分为：高性能减水剂（早强型、标准型和缓凝型）、高效减水剂（标准型和缓凝型）、普通减水剂（早强型、标准型和缓凝型）和引气减水剂。各种减水剂的代号见表3-21。

减水剂类型及代号　　　　　　　　　　　表3-21

类　型		代　号
高性能减水剂	早强型高性能减水剂	HPWR-A
	标准型高性能减水剂	HPWR-S
	缓凝型高性能减水剂	HPWR-R
高效减水剂	标准型高效减水剂	HWR-S
	缓凝型高效减水剂	HWR-R
普通减水剂	早强型普通减水剂	WR-A
	标准型普通减水剂	WR-S
	缓凝型普通减水剂	WR-R
引气减水剂	—	AEWR

3. 高性能减水剂

高性能减水剂是国内外近年来开发的新型外加剂。与其他外加剂相比，在配制高强混凝土和高耐久性混凝土时，具有明显的技术优势和较高的性价比。

高性能减水剂是指比高效减水剂具有更高减水率、更好坍落度保持性能、较小干燥收缩且具有一定引气性能的减水剂。

高性能减水剂包括：聚羧酸系减水剂、氨基羧酸系减水剂等。目前以聚羧酸系减水剂为代表的高性能减水剂已逐渐在工程中得到应用。

聚羧酸系减水剂（代号PCA）是由含有羧基的不饱和单体和其他单体共聚而成，具有优良性能的系列减水剂。

（1）分类、代号及标记

按产品类型分为：非缓凝型（代号：FHN）、缓凝型（代号：HN）；按产品形态分为：液体（代号：Y）、固体（代号：G）；按产品质量分为：一等品（代号Ⅰ）、合格品（代号Ⅱ）。

其标记按产品的名称、形态、类别顺序标记。

【例3-1】非缓凝液体型、合格品的聚羧酸系高性能减水剂，标记为：PCA-FHN-Y-Ⅱ。

（2）化学性能

聚羧酸系高性能减水剂的化学性能应符合表3-22的规定。

聚羧酸系高性能减水剂化学性能指标　　　　　　表 3-22

试　验　项　目		性能指标	
		FHN	HN
甲醛含量（按折固含量计）（%）	≤	0.05	
氯离子含量（按折固含量计）（%）	≤	0.60	
总碱量（Na₂O+0.658K₂O）（按折固含量计）（%）	≤	15	

4. 高效减水剂

高效减水剂是指在混凝土坍落度基本相同的条件下，能大幅度减少拌合用水量的外加剂。不同于普通减水剂，其具有较高的减水率、较低引气量，是我国使用量大、面广的外加剂品种。目前，我国使用的高效减水剂品种较多，主要有以下几种：

（1）萘和萘的同系磺化物与甲醛缩合的盐类、氨基磺酸盐等多环芳香族磺酸盐类；

（2）磺化三聚氰胺树脂等水溶性树脂磺酸盐类；

（3）脂肪族羟烷基磺酸盐高缩聚物等脂肪族类。

缓凝型高效减水剂，是以上述各种高效减水剂为主要组分，再复合适量的缓凝组分或其他功能性组分而成的外加剂。缓凝型高效减水剂兼有缓凝功能和高效减水功能。

5. 普通减水剂

普通减水剂是指在混凝土坍落度基本相同的条件下，能减少拌合用水量的外加剂。其主要是以木质素磺酸盐类为代表。常用的有木钙、木钠和木镁，以其为原料，加入不同类型的调凝剂，可制得不同类型的减水剂，如早强型、标准型和缓凝型的普通减水剂。

早强型普通减水剂是指兼有早强和减水功能的减水剂，是由早强剂与普通减水剂复合而成的。

缓凝型普通减水剂是指兼有缓凝和减水功能的外加剂，是由木质素磺酸盐类、多元醇类减水剂（包括糖钙和低聚糖类缓凝减水剂），以及木质素磺酸盐类、多元醇类减水剂与缓凝剂复合而成的。

6. 引气剂（代号 AE）及引气减水剂

引气剂是一种能使混凝土在搅拌过程中，引入大量、均匀分布、稳定而封闭的微小气泡，且能保留在硬化混凝土中的外加剂。

引气减水剂是兼有引气和减水功能的外加剂。它是由引气剂和减水剂复合而成的。

（1）引气剂分类

① 松香热聚物、松香皂及改性松香皂等松香树脂类；

② 十二烷基磺酸盐、烷基苯磺酸盐、石油磺酸盐等烷基和烷基芳烃磺酸盐类；

③ 脂肪醇聚氧乙烯磺酸钠、脂肪醇硫酸钠等脂肪醇磺酸盐类；

④ 脂肪醇聚氧乙烯醚、烷基苯酚聚氧乙烯醚等非离子聚醚类；

⑤ 三萜皂甙等皂甙类；

⑥ 不同品种引气剂的复合物。

（2）引气剂与引气减水剂的含气量限值

① 用于改善新拌混凝土工作性时，新拌混凝土含气量应控制在 3%～5%；

② 有抗冻融要求的混凝土含气量，应根据混凝土抗冻等级和粗骨料最大公称粒径等经试验确定，但不应超过表 3-23 规定的含气量。

掺引气剂或引气减水剂混凝土含气量限制 表 3-23

粗骨料最大公称粒径（mm）	混凝土含气量限值（%）	粗骨料最大公称粒径（mm）	混凝土含气量限值（%）
10	7.0	25	5.0
15	6.0	40	4.5
20	5.5		

注：表中含气量，C50、C55 混凝土可降低 0.5%；C60 及 C60 以上的混凝土可降低 1%，但不宜低于 3.5%。

7. 减水剂、引气剂的性能指标

掺各种减水剂、引气剂的混凝土的性能指标应分别符合表 3-24 的要求。

掺减水剂及引气剂混凝土性能指标 表 3-24

项目		外加剂品种								引气减水剂 AEWR	引气剂 AE
		高性能减水剂 HPWR			高效减水剂 HWR		普通减水剂 WR				
		早强型 HPWR-A	标准型 HPWR-S	缓凝型 HPWR-R	标准型 HWR-S	缓凝型 HWR-R	早强型 WR-A	标准型 WR-S	缓凝型 WR-R		
减水率（%），≥		25	25	25	14	14	8	8	8	10	6
泌水率比（%），≤		50	60	70	90	100	95	100	100	70	
含气量（%）		≤6.0	≤6.0	≤6.0	≤3.0	≤4.5	≤4.0	≤4.0	≤5.5	≥3.0	
凝结时间之差（min）	初凝	−90~+90	−90~+90	>+90	−90~+120	>+90	−90~+90	−90~+90	>+90	−90~+120	
	终凝		+120					+120			
1h 经时变化量	坍落度（mm）	—	≤80	≤60						—	
	含气量（%）									−1.5~+1.5	
抗压强度比（%），≥	1d	180	170		140		135			—	—
	3d	170	160		130		130	115		115	95
	7d	145	150	140	125	125	110	115	110	110	95
	28d	130	140	130	120	120	100	110	110	100	90
收缩率比（%），≤	28d	110	110	110	135	135	135	135	135	135	
相对耐久性（200 次）（%），≥		—	—	—	—	—	—	—	—	80	

注：1. 表中抗压强度比、收缩率比、相对耐久性为强制性指标，其余为推荐性指标；
  2. 除含气量和相对耐久性外，表中所列数据为掺外加剂混凝土与基准混凝土的差值或比值；
  3. 凝结时间之差性能指标中的"—"号表示提前，"+"号表示延缓；
  4. 相对耐久性（200 次）性能指标中的"≥80"表示将 28d 龄期的受检混凝土试件快速冻融循环 200 次后，动弹性模量保留值≥80%；
  5. 1h 含气量经时变化量指标中的"—"号表示含气量增加，"+"号表示含气量减少。

8. 减水剂与引气剂的功能与应用

各类型减水剂与引气剂的功能与应用见表 3-25。

减水剂及引气剂主要功能及其应用 表 3-25

序号	类型	主要功能	适用范围
1	聚羧酸系高性能减水剂	1. 掺量低（按固体含量计算，一般为胶凝材料质量的0.15%～0.25%），减水率在20%以上。 2. 混凝土拌合物工作性及工作性保持性较好，坍落度经时损失小。 3. 外加剂中氯离子和碱含量较低。 4. 用其配制的混凝土收缩率较小，可改善混凝土的体积稳定性和耐久性。 5. 对水泥的适应性较好。 6. 生产和使用过程中不污染环境，是环保型的外加剂	1. 用于配制素混凝土、钢筋混凝土和预应力混凝土。 2. 用于配制高强或超高强混凝土、高性能混凝土。 3. 高流态、自密实（或称免振捣）混凝土、高耐久性混凝土、高体积稳定性混凝土、高工作性要求的混凝土。 4. 超高程泵送、超长距离泵送混凝土、清水混凝土、预制构件混凝土和钢管混凝土。 5. 要求对水泥分散性保持好（即坍落度损失小）的商品预拌混凝土。 6. 缓凝型聚羧酸性高性能减水剂，宜用于大体积混凝土，不宜用于日最低气温5℃以下施工的混凝土。 7. 早强型聚羧酸性高性能减水剂，宜用于有早强要求或低温季节施工的混凝土，但不宜用于日最低气温−5℃以下施工的混凝土，且不宜用于大体积混凝土。 8. 具有引气型聚羧酸性高性能减水剂，用于蒸养混凝土时，应经试验验证。 9. 聚羧酸系高性能减水剂与萘系减水剂不宜复合使用。 10. 聚羧酸系高性能减水剂的掺量对混凝土性能影响较大，使用时应准确计量。 11. 由于生产成本相对较高，因此一般不用于配制普通强度等级的混凝土
2	高效减水剂	1. 在保证混凝土工作性及水泥用量不变的条件下，可大幅度减少用水量（减水率>12%）。 2. 在保持混凝土用水量及水泥用量不变条件下，可增大混凝土流动性。 3. 在保持强度恒定值时，能节约水泥10%或更多。 4. 可提高混凝土抗渗、抗冻融、耐腐蚀性能。 5. 加速混凝土坍落度损失，掺量过大则泌水	1. 高效减水剂，用于素混凝土、钢筋混凝土、预应力混凝土，并可用于制备高强混凝土。 2. 缓凝型高效减水剂，可用于大体积混凝土、碾压混凝土、炎热气候条件下施工的混凝土、大面积浇筑的混凝土、避免冷缝产生的混凝土、需较长时间停放或长距离运输的混凝土、自密实混凝土、滑模施工或拉模施工的混凝土及其他需要延缓凝结时间且有较高减水率要求的混凝土，宜用于日最低气温5℃以上施工的混凝土。 3. 标准型高效减水剂，宜用于日最低气温0℃以上施工的混凝土，也可用于蒸养混凝土
3	普通减水剂	1. 在保证混凝土工作性及强度不变的条件下，可节约水泥用量。 2. 在保证混凝土工作性及水泥用量不变的条件下，可减少用水量（减水率<10%），提高混凝土强度。 3. 在混凝土用水量及水泥用量不变的条件下，可增大混凝土流动性	1. 普通减水剂，适用于日最低气温5℃以上、强度等级C40以下的混凝土施工。不宜单独用于蒸养混凝土。 2. 早强型普通减水剂，宜用于常温、低温和最低温度不低于−5℃环境中施工的有早强要求的混凝土。炎热环境条件下不宜使用早强型普通减水剂。 3. 缓凝型普通减水剂，适用范围同缓凝型高效减水剂，但不宜用于有早强要求的混凝土。 4. 使用含糖类或木质素磺酸盐类物质的缓凝型普通减水剂时，应进行相容性试验，并应满足施工要求

序号	类型	主要功能	适用范围
4	引气剂及引气减水剂	1. 改善混凝土拌合物的工作性，减少混凝土泌水离析。 2. 提高硬化混凝土的抗冻融性	1. 宜用于有抗冻融要求的混凝土、泵送混凝土和易产生泌水的混凝土。 2. 可用于抗渗混凝土、抗硫酸盐混凝土、贫混凝土、轻集料混凝土、人工砂混凝土和有饰面要求的混凝土。 3. 不宜用于蒸养混凝土及预应力混凝土。必要时，应经试验确定

八、早强剂（代号 Ac）

早强剂是能加速水泥水化和硬化，促进混凝土早期强度增长的外加剂，可缩短混凝土养护龄期，加快施工进度，提高模板和场地周转率。

1. 分类

早强剂可分为无机盐类和有机化合物两大类。

无机盐类：如硫酸盐、硫酸复盐、碳酸盐、硝酸盐、亚硝酸盐、氯盐、硫氰酸盐等；有机化合物类：如三乙醇胺、甲酸盐、乙酸盐、丙酸盐等。

混凝土工程中，可采用两种或两种以上无机盐类早强剂或有机化合物类早强剂复合而成的早强剂。

2. 掺量

（1）早强剂中硫酸钠掺入混凝土的量应符合表 3-26 的规定。

（2）三乙醇胺掺量，不应大于混凝土中胶凝材料质量的 0.05%。

（3）早强剂在素混凝土中引入的氯离子含量，不应大于胶凝材料质量的 1.8%。

（4）其他品种早强剂的掺量应经试验确定。

硫酸钠掺量限值 表 3-26

混凝土种类	使用环境	掺量限值（胶凝材料质量百分比）（%）
预应力混凝土	干燥环境	≤1.0
钢筋混凝土	干燥环境	≤2.0
	潮湿环境	≤1.5
有饰面要求的混凝土	—	≤0.8
素混凝土	—	≤3.0

3. 掺早强剂混凝土性能指标

掺早强剂混凝土的性能指标见表 3-27。

掺早强剂混凝土的性能指标 表 3-27

项　目		早强剂 Ac
泌水率比（%）　≤		100
凝结时间之差（min）	初凝	−90～+90
	终凝	—

项　目		早强剂 Ac
抗压强度比（%）　≥	1d	135
	3d	130
	7d	110
	28d	100
收缩率比（%）　≤	28d	135

注：1. 表中抗压强度比、收缩率比为强制性指标，其余为推荐性指标；

　　2. 凝结时间之差性能指标中的"—"号表示提前，"＋"号表示延缓。

4. 应用范围

早强剂的应用范围见表 3-28。

早强剂的应用范围　　　　　　　　　　　　表 3-28

主要功能	适用范围	不　宜　使　用
1. 缩短混凝土热蒸养时间。 2. 加速自然养护混凝土的硬化	1. 蒸养、常温、低温环境，有早强要求的混凝土。 2. 最低温度不低于－5℃的环境，有早强要求的混凝土工程	1. 炎热条件及环境温度低于－5℃时。 2. 不宜用于大体积混凝土；三乙醇胺等有机氨类早强剂不宜用于蒸养混凝土。 3. 无机盐类早强剂不宜用于下列情况： ①处于水位变化结构； ②露天结构及经常受水淋、受水流冲刷的结构； ③相对湿度大于80%环境中使用的结构； ④直接接触酸、碱或其他侵蚀性介质的结构； ⑤有装饰要求的混凝土，特别是要求色彩一致或表面有金属装饰的混凝土

九、缓凝剂（代号 Re）

缓凝剂是在较长时间内保持混凝土工作性，延缓混凝土凝结和硬化时间的外加剂。

1. 分类

① 葡萄糖、蔗糖、糖蜜、糖钙等糖类化合物；

② 柠檬酸（钠）、酒石酸（钾钠）、葡萄糖酸（钠）、水杨酸及其盐类等羟基羧酸及其盐类；

③ 山梨醇、甘露醇等多元醇及其衍生物；

④ 2-膦酸丁烷-1,2,4-三羟酸（PBTC）、氨基三甲叉膦酸（ATMP）及其盐类等有机膦酸及其盐类；

⑤ 磷酸盐、锌盐、硼酸及其盐类、氟硅酸盐等无机盐类。

混凝土工程中，可采用由不同缓凝组分复合而成的缓凝剂。

2. 掺缓凝剂混凝土性能指标

掺缓凝剂混凝土性能指标见表 3-29。

掺缓凝剂混凝土性能指标

表 3-29

项　目		缓凝剂
泌水率比（%），≤		100
凝结时间之差（min）	初凝	＞+90
	终凝	—
抗压强度比（%），≥	7d	100
	28d	
收缩率比（%），≤	28d	135

注：1. 表中抗压强度比、收缩率比为强制性指标，其余为推荐性指标；

　　2. 表中所列数据为掺外加剂混凝土与基准混凝土的差值或比值；

　　3. 凝结时间之差性能指标中的"+"号表示延缓。

3. 适用范围

缓凝剂适用范围见表 3-30。

缓凝剂适用范围

表 3-30

主要功能	适　用　范　围	不宜使用范围
降低热峰值及推迟热峰出现的时间	1. 延缓凝结时间的混凝土。 2. 对坍落度保持能力有要求的混凝土；静停时间较长或长距离运输的混凝土、自密实混凝土。 3. 大体积混凝土。 4. 日最低气温 5℃ 以上施工的混凝土，当环境温度波动超过 10℃ 时，应经试验调整缓凝剂掺量。 5. 含有糖类组分的缓凝剂与减水剂复合使用时，可按规定试验方法进行相容性试验	柠檬酸（钠）及酒石酸（钾钠）等缓凝剂不宜单独用于贫混凝土

十、泵送剂（代号 PA）

改善混凝土拌合物泵送性能的外加剂，称为泵送剂。泵送剂主要由减水组分、缓凝组分、引气组分、保水组分和黏度调节组分等构成，常用的有以下几种：

① 采用一种减水剂与缓凝剂组分、引气组分、保水组分和黏度调节组分复合而成的泵送剂；

② 采用两种或两种以上减水剂与缓凝剂组分、引气组分、保水组分和黏度调节组分复合而成的泵送剂；

③ 可用一种减水剂作为泵送剂；

④ 用两种或两种以上减水剂复合而成的泵送剂。

1. 减水率的选择

（1）泵送剂使用时，其减水率应符合表 3-31 的规定。

减水率的选择

表 3-31

混凝土强度等级	减水率（%）
C30 及 C30 以下	12～20
C35～C55	16～28
C60 及 C60 以上	≥25

（2）用于自密实混凝土泵送剂的减水率不宜小于 20%。

2. 坍落度 1h 经时变化量的选择

掺泵送剂混凝土的坍落度 1h 经时变化量可按表 3-32 规定选择。

坍落度 1h 经时变化量的选择 表 3-32

运输和等候时间（min）	坍落度 1h 经时变化量（mm）
<60	≤80
60～120	≤40
>120	≤20

3. 掺泵送剂混凝土的性能指标

掺泵送剂混凝土的性能指标应符合表 3-33 的规定。

掺泵送剂混凝土的性能指标 表 3-33

项 目		泵送剂 PA
减水率（%），≥		12
泌水率比（%），≤		70
含气量（%），≤		5.5
1h 经时变化量	坍落度（mm），≤	80
抗压强度比（%），≥	7d	115
	28d	110
收缩率比（28d）（%），≤		135

注：1. 表中抗压强度比、收缩率比为强制性指标，其余为推荐性指标；
　　2. 除含气量外，表中所列数据为掺泵送剂混凝土与基准混凝土的差值或比值。

4. 应用

泵送剂适用范围见表 3-34。

泵送剂适用范围 表 3-34

主要功能	适用范围	不宜使用
提高混凝土可泵性，增加水的黏度，防止泌水离析	1. 泵送施工混凝土。 2. 工业民用建筑结构工程混凝土、桥梁混凝土、水下灌注桩混凝土、大坝混凝土、清水混凝土、防辐射混凝土、纤维增强混凝土。 3. 日平均气温 5℃以上的施工环境的混凝土	1. 不宜用于蒸汽养护混凝土和蒸压养护的预制混凝土。 2. 使用含糖类或木质素磺酸盐的泵送剂时，应进行相容性试验，满足施工要求后才能使用

十一、膨胀剂（代号 EA）

混凝土膨胀剂是指混凝土在硬化过程中，因化学作用，能使混凝土产生一定体积膨胀的外加剂。

1. 分类

混凝土膨胀剂分为：硫铝酸钙类、氧化钙类、硫铝酸钙-氧化钙类三大类。

硫铝酸钙类混凝土膨胀剂（代号 A）是指与水泥、水拌合后，经水化反应生成钙矾石的混凝土膨胀剂；氧化钙类混凝土膨胀剂（代号 C）是指与水泥、水拌合后，经水化反应生成氢氧化钙的混凝土膨胀剂；硫铝酸钙-氧化钙类混凝土膨胀剂（代号 AC）是指与水泥、水拌合后，经水化反应生成钙矾石和氢氧化钙的混凝土膨胀剂。

混凝土膨胀剂按限制膨胀率分为Ⅰ型和Ⅱ型。

2. 特性

膨胀剂组分在混凝土中，因化学反应产生膨胀效应的水化硫铝酸钙（明矾石）或氧化钙，在钢筋的约束作用下，这种膨胀转变成压应力，减少或消除混凝土干缩和初凝时的裂缝，从而改善混凝土的质量。另外，生成钙矾石等晶体能填充混凝土的毛细孔隙，提高混凝土的耐久性（如抗渗性）。

3. 标记

所有混凝土膨胀剂产品名称标注为 EA。按其不同产品名称的代号、型号顺序进行标记。

【例3-2】Ⅰ型硫铝酸钙类混凝土膨胀剂标记为：EA A Ⅰ。

【例3-3】Ⅱ型氧化钙类混凝土膨胀剂标记为：EA C Ⅱ。

【例3-4】Ⅱ型硫铝酸钙-氧化钙类混凝土膨胀剂标记为：EA AC Ⅱ。

4. 技术要求

（1）膨胀剂性能指标见表3-35。

混凝土膨胀剂性能指标 表 3-35

项目		指标值	
		Ⅰ型	Ⅱ型
细度	比表面积（m²/kg）≥	200	
	1.18mm 筛筛余（%）≤	0.5	
凝结时间	初凝（min）≥	45	
	终凝（min）≤	600	
限制膨胀率（%）	水中 7d ≥	0.025	0.050
	空气中 21d ≥	−0.020	−0.010
抗压强度（MPa）	7d ≥	20.0	
	28d ≥	40.0	
氧化镁（%）	≤	5	

注：本表中的限制膨胀率为强制性指标，其余为推荐性指标。

（2）掺膨胀剂的补偿收缩混凝土的膨胀率限值见表3-36。

掺膨胀剂的补偿收缩混凝土的限制膨胀率 表 3-36

用 途	限制膨胀率（%）	
	水中 14d	水中 14d 转空气中 28d
用于补偿混凝土收缩	≥0.015	≥−0.030
用于后浇带、膨胀加强带和工程接缝填充	≥0.025	≥−0.020

5. 常用膨胀剂及其掺量

在混凝土中掺入膨胀剂，可以配制补偿收缩混凝土、填充用膨胀混凝土和自应力混凝土。混凝土中常用膨胀剂的掺量可按表 3-37 选用。

常用膨胀剂及其掺量　　　　　　　表 3-37

膨胀混凝土（砂浆）种类	膨 胀 剂 名 称	掺量（C_x%）
补偿收缩混凝土（砂浆）	硫铝酸钙膨胀剂	8～10
	氧化钙膨胀剂	3～5
	氧化钙—硫铝酸钙复合膨胀剂	8～12
填充用膨胀混凝土（砂浆）	硫铝酸钙膨胀剂	8～10
	氧化钙膨胀剂	3～5
	氧化钙—硫铝酸钙复合膨胀剂	8～10
自应力混凝土（砂浆）	硫铝酸钙膨胀剂	15～25
	氧化钙—硫铝酸钙复合膨胀剂	15～25

注：内掺法指实际水泥用量（C'）与膨胀剂用量（P）之和为计算水泥用量（C），即 $C=C'+P$。

6. 膨胀剂的应用

膨胀剂适用范围见表 3-38。

膨胀剂适用范围　　　　　　　表 3-38

主要功能	适用范围	不宜使用
使混凝土体积在水化、硬化过程中产生一定膨胀，以减少混凝土干缩裂缝。 提高混凝土抗裂性和抗渗性	1. 配制补偿收缩混凝土：宜用于混凝土结构自防水、工程接缝、填充灌浆、采取连续施工的超长混凝土结构，大体混凝土工程等。 2. 配制的自应力混凝土：宜用于自应力混凝土输水管、灌注桩等。 3. 配置的填充型混凝土：宜用于梁、柱接头的浇筑，管道接头填充、堵漏，地脚螺栓的固定等。 4. 用于钢筋混凝土工程	含硫铝酸钙类、硫铝酸钙—氧化钙类膨胀剂配制的混凝土（砂浆），不得用于长期环境温度为 80℃ 以上的工程

十二、防冻剂

防冻剂是指能使混凝土在负温下硬化，并在规定养护条件下达到预期性能的外加剂。

1. 分类

防冻剂按其成分可分为：强电解质无机盐类（氯盐类、氯盐阻锈类、无氯盐类）、水溶性有机化合物类、有机化合物与无机盐复合类和复合类四种类型。

2. 组分

各类防冻剂的组分见表 3-39。

各 类 防 冻 剂 的 组 分　　　　　　　表 3-39

防冻剂类别	组　　　　　分
氯盐防冻剂	以氯盐（如氯化钠、氯化钙等）为防冻组分的外加剂
氯盐阻锈类防冻剂	含有阻锈组分并以氯盐为防冻组分的外加剂 阻锈剂：硝酸盐、亚硝酸盐、铬酸盐、重铬酸盐、磷酸盐等
无氯盐类防冻剂（氯离子含量≤0.1%的防冻剂）	以亚硝酸盐、硝酸盐等无机盐为防冻组分的外加剂
有机化合物类防冻剂	以某些醇类、尿素等有机化合物为防冻组分的外加剂
复合型防冻剂	以防冻组分复合早强、引气、减水等组分的外加剂

3. 各组分的作用

工程实践中，采用防冻剂的品种及掺量与气温有密切关系。

由于单一组分防冻剂功能单一，目前冬季用防冻剂普遍由减水组分、早强组分、引气组分和防冻组分复合而成，以发挥更好的综合效果。

减水组分的作用是使混凝土拌合物减少用水量，从而减少混凝土中的水结冰产生的冻胀应力。并能改善骨料界面状态，减少对混凝土的破坏应力。

防冻组分的作用是保证混凝土的液相，在规定的负温条件下不冻结或少冻结。使混凝土中有较多的液相存在，为负温下水泥水化创造条件。

早强组分的作用则是在混凝土有液相存在条件下加速水泥水化，提高早期强度，使混凝土尽快地获得受冻临界强度。

引气组分的作用则可增加混凝土的耐久性，在负温条件下对冻胀应力有缓冲作用，且保证混凝土不会因引气而降低强度。

4. 技术性质

（1）匀质性

防冻剂的匀质性应符合表 3-20 的要求。

（2）释放氨量

含有氨或氨基类的防冻剂，释放氨量应≤0.10％（质量分数）。

5. 掺防冻剂混凝土的性能

掺防冻剂混凝土的性能应符合表 3-40 的要求。

掺防冻剂混凝土的性能　　　　　　　　　　　　　　　　表 3-40

序号	试 验 项 目		性 能 指 标					
			一 等 品			合 格 品		
1	减水率（％）	≥	10			—		
2	泌水率比（％）	≤	80			100		
3	含气量（％）	≥	2.5			2.0		
4	凝结时间差（min）	初凝	−150～+150			−210～+210		
		终凝						
5	抗压强度比（％） ≥	规定温度（℃）	−5	−10	−15	−5	−10	−15
		f_{-7}	20	12	10	20	10	8
		f_{28}	100		95	95		90
		f_{-7+28}	95	90	85	90	85	80
		f_{-7+56}	100			100		
6	28d 收缩率比（％）	≤	135					
7	渗透高度比（％）	≤	100					
8	50 次冻融强度损失率比（％）	≤	100					
9	对钢筋锈蚀作用		应说明对钢筋有无锈蚀作用					

6. 施工中防冻剂的选用应符合下列规定

（1）在日最低气温为−5～−10℃、−10～−15℃、−15～−20℃，混凝土采用塑料

薄膜和保温材料覆盖养护时，宜分别采用规定温度为−5℃、−10℃、−15℃的防冻剂。规定温度是指受检混凝土在负温养护时的温度，标准规定的温度分别为−5℃、−10℃、−15℃，该温度允许波动范围为±2℃。施工使用的最低气温可比规定温度低5℃。

（2）防冻剂与其他品种外加剂共同使用时，应先进行试验，满足要求方可使用。目前混凝土冬期施工越来越广泛，已涉及负温高强混凝土、负温抗渗混凝土等，只掺防冻剂难以达到施工要求，必须与高效减水剂、泵送剂、防水剂等外加剂共同配合使用。为防止防冻剂与这些外加剂之间发生不良反应，必须在使用前进行试配试验，确定可以掺入后方可使用。

十三、速凝剂

速凝剂是指能使混凝土迅速凝结硬化的外加剂。

1. 分类

速凝剂分为粉状速凝剂与液体速凝剂两类。

（1）粉状速凝剂

① 以铝酸盐、碳酸盐等为主要成分的粉状速凝剂；

② 以硫酸铝、氢氧化铝等为主要成分，与其他无机盐、有机物复合而成的低碱粉状速凝剂。

（2）液体速凝剂

① 以铝酸盐、硅酸盐为主要成分，与其他无机盐、有机物复合而成的液体速凝剂；

② 以硫酸铝、氢氧化铝等为主要成分，与其他无机盐、有机物复合而成的低碱液体速凝剂。

2. 掺量

速凝剂掺量宜为胶凝材料质量的2%～10%，当混凝土原材料、环境温度发生变化时，应根据工程要求，经试验调整其掺量。

3. 应用

速凝剂应用范围见表3-41。

速凝剂适用范围   表3-41

主要功能	适 用 范 围
速凝、早强	1. 用于喷射混凝土，有速凝要求的其他混凝土。 2. 粉状速凝剂适用于干法施工的喷射混凝土，液体速凝剂宜用于湿法施工的喷射混凝土。 3. 永久性支护或衬砌施工使用的喷射混凝土，对碱含量有特殊要求的喷射混凝土工程，宜选用碱含量<1%的低碱速凝剂

十四、防水剂

防水剂是指能提高混凝土抗渗性能的外加剂。

1. 分类

防水剂分为无机化合物类、有机化合物类和复合型防水剂。

（1）无机化合物类：氯化铁、硅灰粉末、锆化合物、无机铝盐防水剂、硅酸钠等；

（2）有机化合物类：脂肪酸及其盐类、有机硅类（如甲基硅醇钠、乙基硅醇钠、聚乙基羟基硅氧烷等）、石蜡、地沥青、橡胶及水溶性树脂乳液等。

（3）复合型防水剂：无机化合物类复合、有机化合物类复合、无机化合物类与有机化合物类复合；各类防水剂与引气剂、减水剂、调凝剂等外加剂复合而成。

2. 特性

氯盐类防水剂能促进水泥的水化硬化，在早期具有较好的防水效果，但因氯盐类会使钢筋锈蚀，收缩率大，后期防水效果不大，使用时应注意后期防水性能。

有机化合物类的防水剂主要是一些憎水性表面活性剂、聚合物乳液或水溶性树脂等，其防水性能较好，使用时应注意对强度的影响。

防水剂与引气剂组成的复合防水剂中，由于引气剂能引入大量微细气泡，隔断毛细管通道，减少泌水与沉降，减少混凝土的渗水通道，从而提高混凝土的防水性能和抗冻性能。

防水剂与减水剂组分复合而成的防水剂，由于减水剂的减水及改善和易性的作用使混凝土更致密，从而达到更好的防水效果。

3. 技术要求

（1）匀质性指标应符合表 3-20 的要求。

（2）掺防水剂混凝土的性能指标应符合表 3-42 的规定。

掺防水剂混凝土的性能 表 3-42

试 验 项 目		性 能 指 标	
		一等品	合格品
安定性		合格	
泌水率比（%） ≤		50	70
凝结时间差（min） ≥	初凝	−90	−90
抗压强度比（%） ≥	3d	100	90
	7d	110	100
	28d	100	90
渗透高度比（%） ≤		30	40
吸水量比（48h）（%） ≤		65	75
收缩率比（28d）（%） ≤		125	135

注：1. 安定性为掺防水剂混凝土净浆的试验结果；

2. 凝结时间差为掺防水剂混凝土与基准混凝土的差值；

3. 表中除安定性和凝结时间差以外的其他数据为掺防水剂混凝土与基准混凝土的比值；

4. 凝结时间差中的"−"号表示提前。

4. 应用

掺防水剂主要功能是改善混凝土的耐久性，降低其在静水压力下的透水性。

防水剂可用于有防水抗渗要求的混凝土工程。对有抗冻要求的混凝土工程，宜选用复合引气组分的防水剂。

十五、阻锈剂

阻锈剂是指能抑制或减轻混凝土中钢筋和其他金属预埋件锈蚀的外加剂。

1. 分类

阻锈剂可分为无机盐类、有机化合物类和复合类。

（1）无机盐类：亚硝酸盐、硝酸盐、铬酸盐、重铬酸盐、磷酸盐、多磷酸盐、硅酸盐、钼酸盐、硼酸盐等。目前使用较多的为亚硝酸盐。

（2）有机化合物类：胺类、醛类、炔醇类、有机磷化合物、有机硫化合物、羧酸及其盐类、磺酸及其盐类、杂环化合物等。有机化合物类阻锈剂应用比较成熟的有胺基醇和脂肪酸酯阻锈剂。

（3）复合类：采用两种或两种以上无机盐类或有机化合物类阻锈剂复合而成的阻锈剂，可以起到更好的阻锈效果，因此较为常用。

2. 应用

（1）阻锈剂宜用于容易引起钢筋锈蚀环境中的钢筋混凝土、预应力混凝土和钢纤维混凝土工程。

（2）阻锈剂可用于新建混凝土工程和修复工程。

（3）阻锈剂可用于预应力孔道灌浆。

第二节 混凝土拌合物的性质

混凝土的技术性质主要包括：拌合物的性质、物理性质、力学性质、变形性能及耐久性等。

混凝土的各组成材料，按一定比例经搅拌后尚未硬化的材料，称为混凝土拌合物（或称新拌混凝土）。拌合物的性质将会直接影响硬化后混凝土的质量。混凝土拌合物的性质好坏，可通过工作性指标来衡量。

一、工作性

工作性是指混凝土拌合物，满足施工操作要求及保证混凝土均匀密实应具备的特性，又称和易性。工作性是一项综合性技术指标，主要包括流动性、黏聚性和保水性三个方面。

1. 流动性

流动性（即稠度），是指混凝土拌合物的稀稠程度。流动性的大小，主要取决于混凝土的用水量及各材料之间的用量比例。流动性好的拌合物，施工操作方便，易于浇捣成型。

2. 黏聚性

黏聚性是指混凝土各组分之间具有一定的黏聚力，并保持整体均匀混合的性质。

拌合物的均匀性一旦受到破坏，就会产生各组分的层状分离或析出，称为分层、离析现象。分层、离析将使混凝土硬化后，产生"蜂窝"、"麻面"等缺陷，影响混凝土的强度和耐久性。

3. 保水性

保水性是指混凝土拌合物保持水分不易析出的能力。

若保水性差的拌合物，在运输、浇捣中，易产生泌水（从水泥浆中泌出部分拌合水）并聚集到混凝土表面，引起表面疏松；或聚集在骨料、钢筋下面，水分蒸发形成孔隙，削弱骨料或钢筋与水泥石的粘结力，影响混凝土的质量，见图3-7。拌合物的泌水尤其是对大流动性的泵送混凝土更为重要，在混凝土的施工过程中泌水过多，会使混凝土丧失流动性，从而严重影响混凝土可泵性和工作性，会给工程质量造成严重后果。泌水性的测定详见试验 3-5、试验 3-6。

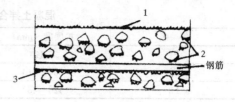

图 3-7　混凝土中泌水的不同形式
1—泌水聚集于混凝土表面；2—泌水聚集
于骨料下表面；3—泌水聚集于钢筋下面

二、工作性的评定

目前，还没有一种科学的测试方法和定量指标，能完整地表达混凝土拌合物的工作性。通常采用测定混凝土拌合物的流动性，辅以直观评定黏聚性和保水性的方法，来评定混凝土拌合物的工作性。

混凝土拌合物流动性（即稠度）的大小，通过试验测其"坍落度"（图 3-8、图 3-9）或"坍落扩展度"、"维勃稠度"或增实因数等指标值来确定，详见试验 3-1、试验 3-2、试验 3-3。

图 3-8　坍落度试验示意图

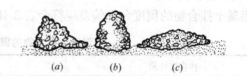

图 3-9　坍落度试验合格与不合格示意图
(a) 部分（剪切）坍落型；(b) 正常坍落型；(c) 崩溃型

1. 按坍落度分级

混凝土拌合物按其坍落度共分为五个等级，详见表 3-43。

混凝土拌合物的坍落度等级划分　　　　　　　　　　表 3-43

等　级	坍落度（mm）
S1	10～40
S2	50～90
S3	100～150
S4	160～210
S5	≥220

坍落度适用于测定塑性和流动性混凝土拌合物。坍落度值小，说明混凝土拌合物的流动性小。若流动性过小，会给施工带来不便，影响工程质量，甚至造成工程质量事故。坍落度过大，其用水量过多，又会使混凝土强度降低，耐久性变差；在保持拌合物水灰比或水胶比不变的情况下，用水量过多，水泥用量或胶凝材料用量相应增多，从而造成水泥的浪费。因此，混凝土拌合物的坍落度值应在一个适宜范围内。

2. 按扩展度分级

混凝土拌合物的坍落度大于 220mm 时，应采用坍落扩展度法试验。混凝土拌合物根据其扩展度的大小，可分为六级，详见表 3-44。扩展度适用于泵送高强混凝土和自密实混凝土。

混凝土拌合物的扩展度等级划分 表 3-44

等 级	扩展度 (mm)	等 级	扩展度 (mm)
F1	≤340	F4	490~550
F2	350~410	F5	560~620
F3	420~480	F6	≥630

3. 按维勃稠度分级

混凝土拌合物按维勃稠度分为五级，见表 3-45。维勃稠度适用于测定坍落度 10mm 以下的干硬性混凝土拌合物。维勃稠度值愈大，说明混凝土拌合物愈干硬。

混凝土拌合物的维勃稠度等级划分 表 3-45

等 级	维勃稠度 (s)
V0	≥31
V1	30~21
V2	20~11
V3	10~6
V4	5~3

4. 稠度允许偏差

混凝土拌合物的稠度允许偏差应符合表 3-46 的规定。

混凝土拌合物的稠度允许偏差 表 3-46

拌合物性质		允许偏差		
坍落度 (mm)	设计值	≤40	50~90	≥100
	允许偏差	±10	±20	±30
维勃稠度 (s)	设计值	≥11	10~6	≤5
	允许偏差	±3	±2	±1
扩展度 (mm)	设计值	≥350		
	允许偏差	±30		

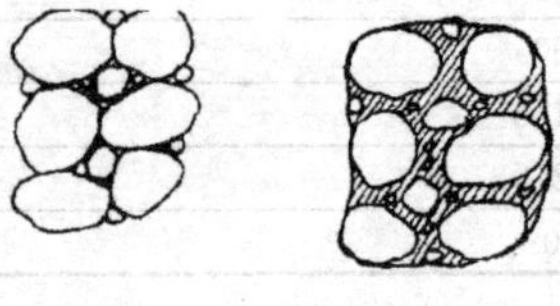

(a)　　　　(b)

图 3-10　塑性及干硬性混凝土结构示意图

(a)干硬性混凝土;(b)塑性混凝土

干硬性混凝土与塑性混凝土不同之处：干硬性混凝土的用水量少、流动性小；水泥用量相同时，强度较塑性混凝土高。两种混凝土的结构如图 3-10 所示。

三、影响工作性的主要因素

1. 水泥（胶凝材料）浆含量

在混凝土拌合物中，骨料本身因颗粒间相互摩擦是干涩而无流动性的，拌合物的流动性或可塑性主要取决于水泥（胶凝材料）浆。混凝土中水泥（胶凝材料）浆的含量愈多（骨料相对愈少），拌合物的流动性就愈大。

2. 水灰比与水胶比

水灰比（W/C）是指水的质量与水泥质量之比；水胶比（W/B）是指水的质量与胶凝材料（水泥和活性矿物掺合料）质量之比。

当水灰比或水胶比一定时，增加水泥浆或胶凝材料浆（即水与胶凝材料）用量，混凝土拌合物的流动性就会增大，反之减少。若水灰比或水胶比过大，混凝土中水泥或胶凝材料用量较小时，相对用水量多，则浆体太稀、黏度不足，混凝土易泌水、离析；若浆体过多，相对骨料用量少，会加速混凝土收缩，使混凝土更加容易开裂，混凝土强度将会随之降低。反之若水灰比或水胶比过小，则浆体不足，混凝土中骨料量相对过多，则混凝土拌合物的流动性也随之降低。因此，适宜的水灰比和水胶比会使混凝土密实性提高，对混凝土强度、抗冻性、抗渗性及限制混凝土裂缝（如大体积混凝土）是有利的。

3. 砂率

砂率是指砂质量占砂石总质量的百分数。

砂率对拌合物工作性影响较大。当骨料总量一定时，砂率过小，则砂量不足，而混凝土拌合物流动性大时，易于离析；在水泥（胶凝材料）浆用量一定的条件下，砂率过大，砂的总表面积增大，包裹砂子的水泥（胶凝材料）浆层太薄，砂粒间的摩擦阻力加大，混凝土拌合物的流动性势必会降低。因此，需通过试验确定合理砂率。合理砂率即在用水量和水泥（胶凝材料）用量一定的情况下，能使混凝土拌合物获得最大流动性，且能保持黏聚性及保水性良好的砂率值；或者是能使混凝土拌合物获得所要求的流动性及良好的黏聚性与保水性，而水泥（胶凝材料）用量为最少的砂率值（图 3-11）。

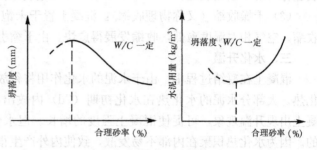

图 3-11 合理砂率的确定

4. 温度

混凝土拌合物的流动性，随着温度升高而减小。温度提高 10℃，坍落度大约减少 20～40mm。夏季施工时应考虑温度影响，为使拌合物在高温下具有给定的流动性在保证水灰比（水胶比）一定的条件下，应适当增加需水量。

第三节　混凝土凝结硬化过程中的性质

混凝土凝结硬化，主要取决于水泥的凝结与硬化过程。

一、凝结与硬化

浇筑后的混凝土，开始流动性很大，经过一定时间，逐渐失去可塑性，开始转为固体状态，称为凝结。混凝土由塑性状态过渡到硬化状态所需的时间称为凝结时间。混凝土拌合物由流动状态转而开始失去塑性，并达到初步硬化的状态，称为初凝；完全失去塑性，变成固体状态，具有一定的强度，称为终凝。混凝土从加水开始到贯入阻力达到 3.5MPa 所需的时间为初凝时间；混凝土从加水开始到贯入阻力达到 28MPa 所需的时间为终凝时间。混凝土凝结时间测定见试验 3-4，在凝结过程中伴有收缩和水化升温现象。

混凝土的凝结时间，主要取决于水泥的凝结时间，同时也与外加剂、掺合料、混凝土的配合比、气候条件、施工条件等有关，其中以温度的影响最为敏感。

二、体积的收缩

混凝土的凝结时间，实践证明在温度为 20℃ 的情况下，大约需要 2～9h。在此期间混凝土的体积将发生急剧的初步收缩。收缩的分类如下：

（1）沉缩（又称"塑性收缩"）：混凝土拌合物在成型之后，由于重力作用，固体颗粒下沉，水分上移，表面产生泌水及水分蒸发，形成混凝土体积减小。在沉缩大的混凝土中，有时可能产生沉降裂缝。

（2）自生收缩（又称化学收缩）：自生收缩与外界湿度无关。混凝土终凝后，水泥在混凝土内部密闭条件下水化，密封的混凝土内部相对湿度随水泥水化的进展而降低，称自干燥。自干燥造成毛细孔中水分不饱和而产生负压，因而引起混凝土体积的自生收缩。其裂缝称为自生收缩裂缝。

（3）干燥收缩（又称物理收缩）：混凝土置于未饱和空气中，由于失水所引起的体积收缩。空气相对湿度愈低，收缩发展得愈快。由干缩引起的裂缝称干缩裂缝。

三、水化升温

混凝土在凝结过程中，由于水泥的水化作用将释放热量，释放出的热量称为水泥的水化热。大部分水泥的水化热在水化初期（7d）内放出，以后逐渐减少。由于水化热使混凝土出现升温现象，可促使混凝土强度的增长。但水化热对于大体积混凝土工程是不利的。因为水化热积聚在内部不易发散，致使内外产生很大的温度差，引起内应力，从而产生温差裂缝。对于大体积混凝土工程，应采用低热水泥。若采用水化热较高的水泥施工时，应采取必要的降温措施。

四、早期强度

混凝土硬化后，初步具有抵抗外部荷载作用的能力，称为混凝土的早期强度。混凝土的早期强度，主要与所用水泥品种、掺用的外加剂和施工环境等因素有关。如采用快硬性水泥，或掺用早强剂、减水剂，或在气温较高的条件下施工，都会使混凝土的早期强度得到提高。

第四节　混凝土硬化后的性质

硬化后混凝土应具有足够的强度和耐久性。

一、立方体抗压强度

立方体抗压强度是混凝土结构设计的主要设计依据，也是施工中控制和评定混凝土质量的主要指标。

1. 强度等级

混凝土按立方体抗压强度标准值划分强度等级，共划分为：C10、C15、C20、C25、C30、C35、C40、C45、C50、C55、C60、C65、C70、C75、C80、C85、C90、C95 和 C100 十九个等级。

2. 表示方法

强度等级采用符号 C 与立方体抗压强度标准值（MPa）表示。例如：C20 表示混凝土立方体抗压强度标准值 $f_{cu,k} = 20MPa$。

立方体抗压强度标准值，系按标准方法制作和养护的边长为 150mm 的立方体试件，在 28d 龄期，用标准方法（见试验 4-1，试验 4-2）测得的抗压强度总体分布中的一个值，强度低于该值的概率不超过 5%（即具有 95% 保证率的抗压强度）。

强度保证率是指混凝土强度总体中，大于设计强度等级的概率。

边长为 150mm 的立方体试块为标准试块，边长为 100mm 和 200mm 的立方体试块为非标准试块。当采用非标准试块确定强度时，必须乘以折算系数，折算成标准试块强度。折算方法详见试验 4-2。

二、轴心抗压强度

在混凝土结构计算中，对于轴心受压构件常以棱柱体抗压强度作为设计依据，因为这样接近于构件的实际受力状态。按标准试验方法，制成 150mm×150mm×300mm 的标准试块，在标准养护条件下测其抗压强度值，即为轴心抗压强度。

由于立方体受压时，上下表面受到的摩擦力比棱柱体大，所以立方体抗压强度（$f_{cu,k}$）要高于轴心抗压强度（f_a）。两者关系如下：$f_a = 0.67 f_{cu,k}$。

三、影响强度的因素

1. 水泥强度和水灰比（水胶比）

水泥强度等级和水灰比（水胶比）是影响混凝土强度的最主要因素。在其他条件相同时，水泥强度等级愈高，则混凝土强度愈高；在一定范围内，水灰比（水胶比）愈小，混凝土的强度愈高。反之，水灰比（水胶比）大，则用水量多，多余的游离水在水泥硬化后逐渐蒸发，使混凝土中留下许多微细小孔不密实，使强度降低。

2. 粗骨料

粗骨料的强度一般都比水泥石的强度高，因此，骨料的强度一般对混凝土的强度几乎没有影响。但是，如果含有大量软弱颗粒、针片状颗粒及风化岩石，则会降低混凝土的强度。另外，骨料的表面特征也会影响混凝土的强度。表面粗糙、多棱角的碎石与水泥石的粘结力，比表面光滑的卵石要好。所以，水泥强度等级、水灰比（水胶比）相同情况下，碎石混凝土的强度高于卵石混凝土的强度。

3. 养护条件

混凝土的强度是在一定的温度、湿度条件下，通过水泥水化逐步发展的。在 4～40℃范围内，温度愈高水泥水化速度愈快，则强度愈高；反之，随着温度的降低，水泥水化速度减慢，混凝土强度发展也就迟缓。当温度低于 0℃ 时，水泥水化基本停止，加上因水结冰膨胀，使混凝土强度降低。

另外，为了满足水泥水化的需要，混凝土浇筑后，必须保持一定时间的潮湿。若湿度不够，导致失水，会严重影响强度。

一般混凝土在浇筑 12h 内进行覆盖，待具有一定强度时注意浇水养护。对硅酸盐水泥、普通水泥和矿渣水泥拌制的混凝土，浇水养护日期不得少于 7 昼夜；使用火山灰水泥、粉煤灰水泥或掺用缓凝型外加剂及有抗渗要求的混凝土，浇水养护日期不得少于 14 昼夜；如平均气温低于 5℃ 时，不得浇水。混凝土表面不便浇水时，应用塑料薄膜覆盖，以防止混凝土内水分蒸发。混凝土强度与保持潮湿日期的关系见图 3-12。

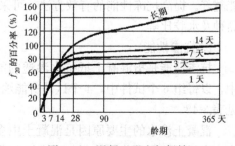

图 3-12 混凝土强度与保持潮湿日期的关系

4. 龄期

混凝土的强度随龄期的增长而逐渐提高。在正常养护条件下混凝土的强度，初期（3～7d）发展快，28d可达到设计强度等级。此后增长缓慢，甚至可延续几十年之久。不同龄期混凝土强度增长值见表3-47。

各龄期混凝土强度的增长 表 3-47

龄　期	7d	28d	3月	6月	1年	2年	4～5年	20年
混凝土强度	0.6～0.75	1	1.25	1.5	1.75	2	2.25	3.00

第五节　混凝土耐久性能与长期性能

一、耐久性

混凝土的耐久性是指混凝土在实际使用条件下抵抗各种破坏作用，长期保持强度和外观完整性的能力。

混凝土耐久性好坏，将会影响混凝土工程的使用年限，是一项非常重要的性质。耐久性主要与冻融循环、水渗透、环境水腐蚀、碳化、钢筋锈蚀和碱骨料反应等因素作用有关。

1. 抗冻性能

混凝土中所含水的冻融循环作用是造成混凝土破坏的主要因素之一。因此，抗冻性是评定混凝土耐久性的重要指标。

混凝土试件成型后，经过标准养护或同条件养护，在规定的冻融循环制度下保持强度和外观的能力，称为混凝土的抗冻性。

抗冻性用抗冻等级（符号F）或抗冻标号（符号D）表示。对于工程结构的混凝土基本都采用抗冻等级（快冻法）表示；对于建材行业中的混凝土制品，基本上还沿用抗冻标号（慢冻法）表示。

快冻法：测定混凝土试件在水冻水融条件下，经受的快速冻融循环次数，表示混凝土的抗冻性能。

慢冻法：测定混凝土试件在气冻水融条件下，经受的冻融循环次数，表示混凝土的抗冻性能。

按其冻融循环次数来划分抗冻等级或抗冻标号。混凝土抗冻性能等级的划分见表3-48。

混凝土的密实度、孔隙特征是决定混凝土抗冻性能的重要因素。孔隙率越小，抗冻性能越好。提高抗冻性能的有效方法，可采用引气混凝土、高密实混凝土，选择适宜的水泥品种及水胶比等。

2. 抗渗性能

抗渗性能是指混凝土抵抗水渗透的能力，用抗渗等级（符号P）和混凝土抗渗试验中，以每组6个试件中，4个试件所能承受的最大水压值表示。混凝土抗渗性能等级划分见表3-48。

混凝土渗水的主要原因是混凝土中多余水分蒸发留下的孔道；混凝土拌合物由于泌水，在粗骨料颗粒与钢筋下，形成的水膜或由于泌水留下的孔道，在压力水作用下就形成连通渗水通道。另外，因施工质量差，捣固不密实都容易形成渗水孔隙和通道。

3. 抗硫酸盐侵蚀的性能

某些环境中的水常含有硫酸盐，如硫酸钠、硫酸钙、硫酸镁等。硫酸盐溶液与水泥石中的氢氧化钙及水化铝酸钙发生化学反应，生成石膏和硫铝酸钙，此时体积膨胀，产生内应力，从而使混凝土遭受破坏。硫酸盐侵蚀的速度，随其溶液的浓度增加而加快。如果存在干湿循环，产生干缩湿胀，则会导致混凝土迅速崩解。

混凝土遭受硫酸盐侵蚀的特征是表面发白，损害通常在棱角处开始，接着裂缝开展并剥落，使混凝土处于一种易碎，甚至疏松的状态。

混凝土抗硫酸盐侵蚀的性能，可通过试验测定混凝土试件在干湿交替环境中，所能承受的最大干湿循环次数，并以此划分等级（用符号 KS 表示），见表 3-48。一般而言，抗硫酸盐等级为 KS120 的混凝土具有良好的抗硫酸盐侵蚀性能，KS150 以上的混凝土具有优异的抗硫酸盐侵蚀性能。

混凝土抗冻性能、抗水渗透性能和抗硫酸盐侵蚀性能的等级划分 表 3-48

抗冻等级（快冻法）	抗冻标号（慢冻法）	抗渗等级	抗硫酸盐侵蚀等级
F50	F250	D50	P4	KS30
F100	F300	D100	P6	KS60
F150	F350	D150	P8	KS90
F200	F400	D200	P10	KS120
>F400		>D200	P12	KS150
			>P12	>KS150

4. 抗氯离子渗透性能

混凝土在海岸、海洋工程中应用很广，所以抗海水侵蚀问题是混凝土耐久性的重要方面。海水中含有大量盐分，由于混凝土的毛细管作用，海水在混凝土内上升，并不断蒸发，盐类会在混凝土中不断结晶和聚集，使混凝土开裂。尤其在干湿交替作用下，会加速破坏作用。因此，在高低潮位之间的混凝土破坏特别严重。完全浸在海水中的混凝土，特别是没有水压差的情况下，侵蚀作用很小。海水中的氯离子向混凝土内渗透，使低潮位以上反复干湿交替的混凝土中的钢筋，发生严重锈蚀，使之体积膨胀，造成混凝土开裂。因此，海水对钢筋混凝土的侵蚀比对素混凝土更为严重。

对于混凝土抗氯离子渗透性能的评定，是通过快速氯离子迁移系数法（简称 RCM 法）或电通量法，测定 84d 龄期混凝土中氯离子渗透深度，并计算得到氯离子迁移系数或测定 28d 龄期混凝土电通量来评定。以此值为依据划分性能等级，各分五个等级，见表 3-49、表 3-50。表中 Ⅰ 级到 Ⅴ 级，混凝土抗氯离子渗透性能愈来愈高。

混凝土抗氯离子渗透性能的等级划分（RCM 法） 表 3-49

等　级	RCM-Ⅰ	RCM-Ⅱ	RCM-Ⅲ	RCM-Ⅳ	RCM-Ⅴ
氯离子迁移系数 D_{RCM}（RCM 法）（$\times 10^{-12}\,\mathrm{m^2/s}$）	$D_{RCM} \geqslant 4.5$	$3.5 \leqslant D_{RCM} < 4.5$	$2.5 \leqslant D_{RCM} < 3.5$	$1.5 \leqslant D_{RCM} < 2.5$	$D_{RCM} < 1.5$

注：84d 龄期的测试指标多为跨海桥梁等工程设计所采用。

等　级	Q-Ⅰ	Q-Ⅱ	Q-Ⅲ	Q-Ⅳ	Q-Ⅴ
电通量 Q_s（C）	$Q_s \geqslant 4000$	$2000 \leqslant Q_s < 4000$	$1000 \leqslant Q_s < 2000$	$500 \leqslant Q_s < 1000$	$Q_s < 500$

注：当混凝土中水泥混合材与矿物掺合料之和超过胶凝材料用量的 50% 时，测试龄期可为 56d。

5. 抗碳化性能

碳化是混凝土的一项重要长期性能，它直接影响对钢筋的保护作用。硬化后的混凝土，由于水泥水化形成氢氧化钙，故呈碱性。碱性物质使钢筋表面生成难溶的钝化膜，对钢筋有良好的保护作用。

当湿润的空气中的二氧化碳渗透到混凝土内，与氢氧化钙起化学反应，生成碳酸钙，使混凝土碱度降低的过程称为混凝土碳化。当碳化深度超过混凝土保护层时，在有水和空气存在的条件下，钢筋开始生锈。钢筋锈蚀会引起体积膨胀，使钢筋保护层遭受破坏，这又会进一步促进钢筋的锈蚀。另外，碳化还将显著地增加混凝土的收缩，使混凝土的抗拉、抗折强度降低。

处于水中的混凝土，由于水阻止了二氧化碳与混凝土的接触，所以混凝土不能被碳化；混凝土处于特别干燥的条件下，由于缺乏使二氧化碳与氢氧化钙反应所需的水分，故碳化也不能进行。

可通过试验测定在一定浓度的二氧化碳气体介质中，混凝土试件的碳化深度，来判定混凝土抗碳化的性能。混凝土抗碳化性能等级的划分见表 3-51。

混凝土抗碳化性能等级的划分　　　表 3-51

等　级	T-Ⅰ	T-Ⅱ	T-Ⅲ	T-Ⅳ	T-Ⅴ
碳化深度 d（mm）	$d \geqslant 30$	$20 \leqslant d < 30$	$10 \leqslant d < 20$	$0.1 \leqslant d < 10$	$d < 0.1$

试验研究表明，在快速碳化试验中，碳化深度小于 20mm 的混凝土，其抗碳化性能较好，一般认为可满足大气环境下 50 年的耐久性要求。碳化深度小于 10mm 的混凝土抗碳化性能良好。

6. 早期抗裂性能

混凝土早龄期（如前 3 天）的体积变化最为复杂。混凝土注入模板之后，在终凝前发生的裂缝为早期裂缝。这种裂缝往往在浇筑后的第二天发生。

早期裂缝可分为：沉降裂缝、自生裂缝、早期干缩裂缝；模板变形裂缝、振动裂缝、荷载裂缝等。

混凝土早期抗裂性能可通过试验来测定。试验时间从混凝土搅拌加水时开始算起，至 24 ± 0.5h 内，测读其裂缝的长、宽和数量，最终以单位面积上的总开裂面积来评定混凝土的抗裂性能，并以此值来划分混凝土早期抗裂性能的等级，见表 3-52。

混凝土早期抗裂性能的等级划分　　　表 3-52

等　级	L-Ⅰ	L-Ⅱ	L-Ⅲ	L-Ⅳ	L-Ⅴ
单位面积上的开裂总面积 C（mm²/m²）	$C \geqslant 1000$	$700 \leqslant C < 1000$	$400 \leqslant C < 700$	$100 \leqslant C < 400$	$C < 100$

试验研究表明，单位面积上的总开裂面积，在 $100mm^2/m^2$ 以内的，混凝土抗裂性能好；当单位面积上的总开裂面积超过 $1000mm^2/m^2$ 时，混凝土的抗裂性能较差。

对混凝土抗氯离子渗透性能、抗碳化性能和早期抗裂性能等级，Ⅰ～Ⅴ级所对应的混凝土耐久性水平见表 3-53。

等级代号与混凝土耐久性水平推荐意见　　　　　　　　表 3-53

等级代号	Ⅰ	Ⅱ	Ⅲ	Ⅳ	Ⅴ
混凝土耐久性水平推荐意见	差	较差	较好	好	很好

7. 混凝土的碱—骨料反应

碱—骨料反应是指水泥、外加剂等混凝土组成物及环境中的碱与骨料中碱活性矿物（如活性 SiO_2、硅酸盐、碳酸盐等），在潮湿环境下缓慢发生导致混凝土开裂破坏的膨胀反应。

由此引起的膨胀破坏往往若干年之后才会逐渐显现。所以，对碱—骨料反应必须给予足够的重视。

预防碱—骨料反应的措施：

（1）采用活性低的或非活性骨料；

（2）控制水泥或外加剂中游离碱的含量；

（3）掺粉煤灰、矿渣或其他活性混合材；

（4）控制湿度，尽量避免产生碱—骨料反应的所有条件同时出现。

二、长期性能

混凝土的长期性能包括收缩和徐变。

1. 收缩

混凝土因物理化学作用而产生的体积缩小现象总称为收缩。其主要包括物理收缩，还包括化学收缩和碳化收缩。只有在大体积混凝土中，化学收缩才具有实际意义。

由于混凝土品种繁多以及矿物掺合料、外加剂等广泛使用，当矿物掺合料和外加剂使用不当时，会导致某些混凝土的早期收缩明显增大。

收缩对混凝土及钢筋混凝土结构的性能影响较大。在一般条件下，由于混凝土的收缩而引起的应力，足以使结构产生变形以至裂缝，从而降低其强度和刚度；还会使混凝土内部产生微裂缝，破坏混凝土的微观结构，降低混凝土的耐久性能。对于预应力混凝土结构，由于混凝土收缩，还会产生应力损失。因此混凝土收缩问题愈来愈被重视。

2. 徐变

混凝土在持续荷载作用下，其变形值会随时间延长而增大的现象，称为徐变。若持续荷载超过一定限度，则徐变变形不断增加，最后发生破坏。可通过试验测定混凝土试件在长期恒定轴向压力作用下的变形性能，以此评定混凝土的徐变。

混凝土的收缩与徐变是钢筋混凝土结构设计计算中的两个重要参数，它们对结构的承载能力、应力状态、变形性能、裂缝控制和结构耐久性等都有很大影响。混凝土裂缝控制与结构设计、材料选择、施工工艺等多个环节相关，其中选择抗裂性能较好的混凝土是控制裂缝的重要途径。

第六节　混凝土配合比设计

根据混凝土设计强度等级、拌合物工作性、混凝土长期性能和耐久性能等要求，进行混凝土各组分用量比例的设计，称为混凝土配合比设计。

通过配合比设计，以满足工程设计和施工要求，确保混凝土质量达到经济合理的目的。

一、混凝土配合比设计的基本规定

1. 对混凝土耐久性的要求

（1）设计使用年限为 50 年的混凝土结构，其混凝土最大水胶比和最低强度等级，宜符合表 3-54 的规定。

结构混凝土的耐久性能基本要求　　　　表 3-54

环境等级	最大水胶比	最低强度等级	环境等级	最大水胶比	最低强度等级
一	0.60	C20	三 a	0.45（0.50）	C35（C30）
二 a	0.55	C25	三 b	0.40	C40
二 b	0.50（0.55）	C30（C25）	—	—	—

注：1. 素混凝土构件的水胶比及最低强度等级的要求可适当放松；

　　2. 有可靠工程经验时，二类环境中的最低混凝土强度等级可降低一个等级；

　　3. 处于严寒和寒冷地区二 b、三 a 类环境中的混凝土应使用引气剂，并可采用括号中的有关参数。

（2）混凝土结构暴露的环境类别划分见表 3-55。

混凝土结构环境类别　　　　表 3-55

环境类别	条　件
一	室内干燥环境； 无侵蚀性静水浸没环境
二 a	室内潮湿环境； 非严寒和非寒冷地区的露天环境； 非严寒和非寒冷地区与无侵蚀性的水或土壤直接接触的环境； 严寒和寒冷地区的冰冻线以下与无侵蚀性的水或土壤直接接触的环境
二 b	干湿交替环境； 水位频繁变动环境； 严寒和寒冷地区的露天环境； 严寒和寒冷地区的冰冻线以上与无侵蚀性的水或土壤直接接触的环境
三 a	严寒和寒冷地区冬季水位变动区环境； 受除冰盐影响环境； 海风环境
三 b	盐渍土环境； 受除冰盐作用环境； 海岸环境

环境类别	条　件
四	海水环境
五	受人为或自然的侵蚀性物质影响的环境

注：1. 室内潮湿环境是指构件表面经常处于结露或湿润状态的环境；

2. 严寒和寒冷地区的划分应符合现行国家标准《民用建筑热工设计规范》GB 60176 的有关规定；

3. 海岸环境和海风环境宜根据当地情况，考虑主导风向及结构所处迎风、背风部位等因素的影响，由调查研究和工程经验确定；

4. 受除冰盐影响环境是指受到除冰盐盐雾影响的环境；受除冰盐作用环境是指被除冰盐溶液溅射的环境以及使用除冰盐地区的洗车房、停车楼等建筑；

5. 暴露的环境是指混凝土结构表面所处的环境。

2. 混凝土配合比设计应采用工程实际使用的原材料；配合比设计所采用的细骨料含水率应小于 0.5%，粗骨料含水率应小于 0.2%。

除配制 C15 及其以下强度等级的混凝土外，混凝土的胶凝材料用量，应符合表 3-56 的规定。胶凝材料是对混凝土中水泥和活性矿物掺合料的总称。

混凝土的最小胶凝材料用量　　　　　　　　　　　　表 3-56

最大水胶比	最小胶凝材料用量（kg/m³）		
	素混凝土	钢筋混凝土	预应力混凝土
0.60	250	280	300
0.55	250	300	300
0.50	320		
≤0.45	330		

3. 矿物掺合料在混凝土中的掺量应通过试验确定。钢筋混凝土、预应力混凝土中矿物掺合料最大掺量宜符合表 3-57 的规定。对基础大体积混凝土，粉煤灰、粒化高炉矿渣粉和复合掺合料的最大掺量可增加 5%。采用掺量大于 30% 的 C 类粉煤灰的混凝土，应以实际使用的水泥和粉煤灰掺量进行安定性检验。

钢筋混凝土与预应力混凝土中矿物掺合料最大掺量　　　　表 3-57

矿物掺合料种类	水胶比	最大掺量（%）			
		钢筋混凝土		预应力混凝土	
		采用硅酸盐水泥	采用普通硅酸盐水泥	采用硅酸盐水泥	采用普通硅酸盐水泥
粉煤灰	≤0.40	45	35	35	30
	>0.40	40	30	25	20
粒化高炉矿渣粉	≤0.40	65	55	55	45
	>0.40	55	45	45	35
钢渣粉	—	30	20	20	10
磷渣粉	—	30	20	20	10
硅灰	—	10	10	10	10

矿物掺合料种类	水胶比	最大掺量（%）			
		钢筋混凝土		预应力混凝土	
		采用硅酸盐水泥	采用普通硅酸盐水泥	采用硅酸盐水泥	采用普通硅酸盐水泥
复合掺合料	≤0.40	65	55	55	45
	>0.40	55	45	45	35

注：1. 采用其他通用硅酸盐水泥时，宜将水泥混合材掺量20%以上的混合材量计入矿物掺合料；

2. 复合掺合料各组分的掺量不宜超过单掺时的最大掺量；

3. 在混合使用两种或两种以上矿物掺合料时，矿物掺合料总掺量应符合表中复合掺合料的规定。

4. 混凝土拌合物中水溶性氯离子最大含量应符合表 3-58 的规定。

混凝土拌合物中水溶性氯离子最大含量   表 3-58

环境条件	水溶性氯离子最大含量（%，水泥用量的质量百分比）		
	钢筋混凝土	预应力混凝土	素混凝土
干燥环境	0.30		
潮湿但不含氯离子环境	0.20	0.06	1.00
潮湿且含有氯离子环境、盐渍土环境	0.10		
除冰盐等侵蚀性物质的腐蚀环境	0.06		

5. 长期处于潮湿或水位变动的寒冷和严寒环境以及盐冰环境的混凝土，应掺用引气剂。引气剂掺量应根据混凝土含气量要求，经试验确定，混凝土最小含气量应符合表 3-59 的规定，最大不得超过 7.0%。

混凝土最小含气量   表 3-59

粗骨料最大公称粒径（mm）	混凝土最小含气量（%）	
	潮湿或水位变动的寒冷和严寒环境	盐冻环境
40.0	4.5	5.0
25.0	5.0	5.5
20.0	5.5	6.0

注：含气量为气体占混凝土体积的百分比。

6. 对于有预防混凝土碱骨料反应设计要求的工程，宜掺用适量粉煤灰或其他掺合料，混凝土中最大碱含量不应大于 3.0kg/m³；对于矿物掺合料碱含量，粉煤灰碱含量可取实测值的 1/6，粒化高炉矿渣粉碱含量可取实测值的 1/2。

二、确定混凝土的"计算配合比"

1. 计算混凝土配制强度

当混凝土的设计强度等级小于 C60 时，配制强度应按下式计算：

$$f_{cu,0} \geq f_{cu,k} + 1.645\sigma$$

式中 $f_{cu,0}$ ——混凝土配制强度（MPa）；

       $f_{cu,k}$ ——混凝土立方体抗压强度标准值，在此取混凝土的设计强度等级值（MPa）；

σ——混凝土强度标准差（MPa）。

当设计强度等级不小于C60时，配制强度应按下式计算：

$$f_{cu,0} \geqslant 1.15 f_{cu,k}$$

混凝土强度标准差 σ[●] 应按下列规定确定：

（1）当具有近1～3个月的同一品种、同一强度等级的混凝土的强度资料，且试件组数不小于30时，其混凝土强度标准差 σ 应按下式计算：

$$\sigma = \sqrt{\frac{\sum\limits_{i=1}^{n} f_{cu,i}^2 - n\, m_{f_{cu}}^2}{n-1}}$$

式中　σ——混凝土强度标准差（MPa）；

$f_{cu,i}$——第 i 组的试件强度（MPa）；

$m_{f_{cu}}$——n 组试件的强度平均值（MPa）；

n——试件组数。

对于强度等级不大于C30的混凝土，当混凝土强度标准差计算值不小于3.0MPa时，应按上式计算结果取值；当混凝土强度标准差计算值小于3.0MPa时，应取3.0MPa。

对于强度等级大于C30且小于C60的混凝土，当混凝土强度标准差计算值不小于4.0MPa时，应按上式计算结果取值；当混凝土强度标准差计算值小于4.0MPa时，应取4.0MPa。

（2）当没有近期的同一品种、同一强度等级混凝土强度资料时，其强度标准差 σ 可按表3-60取值。

标准差 σ 值（MPa）　　　　　　　　　　　　　　表3-60

混凝土强度标准值	≤C20	C25～C45	C50～C55
σ	4.0	5.0	6.0

2. 计算水胶比

当混凝土强度等级小于C60时，混凝土水胶比宜按下式计算：

$$W/B = \frac{\alpha_a \cdot f_b}{f_{cu,0} + \alpha_a \alpha_b f_b}$$

式中　W/B——混凝土水胶比；

α_a、α_b——回归系数；

f_b——胶凝材料28d胶砂抗压强度（MPa），可通过国家标准规定的试验方法实测其值。

（1）式中回归系数（α_a、α_b）应按下列规定确定：

① 根据工程所使用的原材料，通过试验建立的水胶比与混凝土强度关系式来确定；

② 当不具备上述试验统计资料时，可按表3-61选用。

[●] σ 又称标准离差或均方差，是衡量混凝土强度波动（即离散程度）大小的指标。通过计算该值的大小，可以反映施工单位的质量管理水平，σ 值愈大说明混凝土离散程度愈大，混凝土质量也愈不稳定。

粗骨料品种 系数	碎石	卵石
α_a	0.53	0.49
α_b	0.20	0.13

回归系数（α_a、α_b）取值　　　　　　　　　　表 3-61

（2）当胶凝材料 28d 胶砂抗压强度值（f_b）无实测值时，可按下式计算：

$$f_b = \gamma_f \cdot \gamma_s \cdot f_{ce}$$

式中　　γ_f、γ_s——分别为粉煤灰影响系数和粒化高炉矿渣粉影响系数，可按表 3-62 选用；

　　　　f_{ce}——水泥 28d 胶砂抗压强度（MPa）；可实测，也可按下列规定确定。

粉煤灰影响系数（γ_f）和粒化高炉矿渣粉影响系数（γ_s）　　　　表 3-62

种类 掺量（%）	粉煤灰影响系数（γ_f）	粒化高炉矿渣粉影响系数（γ_s）
0	1.00	1.00
10	0.85～0.95	1.00
20	0.75～0.85	0.95～1.00
30	0.65～0.75	0.90～1.00
40	0.55～0.65	0.80～0.90
50	—	0.70～0.85

注：1. 采用Ⅰ级、Ⅱ级粉煤灰宜取上限值；

　　2. 采用 S75 级粒化高炉矿渣粉宜取下限值，采用 S95 级粒化高炉矿渣粉宜取上限值，采用 S105 级粒化高炉矿渣粉可取上限值加 0.05；

　　3. 当超出表中的掺量时，影响系数应经试验确定。

当水泥 28d 胶砂抗压强度（f_{ce}）无实测值时，可按下式计算：

$$f_{ce} = \gamma_c \cdot f_{ce,g}$$

式中　　γ_c——水泥强度等级值的富余系数，可按实际统计资料确定；当缺乏实际统计资料时，也可按表 3-63 选用；

　　　　$f_{ce,g}$——水泥强度等级值（MPa）。

水泥强度等级值的富余系数（γ_c）　　　　　　　　　表 3-63

水泥强度等级值	32.5	42.5	52.5
富余系数	1.12	1.16	1.10

3. 计算用水量

（1）每立方米干硬性或塑性混凝土的用水量 m_{w_0} 应符合下列规定：

① 混凝土水胶比在 0.4～0.8 范围内，可按表 3-64 和表 3-65 选取；

② 混凝土水胶比小于 0.4 时，可通过试验确定。

干硬性混凝土的用水量（kg/m³）
表 3-64

拌合物稠度		卵石最大公称粒径（mm）			碎石最大公称粒径（mm）		
项目	指标	10.0	20.0	40.0	16.0	20.0	40.0
维勃稠度（s）	16～20	175	160	145	180	170	155
	11～15	180	165	150	185	175	160
	5～10	185	170	155	190	180	165

塑性混凝土的用水量（kg/m³）
表 3-65

拌合物稠度		卵石最大公称粒径（mm）				碎石最大公称粒径（mm）			
项目	指标	10.0	20.0	31.5	40.0	16.0	20.0	31.5	40.0
坍落度（mm）	10～30	190	170	160	150	200	185	175	165
	35～50	200	180	170	160	210	195	185	175
	55～70	210	190	180	170	220	205	195	185
	75～90	215	195	185	175	230	215	205	195

注：1. 本表用水量是采用中砂时的取值；采用细砂时每立方米混凝土用水量可增加 5～10kg；采用粗砂时可减少 5～10kg；

2. 掺用矿物掺合料和外加剂时，用水量应相应调整。

（2）掺外加剂时，每立方米流动性或大流动性混凝土的用水量 m_{w_0} 可按下式计算：

$$m_{w_0} = m'_{w_0}(1-\beta)$$

式中 m_{w_0}——计算配合比每立方米混凝土的用水量（kg/m³）；

m'_{w_0}——未掺外加剂时，推定的满足实际坍落度要求的每立方米混凝土用水量（kg/m³），以表 3-65 中 90mm 坍落度的用水量为基础，按每增大 20mm 坍落度相应增加 5kg/m³ 用水量来计算，当坍落度增大到 180mm 以上时，随坍落度相应增加的用水量可减少；

β——外加剂的减水率（%），应经混凝土试验确定。

4. 计算外加剂用量

外加剂用量是指混凝土中外加剂用量相对于胶凝材料用量的质量百分比。

每立方米混凝土中外加剂用量 m_{a_0}，应按下式计算：

$$m_{a_0} = m_{b_0} \cdot \beta_a$$

式中 m_{a_0}——计算配合比每立方米混凝土中外加剂用量（kg/m³）；

m_{b_0}——计算配合比每立方米混凝土中胶凝材料用量（kg/m³）；

β_a——外加剂掺量（%），应经混凝土试验确定。

5. 计算胶凝材料、矿物掺合料和水泥用量

（1）胶凝材料用量

胶凝材料用量是指每立方米混凝土中水泥用量和活性矿物掺合料用量之和。

每立方米混凝土的胶凝材料用量 m_{b_0} 应按下式计算，并应进行试拌调整，在拌合物性能满足的情况下，取经济合理的胶凝材料用量。

$$m_{b_0} = \frac{m_{w_0}}{W/B}$$

式中 m_{b_0}——计算配合比每立方米混凝土中胶凝材料用量（kg/m³）；

m_{w_0}——计算配合比每立方米混凝土的用水量（kg/m³）；

W/B——混凝土水胶比。

（2）矿物掺合料用量

矿物掺合料用量是指混凝土中矿物掺合料用量占胶凝材料用量的质量百分比。每立方米混凝土中矿物掺合料用量 m_{f_0} 应按下式计算：

$$m_{f_0} = m_{b_0} \cdot \beta_f$$

式中 m_{f_0}——计算配合比每立方米混凝土中矿物掺合料用量（kg/m³）；

β_f——矿物掺合料用量（%），应符合本节混凝土配合比设计基本规定中 3 的要求，并应符合表 3-57 的规定。

（3）水泥用量

每立方米混凝土的水泥用量 m_{c_0} 应按下式计算：

$$m_{c_0} = m_{b_0} - m_{f_0}$$

式中 m_{c_0}——计算配合比每立方米混凝土中水泥用量（kg/m³）。

6. 确定砂率

砂率 β_s 应根据骨料的技术指标、混凝土拌合物性能和施工要求，参考既有历史资料确定。当缺乏砂率的历史资料时，混凝土砂率的确定应符合下列规定：

（1）坍落度小于 10mm 的混凝土，其砂率应经试验确定。

（2）坍落度为 10～60mm 的混凝土，其砂率可根据粗骨料品种、最大公称粒径及水胶比，按表 3-66 选取。

（3）坍落度大于 60mm 的混凝土，其砂率可经试验确定，也可在表 3-66 的基础上，按坍落度每增大 20mm，砂率增大 1% 的幅度予以调整。

混凝土的砂率（%）　　　　　　　　　　　　　　表 3-66

水胶比	卵石最大公称粒径（mm）			碎石最大公称粒径（mm）		
	10.0	20.0	40.0	16.0	20.0	40.0
0.40	26～32	25～31	24～30	30～35	29～34	27～32
0.50	30～35	29～34	28～33	33～38	32～37	30～35
0.60	33～38	32～37	31～36	36～41	35～40	35～38
0.70	36～41	35～40	34～39	39～44	38～43	36～41

注：1. 本表数值系中砂的选用砂率，对细砂或粗砂，可相应地减少或增大砂率；

2. 采用人工砂配制混凝土时，砂率可适当增大；

3. 只用一个单粒级粗骨料配制混凝土时，砂率应适当增大。

7. 计算粗、细骨料用量

（1）采用质量法

当采用质量法计算混凝土配合比时，粗、细骨料用量及砂率应按以下两式计算：

$$m_{f_0} + m_{c_0} + m_{g_0} + m_{s_0} + m_{w_0} = m_{cp}$$

$$\beta_s = \frac{m_{s_0}}{m_{g_0} + m_{s_0}} \times 100\%$$

式中 m_{g_0} ——计算配合比每立方米混凝土的粗骨料用量（kg/m³）；

m_{s_0} ——计算配合比每立方米混凝土的细骨料用量（kg/m³）；

β_s ——砂率（%）；

m_{cp} ——每立方米混凝土拌合物的假定质量（kg），可取 2350～2450kg/m³。

（2）采用体积法

当采用体积法计算混凝土配合比时，按以下两公式计算粗、细骨料用量及砂率。

$$\frac{m_{c_0}}{\rho_c}+\frac{m_{f_0}}{\rho_f}+\frac{m_{g_0}}{\rho_g}+\frac{m_{s_0}}{\rho_s}+\frac{m_{w_0}}{\rho_w}+0.01\alpha=1$$

$$\frac{m_{s_0}}{m_{g_0}+m_{s_0}}\times100\%=\beta_s$$

式中 ρ_c ——水泥密度（kg/m³），可按现行国家标准试验方法测定，也可取 2900～3100kg/m³；

ρ_f ——矿物掺合料密度（kg/m³），可按现行国家标准试验方法测定；

ρ_g ——粗骨料的表观密度（kg/m³），其测定方法见试验 2-6；

ρ_s ——细骨料的表观密度（kg/m³），其测定方法见试验 2-2；

ρ_w ——水的密度（kg/m³），可取 1000kg/m³；

α ——混凝土的含气量百分数，在不使用引气剂或引气型外加剂时，α 可取 1。

三、确定混凝土的试拌配合比

1. 试配要求

（1）混凝土试配应采用强制式搅拌机进行搅拌，搅拌方法应与施工采用的方法相同。

（2）混凝土试配的最小搅拌量

每盘混凝土试配的最小搅拌量应符合表 3-67 的规定，并不应小于搅拌机公称容量的 1/4 且不应大于搅拌机公称容量。

混凝土试配的最小搅拌量　　　　　　　　　　　　　表 3-67

粗骨料最大公称粒径（mm）	拌合物数量（L）
≤31.5	20
40.0	25

2. 混凝土的"工作性"检验与调整

在计算配合比的基础上进行试拌，计算水胶比宜保持不变，并应通过调整配合比其他参数，使混凝土拌合物的性能符合设计和施工要求；然后修正计算配合比，提出试拌配合比。

四、确定混凝土的设计配合比

1. 混凝土强度检验与调整——确定配制强度对应的水胶比

在试拌配合比的基础上，应进行混凝土强度试验。

（1）应采用 3 个不同的配合比，其中 1 个应为确定的试拌配合比，另外 2 个配合比的水胶比，宜较试拌配合比分别增加和减少 0.05，用水量应与试拌配合比相同，砂率可分别增加和减少 1%。

（2）进行混凝土强度试验时，拌合物性能应符合设计和施工要求。每个配合比应至少制作 1 组试件，并应标准养护至 28d 或达到设计规定龄期时试压。

（3）根据测得 3 组不同配合比的强度试验结果，绘制强度和水胶比的线性关系图，或用插值法确定配制强度 $f_{cu,0}$ 相对应的水胶比；然后进行配合比的调整。

2. 配合比的调整

（1）按强度检验结果调整配合比

① 用水量 m_w 和外加剂用量 m_a——在试拌配合比的基础上应根据确定的水胶比做调整；

② 胶凝材料用量 m_b——应以用水量乘以对应配制强度的水胶比计算得出；

③ 粗骨料用量 m_g 和细骨料用量 m_s——应根据用水量和胶凝材料用量进行调整。

（2）按表观密度调整配合比

在按上述强度检验结果调整的配合比基础上，还应对混凝土拌合物表观密度和配合比校正系数进行计算。

① 配合比调整后的混凝土拌合物表观密度按下式计算：

$$\rho_{c,c} = m_c + m_f + m_g + m_s + m_w$$

式中 $\rho_{c,c}$——混凝土拌合物的表观密度计算值（kg/m^3）。

② 混凝土配合比的校正系数，应按下式计算：

$$\delta = \frac{\rho_{c,t}}{\rho_{c,c}}$$

式中 δ——混凝土配合比校正系数；

    $\rho_{c,t}$——混凝土拌合物表观密度实测值（kg/m^3）。

当拌合物的表观密度实测值与计算值之差的绝对值不超过计算值的 2% 时，按上述调整后的配合比维持不变，即为确定的设计配合比。

当二者之差超过 2% 时，应将上述调整的配合比中每项材料用量，均乘以校正系数 δ。以此得出的配合比，即为设计配合比。

3. 注意事项

（1）配合比调整后，应测定拌合物水溶性氯离子含量，试验结果应符合表 3-58 的规定。

（2）对耐久性有设计要求的混凝土，应进行相关耐久性试验验证。

（3）遇到下列情况之一时，应重新进行配合比设计：

① 对混凝土性能有特殊要求时；

② 当水泥、外加剂或矿物掺合料等原材料品种、质量有显著变化时。

五、确定混凝土的施工配合比

上述确定的设计配合比中，骨料是按干燥状态，即石的含水率小于 0.2%，砂的含水率小于 0.5% 为准计算而得。而施工现场的砂石，常含有一定水分，并且含水率经常变化，为保证混凝土质量，应根据现场砂石实际含水率，对设计配合比进行修正。修正后的配合比，称为施工配合比。

六、混凝土配合比设计例题

1. 设计要求

某工程钢筋混凝土梁，该梁处于室内干燥环境中，强度等级为 C25 级，坍落度 35～

50mm，采用掺粉煤灰混凝土。机械搅拌，机械振捣，施工单位生产质量水平优良。

2. 原材料

采用强度等级为42.5级的普通水泥；中砂，$M_x = 2.68$；5～20mm 连续粒级的碎石；Ⅱ级粉煤灰掺量为20%；自来水。

3. 确定"计算配合比"

(1) 计算配制强度：查表 3-60，取 $\sigma = 5\text{MPa}$

$$f_{cu,0} = f_{cu,k} + 1.645\sigma = 25 + 1.645 \times 5 = 33.23\text{MPa}$$

(2) 计算水胶比

$$\frac{W}{B} = \frac{\alpha_a \cdot f_b}{f_{cu,0} + \alpha_a \cdot \alpha_b \cdot f_b} = \frac{0.53 \times 39.44}{33.23 + 0.53 \times 0.2 \times 39.44} = 0.56$$

查表 3-61 $\alpha_a = 0.53$；$\alpha_b = 0.2$

$$f_b = \gamma_f \cdot \gamma_s \cdot \gamma_c \cdot \gamma_{ce,g} = 0.8 \times 1 \times 1.16 \times 42.5 = 39.44\text{MPa}$$

查表 3-62 取 $\gamma_f = 0.8$；$\gamma_s = 1$；查表 3-63 取 $\gamma_c = 1.16$

查表 3-54 复核，$\frac{W}{B} = 0.56$，满足耐久性要求。

(3) 确定用水量

查表 3-65，取 $m_{w_0} = 195\text{kg}$

(4) 计算胶凝材料用量

$$m_{b_0} = \frac{m_{w_0}}{W/B} = \frac{195}{0.56} = 348.2\text{kg}$$

查表 3-56 复核，满足耐久性要求。

(5) 计算粉煤灰用量

$$m_{f_0} = m_{b_0} \cdot \beta_f = 348.2 \times 0.2 = 69.6\text{kg}$$

查表 3-57，取 $\beta_f = 0.2$

(6) 计算水泥用量

$$m_{c_0} = m_{b_0} - m_{f_0} = 348.2 - 69.6 = 278.6\text{kg}$$

(7) 确定砂率

查表 3-66，取 $\beta_s = 0.35$

(8) 计算砂石用量

采用质量法，按以下两关系式计算：

$$m_{f_0} + m_{c_0} + m_{g_0} + m_{s_0} + m_{w_0} = m_{cp}$$

取

$$m_{cp} = 2400\text{kg/m}^3$$

$$\beta_s = \frac{m_{s_0}}{m_{g_0} + m_{s_0}} \times 100\%$$

$$m_{g_0} + m_{s_0} = m_{cp} - m_{f_0} - m_{c_0} - m_{w_0} = 2400 - 69.6 - 278.6 - 195 = 1856.8\text{kg}$$

$$m_{s_0} = \beta_s(m_{g_0} + m_{s_0}) = 0.35 \times 1856.8 = 649.9\text{kg}$$

$$m_{g_0} = 1856.8 - 649.9 = 1206.9\text{kg}$$

(9) 计算配合比

$$m_{c_0} : m_{f_0} : m_{s_0} : m_{g_0} = 279 : 70 : 650 : 1207 = 1 : 0.25 : 2.33 : 4.33$$

$$\frac{W}{B} = 0.56$$

4. 确定试拌配合比

(1) 试配材料用量，取拌合物为 20L。

$$m_{cp} = 2400 \times \frac{20}{1000} = 48\text{kg}$$

$$m_{b_0} = 348.2 \times \frac{20}{1000} = 6.97\text{kg}$$

同理

$$m_{f_0} = 1.39\text{kg}$$

$$m_{c_0} = 5.58\text{kg}$$

$$m_{s_0} = 12.99\text{kg}$$

$$m_{g_0} = 24.14\text{kg}$$

$$m_{w_0} = 3.9\text{kg}$$

(2) 工作性检验

经检验，减少 4% 胶凝材料浆后，测其坍落度值为 42mm，且黏聚性和保水性均良好，即满足工作性要求。计算试配时，各材料用量为：

$$m_{c拌} = 5.58 - 5.58 \times 0.04 = 5.36\text{kg}$$

$$m_{f拌} = 1.39 - 1.39 \times 0.04 = 1.33\text{kg}$$

$$m_{w拌} = 3.9 - 3.9 \times 0.04 = 3.74\text{kg}$$

$$m_{s拌} = (48 - 5.36 - 1.33 - 3.74) \times 0.35 = 13.15\text{kg}$$

$$m_{g拌} = 48 - 5.36 - 1.33 - 3.74 - 13.15 = 24.42\text{kg}$$

(3) 试拌配合比

$$m_{c拌} : m_{f拌} : m_{s拌} : m_{g拌} = 5.36 : 1.33 : 13.15 : 24.42 = 1 : 0.25 : 2.45 : 4.56$$

$$\frac{W}{B} = 0.56$$

5. 确定设计配合比

(1) 确定配制强度对应的水胶比

① 供强度复核与水胶比调整的试配材料用量

取水胶比分别为：0.51，0.56，0.61

$$m_{w_a} = 3.74\text{kg}$$

$$m_{b_a} = 7.33\text{kg}, 6.68\text{kg}, 6.13\text{kg}$$

a) $\frac{W}{B} = 0.51$，$m_{b_a} = 7.33\text{kg}$，$m_{f_a} = 1.47\text{kg}$，$m_{c_a} = 5.86\text{kg}$

取 $\beta_s = 0.34$，$m_{s_a} = 13.83\text{kg}$，$m_{g_a} = 26.84\text{kg}$

b) 同理 $\frac{W}{B} = 0.61$，$m_{b_a} = 6.13\text{kg}$，$m_{f_a} = 1.23\text{kg}$，$m_{c_a} = 4.9\text{kg}$

取 $\beta_s = 0.36$，$m_{s_a} = 15.07\text{kg}$，$m_{g_a} = 26.8\text{kg}$

② 强度与表观密度实测

经试验测得 3 组配合比均满足工作性要求，实测拌合物表观密度为 2327kg/m³。

3 组配合比试件的 28d 实测强度分别为：

$$\frac{W}{B} = 0.51; \quad \frac{B}{W} = 1.96; \quad f_{cu,28} = 39.2MPa$$

$$\frac{W}{B} = 0.56; \quad \frac{B}{W} = 1.79; \quad f_{cu,28} = 34.6MPa$$

$$\frac{W}{B} = 0.61; \quad \frac{B}{W} = 1.64; \quad f_{cu,28} = 30.6MPa$$

③ 计算配制强度对应的 $\dfrac{W}{B}$

根据上述三组试块的 $\dfrac{B}{W}$ 与 28d 强度的关系，用插值法求出与配制强度 $f_{cu,0} =$

33.23MPa 所对应的 $\dfrac{B}{W}$ 值为 1.74，$\dfrac{W}{B}$ 值为 0.57。

(2) 配合比的调整

① 按强度检验结果调整配合比，并计算调整后每立方米混凝土的材料用量：

$$m'_{w_a} = m_{w_a} = 195 - 195 \times 0.04 = 187.2kg$$

$$m'_{b_a} = \frac{B}{W} \cdot W = 1.74 \times 187.2 = 326kg$$

$$m'_{f_a} = 326 \times 0.2 = 65kg$$

$$m'_{c_a} = 326 - 65 = 261kg$$

$$取 \; m_{cp} = 2400kg, \; \beta_s = 0.35$$

$$m'_{s_a} = (2400 - 65 - 261 - 187) \times 0.35 = 660kg$$

$$m'_{g_a} = 2400 - 65 - 261 - 187 - 660 = 1227kg$$

② 按实测表观密度调整配合比

计算表观密度为：$\rho_{c,c} = 65 + 261 + 187 + 660 + 1227 = 2400kg/m^3$

实测表观密度为：$\rho_{c,t} = 2327kg/m^3$

校正系数为：$\delta = \dfrac{\rho_{c,t}}{\rho_{c,c}} = \dfrac{2327}{2400} = 0.97$

校正后 1m³ 混凝土材料用量：

$$m_{f_b} = 65 \times 0.97 = 63kg$$

$$m_{c_b} = 261 \times 0.97 = 253kg$$

$$m_{w_b} = 187 \times 0.97 = 181kg$$

$$m_{s_b} = 660 \times 0.97 = 640kg$$

$$m_{g_b} = 1227 \times 0.97 = 1190kg$$

(3) 设计配合比

$$m_{c_b} : m_{f_b} : m_{s_b} : m_{g_b} = 253 : 63 : 640 : 1190 = 1 : 0.25 : 2.53 : 4.7$$

$$\frac{W}{B} = 0.57$$

6. 确定施工配合比

测得施工现场砂含水率为5%，石含水率为1%，计算各材料用量。

$$m_c = 253\text{kg}$$

$$m_f = 63\text{kg}$$

$$m_s = 640 \times (1 + 5\%) = 672\text{kg}$$

$$m_g = 1190 \times (1 + 1\%) = 1202\text{kg}$$

$$m_w = 181 - (640 \times 5\% + 1190 \times 1\%) = 137\text{kg}$$

施工配合比：

$$m_c : m_f : m_s : m_g = 253 : 63 : 672 : 1202 = 1 : 0.25 : 2.66 : 4.75$$

$$\frac{W}{B} = 0.57$$

第七节　预拌混凝土与灌孔混凝土

一、预拌混凝土

预拌混凝土（商品混凝土）具有专业化、机械化程度高、产品质量好、有利环保并实现施工现场文明施工等优点，因此是"十二五"期间继续大力发展和推广应用的产品之一。

预拌混凝土是在专业工厂，将水泥、骨料、水以及根据需要掺入的外加剂、矿物掺合料等组分按一定比例，在搅拌站（楼）经计量、拌制后出售的并通过运输设备，送至使用地点的混凝土拌合物。

1. 分类

预拌混凝土分为常规品和特制品。

（1）常规品

常规品是指除特制品（表3-68）以外的普通混凝土，代号为A，混凝土强度等级代号为C。

（2）特制品

特制品代号为B，其混凝土种类及其代号应符合表3-68的规定。

<table>
<tr><td colspan="6">特制品混凝土的种类及其代号　　　　　　　　　表3-68</td></tr>
<tr><td>混凝土种类</td><td>高强混凝土</td><td>自密实混凝土</td><td>纤维混凝土</td><td>轻集料混凝土</td><td>重混凝土</td></tr>
<tr><td>混凝土种类代号</td><td>H</td><td>S</td><td>F</td><td>L</td><td>W</td></tr>
<tr><td>强度等级代号</td><td>C</td><td>C</td><td>C（合成纤维混凝土）
CF（钢纤维混凝土）</td><td>LC</td><td>C</td></tr>
</table>

2. 混凝土强度等级

预拌混凝土强度等级共划分为：C10、C15、C20、C25、C30、C35、C40、C45、C50、C55、C60、C65、C70、C75、C80、C85、C90、C95、C100 等19个等级。

3. 标记

预拌混凝土标记应按下列顺序进行：

（1）常规品或特制品的代号，常规品可不标记；

（2）特制品混凝土种类的代号，兼有多种类情况时可同时标出；

（3）强度等级；

（4）坍落度控制目标值，在括号中附坍落度等级代号；自密实混凝土应采用扩展度控制目标值，在括号中附扩展度等级代号；

（5）耐久性能等级代号，对于抗氯离子渗透性能和抗碳化性能，在括号中附设计值。

【例3-5】采用通用硅酸盐水泥、河砂（也可是机制砂或海砂）、石、矿物掺合料、外加剂和水配制的预拌普通混凝土。强度等级为C50，坍落度为180mm，抗冻的等级为F250，抗氯离子渗透性能电通量 Q_s 为1000C，其标记为：A-C50-180（S4）-F250Q-Ⅲ（1000）。

【例3-6】采用通用硅酸盐水泥、砂（也可是淘砂）、陶粒、矿物掺合料、外加剂、合成纤维和水配制的预拌轻集料纤维混凝土。强度等级为LC40，坍落度为210mm，抗渗等级为P8，抗冻等级为F150，其标记为：B-LF-LC40-210（S4）-P8F150。

4. 技术要求

预拌混凝土各项技术性能指标的要求，与前述的现浇混凝土相同。

二、混凝土砌块（砖）砌体用灌孔混凝土

其是由胶凝材料、骨料、水以及根据需要掺入的掺合料和外加剂等组分，按一定比例，采用机械拌合制成，用于灌注混凝土芯柱或其他需要填实部位孔洞，具有微膨胀的专用现浇混凝土（简称灌孔混凝土）。

灌孔混凝土强度等级用符号Cb表示，共分为：Cb20、Cb25、Cb30、Cb35和Cb40五个等级。

1. 分类与标记

（1）分类

灌孔混凝土分为细骨料灌孔混凝土（F）和粗骨料灌孔混凝土（B）两种。

细骨料灌孔混凝土仅采用细骨料配制，骨料最大粒径应≤5mm；粗骨料灌孔混凝土采用粗骨料和细骨料配制，骨料最大粒径应≤20mm。

（2）标记

按产品名称、强度等级、骨料类型顺序标记。

【例3-7】强度等级为Cb30，粗骨料灌孔混凝土其标记为：灌孔混凝土 Cb 30 B。

2. 原材料技术要求

（1）水泥：应采用硅酸盐水泥、普通水泥或矿渣水泥。

（2）骨料：粗骨料粒径不大于20mm，细骨料宜采用中砂。

（3）掺合料：粉煤灰、粒化高炉矿渣粉，见本章第一节的要求；其他品种掺合料，在使用前需进行试验验证，满足混凝土性能和砌体性能要求时方可使用。

（4）外加剂：混凝土膨胀剂、化学外加剂及水的技术要求见本章第一节。

3. 灌孔混凝土技术要求

（1）抗压强度：Cb20、Cb25、Cb30、Cb35、Cb40五个等级的强度值应与相对应的

C20、C25、C30、C35、C40混凝土的抗压强度指标值相同。

(2) 坍落度：不宜小于180mm。

(3) 泌水率：不宜大于3.0%。

(4) 膨胀率：3d龄期的混凝土膨胀率不应小于0.025%，且不应大于0.5%。

4. 应用

灌孔混凝土是用于工业与民用建筑、水工等构筑物的混凝土小型空心砌块（砖）砌体的芯柱、孔洞和构造柱需要填实部位的专用混凝土，是保证混凝土砌块（砖）砌体整体工作性能、抗震性能、承受局部荷载所必需的重要配套材料。灌孔混凝土的工作性能与其硬化后的实际性能（强度、收缩膨胀性），对砌体的力学性能特别是建筑抗震性能尤为重要。

思 考 题 与 习 题

3-1 什么是混凝土？什么是普通混凝土？水泥混凝土如何分类？

3-2 何谓混凝土用水？有何技术要求？应用时应注意哪些事项？

3-3 配制普通混凝土，对组成材料有什么要求？

3-4 配制混凝土时，应如何选择水泥品种及水泥强度等级？

3-5 砂石的颗粒级配与粗细程度如何评定？有何实际意义？

3-6 配制混凝土时，根据什么原则选择石子最大粒径？

3-7 何谓混凝土掺合料？何谓粒化高炉矿渣粉、天然沸石粉及硅灰？配制何种混凝土需要掺硅灰？其有何作用？

3-8 何谓混凝土外加剂？试述外加剂的分类、各类外加剂的主要功能及适用范围。

3-9 何谓减水剂？减水剂有哪些作用？减水剂可分哪几大类？各类包括那些品种？

3-10 各品种减水剂的主要化学成分、技术性质及在混凝土中的作用和掺量如何？

3-11 试述普通、高效、高性能减水剂的类型及代号，比较三者有何不同。

3-12 何谓聚羧酸系减水剂？试述此类减水剂的主要功能及其应用。

3-13 何谓早强剂、膨胀剂？早强剂与膨胀剂的主要技术性质、掺量及应用范围如何？

3-14 试述泵送剂的组分、技术要求及应用。

3-15 何谓防冻剂？各类防冻剂有哪些组分？各组分有何作用？有何技术要求？施工中对防冻剂的选用有何规定？

3-16 何谓混凝土工作性？如何评定工作性？

3-17 按坍落度和维勃稠度大小，混凝土可分为哪几类？

3-18 影响混凝土工作性的因素有哪些？

3-19 何谓砂率？何谓合理砂率？采用合理砂率配制混凝土有何意义？

3-20 何谓混凝土的立方体抗压强度、立方体抗压强度标准值和强度等级？试述强度等级的表示方法。

3-21 影响混凝土强度的主要因素有哪些？

3-22 何谓混凝土的耐久性？影响混凝土耐久性的主要因素有哪些？采取哪些措施可

提高混凝土的耐久性？

3-23 如何评定混凝土抗硫酸盐侵蚀性能及抗氯离子渗透性能？根据什么划分其性能等级？各分哪几个等级？

3-24 已知混凝土设计配合比为：$m_c : m_s : m_g = 280 : 625 : 1275$；$W/C = 0.62$，施工现场砂含水率为 6%，石含水率为 2%，求施工配合比。

第四章 有特殊要求的混凝土及轻混凝土

第一节 有特殊要求的混凝土

一、高强混凝土

高强混凝土是指强度等级不低于 C60 的混凝土。目前我国 C60～C80 混凝土已在高层、超高层建筑及大跨度结构的桥梁工程、管桩、轨枕等混凝土制品中得到日益广泛的应用。

高强混凝土是用常规水泥、砂、石、水作原材料，主要依靠外加剂或同时加入一定数量的活性矿物材料，使拌合物具有一定的工作性，并在硬化后具有高强性能的水泥混凝土。

1. 原材料的选择

（1）水泥

水泥是影响混凝土强度的主要因素。配制高强混凝土，应采用质量稳定、强度等级不低于 42.5 级的硅酸盐水泥、普通水泥或硫铝酸盐水泥及铁铝酸盐水泥等。另外，水泥的用量将直接影响到水泥石与界面的粘结力，并会影响施工时的工作进度。因此，水泥在混凝土中的用量比例应适当加以控制。总之，在满足既定抗压强度的前提下，以经济实用作为选择水泥的依据。

（2）粗骨料

粗骨料在混凝土中主要起骨架作用，因此，应选高强致密的花岗岩、辉绿岩、大理石等。从发展角度看，高强混凝土的强度逐渐趋近或超过粗骨料强度，粗骨料粒径应随混凝土强度提高而减小。粗骨料宜采用连续级配，其最大公称粒径不应大于 25mm；针、片状颗粒的含量不宜大于 5.0%；含泥量不应大于 0.5%，泥块含量不应大于 0.2%。

（3）细骨料

细骨料宜采用中砂，细度模数宜为 2.6～3.0；含泥量不应大于 2.0%，泥块含量不应大于 0.5%。

骨料中的含泥量及泥块含量若超过限值，会加大用水量和外加剂的用量，从而增大混凝土的干缩，降低混凝土的耐久性和强度。

（4）水

水中不得含有影响水泥正常凝结与硬化的有害物质，应符合混凝土拌合用水标准规定。

（5）外加剂

化学外加剂是高强混凝土的第五组分，品种很多，应根据需要科学地选用。配制高强度混凝土时，宜采用减水率不小于 25% 的高性能减水剂（如聚羧酸减水剂）。高性能减水剂的应用，使混凝土在常规工艺条件下实现高强、高流态化。

（6）矿物掺合料

矿物掺合料是混凝土的第六组分，目前应用较多的如粉煤灰、粒化高炉矿渣粉和硅灰等，粉煤灰等级不应低于Ⅱ级；对强度等级不低于C80的高强混凝土，宜掺用硅灰，这些都属于具有潜在活性的火山灰质材料。将它们掺入混凝土中，特别是与化学外加剂按适当比例共同掺入混凝土中（称双掺技术），可以调整水泥的颗粒级配，产生增密、增塑、减水和火山灰效应。从而改善骨料的界面效应，提高混凝土的耐久性和强度。上述这些掺合料大多属于工业废料，因而又具有环保效果，是混凝土技术的发展方向。

2. 配合比设计

高强混凝土配合比应经试验确定，在缺乏试验依据的情况下，配合比宜符合下列规定：

（1）水胶比、胶凝材料用量和砂率可按表4-1选取，并经试配确定。

水胶比、胶凝材料用量和砂率 表4-1

强度等级	水胶比	胶凝材料用量（kg/m³）	砂率（%）
≥C60，<C80	0.28～0.34	480～560	
≥C80，<C100	0.26～0.28	520～580	35～42
C100	0.24～0.26	550～600	

（2）外加剂和矿物掺合料的品种、掺量应通过试配确定，矿物掺合料掺量宜为25%～40%；硅灰掺量不宜大于10%，一般为3%～8%。

（3）水泥用量不宜大于500kg/m³。

（4）配合比的试配与确定

在试配过程中，应采用3个不同的配合比进行混凝土强度试验，其中1个是依据表4-1计算后调整拌合物用量的试拌配合比，另外2个配合比的水胶比，宜较试拌配合比分别增加和减少0.02。

高强混凝土设计配合比确定后，应采用该配合比进行不少于三盘混凝土的重复试验，每盘混凝土应至少成型一组试件，每组试件混凝土的抗压强度不应低于配制强度。

二、泵送混凝土

可在施工现场通过压力泵及输送管道进行浇筑的混凝土，称为泵送混凝土。其在建筑工程及其他土木工程（桥梁、地铁）中，已得到成功的应用。

泵送混凝土应具有适当的流动性，足够的强度和耐久性外，还要求具有较高的可泵性。

可泵性是指在泵送压力下，混凝土拌合物在管道中的通行能力。可泵性好的混凝土在输送过程中与管道之间的流动阻力小，有足够的黏聚性，保证在泵送过程中不泌水、不离析、不堵泵。为了满足上述要求，在配制泵送混凝土时，应选择适宜的原材料和进行合理的配合比设计。

1. 原材料选择

（1）水泥

泵送混凝土宜选用硅酸盐水泥、普通水泥、矿渣水泥、粉煤灰水泥。其质量应符合相应标准的规定（见第二章）。

(2) 骨料

粗骨料的级配、粒径和粒型对混凝土可泵性有较大的影响。粗骨料宜采用连续级配，其针片状颗粒含量不宜大于 10%。针片状颗粒过多，会降低混凝土的稳定性，而且长颗粒容易卡在泵管中，造成堵塞。

细骨料宜采用中砂，通过 0.315mm 筛孔的颗粒含量不宜少于 15%。

为了防止混凝土泵送时管道堵塞，还应控制粗骨料最大公称粒径与输送管内径之比（表 4-2）。

粗骨料的最大公称粒径与输送管内径之比　　　　　表 4-2

石子品种	泵送高度 （m）	粗骨料最大公称粒径与 输送管径比	石子品种	泵送高度 （m）	粗骨料最大公称粒径与 输送管径比
碎石	<50	≤1：3.0	卵石	<50	≤1：2.5
	50～100	≤1：4.0		50～100	≤1：3.0
	>100	≤1：5.0		>100	≤1：4.0

(3) 外加剂与矿物掺合料

泵送混凝土应优先掺用泵送剂或减水剂，外加剂的品种和掺量应由试验确定。并宜掺用粉煤灰或其他活性矿物掺合料。它们能提高混凝土拌合物的稳定性，并且其中的微粒在泵送过程中起着"滚珠"的作用，以减少混凝土拌合物对管壁的摩阻力，改善其可泵性。但掺用的粉煤灰应符合Ⅰ、Ⅱ级灰的要求（见第三章第一节），质量差的粉煤灰掺入后，会使混凝土用水量增加，对强度和耐久性不利。

2. 配合比设计

泵送混凝土配合比应符合下列规定：

(1) 胶凝材料用量不宜小于 300kg/m³。否则含浆量不足，即使在同样坍落度情况下，混凝土显得干涩，不利于泵送。

(2) 砂率宜为 35%～45%。

(3) 含气量：泵送混凝土中适当的含气量可起到润滑作用。对提高混凝土的工作性及可泵性有利，但含气量太大混凝土强度就会下降。一般情况下含气量提高 1%，混凝土强度下降约 6%，故对含气量应加以限制。按规定：掺引气型外加剂时，混凝土含气量不宜大于 4%。

(4) 坍落度：泵送混凝土试配时，要求的坍落度值应按下式计算：

$$T_t = T_P - \Delta_T$$

式中　T_t——试配时要求的坍落度值，mm；

　　　T_P——入泵时要求的坍落度值，mm，对不同泵送高度，入泵时混凝土的坍落度及扩展度可按表 4-3 选用；

　　　Δ_T——试验测得在预计时间内的坍落度经时损失值（mm），可通过调整外加剂进行控制，通常坍落度经时损失控制在 30mm/h 以内。

混凝土入泵坍落度、扩展度与泵送高度关系　　　　表 4-3

最大泵送高度（m）	50	100	200	400	400 以上
入泵坍落度（mm）	100～140	150～180	190～220	230～260	—
入泵扩展度（mm）	—	—	—	450～590	600～740

泵送混凝土的入泵坍落度不宜小于 100mm；对强度等级不超过 C60 的泵送混凝土，其入泵坍落度不宜小于 180mm；泵送高强混凝土的扩展度不宜小于 500mm。

掺高效减水剂的混凝土有坍落度损失较快的弊端，尤其是泵送施工时，需要采用表 4-4 所列方法来减少坍落度损失。在夏季或运输距离较长时，这些方法更为必要。

延缓坍落度损失的方法　　　　表 4-4

方　　法	简　　　介	方　　法	简　　　介
复合外加剂	与缓凝减水剂复合使用	用载体流化剂	减慢高效减水剂溶解
延迟添加法	在水泥被水湿润后再加	用新型外加剂	坍落度较小的新品种
二次添加法	浇筑前再加外加剂		

三、抗渗混凝土

抗渗混凝土是指抗渗等级不低于 P6 的混凝土。抗渗等级见表 3-48。

抗渗混凝土按配制方法不同，可分为外加剂抗渗混凝土、膨胀水泥抗渗混凝土等。

外加剂抗渗混凝土是在混凝土拌合物中，加入少量改善混凝土抗渗性的有机或无机物外加剂，以适应工程防渗需要的一系列混凝土。如减水剂抗渗混凝土、引气剂抗渗混凝土、三乙醇胺抗渗混凝土和氯化铁抗渗混凝土等。供试配用的抗渗混凝土最大水胶比见表 4-5。

供试配用的抗渗混凝土最大水胶比　　　　表 4-5

抗渗等级	最大水胶比	
	C20～C30 混凝土	C30 以上混凝土
P6	0.60	0.55
P8～P12	0.55	0.50
P12 以上	0.50	0.45

1. 原材料选择

（1）水泥

配制抗渗混凝土宜采用普通硅酸盐水泥。

（2）骨料

宜选用连续级配的粗骨料，其最大公称粒径不宜大于 40mm，骨料中含泥量及泥块的含量对混凝土的抗渗性特别不利。因此，粗骨料的含泥量不得大于 1.0%，泥块含量不得大于 0.5%；细骨料的含泥量不得大于 3.0%，泥块含量不得大于 1.0%。

（3）外加剂及矿物掺合料

外加剂宜采用防水剂、膨胀剂、引气剂、减水剂或引气减水剂等。抗渗混凝土宜掺入矿物掺合料（粉煤灰等级应为Ⅰ级或Ⅱ级），以利于改善混凝土的孔隙结构，提高混凝土的耐久性能。

2. 配合比设计

抗渗混凝土配合比应符合下列规定：

（1）每立方米混凝土中，胶凝材料用量不宜小于 320kg；砂率宜为 35％～45％。水泥用量及砂率不宜过小，以免缺浆而影响混凝土的密实性。

（2）最大水胶比应符合表 4-5 的规定。

（3）进行抗渗混凝土配合比设计时，应增加抗渗性能试验，并应符合下列规定：

① 试配要求的抗渗水压值，应比设计值提高 0.2MPa；

② 抗渗试验结果应符合下式要求：

$$P_t \geqslant (P/10) + 0.2$$

式中　P_t——6 个试件中不少于 4 个未出现渗水时的最大水压值，MPa；

　　　P——设计要求的抗渗等级值。

③ 掺引气剂或引气型外加剂的抗渗混凝土，应进行含气量试验。含气量宜控制在 3％～5％。

3. 抗渗混凝土的适用范围见表 4-6。

四、抗冻混凝土

抗冻混凝土是指抗冻等级不低于 F50 的混凝土。抗冻等级见表 3-48。

1. 原材料选择

（1）水泥

配制抗冻混凝土，应选用硅酸盐水泥或普通水泥，不宜使用火山灰水泥，其原因是火山灰水泥的需水性大，对抗冻性不利。

抗渗混凝土的适用范围　　　　　　　　　　表 4-6

种　类		最高抗渗压力 （MPa）	特　点	适用范围
外加剂抗渗混凝土	引气剂抗渗混凝土	＞2.2	抗冻性好	适用于北方高寒地区的防水工程，不适用于抗压强度大于 20MPa 或耐磨性要求较高的工程
	减水剂抗渗混凝土	＞2.2	拌合物流动性好	适用于钢筋密集或捣固困难的薄壁型防水构筑物，也适用于对混凝土凝结时间（促凝或缓凝）和流动性有特殊要求的防水工程（如泵送混凝土工程）
	三乙醇胺抗渗混凝土	＞3.8	早期强度高，抗渗等级高	适用于工期紧迫，要求早强及抗渗性较高的防水工程及一般性防水工程
	氧化铁抗渗混凝土	＞3.8		适用于水中的无筋少筋厚大防水混凝土工程及一般地下防水工程，砂浆修补抹面工程 在接触直流电源或预应力混凝土及重要的薄壁结构上不宜使用
膨胀水泥抗渗混凝土		3.6	密实性好、抗裂性好	适用于地下工程和地上防水构筑物、山洞、非金属油罐和主要工程的后浇带

（2）骨料

宜选用连续级配，含泥量不大于 1.0％，泥块含量不大于 0.5％的粗骨料；含泥量不

90

大于3.0%，泥块含量不大于1.0%的细骨料。

粗骨料和细骨料均应进行坚固性试验。因为经常由于骨料坚固性不良（如风化比较严重的骨料），而影响混凝土抗冻性的情况。

（3）外加剂

抗冻等级不小于F100的抗冻混凝土宜掺用引气剂。

在钢筋混凝土和预应力混凝土中，不得掺用含有氯盐的防冻剂；在预应力混凝土中不得掺用含有亚硝酸盐或碳酸盐的防冻剂。

2. 配合比设计

抗冻混凝土配合比设计应符合下列规定：

（1）最大水胶比和最小胶凝材料用量应符合表4-7的规定。

最大水胶比和最小胶凝材料用量　　　　　　　表4-7

设计抗冻等级	最大水胶比		最小胶凝材料用量（kg/m³）
	无引气剂时	掺引气剂时	
F50	0.55	0.60	300
F100	0.50	0.55	320
不低于F150	—	0.50	350

（2）复合矿物掺合料掺量宜符合表4-8的规定。

复合矿物掺合料最大掺量　　　　　　　表4-8

水胶比	最大掺量（%）	
	采用硅酸盐水泥时	采用普通硅酸盐水泥时
≤0.40	60	50
>0.40	50	40

注：1. 采用其他硅酸盐水泥时，可将水泥混合材掺量20%以上的混合材量计入矿物掺合料；

　　2. 复合矿物掺合料中，各矿物掺合料组分的掺量不宜超过表3-57中单掺量时的限量。

（3）掺用引气剂的混凝土最小含气量应符合表3-59的规定，最大不宜超过7.0%。

五、大体积混凝土

大体积混凝土是指体积较大的，可能由胶凝材料水化热引起的温度应力导致有害裂缝产生的结构混凝土。

1. 原材料

（1）水泥：宜采用中、低热硅酸盐水泥或低热矿渣硅酸盐水泥，水泥的3d和7d水化热应符合表2-16的规定。

当采用硅酸盐水泥或普通硅酸盐水泥时，应掺加矿物掺合料。胶凝材料的3d和7d水化热分别不宜大于240kJ/kg和270kJ/kg。

（2）骨料：粗骨料宜为连续级配，最大公称粒径不宜小于31.5mm，含泥量不应大于1.0%；细骨料宜采用中砂，含泥量不应大于3.0%。

（3）外加剂和掺合料：宜掺用缓凝型减水剂和矿物掺合料（如粉煤灰等），以减少胶凝材料中的水泥用量，达到降低水化热的作用。

（4）当采用混凝土 60d 或 90d 龄期的设计强度时，宜采用标准尺寸试件进行抗压强度试验。

2. 配合比设计

大体积混凝土配合比设计，应符合下列规定：

（1）水胶比不宜大于 0.55，用水量不宜大于 $175kg/m^3$；

（2）在保证混凝土性能要求的前提下，宜提高每立方米混凝土中的粗骨料用量；砂率宜为 38%～42%；

（3）在保证混凝土性能要求的前提下，应减少胶凝材料中的水泥用量，提高矿物掺合料掺量，矿物掺合料应符合表 3-57 的规定；

（4）在配合比试配和调整时，控制混凝土绝热温升不宜大于 50℃；

（5）大体积混凝土配合比应满足施工对混凝土凝结时间的要求，延迟混凝土的凝结时间对大体积混凝土施工操作和温度控制有利。

第二节 轻 混 凝 土

凡表观密度小于 $1950kg/m^3$ 的混凝土统称为轻混凝土。按其组成成分可分为轻集料混凝土、多孔混凝土（如加气混凝土、泡沫混凝土）和大孔混凝土（如无砂大孔混凝土、少砂大孔混凝土）三种类型，见图 4-1。其中用轻粗集料、轻细集料或普通砂、水泥和水配制的，其表观密度不大于 $1950kg/m^3$ 的混凝土，称为轻集料混凝土。

（a）　　　　（b）　　　　（c）

图 4-1　轻混凝土的三种基本类型

（a）无砂大孔混凝土；（b）轻集料混凝土；（c）多孔混凝土

一、轻集料

轻集料是对堆积密度不大于 $1100kg/m^3$ 的轻粗集料和堆积密度不大于 $1200kg/m^3$ 的轻细集料的总称。

1. 轻集料品种

（1）常用轻集料的分类与品种见表 4-9。

常用轻集料品种　　　　　　　　　　　　　　　　　表 4-9

分类	品　　　种	定　　　　　义
人造轻集料	1. 黏土陶粒	以黏土和粉质黏土等为主要原料，经加工制粒、烧胀而成的一种人造轻集料
	2. 页岩陶粒	以黏土质页岩、板岩等为主要原料，经加工制粒、烧胀而成的一种人造轻集料
	3. 粉煤灰陶粒	以粉煤灰为主要原料，掺入适量黏土，经加工成球，烧结或烧胀而成的一种工业废料轻集料
天然轻集料	4. 浮石	火山喷发形成的，可浮于水面的块状多孔岩石，经破碎、筛分而成的一种天然轻集料
	5. 火山渣	火山喷发形成的，状如煤渣的多孔岩石碎块，经破碎、筛分而成的一种天然轻集料

分类	品　　种	定　　义
工业废料轻集料	6. 煤渣	煤在锅炉内燃烧后的多孔残渣，经破碎、筛分而成的一种工业废料轻集料
	7. 自然煤矸石	采煤、选煤过程中排出的煤矸石，经堆积、自然、破碎、筛分而成的一种工业废料轻集料
	8. 膨胀矿渣珠	以高炉熔融矿渣为原料，经专门工艺加工而成的一种工业废料轻集料

（2）按轻集料性能分为：①超轻集料：堆积密度不大于 $500kg/m^3$ 的保温用或结构保温用的轻粗集料；②高强轻集料：满足表 4-13 规定的结构用轻粗集料。

2. 轻集料的主要技术要求

为了保证轻集料混凝土的质量，轻集料的各项技术指标均应符合以下规定：

（1）有害物质含量

轻集料有害物质含量应符合表 4-10 的规定。

有害物质规定　　　　　　　　　　　　　　　　　　　　　　　　　　　表 4-10

项目名称	技术指标	项目名称	技术指标
含泥量（%）	≤3.0 结构混凝土用轻集料≤2.0	烧失量（%）	≤5.0 天然轻集料不做规定，用于无筋混凝土的煤渣允许≤18%
泥块含量（%）	≤1.0 结构混凝土用轻集料≤0.5	硫化物和硫酸盐含量（按 SO_2 计）（%）	≤1.0 用于无筋混凝土的自燃煤矸石允许含量≤1.5%
煮沸质量损失（%）	≤0.5	有机物含量	不深于标准色，如深于标准色，按 GB/T 17431.2—2010 中 18.6.3 的规定操作，且试验结果不低于 95%
放射性	符合 GB 6566 的规定		

（2）颗粒级配

各种轻粗集料的颗粒级配应符合有关标准的要求，人造轻粗集料的最大粒径不宜大于 19mm。轻细集料的细度模数宜在 2.3～4.0 范围内。

（3）密度等级

轻集料按堆积密度划分的密度等级应符合表 4-11 的要求。堆积密度主要取决于颗粒的表观密度、级配及其类型。

密　度　等　级　　　　　　　　　　　　　　　　　　　　　　　　　表 4-11

密　度　等　级		堆积密度范围（kg/m³）	密　度　等　级		堆积密度范围（kg/m³）
轻粗集料	轻细集料		轻粗集料	轻细集料	
200	—	>100，≤200	800	800	>700，≤800
300	—	>200，≤300	900	900	>800，≤900
400	—	>300，≤400	1000	1000	>900，≤1000
500	500	>400，≤500	1100	1100	>1000，≤1100
600	600	>500，≤600	1200	1200	>1100，≤1200
700	700	>600，≤700			

（4）筒压强度与强度标号

轻集料强度是一项极其重要的质量指标，对混凝土强度影响极大。轻集料的强度可用筒压强度和强度标号表示。

①筒压强度：采用筒压法测定。将 10～20mm 粒径粗集料，按要求装入特制的承压圆筒中（图 4-2），通过冲压模压入 20mm 深时的压力值，除以承压面积，用以表示颗粒的平均相对强度。

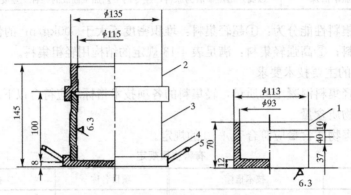

图 4-2　筒压强度试验承压筒示意图（mm）
1—冲压模；2—导向筒；3—筒体；4—筒底；5—把手

②强度标号：是指测定规定配合比的该集料混凝土和其砂浆组分的抗压强度所得的"混凝土合理强度值"，用以评定混凝土中轻粗集料的强度标号。

不同密度等级的轻粗集料的筒压强度应不低于表 4-12 的规定。

轻粗集料筒压强度　　　　　　　　　　表 4-12

轻粗集料种类	密度等级	筒压强度（MPa）	轻粗集料种类	密度等级	筒压强度（MPa）
人造轻集料	200	0.2	天然轻集料工业废渣轻集料	600	0.8
	300	0.5		700	1.0
	400	1.0		800	1.2
	500	1.5		900	1.5
	600	2.0		1000	1.5
	700	3.0	工业废渣轻集料中的自燃煤矸石	900	3.0
	800	4.0		1000	3.5
	900	5.0		1100～1200	4.0

人造轻集料不同密度等级的高强轻粗集料的筒压强度和强度标号均应不低于表 4-13 的规定。

高强轻粗集料的筒压强度和强度等级　　　　　表 4-13

密度等级	筒压强度（MPa）	强度标号	密度等级	筒压强度（MPa）	强度标号
600	4.0	25	800	6.0	35
700	5.0	30	900	6.5	40

（5）轻粗集料的吸水率、软化系数、粒型系数等均应符合表 4-14 的规定。

轻粗集料的吸水率、软化系数和粒型系数　　　表 4-14

轻粗集料种类	密度等级	1h 吸水率（%）	软化系数	平均粒型系数	
人造轻集料 工业废渣轻集料	200	30	不小于 0.8	人造轻集料	≤2.0
	300	25			
	400	30		天然轻集料 工业废渣轻集料	不做规定
	500	15			
	600～1200	10			
人造轻集料中的粉煤灰陶粒	600～900	20			
天然轻集料	600～1200	—	不小于 0.7		

注：人造轻集料中的粉煤灰陶粒系指采用烧结工艺生产的粉煤灰陶粒。

3. 轻集料的质量检验、质量判定及储存保管

（1）检验批的确定

轻集料按品种、种类、密度等级分批检验与验收。每 400m³ 为一批或不足 400m³ 亦按一批计。

（2）检验项目

轻粗集料的检验项目：颗粒级配、堆积密度、粒型系数、筒压强度（高强轻集料应检验强度等级）和含水率。

轻细集料的检验项目：细度模数和堆积密度。

（3）质量判定

检验（含复验）后，各项性能指标全部符合标准规定时，可判该批产品合格。

若有一项性能指标不符合标准要求时，应从同一批轻集料中加倍取样，对不符合标准要求的项目进行复验。复验后，该项试验结果符合标准规定，则判该批产品合格；否则该批产品不合格。

（4）储存与保管

轻集料应按品种、密度等级、质量等级和颗粒级配类别分别堆放管理，应有防雨措施，并应避免污染和压碎。

二、轻集料混凝土

1. 分类

（1）按轻集料品种不同可分为粉煤灰陶粒混凝土、黏土陶粒混凝土、页岩陶粒混凝土、浮石或火山灰混凝土、自燃煤矸石混凝土和膨胀矿渣珠混凝土等。

（2）按组成成分有全轻混凝土、砂轻混凝土和次轻混凝土三种。

全轻混凝土：由轻砂作细集料配制而成的轻集料混凝土；

砂轻混凝土：由普通砂或部分轻砂作细集料配制而成的轻集料混凝土；

次轻混凝土（又称普通轻混凝土）：是在轻粗集料中，掺入适量普通粗骨料，干表观密度大于 1950kg/m³，小于或等于 2300kg/m³ 的轻混凝土。

（3）轻集料混凝土按用途分为三大类，见表 4-15。

轻集料混凝土按用途分类   表 4-15

类　别	混凝土强度等级的合理范围	混凝土密度等级的合理范围	用　　途
保温轻集料混凝土	LC 5.0	≤800	主要用于保温的围护结构或热工构筑物
结构保温轻集料混凝土	LC 5.0 LC 7.5 LC 10 LC 15	800～1400	主要用于既承重又保温的围护结构
结构轻集料混凝土	LC 15 LC 20 LC 25 LC 30 LC 35 LC 40 LC 45 LC 50 LC 55 LC 60	1400～1900	主要用于承重构件或构筑物

2. 技术要求

(1) 表观密度

轻集料混凝土按其干表观密度分为 14 个等级，各等级密度值应符合表 4-16 的规定。

轻集料混凝土的密度等级   表 4-16

密度等级	干表观密度的变化范围（kg/m³）	密度等级	干表观密度的变化范围（kg/m³）
600	560～650	1300	1260～1350
700	660～750	1400	1360～1450
800	760～850	1500	1460～1550
900	860～950	1600	1560～1650
1000	960～1050	1700	1660～1750
1100	1060～1150	1800	1760～1850
1200	1160～1250	1900	1860～1950

(2) 强度等级

轻集料混凝土的强度等级，用符号 LC 和立方体抗压强度标准值表示。强度等级应划分为：LC5.0、LC 7.5、LC 10、LC 15、LC 20、LC 25、LC 30、LC 35、LC 40、LC 45、LC 50、LC 55、LC 60。

(3) 强度标准值

结构轻集料混凝土的强度标准值应符合表 4-17 的规定。

结构轻集料混凝土的强度标准值（MPa）

表 4-17

强度种类		轴心抗压	轴心抗拉	强度种类		轴心抗压	轴心抗拉
符号		f_{ck}	f_{tk}	符号		f_{ck}	f_{tk}
混凝土 强度等级	LC15	10.0	1.27	混凝土 强度等级	LC40	26.8	2.39
	LC20	13.4	1.54		LC45	29.6	2.51
	LC25	16.7	1.78		LC50	32.4	2.64
	LC30	20.1	2.01		LC55	35.5	2.74
	LC35	23.4	2.20		LC60	38.5	2.85

注：自燃煤矸石混凝土轴心抗拉强度标准值，应按表中值乘以系数 0.85；浮石或火山灰渣混凝土轴心抗拉强度标准值，应按表中值乘以系数 0.80。

（4）热物理性能指标

轻集料混凝土在干燥条件下和在平衡含水率条件下的各种热物理性能指标应符合表 4-18 的要求。

轻集料混凝土的各种热物理性能指标

表 4-18

密度等级	导热系数		比热容		导温系数		蓄热系数	
	λ_d	λ_c	C_d	C_c	α_d	α_c	S_{d24}	S_{c24}
	[(W/(m·K)]		[kJ/(kg·K)]		(m²/h)		[(W/(m²·K)]	
600	0.18	0.25	0.84	0.92	1.28	1.63	2.56	3.01
700	0.20	0.27	0.84	0.92	1.25	1.50	2.91	3.38
800	0.23	0.30	0.84	0.92	1.23	1.38	3.37	4.17
900	0.26	0.33	0.84	0.92	1.22	1.33	3.73	4.55
1000	0.28	0.36	0.84	0.92	1.20	1.37	4.10	5.13
1100	0.31	0.41	0.84	0.92	1.23	1.36	4.57	5.62
1200	0.36	0.47	0.84	0.92	1.29	1.43	5.12	6.28
1300	0.42	0.52	0.84	0.92	1.38	1.48	5.73	6.93
1400	0.49	0.59	0.84	0.92	1.50	1.56	6.43	7.65
1500	0.57	0.67	0.84	0.92	1.63	1.66	7.19	8.44
1600	0.66	0.77	0.84	0.92	1.78	1.77	8.01	9.30
1700	0.76	0.87	0.84	0.92	1.91	1.89	8.81	10.20
1800	0.87	1.01	0.84	0.92	2.08	2.07	9.74	11.30
1900	1.01	1.15	0.84	0.92	2.26	2.23	10.70	12.40

注：1. 轻集料混凝土的体积平衡含水率取 6%；

2. 用膨胀矿渣珠作粗集料的混凝土导热系数，可按表列数值降低 25% 取用或经试验确定；

3. 表中 λ_d、C_d、α_d、S_{d24}——为轻集料混凝土在干燥状态各热物理指标，其中 S_{d24} 指轻集料混凝土在干燥状态周期为 24h 的蓄热系数；λ_c、C_c、α_c、S_{c24}——分别为轻集料混凝土在平衡含水率状态下各热物理指标，其中 S_{c24} 指轻集料混凝土在平衡含水率状态下，周期为 24h 的蓄热系数。

（5）耐久性能

①抗冻性

轻集料混凝土在不同使用条件下的抗冻性应符合表 4-19 的要求。

使 用 条 件	抗 冻 等 级
1. 非采暖地区	F15
2. 采暖地区	
相对湿度≤60%	F25
相对湿度>60%	F35
干湿交替部位和水位变化的部位	≥F50

注：非采暖地区系指最冷月的平均气温高于−5℃的地区；

　　采暖地区系指最冷月的平均气温低于或等于−5℃的地区。

②抗碳化性和抗渗性

结构用砂轻混凝土的抗碳化耐久性，应按快速碳化标准试验方法检验，其 28d 的碳化深度值应符合表 4-20 的要求。

其抗渗性应满足工程设计抗渗等级和有关标准的要求。

砂轻混凝土的碳化深度值　　　　　　　　　　　　　表 4-20

等　　级	使 用 条 件	碳化深度值（mm），≤
1	正常湿度、室内	40
2	正常湿度、室外	35
3	潮湿、室外	30
4	干湿交替	25

注：1. 正常湿度系指相对湿度为 55%～65%；

　　2. 潮湿系指相对湿度为 65%～80%；

　　3. 碳化深度值相当于在正常大气条件下，即 CO_2 的体积浓度为 0.03%、温度为 20±3℃环境条件下，自然碳化 50 年时轻骨料混凝土的碳化深度。

3. 轻集料混凝土特性及应用

轻集料混凝土是一种轻质、高强、多功能的新型材料，用于建筑工程中有利于抗震并能改善保温、隔声和耐火等性能。适宜于建造装配式或现浇的工业与民用建筑。尤其是密度等级为 1900，强度等级为 LC40～LC60 的高强轻集料混凝土，被越来越多地用于高层、大跨度的房屋建筑和桥梁工程中。

三、泡沫混凝土（代号 FC）

泡沫混凝土是用物理方法将泡沫剂制备成泡沫，再将泡沫加入到水泥、骨料、掺合料、外加剂和水制成的料浆中，经混合搅拌，浇筑成型，养护而成轻质微孔混凝土，见图 4-3。

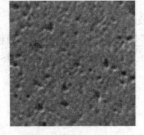

1. 品种

常用的是水泥泡沫混凝土。按其掺合料不同分为：水泥-粉煤灰-石灰泡沫混凝土、水泥-矿渣-石灰-石膏泡沫混凝土、水泥-粉煤灰-砂-石灰泡沫混凝土、水泥-砂-石灰泡沫混凝土、水泥-矿渣-粉煤灰-石灰-植物纤维泡沫混凝土及水泥-砂-玻璃纤维泡沫混凝土等。

图 4-3　泡沫混凝土　　　### 2. 等级及其符号

泡沫混凝土按其干密度、强度等级、吸水率及施工工艺分为以下等级，各等级表示符号见表4-21。

泡沫混凝土的等级及其等级符号   表 4-21

分 类		等 级 及 其 等 级 符 号										
按干密度分为11个等级		A03	A04	A05	A06	A07	A08	A09	A10	A12	A14	A16
按强度分为11个等级		C0.3	C0.5	C1.0	C2.0	C3.0	C4.0	C5.0	C7.5	C10	C15	C20
按吸水率分为8个等级		W5	W10	W15	W20	W25	W30	W40	W50	—	—	—
按施工工艺分两类	现浇	S										
	制品	P										

3. 标记

泡沫混凝土按其代号、干密度等级、强度等级、吸水率等级及施工工艺的顺序进行标记。

【例4-1】干密度等级为A03、强度等级为C0.5、吸水率等级为W10的现浇泡沫混凝土，其标记为：FC A03-C0.5-W10-S。

【例4-2】干密度等级为A05、强度等级为C1.0、吸水率等级为W5的泡沫混凝土制品，其标记为：FC A05-C1.0-W5-P。

【例4-3】干密度等级为A14、强度等级为C1.0、吸水率无要求的泡沫混凝土制品，其标记为：FC A14-C10-P。

4. 性能要求

（1）干密度和导热系数

泡沫混凝土干密度不应大于表4-22的规定，其允许误差应为+5%；导热系数不应大于表4-22的规定。

泡沫混凝土干密度和导热系数   表 4-22

干密度等级	A03	A04	A05	A06	A07	A08	A09	A10	A12	A14	A16
干密度（kg/m³）	300	400	500	600	700	800	900	1000	1200	1400	1600
导热系数[W/(m·K)]	0.08	0.10	0.12	0.14	0.18	0.21	0.24	0.27	—	—	—

（2）强度等级限值

泡沫混凝土每组立方体试件的抗压强度平均值和单块抗压强度最小值应不小于表4-23的规定。

泡沫混凝土强度等级限值   表 4-23

强度 等级		C0.3	C0.5	C1.0	C2.0	C3.0	C4.0	C5.0	C7.5	C10	C15	C20
抗压强度（MPa）	每组平均值	0.30	0.50	1.00	2.00	3.00	4.00	5.00	7.50	10.00	15.00	20.00
	单块最小值	0.225	0.425	0.850	1.700	2.550	3.400	4.250	6.375	8.500	12.760	17.000

（3）干密度等级与强度关系

泡沫混凝土干密度等级与强度的大致关系见表4-24。

泡沫混凝土干密度等级与强度的大致关系 表 4-24

干密度等级	A03	A04	A05	A06	A07	A08	A09	A10	A12	A14	A16
强度 (MPa)	0.3~ 0.7	0.5~ 1.0	0.8~ 1.2	1.0~ 1.5	1.2~ 2.0	1.8~ 3.0	2.5~ 4.0	3.5~ 5.0	4.5~ 6.0	5.5~ 10.0	8.0~ 30.0

（4）吸水率

泡沫混凝土吸水率不应大于表 4-25 的规定。

泡沫混凝土吸水率 表 4-25

吸水率等级	W5	W10	W15	W20	W25	W30	W40	W50
吸水率（%），≤	5	10	15	20	25	30	40	50

（5）燃烧性能

泡沫混凝土为不燃烧材料，其建筑构件（制品）的耐火极限应符合《建筑设计防火规范》的规定。

5. 特点及应用

泡沫混凝土是一种绿色环保（不含苯、甲醛）、利废、节能的新型建筑材料。近年来国内外都非常重视泡沫混凝土的研究与开发，其在建筑领域的应用愈来愈广。

泡沫混凝土中因含有大量封闭孔隙，使其具有质轻、保温隔热、隔音、耐火、低弹、减震、耐久性能好等特点。泡沫混凝土可现场浇筑施工，没有接缝，整体性能好，减少了接缝所造成的热损失。其也可在工厂预制成泡沫混凝土砌块、板材等制品。

泡沫混凝土主要用于工业与民用建筑物、构筑物的保温隔热、节能墙体、屋面地面、基层垫层、基坑（填充）等部位。

四、蒸压加气混凝土

蒸压加气混凝土的生产和应用在我国已有 40 多年的历史，但大规模生产还是近十多年的事情。特别是近些年来，国家提出墙体改革和节约能源的政策，使加气混凝土材料得到推广与应用。

蒸压加气混凝土是由水泥（或部分由粒化高炉矿渣、生石灰代替）和含硅材料（如：砂、粉煤灰等），经过磨细，并与加气剂（如铝粉（膏）等）和其他材料按比例配合，形成浆料，再经浇筑、发气成型、静停硬化、坯体切割与蒸压养护等工序制成的一种轻质多孔的人造石材。

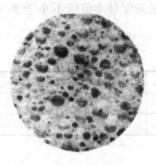

图 4-4 蒸压加气混凝土结构

蒸压加气混凝土的品种，按基本原材料构成分为：水泥-矿渣-砂加气混凝土；水泥-石灰-粉煤灰加气混凝土；水泥-石灰-砂加气混凝土等。目前国内主要生产的是后两种。

蒸压加气混凝土是利用发气剂（加气剂），在料浆中与其他组分的化学反应，产生气体而形成多孔结构，见图 4-4。蒸压加气混凝土是一种良好的轻质、保温、隔热、耐火、吸声并具有一定承载能力的建筑材料。其强度等级有 A2.5、A3.5、A5.0、A7.5 等（以出釜时含水率为 35%～40%的立方体抗压强度标准值划分）。

蒸压加气混凝土可以单独或与其他材料复合作为保温材料、保温-结构材料或结构材料。如制成加气混凝土砌块、配筋条板，作为屋面和墙体，广泛用于建筑工程中，取得了较好的技术经济效益，受到设计、施工和建设单位的好评。

五、植生混凝土

植生混凝土是一种能让植物直接在其中生长的生态友好型混凝土，是一种新兴的生态混凝土。

植生混凝土的基料由无砂或少砂大孔混凝土构成。

1. 分类与组成材料

按用途可分为：屋面植生混凝土、墙面植生混凝土、护堤植生混凝土。

（1）屋面植生混凝土的组成材料有轻质集料、普通硅酸盐水泥、硅灰或粉煤灰、水、植物种植基。主要是利用多孔的轻集料混凝土作为保水和根系生长基材，表面敷以植物生长腐殖质材料。

（2）墙面植生混凝土的组成材料有天然矿物废渣（单一粒径 5～8mm）、普通硅酸盐水泥、矿物掺合料、水、高效减水剂。主要是利用混凝土内形成的庞大的毛细管网络，作为为植物提供水分和养分的基材。

（3）护堤植生混凝土组成材料有碎石或碎卵石、普通硅酸盐水泥、矿物掺合料（硅灰、粉煤灰、矿粉）、水、高效减水剂。护堤植生混凝土主要是由模具制成的大孔混凝土模块拼接而成，模块含有的大孔可供植物生长使用；或是采用大集料制成的大孔混凝土，形成的大孔可供植物生长使用。

2. 技术指标

植生混凝土的技术指标要求见表 4-26。

植生混凝土技术指标　　　　　　　　　　　　　　表 4-26

项目 ＼ 种类	屋面植生混凝土	墙面植生混凝土	护堤植生混凝土
强度范围（MPa）	5～15	5～15	＞10
表观密度（kg/m³）	700～1100	1000～1400	1800～2100
孔隙率（%）	18～25	15～20	不小于15%，必要时可达30%

3. 适用范围

植生混凝土适用于屋顶、墙面、市政工程坡面结构以及河流两岸护坡等表面绿化与保护工程。其对气候起到调节作用，既改善了周围大气环境，保持绿化自然景观，减少对生态环境的负荷；同时又能与自然生态系统协调共生，为人类构造舒适环境。创造了混凝土与自然环境的衔接点，其社会效益和生态效益十分突出，对人类的可持续发展将会发挥重要作用，是今后研究、发展、应用的方向。

思 考 题 与 习 题

4-1　何谓高强混凝土？配制高强混凝土对原材料有何要求？

4-2　何谓泵送混凝土？配制泵送混凝土对原材料有何要求？

4-3　何谓外加剂抗渗混凝土？外加剂抗渗混凝土有几种？各有何特点并适用于何处？

4-4　配制抗渗混凝土对原材料有何要求？

4-5　何谓抗冻混凝土？配制抗冻混凝土对原材料有何要求？宜采用何种外加剂？

4-6　何谓大体积混凝土？对原材料有何要求？

4-7　何谓轻混凝土？何谓轻集料？轻集料有哪些品种？

4-8　轻集料质量检验的主要项目有哪些？如何判定轻集料的质量？

4-9　轻集料混凝土按组成成分分哪几种？按用途分几类？各有几个强度等级与密度等级？用于何处？

4-10　轻集料混凝土具有哪些特性？

4-11　何谓加气混凝土？分为哪些品种？各有哪些特性？

4-12　何谓泡沫混凝土？其有哪些品种？

4-13　植生混凝土有哪些品种？各有何特性？

4-14　试述加气混凝土与泡沫混凝土有何不同？各自特性及用途是什么？

第五章 保温隔热材料

保温、隔热材料是指不易传热的材料，统称绝热材料，在工程实践中习惯称保温材料。

保温：通常指房屋围护结构在冬季阻止由室内向室外传热，从而使室内保持适当温度。通常用围护结构的传热系数值或传热阻值来表示。

隔热：通常指房屋围护结构在夏季隔离太阳辐射热和室外高温的影响，从而使其内表面保持适当温度。通常用夏季室外计算温度条件下，围护结构内表面最高温度值来评价。

当房屋室内与室外的空气存在温度差时，就会通过围护结构（房屋的墙体、门窗、屋面和地面）产生传热现象，从而消耗大量能源。为了减少热量损失（或减少外界热量的传入），在围护结构中，就必须选用对热流具有阻抗作用的保温隔热材料。

材料的传热性能，主要用导热系数表示，保温材料的导热系数一般小于 $0.17\text{W}/(\text{m}\cdot\text{K})$。导热系数愈小，通过材料传导的热量愈少，其保温隔热性能愈好。这类材料具有质轻、疏松、多孔等特点，也具有吸声的性能。

第一节 保温材料的分类

保温材料按材质可分为无机保温材料、有机保温材料和金属保温材料三大类；按形态可分为纤维状、微孔状、气泡状、层状等四种。保温材料的分类详见表 5-1。

主要保温材料的分类 表 5-1

纤维状	无机质	天然	石棉纤维
		人造	矿物纤维（矿渣棉、岩棉、玻璃棉、硅酸铝棉）
	有机质	天然	软质纤维板（木纤维板、草纤维板）
微孔状	无机质	天然	硅藻土
		人造	硅酸钙、碳酸镁
	有机质	天然	软木
气泡状	有机质	人造	聚苯乙烯泡沫塑料、聚氯乙烯泡沫塑料、聚氨酯泡沫塑料、泡沫酚醛树脂、泡沫尿素树脂、泡沫橡胶、钙素绝热板
	无机质	人造	膨胀珍珠岩、膨胀蛭石、加气混凝土、泡沫混凝土
			泡沫玻璃、泡沫硅玻璃、火山灰膨胀玻化微珠、泡沫黏土等
层状	金属		铝箔（用作反射层）、金属夹芯板

第二节　无机保温材料

建筑工程中常用的无机保温材料，如岩棉、矿棉、玻璃棉、硅酸铝棉等统称为矿物棉。

矿物棉具有质轻、导热系数小、吸声性能好、不燃烧、耐腐蚀、绝缘性能和化学稳定性好等特性，是一种良好的保温、隔热材料。

矿物棉中除硅酸铝纤维及其制品，因使用温度高，常用于工业设备、管道的绝热外，岩棉、矿棉、玻璃棉及其制品均广泛应用于建筑物墙体及屋顶的保温、隔热，其制品有板、带、毡、管壳等形态。

一、岩棉、矿棉

岩棉是以精选的玄武岩、辉绿岩等为主要材料，经高温熔融制成的人造无机纤维。岩棉制品是在岩棉纤维中加入一定的胶粘剂、防尘油、憎水剂等经固化、切割、贴面等工序制成的用途各异的制品。

岩棉制品如：岩棉板、岩棉毡、岩棉贴面毡、岩棉带、岩棉管壳等。

矿棉又称矿渣棉，它是以工业废料矿渣（高炉矿渣、铜矿渣、铝矿渣等）为主要原料，经高温熔化，采用高速离心法或喷吹法等工序制成的棉丝状无机纤维。在矿棉纤维中加入其他具有各种特定物理性能的胶粘剂可制成各种矿渣棉制品。

矿棉制品如：矿棉板、矿棉毡、矿棉贴面毡、矿棉带、矿棉管壳等。

岩绵与矿棉两者在形态和性能方面并无太大差别，可互相替代使用。所不同的是矿棉的纤维直径较岩棉粗，纤维长度短，熔化温度低，在使用上岩棉比矿棉导热系数略低，使用温度略高，物理化学稳定性比矿棉略优。

技术要求：

（1）岩矿棉及其制品的纤维平均直径应不大于 $7.0\mu m$。

（2）岩矿棉及制品的渣球含量（粒径大于 $0.25mm$）应不大于 10%（质量分数）。

（3）岩矿棉的物理性能。

岩矿棉的物理性能应符合表 5-2 的规定。

岩矿棉的物理性能指标　　　　　　　　　　　表 5-2

性　　　能		指　　标
密度（kg/m³）	≤	150
导热系数（平均温度 70_0^{+5}℃，试验密度150kg/m³）［W/（m·K）］	≤	0.044
热荷重收缩温度（℃）	≥	650

注：密度系指表观密度，压缩包装密度不适用。

二、建筑外墙外保温用岩棉制品

建筑外墙外保温用岩棉制品，是指用于薄抹灰外墙外保温系统的岩棉板和岩棉带。岩棉带是指将岩棉板切成一定的宽度，使其纤维层垂直排列并粘贴在适宜的贴面上的制品。

1. 规格尺寸

制品的规格尺寸见表 5-3。

	长度（mm）	宽度（mm）	厚度（mm）
板	910	500	30～200
	1000	600	
	1200	630	
	1500	910	
带	1200	910	30、50、75、100、150
	2400		

2. 抗拉强度分级

制品按垂直于表面的抗拉强度水平分为带与板：带只有 TR80 一个等级；板分为 TR15、TR10、TR7.5 三个等级。

3. 标记

按制品名称、制品技术特征（垂直于表面的抗拉强度水平和尺寸等）的顺序标记，商业代号也可列于其后。对于有透湿❶或吸声❷要求的制品，应在制品技术特征中说明其湿阻因子或降噪系数。有标称导热系数的制品，宜在制品技术特征中说明其标称值。

【例 5-1】垂直于表面的抗拉强度水平为 7.5kPa，长度×宽度×厚度为 1200mm×600mm×60mm 的岩棉板，其标记为：岩棉板 TR7.5-1200×600×60。

【例 5-2】垂直于表面的抗拉强度水平为 80kPa，标称导热系数为 0.045W/(m·K)，降噪系数为 0.70，湿阻因子为 10，长度×宽度×厚度为 300mm×100mm×100mm 的岩棉带，其标记为：岩棉带 TR80λ_D0.045NRC0.70μ10－300×100×100；

其中 λ_D——平均温度 25℃时的标称导热系数；

      NRC——降噪系数；

      μ——湿阻因子。

4. 技术要求

（1）纤维平均直径、渣球含量

岩棉制品纤维平均直径、渣球含量同岩棉、矿棉中的规定。

（2）酸度系数

制品酸度系数是指岩棉化学组成中酸性氧化物与碱性氧化物百分含量之比。高酸度系数可保证岩棉纤维有较高的物理和化学稳定性，因此制品酸性系数应不小于 1.60。

（3）制品的物理性能及燃烧性能

制品的物理性能及燃烧性能均应符合表 5-4 的规定。

（4）垂直于表面的抗拉强度水平及应用情况

垂直于表面的抗拉强度水平应不小于其标称水平，且在实际应用中应符合表 5-5 的要求。

---

❶ 透湿是指水蒸气透过的性质，用湿阻因子值表示。

❷ 吸声性能用降噪系数表示。

岩棉板、岩棉带的物理性能及燃烧性能指标　　　　表 5-4

性　　　　能			指　　标
质量吸水率（%）		≤	1.0
憎水率（%）		≥	98
短期吸水量（部分浸水）（kg/m²）		≤	1.0
板 带	导热系数（平均温度 25℃）［W/(m·K)］	≤	0.04
	有标称值时，还应不大于其标称值		0.048
压缩强度（应不小于其标称水平）（kPa）		≥	40
燃烧性能			A 级（均匀材料）

注：生产商负责确定导热系数标称值。标称值是通过在参考条件下，测量数据统计出来的。

垂直于表面的抗拉强度水平及应用情况　　　　表 5-5

抗拉强度水平		抗拉强度（kPa）	应 用 情 况
TR80	≥	80	岩棉带：采用胶粘剂固定，可不加锚栓
TR15	≥	15	岩棉板：粘结的同时需附加锚栓固定，也可采用型材法固定
TR10	≥	10	岩棉板：粘结的同时需附加锚栓固定
TR7.5	≥	7.5	岩棉板：粘结的同时需附加锚栓固定， 锚栓应锚固在带有玻纤网布的增强防护层上

（5）特殊要求

对透湿有要求时，湿阻因子应不大于 10；有标称值时，还应不大于其标称值。

对吸声性能有要求时，降噪系数 NRC（刚性壁）应不小于 0.60，有标称值时，还应不小于其标称值。

对长期吸水量有要求时，长期吸水量（部分浸入）应不大于 3.0kg/m²。

5. 工程应用

外墙外保温岩棉（矿棉）可采用绿色施工技术施工：用胶粘剂将岩（矿）、棉板粘贴于外墙外表面，并用专用岩、矿棉螺栓将其固定在基层墙体上，然后在岩（矿）、棉板表面抹聚合物砂浆，并铺设增强网，再做饰面层。

三、玻璃棉

玻璃棉是使用熔融状态玻璃原料或玻璃制成的一种矿物棉。玻璃棉属于玻璃纤维中的一个类别，是一种定长纤维，由于纤维较短，一般小于 150mm 或更短，在形态上组织蓬松，类似棉絮，故称为玻璃棉，习惯上也称为玻璃短棉。

1. 种类

玻璃棉按平均直径分为 1 号、2 号两种，见表 5-6。按其生产工艺分为两类：火焰法（以 a 表示）、离心法（以 b 表示）。

玻璃棉平均直径　　　　表 5-6

玻璃棉种类	纤维平均直径（μm）
1 号	≤ 5.0
2 号	≤ 0.8

2. 渣球含量

玻璃棉渣球的含量应符合表5-7的规定。

玻璃棉的渣球含量 表 5-7

玻璃棉种类		渣球含量（粒径≥0.25mm）（％）
火焰法 a	1a	≤1.0
	2a	≤4.0
离心法 b	1b、2b	≤0.3

注：数字1或2表示玻璃棉种类。

3. 物理性能

玻璃棉物理性能应符合表5-8的规定。

玻璃棉的物理性能 表 5-8

玻璃棉种类	导热系数(平均温度70^{+5}_{-2}℃)[W/(m·K)]	热荷重收缩温度（℃）
1号	≤0.041	≥400
2号	≤0.042	

玻璃棉的制品主要有：玻璃棉板、玻璃棉毡、玻璃棉毯、玻璃棉带和玻璃棉管壳等。

四、建筑绝热用玻璃棉制品

建筑绝热用玻璃棉制品主要为玻璃棉板和玻璃棉毡两类。

玻璃棉板、玻璃棉毡是以玻璃棉施加热固性胶粘剂制成的具有一定刚度的板状制品或具有一定柔性的毡状制品。

1. 分类

按包装方式分为压缩包装和非压缩包装两类制品。按外覆层分为以下三类。

（1）无外覆层制品。

（2）具有反射面的外覆层制品，是指对外界辐射热量具有反射功能的外覆层材料，其发射率一般不大于0.03。这种外覆层兼有抗水蒸气渗透的性能，如铝箔及铝箔牛皮纸等。

（3）具有非反射面的外覆层制品。这种外覆层分为以下两类：

①抗水蒸气渗透的外覆层，如PVC、聚丙烯等；其透湿系数一般不大于5.7×10^{-11} kg/(Pa·s·m²)；

②非抗水蒸气渗透的外覆层，如玻璃布等。

2. 标记

按制品名称、热阻R（外覆层）、密度、尺寸（长度×宽度×厚度）的顺序标记。

【例5-3】热阻R为1.5m²·K/W，带铝箔外覆层，密度为16kg/m³，长度×宽度×厚度为12000mm×600mm×50mm的玻璃棉毡，标记为：玻璃棉毡 R1.5（铝箔）16K 12000×600×50。

【例5-4】热阻R为1.3m²·K/W，无外覆层，密度为48kg/m³，长度×宽度×厚度为1200mm×600mm×40mm的玻璃棉板，标记为：玻璃棉板 R1.348K1200×600×40。

注：热阻R之后无"（ ）"表示制品无外覆层。

3. 原棉

制品原棉采用2号玻璃棉并应符合表5-6~表5-8的规定。

4. 外观质量

玻璃棉板、玻璃棉毡表面应平整，不得有妨碍使用的伤痕、污迹、破损，对板、毡要求胶粘剂分布基本均匀，外覆层与基材的粘结平整牢固。

5. 性能要求

玻璃棉板、玻璃棉毡的性能要求应符合表5-9、表5-10的规定。

玻璃棉板的性能要求 表 5-9

| 常用厚度 (mm) | 导热系数 [试验平均温度 25℃±5℃] [W/(m·K)] ≤ | 热阻R [试验平均温度 25℃±5℃] (m²·K/W) ≥ | 密度K及允许偏差 (kg/m³) | | 燃烧性能 | |
					无外覆层 不低于	有外覆层
25	0.043	0.55	24	±2	A2级	根据使用部位由供需双方商定
40		0.88				
50		1.10				
25	0.040	0.59	32	+3 −2		
40		0.95				
50		1.19				
25	0.037	0.64	40	±4		
40		1.03				
50		1.28				
25	0.034	0.70	48	±4		
40		1.12				
50		1.40				
25	0.033	0.72	64 80 96	±6		

注：表中的导热系数及热阻的要求是针对制品，而密度是针对除去外覆层的制品。

玻璃棉毡的性能要求 表 5-10

| 常用厚度 (mm) | 导热系数 [试验平均温度 25℃±5℃] [W/(m·K)] ≤ | 热阻R [试验平均温度 25℃±5℃] (m²·K/W) ≥ | 密度K及允许偏差 (kg/m³) | | 燃烧性能 | |
					无外覆层 不低于	有外覆层
50	0.050	0.95	10 12	不允许负偏差	A2级	根据使用部位由供需双方商定
75		1.43				
100		1.90				
50	0.045	1.06	14 16	不允许负偏差		
75		1.58				
100		2.11				
25	0.043	0.55	20 24	不允许负偏差		
40		0.88				
50		1.10				

常用厚度(mm)	导热系数 [试验平均温度 25℃±5℃] [W/(m·K)] ≤	热阻 R [试验平均温度 25℃±5℃] (m²·K/W) ≥	密度 K 及允许偏差 (kg/m³)		燃烧性能	
					无外覆层不低于	有外覆层
25		0.59				
40	0.040	0.95	22	+3 −2		根据使用部位由供需双方商定
50		1.19				
25		0.64				
40	0.037	1.03	40	±4	A2 级	
50		1.28				
25		0.70				
40	0.034	1.12	48	±4		
50		1.40				

注：表中的导热系数及热阻的要求是针对制品，而密度是针对除去外覆层的制品。

6. 应用范围

建筑绝热用玻璃棉制品（板、毡），只适用于建筑绝热，而不适用于建筑设备（如管道设备、加热设备），也不适用于工业设备及管道。

另外，上述岩棉、矿棉、玻璃棉均可采用喷涂工艺，喷涂于使用表面，形成整体性能好的绝热层。按其应用类型，建筑绝热用玻璃棉制品可分为自承重型和非自承重型。自承重型喷涂绝热层的粘结强度，应不小于承受其 5 倍自重的强度。有防水要求时，喷涂绝热层的憎水率不小于 98%，吸水率不大于 1.0kg/m²，浸水粘结强度保留率不小于 60%。岩棉、矿棉、玻璃棉喷涂绝热层主要用于建筑屋面及墙面等处的保温、隔热。

五、泡沫玻璃绝热制品

泡沫玻璃又称多孔玻璃，是将玻璃粉与发泡剂（如碳酸钙等）混合，在高温下烧制成具有封闭气孔的泡沫玻璃制品。

1. 分类及等级

按产品外形分为：平板（用 P 表示）、弧形板（用 H 表示）、管壳（用 G 表示）。

按产品密度分为：140 号、160 号、180 号和 200 号四个等级。

按产品外观质量与物理性能分为：优等品（用 A 表示）与合格品（用 B 表示）。

2. 规格尺寸

平板：长度为 300～600mm，宽度为 200～450mm，厚度为 30～120mm。

弧形板：长度为 300～600mm；公称内径≥480mm，厚度为 40～120mm。

3. 产品标记

按产品名称、分类、尺寸、等级顺序标记。

【例 5-5】长度为 500mm，宽度为 400mm，厚度为 100mm 的 160 号平板泡沫玻璃优等品，其标记为：泡沫玻璃 160P 500×400×100（A）。

【例 5-6】长度为 600mm，内径为 560mm，厚度为 60mm 的 140 号弧形板泡沫玻璃合格品，其标记为：泡沫玻璃 140H ϕ 560×600×60（B）。

4. 技术要求

产品的物理性能应符合表 5-11 的规定。

物理性能指标　　　　　　　　　　　　　　表 5-11

项 目	分类	140		160		180	200
	等级	优等品(A)	合格品(B)	优等品(A)	合格品(B)	合格品(B)	合格品(B)
体积密度（kg/m³）	≤	140		160		180	200
抗压强度（MPa）	≥	0.4	0.5	0.5	0.4	0.6	0.8
抗折强度（MPa）	≥	0.3	0.5	0.4		0.6	0.8
体积吸水率（%）	≤	0.5		0.5	0.5	0.5	0.5
透湿系数[ng/(Pa·s·m)]	≤	0007	0.05	0.007	0.05	0.05	0.05
导热系数［W/(m·K)］ 平均温度 308K(35℃) 　　　　298K(25℃) 　　　　233K(−40℃)	≤	0.048 0.046 0.037	0.052 0.050 0.040	0.054 0.052 0.042	0.064 0.062 0.052	0.066 0.064 0.054	0.070 0.068 0.058

5. 特性与应用

泡沫玻璃制品气孔率可达 80% 以上，具有轻质、保温、绝热、吸声、不燃等特点，可锯割、可粘结、加工容易，可用作屋面及其他需要保温隔热的部位。

六、膨胀玻化微珠

膨胀玻化微珠是一种环保型无机轻质绝热材料，是由玻璃质火山熔岩矿砂经膨胀、玻化等工艺制成，表面玻化封闭，呈不规则球状，内部为多孔空腔结构的无机颗粒材料，见图 5-1。

图 5-1 膨胀玻化微珠

1. 分类与标记

按堆积密度分为：Ⅰ、Ⅱ、Ⅲ 三类，见表 5-12。

堆积密度　　　　　　　　　　表 5-12

分 类	堆积密度（kg/m³）
Ⅰ	＜80
Ⅱ	80～120
Ⅲ	＞120

按产品名称、分类顺序标记。

【例 5-7】堆积密度为 60kg/m³ 的膨胀玻化微珠产品标记为：膨胀玻珠 1。

2. 要求

外观：膨胀玻化微珠表面，应有玻璃光泽，颜色均匀一致。

粒径：粒径范围由生产厂商规定，超出粒径范围部分的质量不得超过 10%。

3. 物理力学性能

膨胀玻化微珠物理力学性能应符合表 5-13 的规定。

膨胀玻化微珠物理力学性能指标　　　　　　　　　　表 5-13

项　　目		Ⅰ类	Ⅱ类	Ⅲ类
堆积密度（kg/m³）		＜80	80～120	＞120
筒压强度（kPa）		≥50	≥150	≥200
导热系数[W/(m·K)]，平均温度 25℃		≤0.043	≤0.048	≤0.070
体积吸水率(%)	≤		45	
体积漂浮率(%)	≥		80	
表面玻化闭孔率(%)	≥		80	
燃烧性能			A 级	

注：1. 体积漂浮率是指在水中漂浮的样品的体积占样品体积的百分比；
　　2. 表面玻化闭孔率是指在一定量的样品中，表面完全玻化封闭的颗粒数占颗粒总数的百分比。

4. 特性及应用

膨胀玻化微珠的表面玻化封闭，内部为多孔空腔结构，高温不产生有害气体，使用温度为 800℃以下，理化性能稳定，不燃烧，耐火性能、耐老化性好，耐候性强，具有吸水性小、密度低、导热系数小、保温隔热性能好等特性。可用于配制膨胀玻化微珠保温料浆，保温隔热砂浆等，用于建筑工程保温隔热的部位。

七、膨胀珍珠岩及其制品

1. 膨胀珍珠岩

膨胀珍珠岩（俗称珠光砂、又称珍珠岩粉）是以珍珠岩、黑曜岩或松脂岩矿石经过破碎、筛分、预热，在高温（1260℃左右）中悬浮瞬间焙烧，体积骤然膨胀加工而成的一种白色或灰白色颗粒、呈蜂窝泡沫结构的无机保温绝热材料。

（1）分类

膨胀珍珠岩按用途有大颗粒膨胀珍珠岩、膨胀珍珠岩轻砂等；按其堆积密度分为 70 号、100 号、150 号、200 号和 250 号五个标号，各标号按物理性能分为优等品、一等品和合格品三个等级。

（2）技术要求

膨胀珍珠岩的各项技术要求见表 5-14。

膨胀珍珠岩的技术性能　　　　　　　　　　表 5-14

项　　目			指　　标				
			70 号	100 号	150 号	200 号	250 号
堆积密度最大值（kg/m³）			70	100	150	200	250
质量含水率最大值（%）			2	2	2	2	2
粒度	5mm 筛孔筛余量最大值（%）		2	2	2	2	2
	0.15mm 筛孔通过量最大值（%）	优等品	2	2	2	2	2
		一等品	4	4	4	4	4
		合格品	6	6	6	6	6

项　目		指　标				
		70 号	100 号	150 号	200 号	250 号
导热系数[W/(m·K)] （平均温度 298±5K，温度梯度 5～10k/cm）	优等品	0.047	0.052	0.058	0.064	0.070
	一等品	0.049	0.054	0.060	0.066	0.072
	合格品	0.051	0.056	0.062	0.068	0.074

注：1. 目前国内用大颗粒膨胀珍珠岩的堆积密度范围：堆积密度（kg/m³）450～500，粒度 5～10；堆积密度（kg/m³）220～250，粒度 5～10；15～30；

2. 膨胀珍珠岩轻砂堆积密度（kg/m³）260～390，细度模量 2～3。

2. 制品的分类

膨胀珍珠岩制品是以膨胀珍珠岩为集料，配合适量的胶粘剂（如水泥、水玻璃、磷酸盐等），经过搅拌、成型、干燥、焙烧或养护而成的具有一定形状的成品（板、砖、管壳等）。

膨胀珍珠岩制品，以胶粘剂的名称命名。目前国内生产的制品主要有四种：即水泥膨胀珍珠岩制品；水玻璃膨胀珍珠岩制品；磷酸盐膨胀珍珠岩制品和沥青膨胀珍珠岩制品。

（1）品种

按产品密度分为 200 号、250 号和 350 号。

按产品有无憎水性分为普通型和憎水型（用 Z 表示）。

按产品用途分为建筑物用（用 J 表示）、设备及管道、工业炉窑用（用 S 表示）。

（2）形状

按制品外形分为平板（用 P 表示）、弧形板（用 H 表示）和管壳（用 G 表示）。

（3）质量等级

按产品质量分为优等品（用 A 表示）和合格品（用 B 表示）。

3. 规格

（1）平板：长度为 400～600mm，宽度为 200～400mm，厚度为 40～100mm。

（2）弧形板：长度为 400～600mm，内径大于 1000mm，厚度为 40～100mm。

（3）管壳：长度为 400～600mm，内径为 57～1000mm，厚度为 40～100mm。

4. 标记

按名称、密度、形状、产品的用途、憎水性、长度、宽度（内径）、厚度、等级顺序标记。

【例 5-8】长为 600mm、宽为 300mm、厚为 50mm、密度为 200 号的建筑物用憎水型平板、优等品，标记为：膨胀珍珠岩绝热制品 200 PJZ 600×300×50A。

【例 5-9】长为 500mm、内径为 560mm、厚为 80mm、密度为 300 号的憎水型管道用、合格品的弧形板、标记为：膨胀珍珠岩绝热制品 300HSZ500×560×80B。

5. 技术要求

膨胀珍珠岩制品的物理性能指标，应符合表 5-15 的规定。憎水型产品的憎水率，应不小于 98%。

膨胀珍珠岩制品的物理性能指标 表 5-15

项　目		指　标				
		200 号		250 号		350 号
		优等品	合格品	优等品	合格品	合格品
密度（kg/m³）		≤200		≤250		≤350
导热系数 [W/(m·K)]	298±2K	≤0.060	≤0.068	≤0.068	≤0.072	≤0.087
	623±2K（S 类要求此项）	≤0.10	≤0.11	≤0.11	≤0.12	≤0.12
抗压强度（MPa）		≥0.40	≥0.30	≥0.50	≥0.40	≥0.40
抗折强度（MPa）		≥0.20	—	≥0.25	—	—
质量含水率（%）		≤2	≤5	≤2	≤5	≤10

6. 特性及应用

膨胀珍珠岩及其制品是一种轻质、高效能的保温材料，具有表观密度小、导热系数小、低温隔热性能好、使用温度广（−273～1000℃）、在常压或真空度下保冷性能好、吸湿性小、化学稳定性好、无味、无毒、不燃烧、抗菌、耐腐蚀、施工方便等特点，因而在建筑工程中被广泛应用。其用途详见表 5-16。

膨胀珍珠岩及其制品的用途 表 5-16

品　种	用　途
膨胀珍珠岩散料	可与水泥、石灰、石膏等胶结材料制成保温、隔热、吸声砂浆 可与水泥、水玻璃、沥青、石膏等胶结材料制成各种膨胀珍珠岩制品，用于建筑物围护结构的保温、隔热、隔声和工业管道及热设备的保温绝热 可作为制取和贮存液态气体和低温液体的保冷材料、冷库的隔热材料
大颗粒膨胀珍珠岩	可作为轻质混凝土的轻集料和配制成耐热、耐酸混凝土
膨胀珍珠岩轻砂	与水泥、陶粒可配制成 LC5～LC15 的全轻混凝土，用于房屋建筑需要保温的部位
膨胀珍珠岩砂浆	可用于外墙、平顶的抹灰和屋面现浇保温、隔热层，作为建筑物围护结构的保温、隔热、隔声之用
水泥膨胀珍珠岩制品	适用于较低温度热管道、热设备以及工业与民用建筑围护结构的保温、隔热之用
沥青膨胀珍珠岩制品	适用于冷库和房屋建筑的屋面工程，作为保温、隔热之用
憎水膨胀珍珠岩制品	适于在潮湿环境中使用的保温、隔热材料
防水涂料膨胀珍珠岩制品	适用于房屋建筑的屋面工程

第三节　有机保温材料

建筑工程中常用的有机保温材料，如聚苯乙烯泡沫塑料、聚氨酯泡沫塑料等。

一、聚苯乙烯泡沫塑料

聚苯乙烯泡沫塑料，是用聚苯乙烯树脂掺加发泡剂等制成的闭孔泡沫塑料。聚苯乙烯泡沫塑料有普通型可发性聚苯乙烯泡沫塑料、自熄型可发性聚苯乙烯泡沫塑料、乳液型聚苯乙烯泡沫塑料（又名硬质 PB 型聚苯乙烯泡沫塑料）等品种。各品种的特性及用途见表 5-17。

聚苯乙烯泡沫塑料的品种、特性及用途   表 5-17

品　名	说　明	特　点	制品种类	适用范围
普通型可发性聚苯乙烯泡沫塑料	系以低沸点液体的可发性聚苯乙烯树脂为基料，经加工进行预发泡后，再放在模具中加热成型加工而成。是一种具有细微闭孔结构的硬质泡沫材料	质轻、保温、隔热、吸声、防震性能好、吸水性小、耐低温性好、耐酸碱性好、有一定的弹性，制品可用木工锯或电阻丝切割	板材、管材	建筑工程上广泛用作保温、隔热、吸声、防震材料以及制冷设备、冷藏设备和各种管道的绝热材料
			普通型可发性聚苯乙烯珠粒	供使用单位现场自行用蒸汽或热水、热空气等简单处理，经几秒至几分钟后制成各种不同密度、形状的泡沫塑料
自熄型可发性聚苯乙烯泡沫塑料	材料及工艺同上，但在加入发泡剂时，同时加入火焰熄火剂、自熄增效剂、抗氧化剂和紫外线吸收剂等，使可发性聚苯乙烯泡沫塑料具有自熄性和较强的耐气候性	除具有上述普通型的特点外，泡沫体具有在火焰上燃着，移开火源后 1～2s 即自行熄灭的性能	板材、管材、自熄型可发性聚苯乙烯珠粒	同普通型可发性聚苯乙烯泡沫塑料，适用于防火要求较高的场合
乳液聚苯乙烯泡沫塑料（硬质 PB 型可发性聚苯乙烯泡沫塑料）	乳液聚苯乙烯泡沫塑料，系以乳液聚合粉状聚苯乙烯树脂为原料，用固体的有机和无机化学发泡剂模压成坯，再发泡而成的硬质泡沫材料	除具有上述两种泡沫塑料的特点外，还具有硬度大、耐热度高、机械强度大、泡沫体尺寸稳定性好等特点	板材	同可发性聚苯乙烯泡沫塑料，特别适用于要求硬度大、耐热度高、机械强度大的保温、隔热、吸声、防震等工程

注：为了切割面平整光滑、不粗糙，宜用高速无齿锯条切割。如用电阻丝切割时，宜用低电压（5～12V），一般温度控制在 200～250℃。

二、模塑聚苯乙烯泡沫塑料（EPS）

模塑聚苯乙烯泡沫塑料，是指用可发性聚苯乙烯珠粒加热预发泡后，在模具中加热成型而制得的具有闭孔结构的聚苯乙烯泡沫塑料板材。其使用温度不超过 75℃。

1. 分类

按其燃烧性能分为阻燃型和普通型两类；按密度分为Ⅰ、Ⅱ、Ⅲ、Ⅳ、Ⅴ、Ⅵ类，其密度范围见表 5-18。

模塑聚苯乙烯泡沫塑料密度范围（kg/m³）   表 5-18

类别	密度范围	类别	密度范围
Ⅰ	≥15～20	Ⅳ	≥40～50
Ⅱ	≥20～30	Ⅴ	≥50～60
Ⅲ	≥30～40	Ⅵ	≥60

2. 技术性质

(1) 规格尺寸和允许偏差

规格尺寸由供需双方确定，其允许偏差应符合表 5-19 的规定。

规格尺寸和允许偏差（mm） 表 5-19

长度、宽度尺寸	允许偏差	厚度尺寸	允许偏差	对角线尺寸	对角线差
<1000	±5	<50	±2	<1000	5
1000~2000	±8	50~75	±3	1000~2000	7
2000~4000	±10	>75~100	±4	>2000~4000	13
>4000	正偏差不限，—10	>100	供需双方确定	>4000	15

(2) 外观要求

色泽：均匀，阻燃型应掺有颜色的颗粒，以示区别。

外形：表面平整，无明显收缩变形和膨胀变形。

熔结：熔结良好。

杂质：无明显油渍和杂质。

(3) 物理机械性能

模塑聚苯乙烯泡沫塑料的物理机械性能见表 5-20。

物 理 机 械 性 能 表 5-20

项　　目		单　位	性 能 指 标					
			I	II	III	IV	V	VI
表观密度	≥	kg/m³	15.0	20.0	30.0	40.0	50.0	60.0
压缩强度	≥	kPa	60	100	150	200	300	400
导热系数	≤	W/(m·K)	0.041			0.039		
尺寸稳定性 70℃±2℃下，48h	≤	%	4	3	2	2	2	1
水蒸气透过系数	≤	ng/(Pa·m·s)	6	4.5	4.5	4	3	2
吸水率（体积分数）	≤	%	6	4	2			
熔结性[①]	断裂弯曲负荷 ≥	N	15	25	35	60	90	120
	弯曲变形 ≥	mm	20			—		
燃烧性能[②]	氧指数 ≥	%	30					
	燃烧分级		达到 B₂ 级					

注：① 断裂弯曲负荷或弯曲变形，有一项能符合指标要求即为合格；

② 普通型聚苯乙烯泡沫塑料板材不要求。

三、挤塑聚苯乙烯泡沫塑料（XPS）

以聚苯乙烯树脂或其共聚物为主要成分，加入少量添加剂，通过加热挤塑成型而制得的具有闭孔结构的硬质泡沫塑料。其使用温度应不超过 75℃。

1. 分类

按制品压缩强度 P 和表皮分为 10 类，详见表 5-21。

按压缩强度 *P* 和表皮分类   表 5-21

序号	制品类别	压缩强度 *P* (kPa)	表皮	序号	制品类别	压缩强度 *P* (kPa)	表皮
1	X150	≥150	带表皮	6	X400	≥400	带表皮
2	X200	≥200	带表皮	7	X450	≥450	带表皮
3	X250	≥250	带表皮	8	X500	≥500	带表皮
4	X300	≥300	带表皮	9	W200	≥200	不带表皮
5	X350	≥350	带表皮	10	W300	≥300	不带表皮

挤塑聚苯乙烯泡沫塑料按制品边缘结构分为四种,见图 5-2。

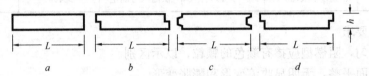

图 5-2　制品边缘结构

a—SS 平头型；*b*—SL 搭接型；*c*—TG 榫槽型；*d*—RC 雨槽型

2. 标记

按产品名称、类别、边缘结构形式、长度×宽度×厚度等顺序标记。

【例 5-10】产品类别为 X250,边缘结构为搭接型,长度 1200mm,宽度 600mm,厚度 50mm 的挤塑聚苯乙烯板,标记为:XPS-X250-SL-1200×600×50。

3. 技术性质

(1) 规格尺寸和允许偏差

产品主要规格尺寸如下,其他规格由供需双方商定。

长度 (*L*):1200、1250、2450、2500mm;

宽度 (*L*):600、900、1200mm;

厚度 (*h*):20、25、30、40、50、75、100mm。

产品的允许偏差应符合表 5-22 的规定。

允许偏差 (mm)   表 5-22

长度和宽度 *L*		厚度 *h*		对角线差	
尺寸 *L*	允许偏差	尺寸 *h*	允许偏差	尺寸	允许偏差
L<1000	±5	*h*<50	±2	<1000	5
1000≤*L*<2000	±7.5	*h*≥50	±3	1000~2000	7
L≥2000	±10			≥2000	13

(2) 外观质量

产品表面平整,无夹杂物,颜色均匀,不应有明显影响使用的可见缺陷,如起包、裂口、变形等。

(3) 物理机械性质

产品的物理机械性能应符合表 5-23 的规定。

（4）燃烧性能

产品的燃烧性能应达到 B_2 级，使用中应远离火源。

物理机械性能 表 5-23

项 目		单 位	性 能 指 标									
			带 表 皮								不带表皮	
			X150	X200	X250	X300	X350	X400	X450	X500	W200	W300
压缩强度		kPa	≥150	≥200	≥250	≥300	≥350	≥400	≥450	≥500	≥200	≥300
吸水率，浸水 96h		%（体积分数）	≤1.5		≤1.0						≤2.0	≤1.5
透湿系数，23℃±1℃，RH50%±5%		ng/(m·s·Pa)	≤3.5		≤3.0			≤2.0			≤3.5	≤3.0
绝热性能	热阻，厚度 25mm 时，平均温度 10℃ 25℃	(m²·K)/W				≥0.89 ≥0.83			≥0.93 ≥0.86		≥0.76 ≥0.71	≥0.83 ≥0.78
	导热系数 平均温度 10℃ 25℃	W/(m·K)				≤0.028 ≤0.030			≤0.027 ≤0.029		≤0.033 ≤0.035	≤0.030 ≤0.032
尺寸稳定性 70℃±2℃下，48h		%	≤2.0		≤1.5			≤1.0			≤2.0	≤1.5

4. 应用

EPS 和 XPS 泡沫塑料，具有密度小、导热系数小、防潮性好、不易吸水、尺寸稳定、弹性好、加阻燃剂后具有自熄性、施工方便等特性。在建筑工程中是一种理想的保温材料。可用于外墙的内外保温及夹心保温的绝热层，以及其他需要保温、隔热的部位。XPS 泡沫塑料板，以压缩强度不同，其适用范围见表 5-24。

XPS 泡沫塑料的适用范围 表 5-24

指 标		应 用 范 围
压缩强度（kPa）≥	150	用于夹心、墙板、空心墙体、屋面的保温隔热
	250	用于混凝土屋顶、地面、溜冰场及冷库的隔热保温
	350	除上述用途外，可用于公路及地下管道的隔热保温
	450	主要用于地下管道、公路及机场跑道的隔热保温

5. 注意

膨胀聚苯板出厂前应在自然条件下，陈化 42d 或在 60℃ 蒸汽中陈化 5d。若产品未能达到上述养护期的要求，上墙使用后会产生较大的后收缩，引起防护层开裂，严重影响工程质量。

四、喷涂硬质聚氨酯泡沫塑料（RC/PUR/SA）

聚氨酯泡沫塑料，全称聚氨基甲酸酯泡沫塑料，是以聚醚树脂或聚酯树脂为主要原料，与甲苯二异氰酸酯、水、催化剂、泡沫稳定剂等，按一定比例混合搅拌，经发泡制成。是一种新兴的有机高分子保温材料，其综合物理性能优良，在建筑节能领域中具有广阔的推广应用前景。

聚氨酯泡沫塑料，按其原料分为聚醚型与聚酯型；按其压陷硬度分为软质与硬质两类。目前硬质聚氨酯泡沫塑料，在建筑墙体保温方面采用外挂、粘贴、浇筑和喷涂等工艺技术应用较多。其中粘贴和喷涂工艺技术比较成熟。

喷涂硬质聚氨酯泡沫塑料，是由多异氰酸酯和多元醇液体原料及添加剂经化学反应，通过喷涂工艺现场成型的闭孔型泡沫塑料产品。

1. 分类：产品根据使用状况分为非承载面层（Ⅰ类）和承载面层（Ⅱ类）两类。

Ⅰ类：暴露或不暴露于大气中的无载荷隔热面，例如墙体隔热、屋顶内面隔热及其他仅需要类似自体支撑的用途；

Ⅱ类：仅需承受人员行走的主要暴露于大气的负载隔热面，例如屋面隔热或其他类似可能遭受温升和需要耐压蠕变的用途。

2. 物理性能

产品的物理性能应符合表 5-25 的规定。

3. 特性与应用

由于硬质聚氨酯泡沫塑料具有低密度（32kg/m³）、低导热系数、广泛的使用温度（－200℃～100℃）、低吸湿性、良好的气密性，以及较高压缩强度、粘结性能和剪切强度较高，因此在建筑工程中得到了广泛的应用。

物　理　性　能   表 5-25

项　目		单　位	性 能 指 标	
			Ⅰ类	Ⅱ类
压缩强度或变形 10%的压缩应力　≥		kPa	100	200
初始导热系数	平均温度 10℃　≤	W/(m·K)	0.020	0.020
	平均温度 23℃　≤	W/(m·K)	0.022	0.022
老化导热系数	10℃平均温度，制造后三至六个月之间　≤	W/(m·K)	0.024	0.024
	23℃平均温度，制造后三至六个月之间　≤	W/(m·K)	0.026	0.026
水蒸气透过率	23℃，相对湿度 0～50%	ng/(Pa·m·s)	1.5～4.5	1.5～4.5
	38℃，相对湿度 0～88.5%	ng/(Pa·m·s)	—	2.0～6.0
尺寸稳定性	（－25±3）℃，48h	%	－1.5～0	－1.5～0
	（70±2）℃，相对湿度（90±5）%，48h	%	±4	±4
	（100±2）℃，48h	%	±3	±3
闭孔率　≥		%	85	90
粘结强度试验		—	泡沫体内部破坏	
80℃和 20kPa 压力下 8h 后压缩蠕变　≤		%	—	5

喷涂硬质聚氨酯泡沫塑料，可应用在各种形状的表面，形成一个无接缝的保温层，覆盖或粘贴任何缺口及裂缝。由于具有良好的气密性，在大多数情况下，不需要额外的隔汽层来阻隔水蒸气。

硬质聚氨酯泡沫塑料，也可以在工厂生产成大块，切割成需要的形状，粘贴到需要保温的部位。还可以根据使用功能的需要，制成各类板、管材，如保温板、金属夹芯板、预制保温管壳等。

还可以生产单组分聚氨酯泡沫塑料，它是一种自膨胀、自粘结的水蒸气固化的聚氨酯系统，用于填充各种缝隙，例如门窗框与墙体之间的缝隙等处。

五、建筑用反射隔热涂料

建筑用反射隔热涂料又称太阳热反射隔热涂料，其涂层能有效反射和辐射太阳辐照能量。通过对红外线和可见光高度反射及有效发射远红外散热的方式，抑制材料表层吸收日照能量造成温度上升，从而达到隔热的目的。

反射隔热涂料主要由颜料、基料、功能填料、乳液及助剂等原料制成。

1. 涂料的性能

建筑用反射隔热涂料，通过太阳光反射比和半球发射率来表征涂料的隔热保温性能，可通过试验测定。测试装置示意图见图 5-3。其数值应符合表 5-26 的规定。

太阳光反射比是指反射的与入射的太阳辐射能通量之比值。

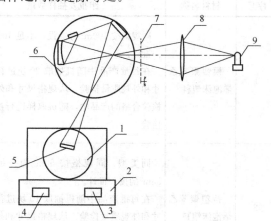

图 5-3　太阳吸收比光谱测试法测试装置示意图
1—积分球；2—暗箱；3—光电倍增管；
4—光敏电阻；5—试样；6—单色仪；
7—调制器；8—聚光镜；9—碘钨灯

半球发射率是指热辐射体在半球方向上的辐射出射度与处于相同温度的全辐射体（黑体）的辐射出射度之比值。

建筑用反射隔热涂料的性能　　　　　　　　　　　　　　表 5-26

序　号	项　目	指　标
1	太阳光反射比，白色	≥0.80
2	半球发射率	≥0.80

注：太阳光反射比和半球发射率在涂料等效热阻计算中的应用，参见有关规定。

反射隔热涂料等效热阻是指采用反射隔热涂料时，与采用普通涂料相比，增强了墙体的隔热保温性能，该增加的隔热保温性能依据其节能效果折算为反射隔热涂料等效涂料热阻。

2. 涂料的应用

随着建筑节能新技术的研发和新产品的推广应用，我国节能涂料具有巨大的潜力和发展空间。建筑用反射隔热涂料，是一种集装饰、自洁、防水、防潮、防紫外线、防老化、耐酸碱、防腐、隔热、保温于一体的新型隔热保温材料。

该涂料除用于外墙，还可用于屋面、水泥结构、石棉瓦、塑料瓦、玻璃、镀锌铁瓦等材料表面，可采用喷涂、滚涂、刷涂等方式施工。

第四节　质量验收批组确定及检验项目

屋面保温材料进场质量验收组批的确定及检验项目应符合表 5-27 的规定。

质量验收批组确定及检验项目　　　　　表 5-27

序号	材料名称	组批及抽样数量	外观质量检验	物理性能检验
1	模塑聚苯乙烯泡沫塑料	同规格按 100m³ 为一批，不足 100m³ 的按一批计。 在每批产品中随机抽取 20 块进行规格尺寸和外观质量检验。从规格尺寸和外观质量检验合格的产品中，随机取样进行物理性能检验	色泽均匀，阻燃型应掺有颜色的颗粒；表面平整、无明显收缩变形和膨胀变形；熔结良好；无明显油渍和杂质	表观密度、压缩强度、导热系数、燃烧性能
2	挤塑聚苯乙烯泡沫塑料	同类型、同规格按 50m³ 为一批，不足 50m³ 的按一批计。 在每批产品中随机抽取 10 块进行规格尺寸和外观质量检验。从规格尺寸和外观质量检验合格的产品中，随机取样进行物理性能检验	表面平整、无夹杂物、颜色均匀；无明显起泡、裂口、变形	压缩强度、导热系数、燃烧性能
3	硬质聚氨酯泡沫塑料	同原料、同配方、同工艺条件按 50m³ 为一批，不足 50m³ 的按一批计。 在每批产品中随机抽取 10 块进行规格尺寸和外观质量检验。从规格尺寸和外观质量检验合格的产品中，随机取样进行物理性能检验	表面平整、无严重凹凸不平	表观密度、压缩强度、导热系数、燃烧性能
4	泡沫玻璃绝热制品	同品种、同规格按 250 件为一批，不足 250 件的按一批计。 在每批产品中随机抽取 6 个包装箱，每箱各抽 1 块进行规格尺寸和外观质量检验。从规格尺寸和外观质量检验合格的产品中，随机取样进行物理性能检验	垂直度、最大弯曲度、缺棱、缺角、孔洞、裂纹	表观密度、抗压强度、导热系数、燃烧性能
5	膨胀珍珠岩制品（憎水型）	同品种、同规格按 2000 块为一批，不足 2000 块的按一批计。 在每批产品中随机抽取 10 块进行规格尺寸和外观质量检验。从规格尺寸和外观质量检验合格的产品中，随机取样进行物理性能检验	弯曲度、缺棱、掉角、裂纹	表观密度、抗压强度、导热系数、燃烧性能

序号	材料名称	组批及抽样数量	外观质量检验	物理性能检验
6	加气混凝土砌块	同品种、同规格、同等级按 200m³ 为一批，不足 200m³ 的按一批计。 在每批产品中随机抽取 50 块进行规格尺寸和外观质量检验。从规格尺寸和外观质量检验合格的产品中，随机取样进行物理性能检验	缺棱掉角；裂纹、爆裂、黏膜和损坏深度；表面酥松、层裂；表面油污	干密度、抗压强度、导热系数、燃烧性能
7	泡沫混凝土砌块		缺棱掉角；平面弯曲；裂纹、黏膜和损坏深度；表面酥松、层裂；表面油污	干密度、抗压强度、导热系数、燃烧性能
8	玻璃棉、岩棉、矿渣棉制品	同原料、同工艺、同品种、同规格按 1000m² 为一批，不足 1000m² 的按一批计。 在每批产品中随机抽取 6 个包装箱或卷，进行规格尺寸和外观质量检验。从规格尺寸和外观质量检验合格的产品中，抽取 1 个包装箱或卷，进行物理性能检验	表面平整、伤痕、污迹、破损；覆层与基层粘结	表观密度、导热系数、燃烧性能
9	金属面绝热夹芯板	同原料、同生产工艺、同厚度按 150 块为一批，不足 150 块的按一批计。 在每批产品中随机抽取 5 块进行规格尺寸和外观质量检验。从规格尺寸和外观质量检验合格的产品中，随机抽取 3 块进行物理性能检验	表面平整、无明显凹凸、翘曲、变形；切口平直、切面整齐、无毛刺；芯板切面整齐、无剥落	剥离性能、抗弯承载力、防火性能

思 考 题 与 习 题

5-1 保温材料按材料材质分为那几类？各类中有哪些主要品种？

5-2 何谓矿物棉？何谓岩棉？何谓矿棉？

5-3 用于建筑外墙外保温的岩棉板、岩棉带有哪几种规格？各有哪些技术要求？

5-4 何谓玻璃棉？其有哪些技术要求？

5-5 建筑绝热用玻璃棉板、毡分几类？其有哪些技术要求？试述应用范围。

5-6 试写出岩棉板、玻璃棉板、毡的产品标记。

5-7 何谓膨胀珍珠岩及其制品？如何分类？

5-8 膨胀珍珠岩制品有哪些技术要求？试述其特性及在工程中的应用。

5-9 何谓泡沫玻璃绝热制品？其有哪些技术要求？有何用途？

5-10 何谓膨胀玻化微珠？对其物理力学性能有哪些规定？

5-11 试述膨胀玻化微球的特性与应用。

5-12 工程中常用那几种有机保温材料？

5-13 何谓聚苯乙烯泡沫塑料？其有哪几个品种？具有哪些特性？有何用途？

5-14 EPS 和 XPS 泡沫塑料有何不同？各如何分类？有哪些技术要求？

5-15 试述 EPS 和 XPS 泡沫塑料的用途。

5-16 试述硬质聚氨酯泡沫塑料分类、特性及应用。

5-17 何谓反射隔热涂料？有何特性？可用于何处？

第六章 砌墙砖、砌块及墙板

砌墙砖、砌块及墙板均属于构成建筑物墙体的材料。墙体材料在建筑工程材料中占有很大的比重，在传统的砖混结构中甚至达到 70%。为了适应建筑功能的改善和建筑节能的要求，今后我国墙体材料发展的重点是：积极发展利用当地资源、生产低能耗、低污染、高性能、高强度、多功能、系列化、能提高施工效率的新型墙体材料产品，以满足不同等级建筑的需要。

目前墙体材料主导产品的多孔砖、建筑砌块、轻质板材等产品，已在建筑工程中得到了较为广泛的应用，并取得了良好的效果。

在大中城市和经济发达地区，砌墙砖中的烧结砖要达到"四高"。即逐步向着高掺量（50%）❶、高孔洞率（25%以上）、高强度和高保温性能，以及自身兼有良好装饰方向发展。

第一节 砌 墙 砖

用于墙体的砖，主要包括烧结砖和非烧结砖（如混凝土砖、蒸压砖等）两大类。

一、烧结普通砖、多孔砖、空心砖和保温砖

以粉煤灰（F）、页岩（Y）、煤矸石（M）、淤泥（U）、固体废弃物（G）、黏土（N）为主要原料，经焙烧制成的实心砖，统称为烧结普通砖。以上述主要原料，或加入成孔材料，经焙烧制成的用于建筑物围护结构保温隔热的实心砖，统称为烧结保温砖。

以粉煤灰（F）、页岩（Y）、煤矸石（M）、淤泥（U）、固体废弃物（G）、黏土（N）为主要原料，经焙烧制成的孔洞率≥28%，孔的尺寸小而数量多的砖，主要用于承重部位，统称为烧结多孔砖；孔洞率≥40%，孔的尺寸大而数量少的砖，统称为烧结空心砖。

以上四类砖，均以主要原材料的名称而命名。如烧结粉煤灰普通砖（F）、烧结粉煤灰保温砖（FB）、烧结页岩多孔砖（Y）、烧结煤矸石空心砖（M）等。

烧结多孔砖和烧结空心砖的形状见图 6-1。

烧结多孔砖孔型、孔结构及孔洞率见表 6-1。

1. 规格尺寸

（1）烧结普通砖

长度为 240mm，宽度为 115mm，高度为 53mm。

（2）烧结多孔砖、空心砖

长度为 290、240mm，宽度为 190、180、140、115mm，高度为 90mm。

---

❶ 高掺量指高灰渣掺入量。即各种原料混合，其中大量掺入工业废渣，如粉煤灰等。

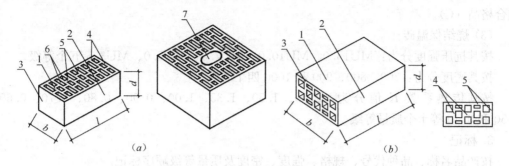

图 6-1　烧结多孔砖和烧结空心砖

(a) 烧结多孔砖；(b) 烧结空心砖

1—大面；2—条面；3—顶面；4—外壁；5—肋；6—孔洞；7—手抓孔；l—长度；b—宽度；d—高度

烧结多孔砖孔型孔结构及孔洞率　　　　　　　　　　　　　　表 6-1

孔型	孔洞尺寸（mm）		最小外壁厚（mm）	最小肋厚（mm）	孔洞率（%）	孔洞排列
	孔宽度尺寸 b	孔长度尺寸 l				
矩形条孔或矩形孔	≤13	≤40	≥12	≥5	≥28	1. 所有孔宽应相等，孔采用单向或双向排列； 2. 孔洞排列上下、左右应对称，分布均匀，手抓孔的长度方向尺寸必须平行于砖的条面

注：1. 矩形孔的孔长 l、孔宽 b 满足式 $l \geqslant 3b$ 时，为矩形条孔；

　　2. 孔四个角应做成过渡圆角，不得作成直尖角；

　　3. 如设有砌筑砂浆槽，则砌筑砂浆槽不计算在孔洞率内；

　　4. 规格大的砖，应设置手抓孔，手抓孔的尺寸为(30~40)mm×(75~85)mm。

（3）烧结保温砖

按烧结处理工艺和砌筑方法分：

①经精细工艺处理，砌筑时采用薄灰缝，契合无灰缝的烧结保温砖（A 类）；

②未经精细工艺处理，砌筑时采用普通灰缝的烧结保温砖（B 类）。

保温砖的规格尺寸见表 6-2。

保温砖的规格尺寸　　　　　　　　　　　　　　表 6-2

分　类	长度（mm）	宽度（mm）	高度（mm）
A	300、250（249、248）	200	100
B	290、240	190、180（175）、140、115	90、53

2. 强度、密度等级、质量等级

（1）烧结普通砖、多孔砖

按其抗压强度各分为：MU30、MU25、MU20、MU15、MU10 五个等级。

多孔砖按其密度分为：1000、1100、1200 和 1300 四个等级。

（2）烧结空心砖

按其抗压强度分为：MU10.0、MU7.5、MU5.0、MU3.5、MU2.5 五个等级。

按其密度分为：800、900、1000 和 1100 四个等级。

烧结普通砖、多孔砖和烧结空心砖，按其质量等级分为：优等品（A）、一等品（B）

和合格品（C）。

（3）烧结保温砖

按其抗压强度分为：MU15.0、MU10.0、MU7.5、MU5.0、MU3.5 五个等级。

按其密度分为：700、800、900 和 1000 四个等级。

按其传热系数 K 值分为：2.00、1.50、1.35、1.00、0.90、0.80、0.70、0.60、0.50 和 0.40 等十个质量等级。

3. 标记

按产品名称、品种代号、规格、强度、密度及质量等级顺序标记。

【例 6-1】烧结普通砖，强度等级为 MU15，一等品的页岩砖，其标记为：烧结普通砖 Y　MU15　B。

【例 6-2】烧结多孔砖，规格尺寸为 290mm×140mm×90mm，强度等级 MU25，密度等级为 1200 级的粉煤灰烧结砖，其标记为：烧结多孔砖 F 290×140×90 MU25　1200。

【例 6-3】烧结空心砖，规格尺寸为 290mm×140mm×90mm，强度等级 MU7.5，密度等级为 900 级的优质品页岩烧结砖，其标记为：烧结空心砖　Y　290×140×90 MU7.5　900　A。

【例 6-4】烧结保温砖，规格尺寸 240mm×115mm×53mm，密度等级 900，强度等级 MU7.5，传热系数 1.00 级，B 类的页岩保温砖，其标记为：烧结保温砖　YB　B（240×115×53）900　MU7.5　1.00。

4. 技术性质

（1）密度等级

多孔砖、保温砖密度等级限值应符合表 6-3 的规定。

多孔砖与保温砖密度等级限值　　　　表 6-3

	密度等级	3 块干表观密度平均值（kg/m³）		密度等级	5 块干表观密度平均值（kg/m³）
多孔砖	1000	900～1000	保温砖	700	≤700
	1100	1000～1100		800	701～800
	1200	1100～1200		900	801～900
	1300	1200～1300		1000	901～1000

（2）强度等级

各类砖强度等级限值的规定见表 6-4。

强度等级限值（MPa）　　　　表 6-4

类　别	强度等级	抗压强度平均值 f≥	变异系数 δ≤0.21 强度标准值 f_k≥	变异系数 δ>0.21 单块最小抗压强度值 f_{min}≥	密度等级范围（kg/m³）
烧结普通砖	MU30	30.0	22.0	25.0	
	MU25	25.0	18.0	22.0	
	MU20	20.0	14.0	16.0	—
	MU15	15.0	10.0	12.0	
	MU10	10.0	6.5	7.5	

类　别	强度等级	抗压强度平均值 $f \geqslant$	变异系数 $\delta \leqslant 0.21$ 强度标准值 $f_k \geqslant$	变异系数 $\delta > 0.21$ 单块最小抗压强度值 $f_{min} \geqslant$	密度等级范围 (kg/m³)
烧结多孔砖	MU30	30.0	22.0	—	—
	MU25	25.0	18.0	—	
	MU20	20.0	14.0	—	
	MU15	15.0	10.0	—	
	MU10	10.0	6.5	—	
烧结空心砖	MU10	10.0	7.0	8.0	≤1100
	MU7.5	7.5	5.0	5.8	
	MU5.0	5.0	3.5	4.0	
	MU3.5	3.5	2.5	2.8	
	MU2.5	2.5	1.6	1.8	≤800
烧结保温砖	MU15	15.0	10.0	12.0	≤1000
	MU10	10.0	7.0	8.0	
	MU7.5	7.5	5.0	5.8	
	MU5.0	5.0	3.5	4.0	
	MU3.5	3.5	2.5	2.8	≤800

烧结砖的抗压强度试验见试验 5-2。

（3）折压比

折压比是指承重烧结多孔砖的抗折强度试验平均值与抗压强度等级的比值。多孔砖的折压比，不应小于表 6-5 的规定限值。

烧结多孔砖折压比限值　　　　　　　　　　　　　表 6-5

砖 种 类	高度 (mm)	砖 的 强 度 等 级				
		MU30	MU25	MU20	MU15	MU10
		折 压 比				
承重烧结多孔砖	90	0.21	0.23	0.24	0.27	0.32

多孔砖在孔洞率相同的条件下，孔型和孔布置的不同，其抗折强度的差异较大，对多孔砖折压比的限值，其目的在于限制砖的盲目开孔，以避免直接影响砌体的受力性能。

（4）抗风化性能

各类砖的抗风化性能应符合表 6-6 的规定。

（5）泛霜、石灰爆裂

泛霜（又称起霜、盐析、盐霜），是指可溶性盐类在砌体表面的盐析现象，一般呈白色粉末、絮团或絮片状。严重泛霜时，对建筑结构的破坏较大，因此，每块砖不允许出现严重泛霜。

石灰爆裂是指砖的原料中夹杂着石灰质，焙烧时被烧成生石灰，砖吸水后生石灰体积膨胀而发生爆裂现象。石灰爆裂会影响砖的质量，并降低砌体强度。

各类砖对石灰爆裂的要求应符合表 6-7 的规定。

抗 风 化 性 能   表 6-6

项目 / 种类		严重风化区				非严重风化区			
		5h沸煮吸水率(%)，≤		饱和系数≤		5h沸煮吸水率(%)，≤		饱和系数≤	
		平均值	单块最大值	平均值	单块最大值	平均值	单块最大值	平均值	单块最大值
烧结普通砖	黏土砖（N）	18	20	0.85	0.87	19	20	0.88	0.90
	粉煤灰砖（F）	21	23			23	25		
	页岩砖（Y）	16	18	0.74	0.77	18	20	0.78	0.80
	煤矸石砖（M）								
烧结多孔砖	黏土砖（N）	21	23	0.85	0.87	23	25	0.88	0.90
	粉煤灰砖（F）	23	25			30	32		
	页岩砖（Y）	16	18	0.74	0.77	18	20	0.78	0.80
	煤矸石砖（M）	19	21			21	23		
烧结空心砖	黏土砖（N）	—	—	0.85	0.87			0.88	0.90
	粉煤灰砖（F）								
	页岩砖（Y）			0.74	0.77			0.78	0.80
	煤矸石砖（M）								
烧结保温砖	黏土砖（NB）			0.85	0.87			0.88	0.90
	粉煤灰砖（FB）								
	页岩砖（YB）			0.74	0.77			0.78	0.80
	煤矸石砖（MB）								

注：1. 严重风化区（黑龙江省、吉林省、辽宁省、内蒙古自治区、新疆维吾尔自治区、宁夏回族自治区、甘肃省、青海省、陕西省、山西省、河北省、北京市、天津市）中的砖，必须进行冻融试验；

2. 其他地区砖的抗风化性能，符合本表的规定时，可不做冻融试验，否则必须进行冻融试验。冻融试验后，每块砖样不允许出现裂纹、分层、掉皮、缺棱、掉角等现象；

3. 烧结多孔砖粉煤灰掺入量（质量比）小于 30% 时，按黏土砖规则判定。

石 灰 爆 裂   表 6-7

实心砖、多孔砖、空心砖的技术要求	保温砖的技术要求
1. 最大破坏尺寸>2mm 且≤15mm 的爆裂区域，每组砖不得多于 15 处。其中>10mm 的不得多于 7 处； 2. 不允许出现破坏尺寸>15mm 的爆裂区域	1. 最大破坏尺寸>2mm 且≤10mm 的爆裂区域，每组砖不得多于 15 处； 2. 不允许出现破坏尺寸>10mm 的爆裂区域

（6）抗冻性要求

① 烧结普通砖、多孔砖和空心砖

经 15 次冻融循环试验后，每块砖不允许出现裂纹、分层、掉皮、缺棱、掉角等冻坏现象。

② 烧结保温砖

烧结保温砖的抗冻性能应符合表 6-8 的规定。

保温砖的抗冻性 表 6-8

使用条件	抗冻指标	质量损失率（%）	冻融试验后每块砖
夏热冬暖地区	D15	≤5	1. 不允许出现分层、掉皮、缺棱、掉角等冻坏现象。 2. 冻后裂纹长度不大于以下值： 未贯穿裂纹长度： ① 大面上宽度方向及其延伸到条面的长度≤100mm； ② 大面上长度方向或条面上水平方向长度≤120mm。 贯穿裂纹长度： ① 大面上宽度方向及其延伸到条面的长度≤40mm； ② 壁、肋沿长度、宽度及其水平方向的长度≤40mm
夏热冬冷地区	D25		
寒冷地区	D35		
严寒地区	D50		

（7）吸水率

空心砖和保温砖的吸水率应符合表 6-9 和表 6-10 的规定。

空心砖吸水率（%） 表 6-9

等级	黏土砖（N）、页岩砖（Y）、煤矸石砖（M）	粉煤灰砖（F）
优等品	≤16.0	≤20.0
一等品	≤18.0	≤22.0
合格品	≤20.0	≤24.0

烧结保温砖吸水率（%） 表 6-10

分类	吸水率
NB、YB、MB	≤20.0
FB、YNB、QGB	≤24.0

注：1. YNB——淤泥保温砖；QGB——固体废弃物保温砖；

2. 粉煤灰掺入量（体积比）小于 30% 时，不得按 FB 规定判定；

3. 加入成孔材料形成微孔的砖，吸水率不受限制。

（8）传热系数

烧结保温砖的传热系数应符合表 6-11 的规定。

烧结保温砖传热系数等级值 表 6-11

传热系数等级	单层式样传热系数 K 值的实测范围[W/(m²·K)]	传热系数等级	单层式样传热系数 K 值的实测范围[W/(m²·K)]
2.0	1.51~2.00	0.80	0.71~0.80
1.5	1.36~1.50	0.70	0.61~0.70
1.35	1.01~1.35	0.60	0.51~0.60
1.00	0.91~1.00	0.50	0.41~0.50
0.90	0.81~0.90	0.40	0.31~0.40

（9）放射性核素限量

上述砖中，原料掺入煤矸石、粉煤灰及其他工业废渣时，应进行放射性物质检测。放射性核素限量，应符合 GB 6566 的规定。

二、混凝土普通砖（SCB）、多孔砖（LPB）、空心砖（NHB）

混凝土砖是近年来兴起替代黏土砖的新型墙体材料之一。混凝土砖包括混凝土普通砖（又称实心砖）、混凝土多孔砖和混凝土空心砖三种。

混凝土普通砖是以水泥、骨料以及根据需要加入掺合料、外加剂等，经过加水搅拌、成型、养护制成的实心砖。

按上述原料和生产工艺制成的孔洞率不小于25%，不大于35%，用于承重结构的多排孔混凝土砖，称为混凝土多孔砖；空心率不小于25%，用于非承重结构部位有较大孔洞的混凝土砖，称为混凝土空心砖。

混凝土砖的各部位名称见图6-2。

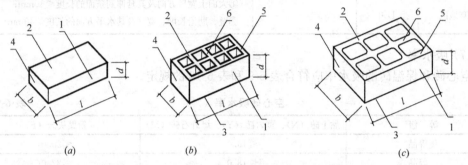

图6-2　混凝土砖示意图

(a) 实心砖；(b) 多孔砖；(c) 空心砖

1—条面；2—铺浆面（外壁、肋的厚度较大的面）；3—坐浆面（外壁、肋的厚度较小的面）；

4—顶面；5—外壁；6—肋；l—长度；b—宽度；d—高度

1. 规格尺寸

实心砖主规格尺寸为：240mm×115mm×53mm。

多孔砖、空心砖常用砖型的规格尺寸见表6-12。

混凝土多孔砖、空心砖规格尺寸　　　　　　　　　　表6-12

项　目	长度 l（mm）	宽度 b（mm）	高度 d（mm）
尺　寸	360、290、240、190、140	240、190、115、90	115、90

注：采用薄灰缝砌筑的砌体，相关尺寸可做相应调整。多孔砖、空心砖的铺灰面宜为盲孔或半盲孔。

多孔砖最小外壁厚应不小于18mm，最小肋厚应不小于15mm。空心砖的最小外壁厚应不小于15mm，最小肋厚应不小于10mm。

2. 密度、强度等级

(1) 实心砖，按混凝土自身的密度分为：A级、B级和C级三个等级。按抗压强度分为：MU40、MU35、MU30、MU25、MU20、MU15 六个等级。

(2) 多孔砖，按抗压强度分为：MU25、MU20、MU15 三个等级。

(3) 空心砖，按表观密度分为：1400、1200、1100、1000、900、800、700、600 八个等级。按其抗压强度分为：MU10、MU7.5、MU5 三个等级。

3. 标记

按砖代号、规格尺寸、强度等级、密度等级顺序标记。

【例6-5】混凝土实心砖，规格为240mm×115mm×53mm，抗压强度MU25，密度等级B级，其标记为：SCB 240×115×53 MU25　B。

【例6-6】混凝土多孔砖，规格为240mm×115mm×90mm，抗压强度MU15，其标记为：LPB 240×115×90 MU15。

【例6-7】混凝土空心砖，规格为240mm×115mm×90mm，抗压强度MU7.5，密度等级1000级，其标记为：NHB 240×115×90　1000　MU7.5。

4. 技术性质

(1) 密度等级

① 实心砖密度等级限值应符合表6-13的规定。

混凝土实心砖密度等级限值　　　　表6-13

密度等级	3块平均值（kg/m³）	密度等级	3块平均值（kg/m³）	密度等级	3块平均值（kg/m³）
A级	≥2100	B级	1681～2099	C级	≤1680

② 空心砖密度等级限值应符合表6-14的规定。

混凝土空心砖密度等级限值　　　　表6-14

密度等级	表观密度范围（kg/m³）	密度等级	表观密度范围（kg/m³）
1400	1210～1400	900	810～900
1200	1110～1200	800	710～800
1100	1010～1100	700	610～700
1000	910～1000	600	≤600

(2) 强度等级、折压比

① 实心砖强度等级限值应符合表6-15的规定。

混凝土实心砖抗压强度限值　　　　表6-15

强度等级	抗压强度（MPa）		强度等级	抗压强度（MPa）	
	平均值≥	单块最小值≥		平均值≥	单块最小值≥
MU40	40.0	35.0	MU25	25.0	21.0
MU35	35.0	30.0	MU20	20.0	16.0
MU30	30.0	26.0	MU15	15.0	12.0

密度等级为B级和C级的砖，其强度等级应不小于MU15，密度等级为A级的砖，其强度等级应不小于MU20。

② 多孔砖、空心砖强度等级限值应符合表6-16的规定。

混凝土多孔砖、空心砖强度等级限值　　　　表6-16

多孔砖强度等级	抗压强度（MPa）		空心砖强度等级	密度等级范围	抗压强度（MPa）	
	平均值≥	单块最小值≥			平均值≥	单块最小值≥
MU25	25.0	20.0	MU10	≤1400	10.0	8.0
MU20	20.0	16.0	MU7.5	≤1100	7.5	6.0
MU15	15.0	12.0	MU5	≤900	5.0	4.0

（3）折压比

承重多孔砖的折压比不应小于表 6-17 的限值。

混凝土多孔砖折压比限值　　　　　　　　表 6-17

砖种类	高度（mm）	强度等级		
		MU25	MU20	MU15
		折压比		
承重多孔砖	90	0.23	0.24	0.27

（4）最大吸水率

① 实心砖的最大吸水率应符合表 6-18 的规定。

混凝土实心砖最大吸水率（三块平均值）　　　　　　表 6-18

密度级（kg/m³）	>2100（A 级）	1681～2099（B 级）	≤1680（C 级）
最大吸水率（%）	≤11	≤13	≤17

② 多孔砖最大吸水率应不大于 12%。

（5）线性干燥收缩率和相对含水率

混凝土砖线性干燥收缩率和相对含水率应符合表 6-19 的规定。

混凝土砖线性干燥收缩率和相对含水率　　　　　　表 6-19

砖种类	线性干燥收缩率（%）	相对含水率平均值（%）		
		潮湿	中等	干燥
实心砖	≤0.050			
多孔砖	≤0.045	≤40	≤35	≤30
空心砖	≤0.065			

注：1. 相对含水率，即含水率与吸水率之比：$W=100 \times (W_1/W_2)$

式中：W——相对含水率，%；

W_1——含水率；

W_2——吸水率；

2. 适用地区的湿度条件：

潮湿——指年平均相对湿度大于 75% 的地区；

中等——指年平均相对湿度 50%～75% 的地区；

干燥——指年平均相对湿度小于 50% 的地区。

（6）抗冻性

以上三种砖的抗冻性均应符合表 6-20 的规定。

混凝土砖抗冻性　　　　　　　　表 6-20

使用条件	抗冻指标	质量损失率（%）	抗压强度损失率（%）
夏热冬暖地区	D15		
夏热冬冷地区	D25	≤5	≤25
寒冷地区	D35		
严寒地区	D50		

(7) 碳化系数、软化系数

① 实心砖的碳化系数应不小于 0.80，软化系数应不小于 0.80。

② 多孔砖的碳化系数应不小于 0.85，软化系数应不小于 0.85。

③ 空心砖的碳化系数应不小于 0.80，软化系数应不小于 0.75。

(8) 放射性

以上三种砖的放射性，均应符合国家标准 GB 6566 的规定。

三、蒸压普通砖

蒸压普通砖主要包括蒸压灰砂砖（代号 LSB）和蒸压粉煤灰普通砖（代号 FB），以下简称蒸压灰砂砖和蒸压粉煤灰砖。

蒸压灰砂砖是以石灰和砂为主要原料，允许掺入颜料和外加剂，经坯料制备、压制成型、高压蒸汽养护而成的实心砖。

蒸压粉煤灰砖是以粉煤灰、石灰或水泥为主要原料掺入适量石膏、外加剂、颜料和骨料等，经坯料制备、成型、高压蒸汽养护而制成的实心砖。经常压蒸汽养护时，称蒸养粉煤灰砖。

1. 规格

上述两种砖的长度为 240mm，宽度为 115mm，高度为 53mm。

2. 等级

(1) 强度等级

蒸压灰砂砖，按抗压强度和抗折强度分为 MU25、MU20、MU15、MU10 四个等级。

粉煤灰砖，按抗压强度和抗折强度分为 MU30、MU25、MU20、MU15、MU10 五个等级。

(2) 质量等级

上述两种砖按相应规定的尺寸偏差和外观质量、强度、抗冻性和干燥收缩率分为：优等品（A）、一等品（B）和合格品（C）三个质量等级。

(3) 颜色

上述两种砖按颜色分为彩色（Co）和本色（N）两种。

3. 标记

按其产品名称（蒸压灰砂砖代号 LSB、粉煤灰砖代号 FB）、颜色、强度级别和质量等级顺序标记。

【例 6-8】 强度级别为 MU20，优等品的彩色灰砂砖标记为：LSB Co 20A。

【例 6-9】 强度级别为 MU20，优等品的彩色粉煤灰砖标记为：FB Co 20A。

4. 技术要求

(1) 抗压强度和抗折强度

两种砖的抗压强度和抗折强度应符合表 6-21 的规定。

力 学 性 能 指 标   表 6-21

强度级别	蒸压灰砂砖				粉 煤 灰 砖			
	抗压强度（MPa）		抗折强度（MPa）		抗压强度（MPa）		抗折强度（MPa）	
	平均值 ≥	单块值 ≥	平均值 ≥	单块值 ≥	10 块平均值 ≥	单块值 ≥	10 块平均值≥	单块值 ≥
MU30	—	—	—	—	30.0	24.0	6.2	5.0

强度级别	蒸压灰砂砖				粉煤灰砖			
	抗压强度（MPa）		抗折强度（MPa）		抗压强度（MPa）		抗折强度（MPa）	
	平均值 ≥	单块值 ≥	平均值 ≥	单块值 ≥	10块平均值 ≥	单块值 ≥	10块平均值≥	单块值 ≥
MU25	25.0	20.0	5.0	4.0	25.0	20.0	5.0	4.0
MU20	20.0	16.0	4.0	3.2	20.0	16.0	4.0	3.2
MU15	15.0	12.0	3.3	2.6	15.0	12.0	3.3	2.6
MU10	10.0	8.0	2.5	2.0	10.0	8.0	2.5	2.0

注：优等品的强度级别不得小于 MU15。

（2）折压比

生产蒸压普通砖的原材料配比会直接影响砖的脆性，砖愈脆墙体开裂愈早。因此规定砖的合理折压比，将有利于提高砖的品质，改善砖的脆性，提高墙的受力性能。

承重砖的折压比应不小于表 6-22 的要求。

承重砖的折压比 表 6-22

砖种类	高度（mm）	强度等级				
		MU30	MU25	MU20	MU15	MU10
		折压比				
蒸压普通砖	53	0.16	0.18	0.20	0.25	—

（3）抗冻性

两种砖的抗冻性均应符合表 6-23 的规定。

抗冻性指标 表 6-23

强度级别	蒸压灰砂砖		粉煤灰砖	
	抗压强度（MPa）平均值≥	单块砖的干质量损失（%）≤	抗压强度（MPa）平均值≥	单块砖的干质量损失（%）≤
MU30	—	2.0	24.0	2.0
MU25	20.0		20.0	
MU20	16.0		16.0	
MU15	12.0		12.0	
MU10	8.0		8.0	

（4）干燥收缩和碳化性能

粉煤灰砖干燥收缩值：优等品和一等品应不大于 0.65mm/m，合格品应不大于 0.75mm/m；碳化系数 $Kc \geqslant 0.8$。

四、蒸压灰砂多孔砖、蒸压粉煤灰多孔砖（AFPB）

蒸压灰砂多孔砖是以砂、石灰为主要原材料，掺入颜料和外加剂，经坯料制备、压制成型、高压蒸汽养护而制成的多孔砖（以下简称灰砂多孔砖）。

蒸压粉煤灰多孔砖是以粉煤灰、生石灰（或电石渣）为主要原料，可掺加适量石膏等外加剂和其他集料，经坯料制备、压制成型、高压蒸汽养护而制成的多孔砖（以下简称粉煤灰多孔砖）。

1. 规格尺寸

灰砂多孔砖：长度 240mm、宽度 115mm、高度 115mm 或 90mm。

粉煤灰多孔砖规格尺寸见表 6-24。

粉煤灰多孔砖规格尺寸 表 6-24

长度 l（mm）	宽度 b（mm）	高度 d（mm）
360、330、290、240、190、140	240、190、115、90	115、90

注：其他规格尺寸由供需双方协商确定，如施工中采用薄灰缝，相关尺寸可做相应调整。

2. 孔洞率、孔型及孔洞结构

灰砂多孔砖孔洞率不小于 25%，圆形孔直径不大于 22mm；非圆形孔内切圆直径不大于 15mm；孔洞外壁厚度不小于 10mm；肋厚度不小于 7mm。粉煤灰多孔砖的孔洞率不小于 25%，不大于 35%。

两种砖的孔洞应与砖砌筑承受压力的方向一致，铺浆面应为盲孔或半盲孔。

3. 强度、质量等级

灰砂多孔砖，按抗压强度分为：MU30、MU25、MU20 和 MU15 四个等级。按尺寸允许偏差和外观质量，将产品分为：优等品（A）和合格品（C）两个质量等级。

粉煤灰多孔砖，按抗压强度、抗折强度分为：MU25、MU20 和 MU15 三个等级。

4. 标记

多孔砖按产品名称、代号、规格尺寸、强度等级、质量等级顺序标记。

【例 6-10】规格尺寸为：240mm×115mm×90mm、强度等级为 MU15、优等品的蒸压灰砂多孔砖，其标记为：蒸压灰砂多孔砖 240×115×90 MU15 A。

【例 6-11】规格尺寸为：240mm×115mm×90mm、强度等级为 MU15 的蒸压粉煤灰多孔砖，其标记为：AFPB 240×115×90 MU15。

5. 技术性质

（1）强度等级

多孔砖的强度等级限值应符合表 6-25 的规定。

多孔砖强度等级限值 表 6-25

	强度等级	抗压强（MPa）			强度等级	抗压强度（MPa）		抗折强度（MPa）	
		平均值≥	单块最小值≥			五块平均值≥	单块最小值≥	五块平均值≥	单块最小值≥
灰砂多孔砖	MU30	30.0	24.0	粉煤灰多孔砖	MU25	25.0	20.0	6.3	5.0
	MU25	25.0	20.0		MU20	20.0	16.0	5.0	4.0
	MU20	20.0	16.0		MU15	15.0	12.0	3.8	3.0
	MU15	15.0	12.0		—	—	—	—	—

（2）抗冻性

灰砂多孔砖的抗冻性应符合表 6-26 的规定。

蒸压灰砂多孔砖抗冻性 表 6-26

强度等级	冻后抗压强度平均值（MPa），≥	单块砖的干质量损失（MPa），≤
MU30	24.0	
MU25	20.0	2.0
MU20	16.0	
MU15	12.0	

注：冻融循环次数应符合以下规定：夏热冬暖地区 15 次；夏热冬冷地区 25 次；寒冷地区 35 次；严寒地区 50 次。

粉煤灰多孔砖的抗冻性应符合表 6-27 的规定。

蒸压粉煤灰多孔砖抗冻性 表 6-27

使用地区	抗冻指标	质量损失率（%）	抗压强度损失率（%）
夏热冬暖地区	D15		
夏热冬冷地区	D25	≤5	≤25
寒冷地区	D35		
严寒地区	D50		

（3）线性干燥收缩率

灰砂多孔砖干燥收缩率应不大于 0.050%；粉煤灰多孔砖干燥收缩值应不大于 0.50mm/m。

（4）碳化系数、软化系数、吸水率

灰砂多孔砖碳化系数应不小于 0.85，软化系数应不小于 0.85。

粉煤灰多孔砖碳化系数应不小于 0.85，吸水率应不大于 20%。

（5）放射核素限量

以上两种砖的放射核素限量，均应符合国家标准 GB 6566 的规定。

五、砌墙砖的应用

1. 烧结普通砖优等品适用于清水墙和装饰墙，一等品、合格品可用于混水墙。中等泛霜的砖不能用于潮湿部位。

2. 烧结多孔砖主要用于建筑物承重部位，但有冻胀环境和条件地区，地面以下或防潮层以下的砌体不宜采用多孔砖。

3. 烧结空心砖适用于建筑物非承重部位。

4. 混凝土多孔砖是代替烧结黏土砖的新型产品，可用于砌筑建筑物和构筑物。

5. 蒸压灰砂砖的强度等级为 MU15、MU20、MU25 的砖，可用于建筑的墙体和基础。MU10 的蒸压灰砂砖仅可用于防潮层以上的建筑。

6. 粉煤灰砖适用于建筑的墙体和基础，但用于基础或易受冻融和干湿交替作用的建筑部位，必须使用 MU15 级以上强度等级的砖。

7. 蒸压灰砂砖和粉煤灰砖，均不得用于长期受热 200℃以上，受急冷急热和有酸性介质侵蚀的建筑部位。

8. 烧结黏土砖因浪费土地资源、破坏生态环境和能耗大等缺点，现正逐渐被淘汰。目前在大城市和发达地区提出"禁实"，是指禁止使用实心黏土砖，今后将逐步"禁黏"，以黏土为主要原料烧结的实心、空心、多孔砖禁止使用，将被新型墙体材料取代。

目前我国的墙体材料，以产品的技术性、政策性、经济性三大要素为原则，可划分为淘汰型、过渡型和发展型产品。不符合三大要素中任一项，均视为淘汰型产品；产品不完全符合三大要素中某一要素的某项要求的，视为过渡产品（如某些地区仍在使用黏土空心砖、混凝土实心砖等）；对于符合或基本符合三大要素的墙体材料，应为倡导的发展型产品，建筑设计中应积极采用。

9. 砌墙砖最低强度等级要求见表6-28。

砌墙砖的最低强度等级　　　　　　　　　　　　　　表 6-28

用途及品种		最低强度等级	备　　注
承重墙	烧结普通砖、烧结多孔砖	MU10	用于外墙及潮湿环境的内墙时，强度等级应提高一个等级
	蒸压普通砖、混凝土砖	MU15	
自承重墙	烧结空心砖	MU3.5	用于外墙及潮湿环境的内墙时，强度等级不应低于 MU5.0

第二节　砌　块

随着墙体材料革新与建筑节能的不断深入，在我国有些城市和地区，已由禁止使用实心黏土砖向禁止使用黏土制品方向推进。目前建筑砌块已成为取代黏土制品的主导产品之一。并且正在向着积极开发有利改善建筑环境、提高施工效率、节能、节土、利废、环保的轻质、高强、多功能复合型砌块的方向发展。

在建筑砌块中，尤其优先发展普通混凝土小型空心砌块。在多层建筑和中高层建筑中，应优先采用；在框架结构的填充墙和内隔墙中，应积极推广轻集料混凝土小型空心砌块。

推广建筑砌块，应因地制宜地研发承重保温节能的高强陶粒混凝土小型空心砌块、煤矸石混凝土小型空心砌块、浮石火山渣混凝土小型空心砌块、次轻混凝土小型空心砌块，以及生活垃圾废渣混凝土小型空心砌块、建筑垃圾混凝土小型空心砌块等。逐步实现砌块产品的系列化、配套化及技术系统化，使砌块能更好地满足建筑功能改善和建筑节能的要求。

砌块建筑与传统黏土砖建筑相比，具有能耗低、墙体自重轻、劳动强度低、施工进度快、节约大量砌筑砂浆、增加房屋有效使用面积等显著优点。对于高层配筋砌块建筑与同规模钢筋混凝土结构相比，可降低工程造价、减少水泥、钢筋和木材的用量、缩短施工周期等优点，因此推广砌块建筑将是墙体技术改革的一条有效途径。

砌块是指建筑用的人造块材，外形多为直角六面体，也有多种异型的。砌块系列中主规格的长度、宽度或高度有一项或一项以上分别大于 365、240mm 或 115mm。但高度不大于长度或宽度的 6 倍，长度不超过高度的 3 倍。

砌块按主规格有小型砌块、中型砌块和大型砌块之分。其中小型砌块主规格的高度应大于 115mm 而又小于 380mm，简称小砌块。

一、普通混凝土小型空心砌块（代号 NHB）

混凝土小型空心砌块已成为我国发展的一种主导墙体材料。

普通混凝土小型空心砌块是用水泥作胶结料，砂、碎石或卵石为粗骨料，经搅拌、振动（或压制）成型、养护等工艺过程制成，简称普通小砌块，多用于承重结构。

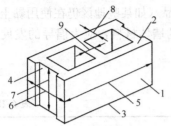

图 6-3　砌块各部位名称

1—条面；2—坐浆面（肋厚较小的面）；
3—铺浆面（肋厚较大的面）；4—顶面；
5—长度；6—宽度；7—高度；
8—壁；9—肋

1. 砌块各部位名称

普通小砌块各部位名称见图 6-3。

2. 规格尺寸

砌块的主规格尺寸为：390mm × 190mm × 190mm。砌块的尺寸参数如下：

（1）高度：通常为 190mm，辅规格为 90mm，其公称尺寸为 200、100mm。不宜同时采用 190mm 与 90mm 的高度的砌块，否则应对 90mm 厚砌体强度进行折减。

（2）长度：主规格为 390mm，辅规格有 290、190mm，少数辅规格有 90mm，其公称尺寸为 400、300、200mm 及 100mm。

（3）宽度：砌块的宽度因材料、功能要求不同，有 90、190、240、290mm 及其间的数值等，最常见的为 90mm 和 190mm。

（4）砌块的局部尺寸应符合图 6-4 和表 6-29 的规定。

砌块的局部尺寸限值（mm）　　　　**表 6-29**

名称　　　　　类别	承重砌块 （劈裂装饰砌块）	自承重砌块
壁	30（32）	25
肋	25	20

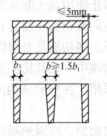

图 6-4　砌块的局部尺寸

注：1. 中肋一端的厚度宜为边肋的 1.5 倍；

　　2. 砌块端部局部突出的长度不宜大于 5mm。

3. 孔洞

（1）根据使用功能和施工等因素，在砌块宽度方向的几种开洞方式有单排孔（一般为单排孔）、双排孔及多排孔砌块。

（2）孔洞有通孔和盲孔两种，盲孔便于铺灰砌筑。

（3）砌块的孔洞率应不小于 25%。多排孔的孔洞率一般较单排小，并且相同混凝土等级块体的强度较高，其隔声、保温隔热性能要比单排孔好。特别当采用轻集料时，更是如此。

4. 等级与标记

（1）等级：按尺寸偏差、外观质量分为：优等品（A）、一等品（B）及合格品（C）；按其强度等级分为：MU3.5、MU5.0、MU7.5、MU10、MU15.0 和 MU20.0。

（2）标记：按产品名称（代号 NHB）、强度等级、外观质量等级顺序进行标记。

【例 6-12】 强度等级为 MU7.5，外观质量为优等品（A）的普通混凝土小型空心砌块，其标记为：NHB MU7.5A。

5. 技术要求

(1) 外观质量

普通小砌块的外观质量应符合表 6-30 的规定。

外观质量 表 6-30

项 目 名 称		优等品（A）	一等品（B）	合格品（C）
弯曲（mm）	≤	2	2	3
掉角缺棱	个数（个）≤	0	2	2
	三个方向投影尺寸的最小值（mm）≤	0	20	30
裂纹延伸的投影尺寸累计（mm）	≤	0	20	30

(2) 强度等级

普通小砌块的强度等级应符合表 6-31 的规定。承重砌块的强度等级不应低于 MU10，非承重砌块不应低于 MU5.0。

强度等级 表 6-31

强度等级	砌块抗压强度（MPa）		强度等级	砌块抗压强度（MPa）	
	平均值不小于	单块最小值不小于		平均值不小于	单块最小值不小于
MU3.5	3.5	2.8	MU10.0	10.0	8.0
MU5.0	5.0	4.0	MU15.0	15.0	12.0
MU 7.5	7.5	6.0	MU20.0	20.0	16.0

(3) 相对含水率

控制砌块的含水率主要是限制砌块在损失水分时的收缩量。普通小砌块的相对含水率见表 6-32。

在干燥地区，由于大气的相对湿度较低，砌块中的含水量会散失地更多更快。因此收缩量会更大。为了限制干燥地区砌块的收缩量，砌块最大允许含水率规定比潮湿的地区要小。

砌块相对含水率 表 6-32

使用地区	潮湿	中等	干燥
相对含水率不大于（%）	45	40	35

注：1. 相对含水率系指砌块出厂含水率与吸水率之比；

2. 潮湿系指年平均相对湿度>75%的地区；中等系指年平均相对湿度为 50%～75%的地区；干燥指年平均相对湿度<50%的地区。

(4) 抗冻性

普通小砌块的抗冻性应符合表 6-33 的规定。

抗 冻 性　　　　　　　　　　表 6-33

使用环境条件		抗冻等级	指 标
非采暖地区		不规定	—
采 暖 地 区	一般环境	F15	强度损失≤25%
	干湿交替环境	F25	质量损失≤5%

注：1. 非采暖地区指最冷月份平均气温高于−5℃的地区；

　　2. 采暖地区指最冷月份平均气温低于或等于−5℃的地区。

6. 应用

目前我国应用的普通小砌块多为承重砌块。

砌筑普通小砌块砌体，必须使用专用的砌筑砂浆（详见第七章第一、二、三节），以便使砌缝饱满，粘结性好，减少墙体开裂和渗漏，提高砌体的质量。

对于普通小砌块墙体的孔洞内灌注芯柱，也必须采用灌注芯柱和孔洞的专用混凝土（详见第三章第七节），以保证砌块建筑的整体性能、抗震性能和承受局部荷载的能力。灌孔混凝土的强度等级不宜低于砌块强度等级的 2 倍，也不应低于 Cb20。

在严寒地区普通小砌块用于外墙时，必须与高效保温材料复合使用，以满足保温和节能的要求。

二、轻集料混凝土小型空心砌块（代号 LB）

轻集料混凝土小型空心砌块是用轻集料混凝土制成的小型空心砌块，常结合轻集料名称命名，如陶粒（页岩、浮石等陶粒）、煤渣、浮石、煤矸石、火山灰渣等轻集料混凝土小型空心砌块，以及次轻混凝土小型空心砌块。以下简称轻集料小砌块。

1. 分类、等级与标记

（1）分类：按其孔的排数分为：单排孔、双排孔、三排孔和四排孔等，孔洞率≥25%。

（2）等级

按其密度分为：700、800、900、1000、1100、1200、1300、1400 八个等级。

按其强度分为：MU2.5、MU3.5、MU5.0、MU7.5、MU10.0 五个等级。

（3）标记：按其产品名称代号（LB）、类别、孔的排列、密度、强度、等级，顺序标记。

【例 6-13】 密度等级为 800 级，强度等级为 3.5 级的轻集料混凝土双排孔小型空心砌块，其标记为：LB 2 800 MU3.5。

2. 规格尺寸

轻集料小砌块的主规格，除 390mm×190mm×190mm 外，尚有 390mm×240mm×190mm、390mm×100mm×190mm 等。其辅规格尺寸为：190mm×240mm×190mm、290mm×240mm×190mm、190mm×100mm×190mm、290mm×100mm×190mm。具体尺寸参数同普通小砌块。根据需要还可以使用壁、孔宽度相同的异型砌块。

轻集料小砌块的主规格示意图见图 6-5。

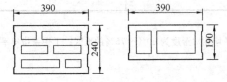

图 6-5　轻集料小砌块的主规格示意图
（mm）

3. 局部尺寸要求

为了保证砌筑时，重叠的上下肋基本能对位，中肋能接触，以避免形成只有边肋接触，而显著降低砌体的承载能力，并存在较大的安全隐患，也很难满足砌块水平灰缝饱满度达到90％的要求。因此对砌块局部尺寸的规定见图6-4，局部尺寸的限值见表6-29。

4. 技术要求

（1）尺寸偏差和外观质量

轻集料小砌块尺寸偏差、外观质量应符合表6-34的要求。

尺寸偏差和外观质量　　　　　　　　　　　　表6-34

项　目		指　标
尺寸偏差（％）	长度	±3
	宽度	±3
	高度	±3
最小壁厚（％）	用于承重墙体　≥	30
	用于非承重墙体　≥	20
肋　厚（％）	用于承重墙体　≥	25
	用于非承重墙体　≥	20
缺棱掉角	个数/块　≤	2
	三个方向投影的最大值（mm）　≤	20
裂缝延伸的累计尺寸（％）　≤		30

（2）密度等级

密度等级限值应符合表6-35的要求。

密度等级限值　　　　　　　　　　　　表6-35

密度等级	干表观密度范围（kg/m³）	密度等级	干表观密度范围（kg/m³）
700	≥610，≤700	1100	≥1010，≤1100
800	≥710，≤800	1200	≥1110，≤1200
900	≥810，≤900	1300	≥1210，≤1300
1000	≥910，≤1000	1400	≥1310，≤1400

（3）强度等级

为了保证砌体强度和砌体密度，砌块强度等级应符合表6-36的规定；同一强度等级砌块的抗压强度和密度等级范围，应同时满足表6-36的要求。

强度等级值　　　　　　　　　　　　表6-36

强度等级	抗压强度（MPa）		密度等级范围（kg/m³）
	平均值	最小值	
MU2.5	≥2.5	≥2.0	≤800
MU3.5	≥3.5	≥2.8	≤1000
MU5.0	≥5.0	≥4.0	≤1200
MU7.5	≥7.5	≥6.0	≤1200[a] ≤1300[b]
MU10.0	≥10.0	≥8.0	≤1200[a] ≤1300[b]

注：1. 当砌块的抗压强度同时满足2个强度等级或2个以上强度等级要求时，应以满足要求的最高强度等级为准；

2. 上标a表示除自燃煤矸石掺量不小于砌块质量35％以外的其他砌块；

3. 上标b表示自燃煤矸石掺量不小于砌块质量35％的砌块。

（4）吸水率、相对含水率和干缩率

吸水率应不大于18％；相对含水率应符合表6-37的规定；干缩率应不大于0.065％。干燥收缩是轻集料小砌块的特征之一。在正常生产工艺条件下，轻集料小砌块收缩值为0.37mm/m，经28d养护后收缩值仅可完成40％～50％或更少。因此应适当延长养护时间至40d或更多时间，以减少因轻集料砌块收缩过多而引起的墙体裂缝。

干缩率和相对含水率   表6-37

干缩率（％）	相对含水率（％）		
	潮湿地区	中等湿度地区	干燥地区
＜0.03	≤45	≤40	≤35
≥0.03，≤0.045	≤40	≤35	≤30
＞0.045，≤0.065	≤35	≤30	≤25

注：相对含水率即砌块出厂含水率与吸水率之比。

（5）抗冻性

砌块的抗冻性应符合表6-38的要求。

抗　冻　性   表6-38

环境条件	抗冻标号	质量损失率（％）	强度损失率（％）
温和与夏热冬暖地区	D15		
夏热冬冷地区	D25	≤5	≤25
寒冷地区	D35		
严寒地区	D50		

（6）碳化系数、软化系数、放射性

碳化系数不应小于0.8；软化系数不应小于0.80。掺工业废渣的砌块，材料中天然放射性核素值，应满足GB 6566要求才能使用。

5. 应用

轻集料小砌块，由于质量较轻、保温性能好、装饰贴面粘结强度高、设计灵活、施工方便、砌筑速度快、增加使用面积和综合工程造价低等优点，因此被广泛用于高层框架结构的填充墙及一些隔墙工程。近年来，在承重、保温节能建筑中也得到应用，并收到良好效果。如采用两种主规格不同的轻集料小砌块，或次轻混凝土小砌块进行交替对孔砌筑，以填心苯板或隔板和夹心板复合而成的承重节能复合墙体，不仅能满足6～7层建筑承重要求，也能满足严寒地区保温节能的需要。

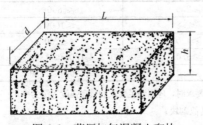

图6-6　蒸压加气混凝土砌块

三、蒸压加气混凝土砌块（代号ACB）

蒸压加气混凝土砌块是用蒸压加气混凝土生产的轻质多孔砌块（图6-6）。

1. 品种

按原材料种类，主要分为以下七种，总称为加气混凝土砌块。

（1）蒸压水泥—石灰—砂加气混凝土砌块；

（2）蒸压水泥—石灰—粉煤灰加气混凝土砌块；

（3）蒸压水泥—矿渣—砂加气混凝土砌块；

（4）蒸压水泥—石灰—尾矿加气混凝土砌块；

（5）蒸压水泥—石灰—沸腾炉渣加气混凝土砌块；

（6）蒸压水泥—石灰—煤矸石加气混凝土砌块；

（7）蒸压石灰—粉煤灰加气混凝土砌块。

2. 规格

长度：600mm；

宽度：100、120、125、150、180、200、240、250、300mm；

高度：200、240、250、300mm。

3. 分级

（1）强度级别

按其强度分为：A1.0、A2.0、A2.5、A3.5、A5.0、A7.5、A10 七个级别。

（2）密度级别

按其干密度分为：B03、B04、B05、B06、B07、B08 六个级别。

（3）质量等级

按其尺寸偏差、外观质量、干密度、抗压强度和抗冻性分为：优等品（A）、合格品（B）两个等级。

4. 标记

按蒸压加气混凝土砌块代号、强度级别、干密度级别、砌块规格和质量等级顺序标记。

【例 6-14】 强度级别为 A3.5、干密度级别为 B05、规格为 600mm×200mm×250mm 的优等品蒸压加气混凝土砌块，其标记为：ACB A3.5 B05 600×200×250A。

5. 技术要求

（1）抗压强度

不同强度级别蒸压加气混凝土砌块的立方体抗压强度值应符合表 6-39 的规定。

立方体抗压强度　　　　　　　　　　　　　　表 6-39

强度级别	立方体抗压强度（MPa）		强度级别	立方体抗压强度（MPa）	
	平均值不小于	单组最小值不小于		平均值不小于	单组最小值不小于
A1.0	1.0	0.8	A5.0	5.0	4.0
A2.0	2.0	1.6	A7.5	7.5	6.0
A2.5	2.5	2.0	A10.0	10.0	8.0
A3.5	3.5	2.8	—	—	—

（2）劈压比

蒸压加气混凝土砌块的抗拉强度远小于抗压强度，当拉应力超过其抗拉强度时，砌块必然开裂。较低的抗拉强度使得砌块发生劈裂或压酥剥落并导致破坏。工程中可采用比较简便的劈裂法试验，测试出砌块的劈裂强度，用劈压比值来表征其抗裂能力的强弱，并通过抗压强度和劈压比两项指标来综合评定砌块产品质量的优劣。

蒸压加气混凝土的劈压比不应小于表 6-40 的要求。

蒸压加气混凝土制品的劈压比 表 6-40

强度等级	A3.5	A5.0	A7.5
劈压比	0.16	0.12	0.10

注：蒸压加气混凝土制品劈压比为试件劈拉强度平均值与抗压强度等级之比。

（3）干密度和强度级别

蒸压加气混凝土砌块的干密度和强度级别应符合表 6-41 的规定。

干密度和强度级别 表 6-41

干密度级别		B03	B04	B05	B06	B07	B08
干密度 （kg/m³）	优等品（A）≤	300	400	500	600	700	800
	合格品（B）≤	325	425	525	625	725	825
强度级别	优等品（A）	A1.0	A2.0	A3.5	A5.0	A7.5	A10.0
	合格品（B）			A2.5	A3.5	A5.0	A7.5

（4）干燥收缩、抗冻性和导热系数

蒸压加气混凝土砌块的干燥收缩、抗冻性和导热系数应符合表 6-42 的规定。

干燥收缩、抗冻性和导热系数 表 6-42

干密度级别			B03	B04	B05	B06	B07	B08
干燥收缩值	标准法（mm/m）≤				0.50			
	快速法（mm/m）≤				0.80			
抗冻性	质量损失（%）≤				5.0			
	冻后强度 （MPa）≥	优等品（A）	0.8	1.6	2.8	4.0	6.0	8.0
		合格品（B）			2.0	2.8	4.0	6.0
导热系数（干态）[W/(m·K)]≤			0.10	0.12	0.14	0.16	0.18	0.20

注：采用标准法、快速法测定砌块干燥收缩值，若测定结果发生矛盾不能判定时，则以标准法测定的结果为准。

6. 应用

蒸压加气混凝土砌块是一种轻质多孔材料。含有大量均匀而细小的互不连通的球状气孔，具有质量轻、保温性能好和易加工等优点。主要用于建筑物的承重与非承重墙体及做保温隔热材料使用。

用于承重墙，其最低强度等级应不低于 A5.0；用于自承重墙其最低强度等级不应低于 A2.5；用于外墙时，强度等级不应低于 A3.5。B03 和 B04 级的砌块仅作为保温材料使用。

严寒地区的外墙砌块，应采用具有保温性能的专用砌筑砂浆砌筑，或采用密缝精确砌块（灰缝小于或等于 3mm）。

四、泡沫混凝土砌块（FCB）

泡沫混凝土砌块是以泡沫混凝土为原料，在工厂预制成的制品，也称发泡混凝土砌块。

1. 规格尺寸

砌块长度：400、600mm；宽度：100、150、200、250mm；高度：200mm。

2. 分类

按砌块立方体抗压强度分为：A0.5、A1.0、A1.5、A2.5、A3.5、A5.0 和 A7.5 七个等级。

按砌块干表观密度分为：B03、B04、B05、B06、B07、B08、B09 和 B10 八个等级。

按砌块尺寸偏差和外观质量分为：一等品（B）、和合格品（C）二个等级。

3. 标记

按产品代号、强度等级、密度等级、规格尺寸、质量等级顺序标记。

【例 6-15】 强度等级为 A3.5，密度等级为 B08，规格尺寸为 600mm×250mm×200mm，质量等级为一等品的泡沫混凝土砌块，其标记为：FCB A3.5 B08 600×250×200 B。

4. 技术性质

（1）强度等级

砌块强度等级限值应符合表 6-43 的规定。

立方体抗压强度   表 6-43

强度等级	立方体抗压强度（MPa）		强度等级	立方体抗压强度（MPa）	
	平均值不小于	单块最小值不小于		平均值不小于	单块最小值不小于
A0.5	0.5	0.4	A3.5	3.5	2.8
A1.0	1.0	0.8	A5.0	5.0	4.0
A1.5	1.5	1.2	A7.5	7.5	6.0
A2.5	2.5	2.0	—	—	—

（2）密度等级

砌块密度等级限值应符合表 6-44 的规定。

密 度 等 级   表 6-44

密度等级	B03	B04	B05	B06	B07	B08	B09	B10
干表观密度（kg/m³），≤	330	430	530	630	730	830	930	1030

（3）干燥收缩值和导热系数

砌块干燥收缩值和导热系数应符合表 6-45 的规定。

表 6-45

密度等级	B03	B04	B05	B06	B07	B08	B09	B10
干燥收缩值（快速法）(mm/m) ≤		—				0.9		
导热系数（干态）[W/ (m·K)] ≤	0.08	0.10	0.12	0.14	0.18	0.21	0.24	0.27

（4）抗冻性

根据工程需要或环境条件，需要抗冻性的场合，其产品抗冻性应符合表 6-46 的要求。

表 6-46

使用条件	抗冻标号	质量损失率不大于（%）	强度损失率不大于（%）
夏热冬暖地区	D15		
夏热冬冷地区	D25	5	20
寒冷地区	D35		
严寒地区	D50		

（5）碳化系数应不小于 0.80。

5. 应用

泡沫混凝土砌块，因具有泡沫混混凝土特性，砌块中含有大量封闭孔隙，使其具有良好的物理力学性能，适用于工业与民用建筑墙体和屋面及保温隔热部位。

五、粉煤灰混凝土小型空心砌块（代号 FHB）

粉煤灰混凝土小型空心砌块，是用粉煤灰、水泥、集料、水为主要组分（也可加入外加剂等）拌合制成的混凝土小型空心砌块，简称粉煤灰小砌块。其中粉煤灰用量应为原材料干质量的 20%~50%，水泥用量不应低于原材料干质量的 10%。

1. 规格尺寸

主规格尺寸为 390mm×190mm×190mm，其他规格尺寸可由供需双方商定。

2. 分类、等级与标记

（1）分类

按孔的排列分为：单排孔（1）、双排孔（2）和多排孔（D）三类。

（2）等级

按砌块强度等级分为：MU3.5、MU5.0、MU7.5、MU10.0、MU15.0 和 MU20 六个等级。

按砌块密度等级分为：600、700、800、900、1000、1200 和 1400 七个等级。

（3）标记

按产品名称（代号 FHB）、分类、规格尺寸、密度等级、强度等级顺序标记。

【例 6-16】 规格尺寸为 390mm×190mm×190mm，密度等级为 800 级，强度等级为 MU5 的双排孔粉煤灰混凝土砌块，其标记为：FHB2 390×190×190 800 MU5。

3. 技术要求

（1）最小外壁厚、肋厚

砌块最小外壁厚与肋厚见表 6-47。

砌块最小外壁厚与肋厚限值　　　　表 6-47

项　　目		指　　标
最小外壁厚（mm），≥	用于承重墙体	30
	用于非承重墙体	20
肋厚（mm），≥	用于承重墙体	25
	用于非承重墙体	15

（2）密度等级

砌块密度等级限值应符合表 6-48 的规定。

砌块密度等级限值　　　　表 6-48

密度等级	砌块体密度范围（kg/m³）	密度等级	砌块体密度范围（kg/m³）
600	≤600	1000	910～1000
700	610～700	1200	1010～1200
800	710～800	1400	1210～1400
900	810～900	—	—

（3）强度等级

砌块强度等级限值应符合表 6-49 的规定。

强度等级限值　　　　表 6-49

强度等级	砌块抗压强度（MPa）		强度等级	砌块抗压强度（MPa）	
	平均值不小于	单块最小值不小于		平均值不小于	单块最小值不小于
MU3.5	3.5	2.8	MU10	10.0	8.0
MU5.0	5.0	4.0	MU15	15.0	12.0
MU7.5	7.5	6.0	MU20	20.0	16.0

（4）其他指标

砌块的其他指标见表 6-50。

其　他　指　标　　　　表 6-50

项　目	指　标		项　目	指　标
相对含水率（%）≤	潮湿地区	40	抗冻性	同轻集料小砌块（表 6-38）
	中等潮湿地区	35	碳化系数	≥0.80
	干燥地区	30	软化系数	≥0.80
干燥收缩率（%）	≤0.060		放射性	应符合 GB 6566 的规定

4. 应用

粉煤灰混凝土小型空心砌块是一种新型墙体材料。适用于工业与民用建筑房屋的承重和非承重墙体。其中承重砌块强度等级为：MU7.5～MU20，可用于多层和中高层（7～12层）结构；非承重砌块强度等级＞MU3.0 时，可用于各种建筑的隔墙和填充墙。

粉煤灰混凝土小型空心砌块是目前国家重点推广的产品，它具有轻质、保温、隔声、隔热、结构科学等优点，是替代传统墙体材料——黏土砖的理想产品。

六、植物纤维工业灰渣混凝土砌块（PSCB）

以水泥基材料为胶结料，以工业灰渣（包括煤渣、炉渣、煤矸石）为集料，掺加植物纤维（主要包括秸秆中的茎、壳部分）的砌块，简称砌块，分为承重砌块和非承重砌块。

PSCB 承重砌块：以水泥为胶结料，以工业灰渣和砂为基本集料，以植物纤维、磨细工业灰渣、粉煤灰为掺合料，经搅拌、振动、加压成型的空心砌块。其强度等级在MU5.0 及以上，简称承重砌块。

PSCB 非承重砌块：以水泥和石膏渣为胶结料，以植物纤维、工业灰渣、聚苯乙烯颗粒和膨胀珍珠岩为基本集料，以粉煤灰为掺合料，经搅拌、振动、加压成型的砌块。其强度等级在 MU5.0 以下，简称非承重砌块。

1. 规格尺寸

砌块主规格尺寸见表 6-51。

砌块主规格尺寸 表 6-51

主规格尺寸	390mm×240mm×190mm
	390mm×190mm×190mm
	390mm×140mm×190mm
	390mm×90mm×190mm

注：其他规格尺寸，由供需双方协商确定。

2. 分类

砌块按孔的排数分为：单排孔（1）、双排孔（2）；砌块按用途分为：承重砌块（S）和非承重砌块（I）。

砌块按抗压强度分为：MU3.5、MU5.0、MU7.5 和 MU10 四个等级；按其干表观密度分为：700、800、900、1000、1200 和 1400 六个等级。

3. 标记

按产品名称代号、分类、规格、强度等级、密度等级顺序进行标记。

【**例 6-17**】 强度等级为 MU3.5，密度等级为 700 的单排孔非承重砌块，其标记为：PSCB（1）I MU3.5 700。

4. 技术要求

（1）壁厚和肋厚

非承重砌块的壁厚和肋厚不应小于 30mm；承重砌块的壁厚和肋厚不应小于 45mm。

（2）密度等级

砌块密度等级限值同粉煤灰小砌块，见表 6-48。

（3）强度等级值

砌块强度等级值应符合表 6-52 的要求。

砌块强度等级值 表 6-52

强度等级	砌块抗压强度（MPa）		密度等级范围（kg/m³）
	平均值	最小值	
MU3.5	≥3.5	2.8	≤800

强度等级	砌块抗压强度（MPa）		密度等级范围（kg/m³）
	平均值	最小值	
MU5.0	≥5.0	4.0	≤1000
MU7.5	≥7.5	6.0	≤1200
MU10.0	≥10.0	8.0	≤1400

（4）抗冻性

砌块抗冻性（慢冻）的限值见表6-53。

砌块抗冻性限值　　　　　　　　　　表6-53

使用条件	抗冻指标	质量损失率（%）	强度损失率（%）
夏热冬暖地区	D15		
夏热冬冷地区	D25		
寒冷地区	D50	≤5	≤25
严寒地区	D50		
温和地区	D15		

（5）其他指标

砌块其他指标见表6-54。

其　他　指　标　　　　　　　　　　表6-54

项　目	指　标	项　目	指　标
吸水率（%）	≤20.000	软化系数	≥0.75
干缩率（%）	≤0.060	放射性核素限量	应符合 GB 6566 的规定
碳化系数	掺加粉煤灰等火山灰质掺加料的砌块，其碳化系数≥0.80	燃烧性能	为不燃烧体，燃烧性能等级为 A1 级

5. 应用

植物纤维工业灰渣混凝土砌块，适用于工业与民用建筑的非承重墙体，以及低层、多层砌体建筑的承重墙体。此类砌块通过对废弃物的综合利用，不仅减少环境污染，改善生态环境，也防止资源浪费，提高经济效益，符合国家墙改政策和废渣综合利用政策，应大力推广应用。

七、质量检验与质量判定

1. 质量检验

（1）产品合格证书与检测报告

对进入现场的砌墙砖和砌块，首先应检查其产品的合格证书及产品性能检验报告。

（2）验收批与验收项目

对进场的砌墙砖和砌块的品种、规格、性能等应符合现行产品标准和设计要求，并应按规定确定其验收批、抽样数量、规定的检验项目及各检验项目试样的抽取数量，进行复验，并提出试验报告。不合格产品，不得在工程中使用。砌墙砖、砌块的验收批及检验项目见表 6-55。

砌墙砖、砌块的验收批、检验项目　　　　　　表 6-55

材料名称	验收批、抽样数量	检验项目
烧结普通砖	每一生产厂家的砖到现场后,以 15 万块为一个验收批,抽验数量为 1 组	尺寸偏差、外观质量、强度、放射线、抗风化、石灰爆裂、泛霜
烧结多孔砖	3.5 万块~15 万块为一个验收批,不足 3.5 万块按一个验收批计,抽验数量为 1 组	尺寸偏差、外观质量、强度、孔型、孔洞率及孔洞排数、石灰爆裂、泛霜、吸水率、饱和系数、抗冻性
烧结空心砖、烧结保温砖	3.5 万块~15 万块为一个验收批,抽验数量为 1 组	尺寸偏差、外观质量、强度、密度、孔洞排列及其结构、石灰爆裂、泛霜、吸水率、饱和系数、抗风化性能、传热系数、放射性物质
混凝土实心砖、多孔砖、空心砖	同一种原料、同一工艺生产、相同质量等级的 10 万块为一批,不足 10 万块应按一批计,抽验数量为 1 组	密度、强度、孔洞率、最小外壁和最小肋厚、吸水率、干燥收缩率、相对含水率、最大吸水率、抗冻性能、碳化系数、软化系数、放射性
蒸压灰砂砖、多孔砖,蒸压粉煤灰砖、多孔砖	10 万块为一个验收批,抽验数量为 1 组	尺寸偏差、外观质量、颜色、孔型、孔洞率及孔结构、强度、抗冻性、干燥收缩、碳化性能、软化性能、放射性
小砌块	1. 轻集料混凝土小型砌块,同品种、同密度等级和强度等级的 300m³ 砌块为一批,不足 300m³ 按一批计。 2. 泡沫混凝土以同品种、同规格、同等级的砌块 500m³ 为一批,不足 500m³ 亦按一批计。 3. 其他品种砌块均按 1 万块为一个验收批,至少应抽验 1 组。普通小砌块、轻集料小砌块用于多层以上建筑基础和底层时,抽验数量不应少于 2 组	普通小砌块、轻集料小砌块: 尺寸偏差、外观质量、密度、强度、吸水率、相对含水率、干缩率、放射性、抗冻性、碳化性能、软化系数 蒸压加气混凝土砌块: 尺寸偏差、外观质量、干密度、强度、干燥收缩、抗冻性、导热系数 粉煤灰小砌块: 外观质量、密度、强度、干缩率、放射性、抗冻性、碳化系数、软化系数

2. 质量判定

砌墙砖与砌块均应根据检验项目的检验结果,按相应标准规定的"判定规则"和"总判定"(有必要时)判定该批产品为合格品或为不合格品。

八、包装、运输、贮存

1. 砌墙砖

(1) 砌墙砖装卸时应轻拿轻放,避免碰撞摔打。

(2) 产品应按品种、强度等级、质量等级分别整齐堆放,不得混杂。

2. 砌块

(1) 砌块储存、堆放应做到场地平整,同品种、同规格、同等级做好标记,整齐稳妥堆放，宜有防雨措施。

（2）产品运输时，宜成垛绑扎或有其他包装，保温隔热用产品必须捆扎，加塑料薄膜封包。

（3）运输装卸时，宜用专用机具，严禁摔、掷、翻斗车自翻自卸。

第三节 墙 板

建筑工程伴随着建筑结构的大空间、大柱网、大开间灵活隔断的发展，墙体材料将由块状制品向板状制品发展，单一墙体向复合墙体发展，重质墙体向轻质墙体发展。随着建筑业蓬勃发展及墙体材料革新步伐的加快，传统的黏土砖将逐渐被新型墙体材料所取代。在新型墙体材料中，各类墙板占有重要地位。

目前工程中用于墙体的板材（墙板），包括大型墙板、条板和薄板等。按组成材料分为轻质与轻质复合墙板；按使用部位功能的要求又分为内隔墙板、外墙板、外墙内保温板和外墙外保温板、外墙装饰挂板等。以下为目前推荐使用的主要品种。

一、纤维增强硅酸钙板

以无机矿物纤维或纤维素纤维等松散短纤维为增强材料，以硅质材料（硅藻土、石英粉、粉煤灰等）、钙质材料（生石灰、消石灰、电石渣和水泥等）为主体胶结材料，经制浆、成型、在高温高压饱和蒸汽中加速固化反应，形成硅酸钙胶凝体而制成的板材，称为纤维增强硅酸钙板，简称硅钙板。其可分为无石棉硅酸钙板和温石棉硅酸钙板两种。

无石棉硅酸钙板（代号 NA），是以非石棉类纤维（耐碱玻璃纤维、纸浆纤维等）为增强材料制成的纤维增强硅酸钙板，制品中石棉成分含量为零，简称无石棉硅钙板。

温石棉硅酸钙板（代号为 A），是以单一温石棉纤维或与其他增强纤维混合作为增强材料，制成的纤维增强硅酸钙板，制品中含有温石棉成分，简称温石棉硅钙板。

1. 分类

硅钙板按密度分为：D0.8、D1.1、D1.3 和 D1.5 四个等级；按表面处理状态分为：未砂板（NS）、单面砂光板（LS）及双面砂光板（PS）三种；按抗折强度无石棉硅钙板分为四个等级：Ⅱ级、Ⅲ级、Ⅳ级和Ⅴ级，温石棉硅钙板分为五个等级：Ⅰ级、Ⅱ级、Ⅲ级、Ⅳ级和Ⅴ级。

2. 规格

硅钙板的规格尺寸见表 6-56。

硅钙板的规格尺寸　　　　　　　　　　　　　表 6-56

规格	公 称 尺 寸（mm）
长度	500～3600（500、600、900、1200、2400、2440、2980、3200、3600）
宽度	500～1250（500、600、900、1200、1220、1250）
厚度	4、5、6、8、9、10、12、14、16、18、20、25、30、35

注：1. 长度、宽度规定了范围，括号内尺寸为常用规格，实际产品规格可在此范围内按建筑模数的要求进行选择。

2. 根据用户需要，可按供需双方合同要求生产其他规格的产品。

3. 标记

硅钙板按其型号（代号、密度等级、强度等级、表面处理状态）、规格（长度×宽度×厚度）顺序标记。

【例 6-18】 无石棉硅钙板，密度类别 D1.1，强度等级Ⅲ级，单面砂光板，长度 2440mm，宽度 1220mm，厚度 6mm，其标记为：NA-D1.1-Ⅲ-LS2440×1220×6。

【例 6-19】 温石棉硅钙板，密度类别 D1.1，强度等级Ⅲ级，单面砂光板，长度 2440mm，宽度 1220mm，厚度 6mm，其标记为：A-D1.1-Ⅲ-LS2440×1220×6。

4. 技术要求

(1) 物理性能

物理性能应符合表 6-57 的规定。

硅钙板的物理性能　　　　　表 6-57

类　别	D0.8	D1.1	D1.3	D1.5
密度（kg/m³）	≤0.95	0.95<D≤1.20	1.20<D≤1.40	>1.40
导热系数［W/（m·K）］	≤0.20	≤0.25	≤0.30	≤0.35
含水率（%）		≤10		
湿涨率（%）		≤0.25		
热收缩率（%）		≤0.5		
不燃性		应符合相应标准的 A 级规定，为不燃材料		
抗冲击性（温石棉硅钙板）	—		落球法试验冲击 1 次，板面无贯通裂纹	
不透水性			24h 检验后允许板反面出现湿痕，但不得出现水滴	
抗冻性	—		经 25 次冻融循环，不得出现破裂、分层	

(2) 力学性能

硅钙板抗折强度应符合表 6-58 的规定。

硅钙板抗折强度　　　　　表 6-58

强度等级	D0.8	D1.1	D1.3	D1.5	纵横强度比（%）
Ⅰ级		4	5	6	
Ⅱ级	5	6	8	9	
Ⅲ级	6	8	10	13	≥58
Ⅳ级	8	10	12	16	
Ⅴ级	10	14	18	22	

注：1. 蒸压养护制品试样龄期，为出压蒸釜后不小于 24h；

　　2. 抗折强度为试件干燥状态下测试的结果，以纵、横向抗折强度的算术平均值为检验结果；纵横强度比为同块试件纵向抗折强度与横向抗折强度之比；

　　3. 干燥状态是指试样在 105±5℃干燥箱中，烘干一定时间时的状态。当板的厚度≤20mm 时，烘干时间不低于 24h；当板的厚度>20mm 时，烘干时间不低于 48h。

冲击韧性按规定试验方法试验后，从距离 60cm 处目视观察，试样表面不得有贯通裂缝。

5. 应用

硅钙板具有轻质、耐火、隔声、防潮、可锯、刨、钻等优点，并可粘贴各种装饰材料，适用于各种建筑的隔墙和吊顶。与纤维增强水泥平板（简称 TK 板）相比，可不用水泥，粉煤灰用量大，充分利用工业废渣，相对造价低，社会经济效益显著，是"十二五"期间重点推荐的墙板材料之一。

二、纤维增强低碱度水泥建筑平板

纤维增强低碱度水泥建筑平板（以下简称平板），是以温石棉、短切中碱玻璃纤维或以抗碱玻璃纤维等为增强材料，以低碱度硫铝酸盐水泥为胶结料，经制浆、抄取或流浆法成坯，蒸汽养护制成的建筑平板。其中，掺石棉纤维的称 TK 板；不掺石棉纤维的称 NTK 板。

1. 分类和质量等级

按尺寸偏差和物理力学性能，TK 板分为优等品（A）、一等品（B）和合格品（C）三个等级；NTK 分为一等品（B）和合格品（C）两个等级。

2. 规格

平板的规格尺寸见表 6-59。

平板的规格尺寸

表 6-59

规　　格	公　称　尺　寸（mm）
长　度	1200、1800、2400、2800
宽　度	800、900、1200
厚　度	4、5、6

3. 标记

产品标记由分类、规格、等级组成。

【例 6-20】 规格为 1800mm×900mm×6mm 掺石棉纤维增强低碱水泥建筑平板，优等品的标记为：TK1800×900×6A。

4. 物理力学性能

平板的物理力学性能应符合表 6-60 的规定。

平板的物理力学性能

表 6-60

项目 \ 类别指标	TK 板			NTK 板	
	优等品	一等品	合格品	一等品	合格品
抗折强度（MPa）≥	18	13	7	13.5	7.0
抗冲击强度（kJ/m²）≥	2.8	2.4	1.9	1.9	1.5
吸水率（%）≤	25	28	32	30	32
密度（g/cm³）＜	1.8	1.8	1.6	1.8	1.6

5. 应用

纤维增强低碱度水泥建筑平板，主要用于建筑的非承重内隔墙、顶棚和框架结构的外墙工程。

三、纸面石膏板

纸面石膏板按其功能分为四种：普通纸面石膏板、耐水纸面石膏板、耐火纸面石膏板和耐水耐火纸面石膏板。

普通纸面石膏板（代号 P）：以建筑石膏为主要原料，掺入适量纤维增强材料和外加剂等，在与水搅拌后，浇筑于护面纸的面纸与背纸之间，并与护面纸牢固地粘结在一起的建筑板材。

其他三种生产工艺与其相同，不同的是：耐水纸面石膏板（代号 S）以建筑石膏为主要原料，掺入适量纤维增强材料和耐水外加剂等，以改善防水性能。耐火纸面石膏板（代号 H）以建筑石膏为主要原料，掺入无机耐火纤维增强材料和外加剂等，以提高防火性能。耐水耐火纸面石膏板（代号 SH）以建筑石膏为主要原料，掺入耐水外加剂和无机耐火纤维增强材料等，以改善防水性能和提高防火性能。

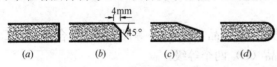

图 6-7 纸面石膏板的棱边形状

(*a*) 矩形；(*b*) 倒角形；(*c*) 楔形；(*d*) 圆形

1. 棱边形状与代号

纸面石膏板按棱边形状分为：矩形（代号 J）、倒角形（代号 D）、楔形（代号 C）和圆形（代号 Y）四种，见图6-7。

2. 规格尺寸及标记

纸面石膏板的规格尺寸及标记见表 6-61。

纸面石膏板的规格尺寸及标记方法　　　　　　　　表 6-61

规格尺寸		产品标记
公称长度（mm）	1500、1800、2100、2400、2440、2700、3000、3300、3600、3660	按产品名称、板类代号、棱边形状代号、长度、宽度、厚度顺序标记。
公称宽度（mm）	600、900、1200、1220	【例 6-21】长度为 3000mm、宽度为 1200mm、厚度为 12.0mm，具有楔形棱边形状的普通纸面石膏板，其标记为：纸面石膏板 PC3000×1200×12.0
公称厚度（mm）	9.5、12.0、15.0、18.0、21.0、25.0	

3. 技术要求

(1) 外观质量及其他要求

纸面石膏板的外观质量及其他要求应符合表 6-62 的规定。

纸面石膏板的外观质量及其他技术要求　　　　　　表 6-62

项　　目	技术要求
外观质量	板面平整，不应有影响使用的波纹、沟槽、亏料、漏料和划伤、破损、污痕等缺陷
硬度	板材的棱边硬度和端头硬度，应不小于 70N
抗冲击性	经冲击后，板材背面应无径向裂纹
护面纸与芯材粘结性	护面纸与芯材应不剥离
吸水率（仅适用于耐水纸面石膏板和耐水耐火纸面石膏板）	板材的吸水率应不大于 10%

项　　　　目	技术要求
表面吸水量（仅适用于耐水纸面石膏板和耐水耐火纸面石膏板）	板材的表面吸水量应不大于 160g/m²
遇火稳定性（仅适用于耐火纸面石膏板和耐水耐火纸面石膏板）	板材的遇火稳定性时间应不少于 20min
受潮挠度、剪切力	由供需双方商定

（2）物理性质

板材的断裂荷载和面密度（单位面积质量）应符合表 6-63 的规定。

断裂荷载和面密度　　　　　　　　　　表 6-63

板材厚度（mm）	断裂荷载（N）≥				面密度（kg/m²）
	纵　　向		横　　向		
	平均值	最小值	平均值	最小值	
9.5	400	360	160	140	9.5
12.0	520	460	200	180	12.0
15.0	650	580	250	220	15.0
18.0	770	700	300	270	18.0
21.0	900	810	350	320	21.0
25.0	1100	970	420	380	25.0

4. 应用

纸面石膏板可用于非承重内隔墙、吊顶，也适用于需经二次饰面加工的装饰纸面石膏板的基板及预制复合保温板等。

四、复合保温石膏板

以聚苯乙烯泡沫塑料与纸面石膏板用胶粘剂粘合而成的用于建筑室内保温的复合板材，称为复合保温石膏板。

1. 分类

复合保温石膏板，按纸面石膏板的品种分为：普通型（P）、耐水性（S）、耐火型（H）和耐水耐火型（SH）四种。按其保温材料的品种分为：模塑聚苯乙烯泡沫塑料类（E）、挤塑聚苯乙烯泡沫塑料类（X）两种。

2. 规格尺寸和标记

复合保温石膏板的规格尺寸和标记应符合表 6-64 的规定。

复合保温石膏板的板材规格尺寸及标记方法　　　　　　表 6-64

	规格尺寸（%）	产　品　标　记
公称长度（mm）	1200、1500、1800、2100、2400、2700、3000、3300、3600	按产品名称、品种代号、板厚度、保温材料代号、长度、宽度及厚度的顺序标记。
公称宽度（mm）	600、900、1200	【例 6-22】长度为 2400mm，宽度为 1200mm，厚度为 42mm，由厚度为 12.0mm 的普通纸面石膏板和模塑聚苯乙烯泡沫塑料粘合而成的复合保温石膏板，其标记为：复合保温石膏板 P-12，O-E-2400×1200×42
公称厚度（mm）	板材的公称厚度和其他公称长度、公称宽度可由供需双方商定	

3. 技术要求

(1) 外观质量

纸面石膏板板面平整，不应有影响使用的波纹、沟槽、亏料、划伤、破损、污痕等缺陷。

保温材料表面平整、无夹杂物、颜色均匀，不应有影响使用的起泡、裂口、变形等缺陷。

(2) 物理性能

复合保温石膏板的物理性能应符合表 6-65 的规定。

复合保温石膏板的物理性能　　　　　　　　　　表 6-65

序号	项　目	纸面石膏板厚度（mm）					
		9.5	12.0	15.0	18.0	21.0	25.0
1	面密度（kg/m²），≤	10.5	13.0	16.0	19.0	22.0	26.0
2	横向断裂荷载（N），≥	180	220	270	320	370	440
3	层间粘结强度（MPa），≥	0.035					
4	热阻（m²·K/W）	报告值					
5	燃烧性能	不低于 C 级					

4. 应用

复合保温石膏板是一种新型保温材料。主要用于建筑物外墙内保温系统，具有施工简便快捷、综合成本低、使用寿命长、保温性能好等优点。

五、玻璃纤维增强水泥轻质多孔隔墙条板

玻璃纤维增强水泥轻质多孔隔墙条板（简称 GRC 隔墙板❶），是以耐碱玻璃纤维与低碱度硫铝酸盐水泥为主要原料预制而成的非承重轻质多孔内隔墙条板。是诸多隔墙用轻质条板中应用较多的一个品种。

1. 分类

板的型号按板的厚度分为 90 型、120 型；按板型分为普通板、门框板、窗框板和过梁板，其代号分别为：PB、MB、CB、LB。

2. 规格

可采用不同企口和开孔形式，但均应符合表 6-66 的规定。板的外形和断面见图 6-8。

产品型号及规格尺寸（mm）　　　　　　　　　　表 6-66

型号	长度(L)	宽度(B)	厚度(T)	接缝槽深(a)	接缝槽宽(b)	壁厚(c)	孔间肋厚(d)
90	2500~3000	600	90	2~3	20~30	≥10	≥20
120	2500~3500	600	120	2~3	20~30	≥10	≥20

3. 分级和标记

按其物理力学性能、尺寸偏差及外观质量分为一等品（B）和合格品（C）。

---

❶　GRC 是英文的缩写，原意为玻璃纤维增强水泥制品。在墙板中，以玻璃纤维增强低碱度硫铝酸盐水泥制品，简称 GRC。

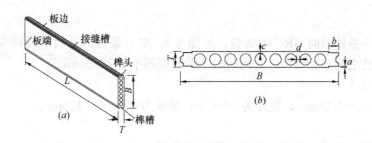

图 6-8 空心条板示意图

(*a*) 外形；(*b*) 断面

按板型代号、板的长、宽、厚度及质量等级顺序标记。

【例 6-23】 板长 2650mm、宽 600mm、厚 90mm 的一等品门框板，标记为：GRC-MB 2650×600×90B。

4. 技术要求

物理力学性能应符合表 6-67 的规定。

物理力学性能 表 6-67

项　　目			一等品	合格品
含水率（%）	采暖地区	≤	10	
	非采暖地区	≤	15	
气干面密度 （kg/m²）	90 型	≤	75	
	120 型	≤	95	
抗折破坏荷载 （N）	90 型	≥	2200	2000
	120 型	≥	3000	2800
干燥收缩率（mm/m）		≤	0.6	
抗冲击性（30kg，0.5m 落差）			冲击 5 次，板面无裂纹	
吊挂力（N）		≥	1000	
空气声计权隔声量 （dB）	90 型	≥	35	
	120 型	≥	40	
抗折破坏荷载保留率（耐久性）（%）		≥	80	70
放射性比活度	I_{Ra}	≤	1.0	
	I_r	≤	1.0	
燃烧性能			不燃	
耐火极限（h）		≥	1	

六、石膏空心条板（代号 SGK）

石膏空心条板是以建筑石膏为基材，掺入无机轻集料、无机纤维增强材料，加入适量添加剂制成的空心条板。其主要用于建筑物的非承重内隔墙。

1. 外形、规格和标记

（1）外形

石膏空心条板外形同 GRC 隔墙板，见图 6-8。空心条板的长边应设榫头和榫槽或双面凹槽。孔与孔之间和孔与板面之间的最小壁厚应不小于 12.0mm。

（2）规格尺寸

长度为 2100～3600mm；宽度为 600mm；厚度为 60、90、120mm。

（3）标记

按产品名称、代号、长度、宽度、厚度顺序标记。

【例 6-24】 板长为 3000mm，宽为 600mm，厚度为 60mm 的石膏空心条板标记为：
石膏空心条板 SGK 3000×600×600。

2. 技术要求

（1）物理力学性能

物理力学性能应符合表 6-68 的规定。

石膏空心条板物理力学性能 表 6-68

序 号	项 目	指 标
1	抗弯破坏荷载（板自重倍数）	≥1.5
2	抗冲击性能	无裂纹
3	单点吊挂力	不破坏

（2）面密度

石膏空心条板的面密度应符合表 6-69 的规定。

石膏空心条板的面密度 表 6-69

项目	厚度 T（mm）		
	60	90	120
面密度（kg/m²）	≤45	≤60	≤75

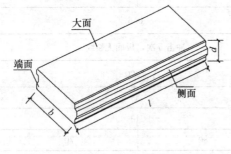

图 6-9 蒸压加气混凝土板外形示意图

七、蒸压加气混凝土板

蒸压加气混凝土板是将加气混凝土原材料加水搅拌，再配以经防腐处理的钢筋网片，经浇注成型、预养、切割、蒸压、养护制成的多孔板材。

1. 分类

按使用功能分为：屋面板（JWB）、楼板（JLB）、外墙板（JQB）、隔墙板（JGB）等常用品种，其外形见图 6-9。

2. 规格尺寸

蒸压加气混凝土板常用规格尺寸见表 6-70。

常 用 规 格 表 6-70

长度 L（mm）	宽度 B（mm）	厚度 D（mm）
1800～6000（300 模数进位）	600	75、100、125、150、175、200、250、300
		120、180、240

注：其他非常用规格和单项工程的实际制作尺寸，由供需双方协商确定。

3. 强度与密度等级

蒸压加气混凝土板按其抗压强度分为：A2.5、A3.5、A5.0 和 A7.5 四个等级；按其干密度分为：B04、B05、B06 和 B07 四个等级。

4. 标记

楼板、外墙板的标记应按品种、干密度级别、规格尺寸（长度×宽度×厚度）、荷载允许值等顺序标记。

【例 6-25】 外墙板，干密度等级为 B05，长度为 4200mm，宽度为 600mm，厚度为 150mm，荷载允许值为 1500N/m²，其标记为：JQB-B05-4200×600×150-1500。

隔墙板的标记应按品种、干密度级别、规格尺寸（长度×宽度×厚度）等顺序标记。

【例 6-26】 隔墙板，干密度等级为 B04，长度为 3500mm、宽度为 600mm、厚度为 100mm，其标记为：JGB-B04-3500×600×100。

5. 技术要求

（1）基本性质

蒸压加气混凝土的基本性质应符合表 6-71 的规定。

蒸压加气混凝土的基本性质　　　　　　　　　　　　表 6-71

强度级别			A2.5	A3.5	A5.0	A7.5
干密度级别			B04	B05	B06	B07
干密度（kg/m³）		≤	425	525	625	725
抗压强度（MPa）	平均值	≥	2.5	3.5	5.0	7.5
	单组最小值	≥	2.0	2.8	4.0	6.0
干燥收缩值（mm/m）	标准法	≤	0.50			
	快速法	≤	0.80			
抗冻性	质量损失（%）	≤	5.0			
	冻后强度（MPa）	≥	2.0	2.8	4.0	6.0
导热系数（干态）［W/（m·K）］		≤	0.12	0.14	0.16	0.18

（2）强度等级要求

各品种蒸压加气混凝土板的强度等级应符合表 6-72 的规定。

各种蒸压加气混凝土板的强度等级　　　　　　　　表 6-72

品　种	强　度　等　级
楼板、墙板（屋面板）	A3.5、A5.0、A7.5
隔墙板	A2.5、A3.5、A5.0、A7.5

（3）钢筋要求

蒸压加气混凝土中配置的钢筋，应用防锈剂做防锈处理。防锈处理后的钢筋应符合表 6-73 的规定。

钢筋防锈要求　　　　　　　　　　　　　　　　表 6-73

项　目	防　锈　要　求
防锈能力	试验后，锈蚀面积≤5%
钢筋粘着力	≥1.0MPa

6. 应用

蒸压加气混凝土条板主要用于外墙、内隔墙等，其易加工，施工简便。

八、灰渣混凝土空心隔墙板（PB）

灰渣混凝土空心隔墙板是以水泥为胶凝材料，以灰渣为集料，以纤维或钢筋为增强材料制成的断面为多孔空心式的隔墙板。其长宽比不小于2.5，且灰渣总掺量在40%以上（质量比）。

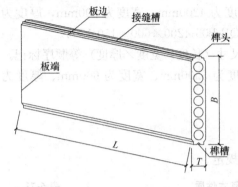

图6-10　隔墙板外形示意图

灰渣是指粉煤灰、经煅烧或自燃的煤矸石、炉渣、矿渣和房屋建筑工程、市政工程、道路工程施工的废弃物等废渣。

灰渣混凝土空心隔墙板可采用不同企口和开孔形式，见图6-10。

1. 规格尺寸

板的长度尺寸 L，不宜大于3.3m，为层高减去楼板顶部结构件（如梁、楼板）厚度及技术处理空间尺寸，应符合设计要求。宽度尺寸 B，主规格为600mm。厚度尺寸 T，主规格为90、120、150mm。

2. 标记

按其产品代号、规格尺寸（长度、宽度、厚度）顺序标记。

【例6-27】　板长为2700mm，宽为600mm，厚为90mm的普通灰渣混凝土空心隔墙板，其标记为：PB-2700×600×90。

3. 技术要求

（1）物理性质

隔墙板的物理性能应符合表6-74的规定。

灰渣混凝土空心隔墙板的物理力学性能　　　　　　　　表6-74

序号	项 目	指 标		
		板厚90mm	板厚120mm	板厚150mm
1	抗冲击性能	经5次抗冲击试验后，板面无裂纹		
2	面密度（kg/m²）	≤120	≤140	≤160
3	抗弯承载（板自重倍数）	≥1		
4	抗压强度（MPa）	≥5		
5	空气隔声量（dB）	≥40	≥45	≥50
6	含水率（%）	≤12		
7	干燥收缩率（mm/m）	≤0.6		
8	吊挂力	荷载1000N静置24h，板面无宽度超过0.5mm的裂缝		
9	耐火极限（h）	≥1.0		
10	软化系数	≥0.80		
11	抗冻性	不应出现可见的裂纹或表面无变化		

注：夏热冬暖地区不检抗冻性。

（2）放射性核素限量

放射性核素限量应符合表 6-75 的规定。

放射性核素限量　　　　　　　　表 6-75

项　目	指　标
制品中镭-226、钍-232、钾-40 放射性核素限量	空心板（空心率大于 25%）
L_{Ra}（内照射指数）	≤1.0
L_r（外照射指数）	≤1.3

4. 应用

灰砂混凝土空心隔墙板主要用于建筑中的非承重内隔墙，因其充分利用废弃物，节约资源，是大力推荐的品种之一。

九、金属面夹芯板

金属面夹芯板是以彩色涂层钢板（代号 S）为面材，以阻燃型聚苯乙烯泡沫塑料（模塑 EPS、挤塑 XPS）、硬质聚氨酯泡沫塑料（PU）、岩棉（RW）、矿渣棉（SW）或玻璃棉（GW）为芯材，用胶粘剂复合而成的夹心板，见图 6-11。

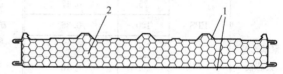

图 6-11　金属面夹芯板示意图
1—彩色涂层钢板；2—聚苯乙烯夹芯层

1. 分类

按其芯材不同可分为：金属面聚苯乙烯夹芯板、金属面硬质聚氨酯夹芯板、金属面岩棉、矿渣棉夹芯板和金属面玻璃棉夹芯板四类。按其用途分为：墙板（W）和屋面板（R）两类。

2. 规格尺寸

产品主要规格尺寸见表 6-76。

金属面夹芯板的规格尺寸　　　　　　　　表 6-76

项目	聚苯乙烯夹芯板		硬质聚氨酯夹芯板	岩棉、矿渣棉夹芯板	玻璃棉夹芯板
	EPS	XPS			
厚度（mm）	50	50	50	50	50
	75	75	75	80	80
	100	100	100	100	100
	150	—	—	120	120
	200	—	—	150	150
宽度（mm）	900~1200				
长度（mm）	≤12000				

3. 标记

按产品金属面材代号、芯材代号、用途、燃烧性能分级、耐火极限、规格尺寸（长×宽×厚）的顺序进行标记。其中夹心板的厚度以最薄处为准。

【例 6-28】　长度为 4000mm，宽度为 1000mm，厚度为 50mm，燃烧性能为 A2 级，耐火极限为 60min 的用作墙板的岩棉夹芯板，其标记为：S-RW-W-A2-60-4000×1000×50。

4. 技术要求

（1）传热系数

各种金属夹芯板的传热系数应符合表 6-77 的规定。

各种金属夹芯板的传热系数　　　　　　　　　表 6-77

名称		标称厚度（mm）	传热系数 U [W/(m²·K)] ≤	名称		标称厚度（mm）	传热系数 U [W/(m²·K)] ≤
聚苯乙烯夹芯板	EPS	50	0.68	岩棉、矿渣棉夹芯板	RW/SW	50	0.85
		75	0.47			80	0.56
		100	0.36			100	0.46
		150	0.24			120	0.38
		200	0.18			150	0.31
	XPS	50	0.63	玻璃棉夹芯板	GW	50	0.90
		75	0.44			80	0.59
		100	0.33			100	0.48
硬质聚氨酯夹芯板	PU	50	0.45			120	0.41
		75	0.30			150	0.33
		100	0.23				

注：其他规格可由供需双方商定，其传热系数指标按标称厚度以内插法确定。

（2）粘结强度

各种金属夹芯板的粘结强度应符合表 6-78 的规定。

各种金属夹芯板的粘结强度　　　　　　　　　表 6-78

类别	聚苯乙烯夹芯板		硬质聚氨酯夹芯板	岩棉、矿渣棉夹芯板	玻璃棉夹芯板
	EPS	XPS			
粘结强度（MPa）≥	0.10	0.10	0.10	0.06	0.03

（3）其他性能

其他性能见表 6-79。

其他性能　　　　　　　　　表 6-79

性能	要求
剥离性能	粘结在金属面材上的芯材应均匀分布，并且每个剥离面的粘结面积应不小于 85%
抗弯承载力（kN/m²）	夹芯板为墙板时，夹芯板挠度为 $L_0/150$（L_0 为 3500mm）时，均布荷载应不小于 0.5kN/m²。$L_0>3500$mm，夹心板作为承重构件使用时，均应符合相关结构设计规范的规定

性 能	要 求
防火性能	按设计要求，并应符合现行燃烧性能标准的分级规定
耐火极限	岩棉、矿渣棉夹芯板，当夹心板厚度≤80mm时，耐火极限≥30min，当夹心板厚度>80mm时，耐火极限≥60min

5. 应用

金属面夹芯板是一种复合而成的轻质保温板，具有质量轻、保温性能好、立面美观、施工速度快、钢板涂层具有耐腐蚀性能等优点，适用于建筑的屋面和外墙挂板。

十、外墙内保温板

外墙内保温板是指用于外墙室内一侧的保温板，以改善和提高外墙墙体的保温性能。

按板型分为标准版和非标准板；按原材料分为常用的五个类别。

1. 板的类别及代号

（1）增强水泥聚苯保温板（代号 SNB）

以聚苯乙烯泡沫塑料板同耐碱玻璃纤维网格布或耐碱纤维及低碱度水泥复合而成的保温板。

（2）增强石膏聚苯保温板（代号 SGB）

以聚苯乙烯泡沫塑料板同中碱玻璃纤维涂塑网格布、建筑石膏（允许掺加质量小于15％的普通硅酸盐水泥）及珍珠岩、复合而成的保温板。

（3）聚合物水泥聚苯保温板（代号 JHB）

以耐碱玻璃纤维网格布或耐碱纤维，聚合物低碱度水泥砂浆同聚苯乙烯泡沫塑料板复合而成的保温板。

（4）发泡水泥聚苯保温板（代号 FPB）

以硫铝酸盐水泥等无机胶凝材料、粉煤灰、发泡剂等与聚苯乙烯泡沫塑料板复合而成的保温板。

（5）水泥聚苯颗粒保温板（代号 SJB）

以普通硅酸盐水泥、发泡剂等材料同聚苯乙烯泡沫塑料颗粒经搅拌后，浇注而成的保温板。

2. 规格尺寸

内保温板制作规格尺寸应符合有关建筑设计要求，见表6-80。

板的规格尺寸 表6-80

类 型	项 目				
	板 型	厚度（mm）	宽度（mm）	长度（mm）	边肋（mm）
标准板	条板	40、50、60、70、80、90	595	2400～2900	≤15
	小块板	40、50、60、70、80、90	595	900～1500	≤10
非标准板	按设计要求而定				

注：聚合物水泥聚苯保温板宽为600mm，无边肋。

3. 标记

按产品代号和主参数（长、宽、厚）顺序标记，标准板可不标记宽度。

【例 6-29】 标准板，板长为 2540mm，宽为 595mm，厚为 60mm 的增强水聚苯保温板，标记为：SNB 2540×60。

【例 6-30】 非标准板，板长为 2540mm，宽为 495mm，厚为 60mm 的增强水泥聚苯保温板，标记为：SNB 2540×495×60。

4. 技术性能

内保温板的物理力学性能应符合表 6-81 的规定。

内保温板的物理力学性能 表 6-81

项 目			增强水泥聚苯保温板	增强石膏聚苯保温板	聚合物水泥聚苯保温板	发泡水泥聚苯保温板	水泥聚苯颗粒保温板
面密度(kg/m²)			≤40	≤30	≤25	≤30	—
密度(kg/m³)			—				≤380
含水率(%)			≤5				≤10
主断面热阻(m²·K/W)	板厚(mm)	40	≥0.5				≥0.50
		50	≥0.7				≥0.6
		60	≥0.9				≥0.75
		70	≥1.15				≥0.9
		80	≥1.40				≥1.00
		90	≥1.65				≥1.15
抗弯荷载(N)			≥板材的质量(重量)				
冲击荷载(次)			≥10				
燃烧性能(级)			B₁				
面板收缩率(%)			≤0.08				

十一、钢丝网架模塑聚苯乙烯板（WGJ）

钢丝网架模塑聚苯乙烯板，是以工厂自动化设备生产的单面或双面钢丝网架为骨架，以 EPS 为绝热材料，制成的钢丝网架 EPS 板（简称网架板）。

1. 分类

网架板按腹丝的穿透形式分为：

（1）代号 FCT——非穿透型单面钢丝网架 EPS 板，是以单面钢丝网片和焊接其上的未穿透 EPS 板的腹丝为骨架，以阻燃型 EPS 板为绝热材料构成的网架板。

（2）代号为 CT——穿透型单面钢丝网架 EPS 板，是以单面钢丝网片和焊接其上的穿透 EPS 板的腹丝为骨架，以阻燃型 EPS 板为绝热材料构成的网架板。

（3）代号为 Z——穿透型双面钢丝网架 EPS 板，是以之字条型腹丝或斜插腹丝和焊接其上的双面钢丝网片为骨架，以阻燃型 EPS 板为绝热材料构成的网架板。

网架板见图 6-12、图 6-13。

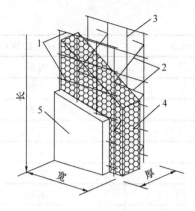

图 6-12　WGJ 板示意图

1—横丝；2—之字条；3—竖丝；

4—EPS 板；5—抹面砂浆

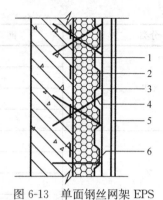

图 6-13　单面钢丝网架 EPS

板外墙应用示意图

1—现浇混凝土墙体；2—EPS 单面钢丝网架；

3—聚合物砂浆抹面层；4—钢丝网架；

5—饰面砖；6—钢筋

2. 规格尺寸

规格尺寸及允许偏差应符合表 6-82 的规定。

网架板的规格尺寸及允许偏差　　　　　　　　　表 6-82

项　　目			规格（mm）	允许偏差（mm）
长度			≤3000	±5
宽度			1200	±5
EPS 板厚度			40、50、80、100	±2
网架板厚度	非穿透型 FCT		50、60、90、110	±3
	穿透型	CT	50、60、90、110	±3
		Z	50、60、90、120	±4
两对角线差				≤10

3. 标记

产品按其名称、分类、燃烧性能分级、规格尺寸（长度×宽度、厚度）顺序标记。

【例 6-31】　长度为 2700mm，宽度为 1200mm，网架板厚度为 50mm，燃烧性能分级为 A 级的穿透型单面钢丝网架 EPS 板，其标记为：WGJ-CT-A-2700×1200×50。

4. 技术要求

（1）热阻

网架板的热阻应符合表 6-83 的规定。

网架板的热阻　　　　　　　　　表 6-83

分类	网架板厚度（mm）	热阻（m² · K/W），≥
FCT	50	0.90
	60	1.00
	90	1.60
	110	2.00

分类	网架板厚度（mm）	热阻（m²·K/W），≥
CT	50	0.60
	60	0.75
	90	1.20
	110	1.50
Z	60	0.55
	70	0.75
	100	1.20
	120	1.50

（2）其他性能

网架板其他性能见表6-84。

网架板其他性能要求 　　　　　　　　　　　　　　　表6-84

项　　目	指　标　要　求
网片焊点漏焊率（%）　≤	0.8
焊点抗拉力（N）　≥	330
腹丝与网片漏焊率	≤3%，且板周边200mm内应无漏焊、脱焊
EPS板密度（kg/m³）　≥	18
燃烧性能	燃烧性能按现行标准规定分级，应符合标记中企业的明示指标

5. 应用

网架板主要应用于现浇混凝土、砌体建筑及既有建筑外墙外保温系统。如围护外墙、保温复合外墙、低层建筑的承重墙等。

砌体建筑中，用110mm厚钢丝网架模塑聚苯乙烯夹芯板做外墙，内抹30mm厚保温砂浆，热工性能优于两砖半的保温效果。

在钢丝网架EPS板现浇混凝土外墙外保温系统冬期施工中，混凝土和抹面砂浆中均可掺入防冻剂，但对于钢丝网架EPS板的抹面砂浆中，不得掺入含氯盐的防冻剂，以防止钢丝网架受到锈蚀。

十二、纤维增强水泥外墙装饰挂板

以水泥等硅酸盐质材料和纤维为主要原料，用于建筑物外墙的围护和装饰用的外墙板，称为纤维增强水泥外墙装饰挂板（简称外墙板）。

1. 分类

（1）外墙板按表面加工处理的种类分为素板外墙板（N）和装饰外墙板（Z）。

①素板

在工厂预先施加了保护层，在施工现场进行最后涂装或粘贴装饰材料等加工处理的板称为素板。

②装饰板

在工厂的制作过程中，在原料中加入着色材料，或者在板的表面进行印刷、涂装或粘贴装饰材料等加工处理的板称为装饰板。

（2）外墙板按其断面分为：有孔洞的中空板（K）和无孔洞的实心板（S）。

2. 规格尺寸与形状

外墙板厚度为：8～27mm；有效宽度为：160～1100mm；有效长度为910～3300mm。

有效长度是指带有企口的外墙板的有效长度，为板材全长与相邻板材接缝宽度之和（或产品外形几何长度加安装时预留间隙后的实际使用长度）。有效宽度是指带有企口的外墙板的有效宽度，为全宽减掉板缝重叠部分后的值。企口是两块外墙板相接，对板两边的榫头、榫槽及接缝槽的总称。有企口的外墙板示意图见图6-14。

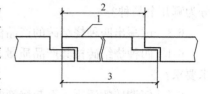

图6-14 有企口的外墙板
1—外表面；2—有效宽度或有效长度；
3—全长或全宽

3. 标记

外墙板按产品名称、分类、厚度、宽度、长度顺序标记。

【例6-32】 装饰外墙板采用15mm厚、300mm宽、3000mm长的中空板，其标记为：外墙板 ZK 15mm×300mm×3000mm。

4. 技术要求

外墙板物理力学性能应符合表6-85的规定。厂家应公示外墙板的密度。

外墙板物理力学性能 表6-85

项　目		技　术　指　标			
		厚度（mm）			
		8～13	14～17	18～20	21～27
弯曲破坏荷载（N） ≥		700	800	900	1000
耐冲击性		不产生贯通性裂缝			
涂膜附着力[a] ≤		涂膜剥离面积率5％			
耐候性		表面剥离、膨胀等的面积率≤2％，涂层板色差值[a]≤6（2级）			
抗冻性		表面的剥离面积率≤2％，没有明显的层间剥离，且厚度变化率≤10％			
不透水性		水面降低的高度≤10mm			
吸水后的翘曲（mm） ≤		2			
吸水率（%） ≤	素板	25			
	装饰板	15			
湿涨率（%） ≤		0.30			
燃烧性能 ≥		A2级			
抗风压性能		满足设计要求			

注：上标a表示仅适用于装饰外墙板。

5. 应用

纤维增强水泥外墙装饰挂板是一种集功能性、装饰性为一体的新型墙体材料。其主要用于民用建筑别墅、排屋、多层建筑、商业建筑、学校、工厂等的外墙。

思 考 题 与 习 题

6-1 砌墙砖分哪几大类？各包括哪些主要品种？

6-2 何谓烧结普通砖、烧结多孔砖、烧结空心砖和烧结保温砖？按原材料不同又各分为哪几个品种？

6-3 试写出四种烧结砖的产品标记。

6-4 四种烧结砖按其产品质量、抗压强度、体积密度各分为几个等级？各有哪些技术要求？

6-5 何谓砖的泛霜、石灰爆裂？有何具体要求？

6-6 何谓混凝土普通砖、多孔砖、空心砖？如何划分强度等级？有哪几个强度等级？有何技术要求？

6-7 何谓蒸压普通砖？其包括哪两个品种？按其抗压和抗折强度分为几个等级？为什么要控制折压比？

6-8 试说明 LSB Co 15B 与 FB Co 15A 的产品标记含义。

6-9 何谓蒸压灰砂多孔砖、蒸压粉煤灰多孔砖？两者有何不同？

6-10 为何要淘汰烧结黏土砖？何谓"禁实"？何谓"禁黏"？将由哪些新型墙体材料取代之？

6-11 何谓砌块？建筑工程中主要推广应用哪几种砌块？

6-12 何谓普通小砌块？何谓轻集料小砌块？试述两种小砌块的主规格尺寸及砌块的尺寸参数并写出两种砌块的产品标记。

6-13 试述普通小砌块、轻集料小砌块的技术要求及其应用。

6-14 何谓蒸压加气混凝土砌块？其有哪几个品种？产品如何标记？有何技术要求？为什么要控制砌块的劈压比？如何应用？

6-15 泡沫混凝土砌块与加气混凝土砌块有何不同？

6-16 何谓粉煤灰小砌块？试述该砌块的分类、等级、标记及技术要求。

6-17 何谓 WGJ 板？分哪几个类型？对热阻有何要求？

6-18 用于墙体的板材有哪些常用品种？

6-19 试述各种板材的分类、规格尺寸、产品标记、主要技术要求及其具体应用。

6-20 何谓纤维工业灰渣混凝土砌块？其有哪几种规格？如何分类？有何技术要求？

6-21 试述纤维增强水泥外墙装饰墙板的分类、规格、形状及技术要求。

第七章 建 筑 砂 浆

砂浆在建筑工程中是一种用量大、用途广的建筑材料。按其用途可分为砌筑砂浆、抹灰砂浆、特种砂浆等。按配制方式分为施工现场拌制的砂浆和由专业工厂生产的预拌砂浆，统称为建筑砂浆。

第一节 砌筑砂浆的原材料

砌筑砂浆是将砖、石、砌块等块材砌筑为砌体，起到粘结、衬垫和传递荷载作用的砂浆。其主要品种有水泥砂浆、水泥混合砂浆和水泥粉煤灰砂浆。

水泥砂浆是由水泥、细骨料和水配制成的砂浆；水泥混合砂浆是由水泥、细骨料、掺加料和水配制成的砂浆（如水泥石灰砂浆、水泥黏土砂浆等）；水泥粉煤灰砂浆是由水泥、粉煤灰、细骨料和水配制的砂浆。

一、水泥

应根据砂浆用途、所处环境条件选择水泥品种。砌筑砂浆宜选用通用硅酸盐水泥或砌筑水泥。对用于蒸压加气混凝土砌块和混凝土小型空心砌块（砖）的专用砌筑砂浆，一般宜采用普通水泥或矿渣水泥。

水泥强度等级应根据砂浆品种及强度等级要求进行选择。M15 及以下强度等级的砌筑砂浆，宜选用 32.5 级的通用硅酸盐水泥或砌筑水泥；M15 以上强度等级的砌筑砂浆，宜选用 42.5 级通用硅酸盐水泥。严禁使用不合格水泥。

二、砂

砌筑砂浆宜采用中砂，其中毛石砌体宜选用粗砂，且应过筛，要求颗粒全部通过 4.75mm 的筛孔。砂中含泥量不应超过 5%。含泥量过大，不仅会增加砂浆的水泥用量，而且会使砂浆的收缩值增大，使耐久性降低，从而影响砌筑质量。对于 M5 级及以上的水泥混合砂浆，若砂中含泥量过大，对其强度会有明显的影响。砂的其他性能指标均应符合相应标准规定。

三、掺加料

为调解和改善砂浆的性能，砂浆中可加入无机材料（如石灰膏、黏土膏、粉煤灰、粒化高炉矿渣、硅灰、天然沸石粉等）或外加剂。

生石灰熟化成石灰膏时，应用孔径不大于 3mm×3mm 的网过滤，熟化时间不少于 7d；磨细生石灰粉不少于 2d。石灰膏应防止干燥、冻结和污染。严禁使用脱水硬化的石灰膏，因为这种石灰膏不但起不到塑化作用，还会影响砂浆强度。

不得用建筑生石灰粉、消石灰粉代替石灰膏配制水泥石灰砂浆。

四、外加剂

砌筑砂浆的外加剂包括：增塑剂、早强剂、缓凝剂、防水剂、防冻剂等。

以下介绍水泥砂浆防冻剂：

水泥砂浆防冻剂是指能使水泥砂浆在负温下硬化，并在规定养护条件下达到预期性能的外加剂。

1. 分类及标记

按防冻剂性能分为Ⅰ型和Ⅱ型；按防冻剂最低使用温度分为−5℃和−10℃。

其标记按产品名称、型号、使用温度顺序标记。

【例 7-1】 Ⅱ型、最低使用温度−10℃的水泥砂浆防冻剂，其标记为：水泥砂浆防冻剂Ⅱ-10。

2. 技术要求

(1) 外观：干粉状产品应均匀一致，不应有结块；液状产品应呈均匀状态，不应有沉淀。

(2) 匀质性：匀质性应符合表 3-20 的规定。

(3) 掺防冻剂水泥砂浆性能应符合表 7-1 的要求。

掺防冻剂水泥砂浆技术指标　　　　　　　　　　　　　　　　　表 7-1

序号	试 验 项 目		性能指标			
			Ⅰ 型		Ⅱ 型	
1	泌水率比（%）　　　　　　≤		100		70	
2	分层度（mm）　　　　　　≤		30			
3	凝结时间差（min）		−150～+90			
4	含气量（%）　　　　　　≥		3.0			
5	抗压强度比（%）　　≥	规定温度（℃）	−5	−10	−5	−10
		R_{-7}	10	9	15	12
		R_{28}	100	95	100	100
		R_{-7+28}	90	85	100	90
6	收缩率比（%）　　　　　　≤		125			
7	抗冻性（25 次冻融循环）	抗压强度损失率比（%）　≤	85			
		质量损失率比（%）　　　≤	70			

第二节　砌筑砂浆的性质

砌筑砂浆应具有良好的和易性、足够的抗压强度、粘结强度和耐久性。

一、和易性（又称施工性）

和易性良好的砂浆便于操作，能在砖、石表面上铺成均匀的薄层，并能很好地与底层粘结。和易性包括稠度和保水性两个方面。

1. 稠度

砂浆稠度（又称流动性）表示砂浆在自重或外力作用下流动的性能。可通过试验测定（详见试验 6-1），以标准圆锥体在砂浆内自由下沉 10s 时的下沉深度（mm）表示，即砂浆稠度值。其值愈大则砂浆流动性愈大，但此值过大会降低砂浆强度，过小又不便于施工操作。工程中砌筑砂浆适宜的稠度应按表 7-2 选用。

砌筑砂浆的稠度   表 7-2

砌 体 种 类	砂浆稠度（mm）
烧结普通砖砌体、蒸压粉煤灰砖砌体	70～90
混凝土实心砖砌体、混凝土多孔砖砌体、普通混凝土小型空心砌块砌体、蒸压灰砂砖砌体、蒸压粉煤灰砖砌体	50～70
烧结多孔砖砌体、烧结空心砖砌体、轻集料混凝土小型空心砌块砌体、蒸压加气混凝土砌块砌体	60～80
石砌体	30～50

注：1. 采用薄灰砌筑法砌筑蒸压加气混凝土砌块砌体时，加气混凝土粘结砂浆的加水量，按照其产品说明书控制；

2. 当砌筑其他砌块时，其砌筑砂浆的稠度可根据块体吸水特性及气候条件确定。

2. 保水性

保水性是指砂浆能够保持水分的性能，用保水率或分层度表示。

保水率是衡量砂浆保水性能及砂浆各组分稳定性的指标，此值大小可通过试验测定，见试验 6-2；分层度见试验 6-3。

砌筑砂浆的保水率应符合表 7-3 的规定。

砌筑砂浆的保水率   表 7-3

砂浆种类	保水率（%）
水泥砂浆	≥80
水泥混合砂浆	≥84

二、抗压强度

砂浆硬化后在砌体中主要传递压力，所以砌筑砂浆应具有足够的抗压强度。确定砌筑砂浆的强度，应按标准试验方法（试验 6-3）制成 7.07mm 的立方体标准试件，在标准条件下养护 28d 测其抗压强度，并以 28d 抗压强度值来划分砂浆的强度等级。

砌筑砂浆共分为 M30、M25、M20、M15、M10、M7.5、M5.0 七个强度等级。

砌筑砂浆强度等级的划分及其抗压强度值应符合表 7-4 的规定。

砌筑砂浆强度等级及其抗压强度值   表 7-4

砌筑砂浆强度等级		抗压强度（MPa）	砌筑砂浆强度等级		抗压强度（MPa）
水泥砂浆	水泥混合砌筑砂浆	≥	水泥砂浆	水泥混合砌筑砂浆	≥
M30	—	30.0	M10	M10	10.0
M25	—	25.0	M7.5	M7.5	7.5
M20	—	20.0	M5.0	M5.0	5.0
M15	M15	15.0			

三、粘结强度

砌筑砂浆必须具有足够的粘结强度，以便将砖、石、砌块粘结成坚固的整体。从砌体的整体性来看，砂浆的粘结强度较抗压强度更为重要。根据试验结果，凡保水性能优良的砂浆，粘结强度一般较好。砂浆强度等级愈高，其粘结强度也愈大。此外砂浆粘结强度还与块体（各种砖、石、小砌块）表面的清洁度、润湿情况有关。考虑各类块体吸水、失水速度快慢等差异，对烧结类、非烧结类块体的预湿程度采用相对含水率控制，见表7-5。

块体适宜的相对含水率　　　　　　　　　　　表 7-5

砌体	块体名称	相对含水率（%）	说　　　明
砖砌体	普通烧结砖、烧结多孔砖	烧结块体为 60%～70%	砖应提前 1~2d 适度湿润，严禁采用干砖或处于吸水饱和状态的砖砌筑
	蒸压灰砂砖、蒸压粉煤灰砖	非烧结类块体为 40%～50%	
	混凝土多孔砖、混凝土实心砖	不需浇水湿润	具有吸水率小，吸水、失水速度迟缓的特点，在气候干燥炎热的情况下，宜在砌筑前 1~2h 适度对其喷水湿润，严禁使用过湿的混凝土砖
混凝土小型砌块砌体	普通混凝土小型空心砌块	不需浇水湿润	同上
	轻集料混凝土小型空心砌块	40%～50%	此类砌块种类多，吸水率有大有小，对于吸水率较大，吸水、失水速度较普通混凝土小砌块快的，应提前 1~2d 浇（喷）水湿润
	蒸压加气混凝土砌块		应在砌筑当天对砌块砌筑面喷水湿润

对块体砌筑前浇（喷）水湿润，是为了增加与砌筑砂浆的粘结和砌筑砂浆强度增长的需要。干砖砌筑不仅不利于砂浆强度的正常增长，还会大大降低砌体强度，影响砌体的整体性，同时砌筑困难；用吸水饱和的砖砌筑时，会使刚砌好的砌体尺寸稳定性差，易出现墙体平面外弯曲，砂浆易流淌，灰缝厚度不匀，导致砌体强度降低。

试验证明，对非烧结砖（如蒸压粉煤灰砖）在绝干状态和吸水饱和状态砌筑时，均会使砌体抗剪强度大大降低，约为最佳相对含水率的 30%～40%。

四、耐久性

有抗冻要求的砌体工程，砌筑砂浆应进行冻融试验。砌筑砂浆的抗冻性应符合表7-6的规定，且当设计对抗冻性有明确要求时，尚应符合设计规定。

砌筑砂浆的抗冻性　　　　　　　　　　　　表 7-6

使用条件	抗冻指标	质量损失率（%）	强度损失率（%）
夏热冬暖地区	F15		
夏热冬冷地区	F25	≤5	≤25
寒冷地区	F35		
严寒地区	F50		

五、密度

砌筑砂浆拌合物的表观密度宜符合表7-7的规定。

砌筑砂浆拌合物的表观密度   表 7-7

砂浆种类	表观密度（kg/m³）
水泥砂浆	≥1900
水泥混合砂浆	≥1800

六、混凝土小型空心砌块（砖）专用砌筑砂浆的性质

混凝土小型空心砌块（砖）专用砌筑砂浆包括：砌筑砂浆和干混砂浆。

砌筑砂浆：由水泥、砂、保水增稠材料、外加剂、水以及根据需要掺入的掺合料等组分，按一定比例，采用机械拌合制成，专门用于砌筑混凝土小型空心砌块和混凝土砖的砂浆。

干混砂浆：经干燥筛分处理的砂与水泥、保水增稠材料以及根据需要掺入的外加剂、掺合料等组分按一定比例，在专业工厂混合而成的混合物，专门用于砌筑混凝土小型空心砌块和混凝土砖的砂浆。

1. 分类

砂浆按抗压强度分为：Mb5、Mb7.5、Mb10、Mb15、Mb20 和 Mb25 六个等级。按抗渗性分为普通型（P）和防水型（F）。

2. 标记

按产品名称、颜色、强度等级、抗渗性顺序进行标记。

【例 7-2】 强度等级为 Mb10、防水型红色砌筑砂浆，标记为：砌筑砂浆　红色 Mb10F。

3. 物理力学性能

砌筑砂浆物理力学性能应符合表 7-8 的规定。

物理力学性能   表 7-8

项　　　目	指　　　　标					
强度等级	Mb5	Mb7.5	Mb10	Mb15	Mb20	Mb25
抗压强度（MPa）	≥5.0	≥7.5	≥10.0	≥15.0	≥20.0	≥25.0
稠度（mm）	50～80					
保水性（%）	≥88					
密度（kg/m³）	≥1800					
凝结时间（h）	4～8					
砌块砌体抗剪强度（MPa）	≥0.16	≥0.19	≥0.22	≥0.22	≥0.22	≥0.22
抗冻性	见表 7-6					
抗渗压力不小于防水型（F）（MPa）	0.6					

七、蒸压加气混凝土专用砌筑砂浆的性质

蒸压加气混凝土专用砌筑砂浆，是由水泥、砂、掺合料（粉煤灰、石灰等）和外加剂制成的专门用于蒸压加气混凝土砌筑的砂浆。其应能与蒸压加气混凝土性能相匹配，并能满足蒸压加气混凝土砌块砌体施工要求。其可分为以下两种：

1. 薄灰砌筑法的蒸压加气混凝土砌块粘结砂浆，砌筑灰缝厚度≤5mm。

2. 非薄灰砌筑法的蒸压加气混凝土砌块砌筑砂浆，砌筑灰缝厚度≤15mm。

蒸压加气混凝土用砌筑砂浆的主要技术性能应符合表 7-9 的规定。

蒸压加气混凝土砌筑砂浆的主要技术性能　　　　　表 7-9

项　目	砌筑砂浆	项　目	砌筑砂浆
表观密度（kg/m³）	≤1800	抗压强度（MPa）	2.5～5.0
分层度（mm）	≤20	粘结强度（MPa）	≥0.2
凝结时间（h）	贯入阻力达 0.5MPa 时，3～5h	抗冻性 25 次（%）	质量损失≤5%；强度损失≤20%
导热系数［W/(m·K)］	≤1.1	收缩性能（mm/m）	收缩值≤1.1

注：有抗冻性能和保温性能要求的地区，砂浆性能还应符合抗冻性和导热性能的要求。

第三节　　砌筑砂浆的配合比设计

砂浆配合比设计，应根据设计要求、原材料的性能、砂浆技术要求及施工水平，进行计算并经试配、调整后确定。

一、现场配制的水泥混合砂浆配合比设计

设计步骤如下：

1. 计算试配强度

$$f_{m,o} = k \cdot f_2$$

式中　$f_{m,o}$——砂浆的试配强度，MPa，精确至 0.1MPa；

f_2——砂浆强度等级值，MPa，精确至 0.1MPa；

k——系数，按表 7-10 取值。

砂浆强度标准差 σ 及 k 值　　　　　表 7-10

强度等级 施工水平	强度标准差 σ（MPa）							K
	M5	M7.5	M10	M15	M20	M25	M30	
优　良	1.00	1.50	2.00	3.00	4.00	5.00	6.00	1.15
一　般	1.25	1.88	2.50	3.75	5.00	6.25	7.50	1.20
较　差	1.50	2.25	3.00	4.50	6.00	7.50	9.00	1.25

2. 砂浆现场强度标准差的确定

计算试配强度时，砂浆强度标准差的确定应符合下列规定：

（1）当有统计资料时，应按下式计算：

$$\sigma = \sqrt{\frac{\sum_{i=1}^{n} f_{m,i}^2 - n\mu_{fm}^2}{n-1}}$$

式中　$f_{m,i}$——统计周期内同一品种砂浆第 i 组试件的强度，MPa；

μ_{fm}——统计周期内同一品种砂浆 n 组试件强度的平均值，MPa；

n——统计周期内同一品种砂浆试件的总组数，$n \geq 25$。

（2）当无统计资料时，砂浆强度标准差可按表 7-10 取值。

3. 计算水泥用量

$$Q_c = \frac{1000(f_{m,o} - \beta)}{\alpha \cdot f_{ce}}$$

式中　Q_c——每立方米砂浆的水泥用量，kg；精确至 1kg；

　　　f_{ce}——水泥的实测强度，MPa；精确至 0.1MPa；

　　　α、β——砂浆的特征系数，其中 $\alpha = 3.03$，$\beta = -15.09$。

在无法取得水泥的实测强度值时，可按下式计算：

$$f_{ce} = \gamma_c \cdot f_{ce,k}$$

式中　$f_{ce,k}$——水泥强度等级值，MPa；

　　　γ_c——水泥强度等级值的富余系数，应按实际统计资料确定；无统计资料时可取 1.0。

注：各地区也可用本地区试验资料确定 α、β 值，统计用的试验组数，不得小于 30 组。

4. 计算石灰膏用量

$$Q_D = Q_A - Q_C$$

式中　Q_D——每立方米砂浆的石灰膏用量，kg，精确至 1kg；石灰膏使用时的稠度为 120mm±5mm；如稠度不在规定范围内，可按表 7-11 进行换算；

　　　Q_C——每立方米砂浆中的水泥用量，kg，精确至 1kg；

　　　Q_A——每立方米砂浆中的水泥和石灰膏总量，kg，精确至 1kg，可取 350kg。

石灰膏不同稠度的换算系数　　　　表 7-11

稠度（mm）	120	110	100	90	80	70	60	50	40	30
换算系数	1.00	0.99	0.97	0.95	0.93	0.92	0.90	0.88	0.87	0.86

为满足稠度、保水率要求，砂浆中的水泥、石灰膏（电石膏）最小限量值应符合表 7-12 的要求。

砌筑砂浆的材料用量　　　　表 7-12

砂　浆　品　种	材　料　用　量（kg/m³）
水泥砂浆，不得小于	200
水泥混合砂浆，不得小于	350

注：1. 水泥砂浆中的材料用量是指水泥用量；

　　2. 水泥混合砂浆中的材料用量是指水泥和石灰膏或电石膏的材料总量。

5. 计算砂用量

$$Q_S = \rho'_{OS} \cdot V'_{OS}$$

式中　Q_S——每立方米砂浆中的砂用量，kg；

　　　ρ'_{OS}——砂的堆积密度，kg/m³；

　　　V'_{OS}——砂的堆积体积，m³。

采用干燥状态砂（含水率小于 0.5%）的堆积密度值作为计算值（kg/m³）。

6. 用水量确定

每立方米砂浆的用水量可根据砂浆稠度等要求选用，$Q_W = 210 \sim 310$kg。

注：1. 混合砂浆中的用水量，不包括石灰膏中的水；

　　2. 当采用细砂或粗砂时，用水量分别取上限和下限；

3. 稠度小于 70mm 时，用水量可小于下限；

4. 施工现场气候炎热或干燥季节，可酌量增加用水量。

二、现场配制水泥砂浆、水泥粉煤灰砂浆的配合比设计

水泥砂浆、水泥粉煤灰砂浆配合比设计步骤与水泥混合砂浆相似。

1. 水泥砂浆的材料用量按表 7-13 选用。

每立方米水泥砂浆材料用量（kg/m³）　　　　　　表 7-13

强度等级	水泥	砂	用水量
M5	200～230		
M7.5	230～260		
M10	260～290		
M15	290～330	砂的堆积密度值	270～330
M20	340～400		
M25	360～410		
M30	430～480		

注：1. M15 及 M15 以下强度等级水泥砂浆，水泥强度为 32.5 级；M15 以上强度等级水泥砂浆，水泥强度等级为 42.5 级；

2. 当采用细砂或粗砂时，用水量分别采用上限或下限；

3. 稠度小于 70mm 时，用水量可小于下限；

4. 施工现场气候炎热或干燥季节，可酌量增加用水量；

5. 试配强度应按 $f_{m,o} = k \cdot f_2$ 计算。

2. 水泥粉煤灰砂浆材料用量可按表 7-14 选用。

每立方米水泥粉煤灰砂浆材料用量（kg/m³）　　　　　　表 7-14

强度等级	水泥和粉煤灰总量	粉煤灰	砂	用水量
M5	210～240			
M7.5	240～270	粉煤灰掺量可占胶凝材料	砂的堆积密度值	270～330
M10	270～300	总量的 15%～25%		
M15	300～330			

注：1. 表中水泥强度等级为 32.5 级；

2. 其他同表 7-13 的注。

三、砌筑砂浆配合比的试配、调整与确定

砌筑砂浆试配时要考虑工程实际要求，应采用机械搅拌，搅拌时间自开始加水算起，水泥砂浆和水泥混合砂浆，搅拌时间不得少于 120s；掺粉煤灰、外加剂、保水增稠材料等的砂浆，搅拌时间不得少于 180s。

1. 确定基准配合比

将按上述设计步骤经计算或查表所得的配合比进行试拌，并测定砌筑砂浆拌合物的稠度和保水率。当稠度和保水率不满足要求时，应调整材料用量，直到符合要求为止，然后确定为试配时的砂浆基准配合比。

2. 确定试配配合比

砌筑砂浆试配时，按不同水泥用量，至少选择三个不同的配合比，其中一个为基准配合比，其余两个配合比的水泥用量，应按基准配合比分别增加及减少10%。在保证稠度、保水率合格的条件下，可将用水量、石灰膏、保水增稠材料或粉煤灰等活性掺合料用量做相应调整。

砌筑砂浆试配时应满足施工要求，并应按标准规定试验方法，分别测定三个不同配合比砂浆的表观密度及强度；从中选出符合试配强度及和易性要求且水泥用量最低的配合比作为砌筑砂浆的试配配合比。

3. 确定设计配合比

砌筑砂浆试配配合比应按下列步骤校正表观密度：

（1）用试配配合比的各材料用量，按下式计算砂浆的理论表观密度值：

$$\rho_t = Q_C + Q_D + Q_S + Q_W$$

式中　ρ_t——砂浆的理论表观密度值，kg/m^3，精确至$10kg/m^3$。

（2）应按下式计算砂浆配合比的校正系数：

$$\delta = \rho_c / \rho_t$$

式中　ρ_c——砂浆的实测表观密度值，kg/m^3，精确至$10kg/m^3$。

（3）当砂浆的实测表观密度值与理论表观密度值之差的绝对值不超过理论值的2%时，将砂浆的试配配合比确定为砂浆设计配合比；当超过2%时，应将试配配合比中每项材料用量均乘以校正系数δ后，确定为砂浆设计配合比。

四、配合比设计实例

【例7-3】　水泥混合砂浆配合比设计

配制强度等级为M7.5，砌筑砖墙用的水泥石灰砂浆，稠度为70～90mm，保水率为85%，现场施工水平一般。采用32.5级普通水泥；中砂（干砂），堆积密度为1450kg/m^3；石灰膏稠度为120mm。

设计步骤：

（1）计算试配强度 $f_{m,o} = K \cdot f_2$　∵$f_2 = 7.5MPa$　查表7-10，取$K = 1.2$

$$\therefore f_{m,o} = 1.2 \times 7.5 = 9.0MPa$$

（2）计算水泥用量（取$\alpha = 3.03$；$\beta = -15.09$）

$$Q_C = \frac{1000 (f_{m,o} - \beta)}{\alpha \cdot f_{ce}} = \frac{1000 \times (9 + 15.09)}{3.03 \times 32.5} = 245kg$$

（3）计算石灰膏用量（取$Q_A = 350kg$）

$$Q_D = Q_A - Q_C = 350 - 245 = 105kg$$

（4）计算砂用量（取$V'_{os} = 1m^3$）　$Q_S = \rho'_{os} \cdot V'_{os} = 1450 \times 1 = 1450kg$

（5）确定用水量　选用水量：$Q_W = 300kg$

（6）初步配合比

水泥：石灰膏：砂＝245：105：1450＝1：0.43：6.92

（7）试配、调整（略）

【例7-4】　水泥砂浆配合比设计

配制强度等级为10MPa的砌筑砖墙用水泥砂浆，稠度 70～90mm，保水率为 80％，施工水平一般。采用 32.5 级矿渣水泥；中砂（干砂），堆积密度为 1420kg/m³。

设计步骤：

(1) 计算试配强度（查表 7-10，取 $K=1.2$）

$$f_{m,o}=K \cdot f_2=1.2 \times 10=12MPa$$

(2) 确定水泥用量

根据表 7-13，选取水泥用量：$Q_C=270kg$

(3) 砂用量（取 $V'_{os}=1m^3$）

$$Q_S=\rho'_{os} \cdot V'_{os}=1420 \times 1=1420kg$$

(4) 确定用水量

根据表 7-13 选用水量：$Q_W=300kg$

(5) 初步配合比

$$水泥：砂=270：1420=1：5.26$$

(6) 试配、调整（略）

【例 7-5】 确定施工配合比

已知：经试配、调整后满足设计要求的砌砖用水泥石灰砂浆配合比为：水泥：石灰膏：砂$=204：126：1450=1：0.62：7.10$，现场砂的含水率为 2％，石灰膏稠度为 110mm。

要求：换算成施工配合比。

换算步骤如下：

(1) 水泥用量：$Q_C=204kg$

(2) 石灰膏用量：（查表 7-11，取石灰膏稠度换算系数为 0.99）

$$Q_D=126 \times 0.99=125kg$$

(3) 砂用量：（因含水率为 2％）$Q_S=1450 \times (1+0.02)=1479kg$

施工配合比：水泥：石灰膏：砂$=204：125：1479=1：0.61：7.25$

五、混凝土小型空心砌块砌筑砂浆配合比设计

混凝土小型空心砌块砌筑砂浆的配合比参见表 7-15。表中列出了 3 种砂浆（水泥砂浆和两种混合砂浆）的参考配合比，供参考使用。

混凝土小型空心砌块砌筑砂浆参考配合比 表 7-15

砂浆种类		强　度　等　级					
		Mb5.0	Mb7.5	Mb10.0	Mb15.0	Mb20.0	Mb25.0	Mb30.0
水泥砂浆	水泥			1	1	1	1	1
	粉煤灰			0.32	0.32	0.23	0.23	
	砂			4.41	3.76	2.96	2.53	2.00
	外加剂			√	√	√	√	√
	水			0.79	0.74	0.55	0.54	0.52

砂浆种类		强 度 等 级						
		Mb5.0	Mb7.5	Mb10.0	Mb15.0	Mb20.0	Mb25.0	Mb30.0
混合砂浆 I	水泥	1	1	1	1	1		
	消石灰粉	0.9	0.7	0.5	0.3	0.3		
	砂	5.8	4.6	3.6	3.0	2.6		
	外加剂	✓	✓	✓	✓	✓		
	水	1.36	1.02	0.81	0.74	0.53		
混合砂浆 II	水泥	1	1	1	1	1		
	石灰膏	0.66	0.42	0.20	0.90	0.45		
	粉煤灰	0.66	0.15	0.20	—	—		
	砂	8.00	6.60	5.40	4.50	4.00		
	水	1.20	1.00	0.80	0.75	0.54		
	外加剂	✓	✓	✓	✓	✓		

注：Mb5.0~Mb20 用 32.5 级普通水泥或矿渣水泥；Mb25~Mb30 用 42.5 级普通水泥或矿渣水泥。

六、蒸压加气混凝土砌块砌筑砂浆参考配合比

加气混凝土砌块砌筑砂浆配合比可参考表 7-16。

加气混凝土砌块砌筑砂浆的参考配合比　　　　　　　　　表 7-16

砂浆品种	配 合 比	使用注意事项
108 胶水泥砂浆	108 胶：水泥：砂=0.1：1：4.5 水泥强度等级不低于 32.5 级	此种砂浆主要在常温下使用，砌筑前加气混凝土砌块不用浇水
食盐水拌合的 108 胶水泥砂浆	108 胶：水泥：砂=0.1：1：4.5，用浓度为 5% 的食盐溶液（食盐：水=5：100）拌制水泥强度等级不低于 32.5 级	此种砂浆主要用于冬期施工。 ①砌筑前加气混凝土砌块不用浇水。 ②应去掉砌块表面的浮皮、积雪、积冰。 ③拌合砂浆时水的温度不得超过 80℃，砂的温度不得超过 40℃。 ④砂中不得含有直径大于 10mm 的冰块和冻结快。 ⑤108 胶应在正温下保存，不得受冻。 ⑥砂浆砌筑时的温度不应低于 5℃
混合砂浆	水泥：白灰：砂=1：1：6 砂浆强度等级不得低于 2.5MPa	此种砂浆是砌筑加气混凝土砌块的常用砂浆。 ①用于外墙砌筑时，需加入水泥质量 20% 的 108 胶。 ②砌筑前砌块要浇水
保温砂浆	水泥：白灰：砂：膨胀珍珠岩=1：2：0.5：0.2 水泥：中砂：膨胀珍珠岩=1：3：0.2 水泥：中砂：膨胀珍珠岩=1：3：0.1	此种砂浆是加气混凝土砌块在寒冷、严寒地区砌筑的常用砂浆
加气混凝土修补用的材料	水泥：石膏粉：加气混凝土粉末=1：1：3，用 1：4 的 108 胶水溶液拌合	作为修补加气混凝土制品和填堵用的专用材料

第四节　抹灰砂浆与特种砂浆

抹灰砂浆通常可分为：一般抹灰砂浆（简称抹灰砂浆）和装饰砂浆两大类。

抹灰砂浆是指将水泥、细骨料和水以及根据性能确定的其他组分，按规定比例配制成的砂浆，用于大面积涂抹于墙、顶棚、柱等表面，使其具有保护和找平基体，满足使用要求，并增加美观的作用。

一、抹灰砂浆的基本规定

1. 抹灰砂浆品种

抹灰砂浆有以下六个品种，见表 7-17。

抹灰砂浆品种　　　　　　　　　　　　　　　　　　　　表 7-17

序号	品　　种	含　　义
1	水泥抹灰砂浆	以水泥为胶凝材料，加入细骨料和水按一定比例配制而成的抹灰砂浆
2	水泥粉煤灰抹灰砂浆	以水泥、粉煤灰为胶凝材料，加入细骨料和水按一定比例配制而成的抹灰砂浆
3	水泥石灰抹灰砂浆	以水泥为胶凝材料，加入石灰膏、细骨料和水按一定比例配制而成的抹灰砂浆
4	掺塑化剂水泥抹灰砂浆	以水泥（或添加粉煤灰）为胶凝材料，加入细骨料水和适量塑化剂按一定比例配制而成的抹灰砂浆
5	聚合物水泥抹灰砂浆	以水泥为胶凝材料，加入细骨料、水和适量聚合物按一定比例配制而成的抹灰砂浆。 包括：①普通聚合物水泥抹灰砂浆（无压折比要求） ②柔性聚合物水泥抹灰砂浆（压折比≤3） ③防水聚合物水泥抹灰砂浆
6	石膏抹灰砂浆	以半水石膏或Ⅱ型无水石膏单独或两者混合后为胶凝材料，加入细骨料、水和多种外加剂按一定比例配制而成的抹灰砂浆

2. 抹灰砂浆品种选择

根据使用部位或基体种类按表 7-18 选择适当的砂浆品种。

抹灰砂浆的品种选用　　　　　　　　　　　　　　　　　表 7-18

使用部位或基体种类	抹灰砂浆品种
内墙	水泥抹灰砂浆、水泥石灰抹灰砂浆、水泥粉煤灰抹灰砂浆、掺塑化剂水泥抹灰砂浆、聚合物水泥抹灰砂浆、石膏抹灰砂浆
外墙、门窗洞口外侧壁	水泥抹灰砂浆、水泥粉煤灰抹灰砂浆
温（湿）度较高的车间和房屋、地下室、屋檐、勒脚等	水泥抹灰砂浆、水泥粉煤灰抹灰砂浆
混凝土板和墙	水泥抹灰砂浆、水泥石灰抹灰砂浆、聚合物水泥抹灰砂浆、石膏抹灰砂浆
混凝土顶棚、条板	聚合物水泥抹灰砂浆、石膏抹灰砂浆
加气混凝土砌块（板）	水泥石灰抹灰砂浆、水泥粉煤灰抹灰砂浆、掺塑化剂水泥抹灰砂浆、聚合物水泥抹灰砂浆、石膏抹灰砂浆

3. 抹灰砂浆施工稠度

一般抹灰分高级抹灰和普通抹灰。

高级抹灰要求一层底层、数层中层和一层面层，多遍成活。普通抹灰要求一层底层、一层中层和一层面层，三遍成活。各抹灰层施工稠度应符合表 7-19 的要求。

抹灰砂浆的施工稠度　　　　表 7-19

抹灰层	作　用	施工稠度（mm）
底层	与基层粘结并初步找平	90～110
中层	找平作用	70～90
面层	装饰作用	70～80

4. 抹灰层平均厚度

抹灰层平均厚度应符合表 7-20 的规定。

抹灰层平均厚度　　　　表 7-20

部　　位	平　均　厚　度（mm）
内墙	普通抹灰不大于 20；高级抹灰不大于 25
外墙	墙面抹灰不大于 20；勒脚抹灰不大于 25
顶棚	现浇混凝土抹灰不大于 5；条板、预制混凝土抹灰不大于 10
蒸压加气混凝土砌块基层抹灰	控制在 15 以内，当采用聚合物水泥砂浆抹灰时，控制在 5 以内；采用石膏砂浆抹灰时，宜控制在 10 以内

注：抹灰应分层进行，水泥抹灰砂浆每层厚度为 5～7mm；水泥石灰砂浆每层宜为 7～9mm。采用薄层砂浆施工法抹灰时，宜一次成活，厚度不应大于 5mm。当抹灰层厚度大于 35mm 时，应采取与基体粘结的加强措施（如设置加强网）。

二、抹灰砂浆的原材料

抹灰砂浆所用原材料不应对人体、生物与环境造成有害影响，应符合建筑材料放射性核素限量的规定。

1. 水泥

配制强度等级不大于 M20 的抹灰砂浆，宜选用 32.5 级通用硅酸盐水泥或砌筑水泥；配制强度等级大于 M20 的抹灰砂浆，宜选用强度等级不低于 42.5 级的通用硅酸盐水泥，配制水泥粉煤灰抹灰砂浆不宜选用砌筑水泥，否则会影响砂浆耐久性。

2. 砂

（1）宜采用中砂。砂子太粗会影响到砂浆抹面效果，太细容易产生裂缝。

（2）砂中不得含有害杂质，砂的含泥量不应超过 5%，且不应含有 4.75mm 以上粒径的颗粒。

3. 石灰膏

（1）石灰膏熟化时间不应少于 15d，用于罩面砂浆时不应少于 30d，磨细生石灰粉熟化时间不应少于 3d，均应用孔径不大于 3mm×3mm 的网过滤。

（2）石灰膏应采取措施防止干燥、冻结、污染和脱水硬化。

4. 粉煤灰、石膏和水

粉煤灰应符合表 3-17 的规定，石膏和水等材料性能均应符合相应标准的规定。

5. 添加剂

为改善抹灰砂浆的施工性（和易性），减少裂缝、空鼓现象的出现，砂浆中可加入适量的添加剂，如纤维（聚丙烯纤维等）、聚合物、外加剂（减水剂、防水剂、缓凝剂、塑化剂、防冻剂等）等。

其中纤维在水泥基体中无规则均匀分布，并与水泥紧密结合，阻止微裂缝的形成和发展，从而改善砂浆的密实度和抗裂性能，使其具有较好的防水性能和抗冲击性能。长度为 3～9mm 的纤维材料为最佳选择。

三、抹灰砂浆的性能

各种抹灰砂浆主要性能指标应符合表 7-21 的规定。

各种抹灰砂浆性能指标的规定　　　　　　　　表 7-21

	砂浆品种	水泥抹灰砂浆	水泥粉煤灰抹灰砂浆	水泥石灰抹灰砂浆	掺塑化剂水泥抹灰砂浆	聚合物水泥抹灰砂浆	石膏抹灰砂浆
性能指标	强度等级	M15、M20、M25、M30	M5.0、M10、M15	M2.5、M5.0、M7.5、M10	M5.0、M10、M15	M5.0	抗压强度 ≥ 4.0MPa
	表观密度（kg/m³） ≥	1900	1900	1800	1800	—	—
	保水率（%） ≥	82	82	88	88	99	—
	拉伸粘结强度（MPa）≥	0.2	0.15	0.15	0.15	0.3	0.4
	使用时间（h） ≤	—	—	—	2.0	1.5～4.0	—
	初凝时间（h） ≥	—	—	—	—	—	1.0
	终凝时间（h） ≤	—	—	—	—	—	8.0
	搅拌均匀、静停时间（min） ≥	—	—	—	—	6	—
	抗渗性能（级） ≥	—	—	—	—	P6	—

四、抹灰砂浆配合比

1. 试配强度的计算

抹灰砂浆在施工前应进行配合比设计，砂浆的试配抗压强度应按下式计算：

$$f_{m,o} = k \cdot f_2$$

式中　$f_{m,o}$——砂浆的试配抗压强度，MPa，精确至 0.1MPa；

　　　f_2——砂浆抗压强度等级值，MPa，精确至 0.1MPa；

　　　k——砂浆生产（拌制）质量水平系数，取 1.15～1.25。

注：砂浆生产（拌制）质量水平为优良、一般、较差时，k 值分别取为 1.15、1.20、1.25。

2. 各抹灰砂浆配合比的材料用量

（1）水泥抹灰砂浆配合比的材料用量可按表 7-22 选用。

水泥抹灰砂浆配合比的材料用量（kg/m³） 表 7-22

强度等级	水泥	砂	水
M15	330～380		
M20	380～450	1m³的堆积密度值	250～300
M25	400～450		
M30	460～530		

（2）水泥粉煤灰抹灰砂浆配合比的材料用量可按表 7-23 选用。

水泥粉煤灰抹灰砂浆配合比的材料用量（kg/m³） 表 7-23

强度等级	水泥	粉煤灰	砂	水
M5.0	250～290			
M10	320～350	内掺，等量取代水泥量的 10%～30%	1m³的堆积密度值	270～320
M15	350～400			

（3）水泥石灰抹灰砂浆配合比的材料用量可按表 7-24 选用。

水泥石灰抹灰砂浆配合比的材料用量（kg/m³） 表 7-24

强度等级	水泥	石灰膏	砂	水
M2.5	200～230			
M5.0	230～280			
M7.5	280～330	（350～400）－C	1m³的堆积密度值	180～280
M10	330～380			

注：表中 C 为水泥用量。

（4）掺塑化剂水泥抹灰砂浆

掺塑化剂水泥抹灰砂浆配合比的材料用量可按表 7-25 选用。

掺塑化剂水泥抹灰砂浆配合比的材料用量（kg/m³） 表 7-25

强度等级	水泥	砂	水
M5.0	260～300		
M10	330～360	1m³砂的堆积密度值	250～280
M15	360～410		

（5）石膏抹灰砂浆

石膏抹灰砂浆宜为专业工厂生产的干混砂浆。抗压强度为 4.0MPa 的石膏抹灰砂浆，配合比的材料用量可按表 7-26 选用。

抗压强度为 4.0MPa 的石膏抹灰砂浆配合比的材料用量（kg/m³） 表 7-26

石膏	砂	水
450～650	1m³砂的堆积密度值	260～400

（6）聚合物水泥抹灰砂浆

聚合物水泥抹灰砂浆为专业工厂生产的干混砂浆。用于面层时，宜采用不含砂的水泥

181

基腻子。

3. 配合比试配、调整与确定

（1）抹灰砂浆配合比的试配、调整与确定，其方法、步骤完全同砌筑砂浆，只是在确定试配配合比时，须分别测定三个不同配合比砂浆的抗压强度、保水率及其拉伸粘结强度。

（2）聚合物水泥抹灰砂浆试配时，施工稠度为50～60mm，石膏抹灰砂浆的稠度为50～70mm，抗压强度及拉伸粘结强度应符合表7-21的规定。

五、蒸压加气混凝土用抹面砂浆

蒸压加气混凝土用抹面砂浆，是由水泥或石膏、外加剂和砂制成的专门配套用于蒸压加气混凝土抹面的砂浆，其各项技术性能指标应符合表7-27的规定。

蒸压加气混凝土抹面砂浆的主要技术性能   表 7-27

项 目	抹 面 砂 浆
干密度（kg/m³）	水泥砂浆≤1800；石膏砂浆≤1500
分层度（mm）	水泥砂浆≤20
凝结时间（h）	水泥砂浆：贯入阻力达 0.5MPa 时，3～5h 石膏砂浆：初凝≥1；终凝≤8
导热系数[W/(m·K)]	石膏砂浆：≤1.0
抗折强度（MPa）	石膏砂浆：≥2.0
抗压强度（MPa）	水泥砂浆：2.5、5.0；石膏砂浆：≥4.0
粘结强度（MPa）	水泥砂浆：≥0.15；石膏砂浆：≥0.30
抗冻性25次（%）	水泥砂浆：质量损失≤5；强度损失≤20
收缩性能	水泥砂浆：收缩值≤1.1mm/m 石膏砂浆：收缩率：≤0.06%

注：有抗冻性能和保温性能要求的地区，砂浆性能还应符合抗冻性和导热性能的规定。

六、防水砂浆

具有防水功能的砂浆，称为防水砂浆。防水砂浆是在水泥砂浆中掺入特定的某种外加剂，如防水剂、膨胀剂、聚合物等，以提高水泥砂浆的密实性、改善砂浆的抗裂性，从而达到防水抗渗的目的。

1. 防水剂防水砂浆

由不同防水剂配制的防水砂浆品种很多。几种常用防水剂防水砂浆见表7-28。

常用防水剂防水砂浆   表 7-28

砂浆品种	定 义	特 点	配合比（质量比）		适用范围
			配合比	混合液	
氯化铁防水砂浆	在水泥砂浆中掺入适量氯化铁防水剂配制的防水砂浆。 氯化铁防水剂：由氧化铁皮、铁粉和工业盐酸按适当比例，在常温下进行化学反应后，生成的一种强酸性液态防水剂	具有很高的抗渗性能，尤其是早期（3d）抗渗性能相当高。是几种常用外加剂防水砂浆中抗渗性能最好的一种	底层砂浆 水泥：水：中砂：防水剂=1：0.45：0.52：0.03 面层砂浆 水泥：水：中砂：防水剂=1：（0.5～0.55）：2.5：0.03		修补大面积渗漏的地下室、水池等工程

砂浆品种	定 义	特 点	配合比（质量比）		适用范围
			配合比	混合液	
无机铝盐防水砂浆	在水泥砂浆中掺入适量无机铝盐防水剂配制的防水砂浆。无机铝盐防水剂：以无机铝盐为主要成分，掺入多种无机金属盐类混合组成的液体防水剂	具有防渗防潮功能无机铝盐防水剂：无毒、无味、无污染，对人体无害。并具有抗渗漏、早强、速凝、耐压、抗冻、抗热、抗老化等优点	结合层 水∶混合液＝1∶0.6 底层 水泥∶中砂∶混合液＝1∶2∶0.5 面层 水泥∶中砂∶混合液＝1∶2.5∶0.6	水∶防水剂＝1∶0.12 水∶防水剂＝1∶(0.2～0.35) 水∶防水剂＝1∶(0.3～0.4)	混凝土及砖石结构（浴池、卫生间、地下室、蓄水池、游泳池、人防工程等）防水工程
HHI防水砂浆	在水泥砂浆中掺入适量HHI防水剂的防水砂浆。HHI防水剂：以聚合物为主料，加入无机盐等外加剂、改性剂、经化学反应后，注入溶剂加工而成的防水剂	HHI防水砂浆可掺入颜料制成彩色砂浆，具有防水装饰效果。无毒、无味、无污染，对人体无害，属于环保产品	施工配合比 HHI防水砂浆 水泥∶精砂∶HHI防水剂＝1∶2.5∶(0.4～0.5) HHI防水素浆 水泥∶HHI防水剂＝1∶0.5		新旧砖石、混凝土结构的屋面、地面、墙面、地下室、卫生间、厨房、蓄水池、游泳池、隧道等建筑物的内外防水工程

2. 聚合物乳液防水砂浆

聚合物乳液防水砂浆是指在水泥砂浆中掺入适量聚合物乳液配制的砂浆。其聚合物的主要品种有氯丁胶乳、天然胶乳、丁苯胶乳、丙烯酸酯乳液等。掺入氯丁胶乳、丙烯酸酯乳液配制的氯丁胶乳水泥砂浆、丙烯酸酯乳液水泥砂浆是常用的品种。

聚合物乳液防水砂浆，硬化后具有良好的防水性、抗裂性、弹性、耐磨性、抗渗性，因此可用于地下建筑物及水池、水塔等贮水设施的防水层；屋面、地面的防水、防潮层；建筑裂缝的修补等。

七、保温隔热砂浆

随着建筑节能要求的不断提高和建筑材料工业的发展，在建筑工程中推广应用膨胀珍珠岩、膨胀蛭石、火山灰作为骨料的保温隔热砂浆抹面，不但具有保温、隔热、吸声等功能，还具有无毒、无臭、不燃烧、表观密度小等特点。近几年又出现了稀土保温砂浆和胶粉聚苯颗粒保温砂浆、膨胀玻化微珠保温隔热砂浆等，使墙体改革和建筑节约能源步入了一个新阶段。

1. 膨胀玻化微珠保温隔热砂浆

膨胀玻化微珠保温隔热热砂浆是以膨胀玻化微珠、无机胶凝材料、添加剂、填料等混合而成的干混料。

（1）分类

按使用部位分为墙体用（QT）和地面及屋面用（DW）的膨胀玻化微珠保温隔热砂浆。

（2）产品标记

按产品型号、产品名称的顺序标记。

【例 7-6】 墙体用膨胀玻化微珠保温隔热砂浆，其标记为：QT 膨胀玻化微珠保温隔热砂浆。

（3）技术性能

膨胀玻化微珠保温隔热砂浆性能应符合表 7-29 的规定。

膨胀玻化微珠保温隔热砂浆性能指标 表 7-29

项　　　目		技　术　要　求
堆积密度（kg/m³）		≤280
干密度（kg/m³）		≤300
导热系数 [W/（m·K）]		≤0.070
蓄热系数 [W/（m²·K）]		≥1.5
线性收缩率（%）		≤0.3
压剪粘结强度 MPa（与水泥砂浆块）	原强度	≥0.050
	耐水强度	
抗拉强度（MPa）		≥0.10
抗压强度（MPa）	墙体用	≥0.20
	地面及屋面用	≥0.30
软化系数		≥0.60
燃烧性能		A2
放射性		内照射指数不大于1.0，外照射指数均不大于1.0

注：1. 当使用部位无耐水要求时，压剪粘结强度、软化系数可不做要求；

　　2. 当用于室外时，放射性不做要求。

（4）应用

膨胀玻化微珠保温隔热砂浆适用于建筑物墙体、地面、屋面保温隔热，现场搅拌后可直接施工。

2. 胶粉聚苯颗粒保温砂浆

胶粉聚苯颗粒保温砂浆是由胶粉料和聚苯颗粒组成，且聚苯颗粒体积比不小于 80% 的保温砂浆。

（1）胶粉料

胶粉料是由无机胶凝材料与各种外加剂在工厂采用预混合干拌技术制成的专门用于配制胶粉聚苯颗粒保温砂浆的复合胶凝材料。其技术性质应符合表 7-30 的要求。

（2）聚苯颗粒

聚苯颗粒是由聚苯乙烯泡沫塑料（EPS）经粉碎、混合而成的具有一定粒度、级配的专门用于配制胶粉聚苯颗粒保温砂浆的轻骨料。其技术性质应符合表 7-30 的要求。

胶粉料和聚苯颗粒的性能指标   表 7-30

项 目		指 标	项 目		指 标
胶粉料	初凝时间(h)	≥4	聚苯颗粒	堆积密度(kg/m³)	8.0~21.0
	终凝时间(h)	≤12			
	安定性(试饼法)	合格			
	拉伸粘结强度(MPa)	≥0.6		粒度（5mm 筛孔筛余）(%)	≤5
	浸水拉伸粘结强度(MPa)	≥0.4			

（3）胶粉聚苯颗粒保温砂浆

胶粉聚苯颗粒保温砂浆的技术性能应符合表 7-31 的要求。

胶粉聚苯颗粒保温砂浆性能指标   表 7-31

项 目	指 标	项 目	指 标
湿表观密度(kg/m³)	≤420	压剪粘结强度(kPa)	≥50
干表观密度(kg/m³)	180~250	线性收缩率(%)	≤0.3
导热系数[W/(m·K)]	≤0.060	软化系数	≥0.5
蓄热系数[W/(m²·K)]	≥0.95	难燃性	B1 级
抗压强度(kPa)	≥200		

（4）应用

胶粉聚苯颗粒保温砂浆，在施工现场只需将聚苯颗粒、胶粉料和水按一定比例混合，即可采用抹灰工艺进行施工。这种保温砂浆，终凝约 24h；干燥时间约 72h。导热系数≤0.06W/(m·K)，能满足节能 50% 的要求。主要用于外墙外保温和外墙内保温的保温层，以提高墙体的保温、隔热性能。

八、界面砂浆和抗裂砂浆

1. 界面砂浆

界面砂浆是由高分子聚合物乳液与助剂配制成的界面剂与水泥、中砂按一定比例拌合均匀制成的砂浆。界面砂浆性能应符合表 7-32 的要求。

2. 抗裂砂浆

抗裂砂浆是在聚合物乳液中掺加各种外加剂和抗裂物质制得的抗裂剂，与普通硅酸盐水泥、中砂按一定比例拌合均匀制成的具有一定柔韧性的砂浆。其性能应符合表 7-32 的要求。

界面砂浆、抗裂剂及抗裂砂浆性能指标   表 7-32

项 目			指 标
界面砂浆	界面砂浆压剪粘结强度	原强度(MPa)	≥0.7
		耐水(MPa)	≥0.5
		耐冻融(MPa)	≥0.5
抗裂剂	不挥发物含量(%)		≥20
	贮存稳定性(20±5℃)		6 个月，试样无结块凝聚及发霉现象，且拉伸粘结强度满足抗裂砂浆指标要求

项　目		指　标
抗裂砂浆	可使用时间 可操作时间(h)	≥1.5
	在可操作时间内拉伸粘结强度(MPa)	≥0.7
	拉伸粘结强度(常温 28d)(MPa)	≥0.7
	浸水拉伸粘结强度(常温 28d，浸水 7d)(MPa)	≥0.5
	压折比	≤3.0

注：水泥应采用强度等级 42.5 的普通硅酸盐水泥；砂应筛除大于 2.5mm 的颗粒，含泥量小于 3%。

3. 应用

界面砂浆主要用于胶粉聚苯颗粒外墙保温系统的界面层，以便使基层墙体与保温层能更好地结合。

抗裂砂浆主要用作胶粉聚苯颗粒外墙保温系统的抗裂防护层。介入保温层与饰面层之间，以避免饰面层开裂，从而增强饰面层的耐久性。

第五节　预　拌　砂　浆

推广使用预拌砂浆是提高散装水泥使用的一项重要措施，也是保证建筑工程质量、实现资源综合利用、促进文明施工的一项重要技术手段。因此，绿色环保型的预拌砂浆将会具有广阔的发展前景。

预拌砂浆是对专业工厂生产的湿拌砂浆和干混砂浆的统称。

一、湿拌砂浆

湿拌砂浆是由水泥、细骨料、矿物掺合料、外加剂、添加剂和水，按一定比例，在搅拌站经计量、拌制后，运至使用地点，并在规定时间内使用的拌合物。

1. 品种、代号与分类

湿拌砂浆按用途分为湿拌砌筑砂浆、湿拌抹灰砂浆、湿拌地面砂浆和湿拌防水砂浆四个品种。湿拌砂浆品种的代号和按各项指标的分级见表 7-33。

湿拌砂浆品种、代号与分级

表 7-33

品种	湿拌砌筑砂浆	湿拌抹灰砂浆	湿拌地面砂浆	湿拌防水砂浆
代号	WM	WP	WS	WW
强度等级	M5、M7.5、M10、M15、M20、M25、M30	M5、M10、M15、M20	M15、M20、M25	M10、M15、M20
抗渗等级	—	—	—	P6、P8、P10
稠度 (mm)	50、70、90	70、90、110	50	50、70、90
凝结时间 (h)	≥8、≥12、≥24	≥8、≥12、≥24	≥4、≥8	≥8、≥12、≥24

2. 标记

按湿拌砂浆代号、强度等级、抗渗等级（有要求时）、稠度、凝结时间等顺序标记。

【例 7-7】 湿拌砌筑砂浆的强度等级为 M10，稠度为 70mm，凝结时间 12h，其标记为：WM　M10-70-12。

【例 7-8】 湿拌防水砂浆的强度等级为 M15，抗渗要求为 P8，稠度为 70mm，凝结时间 12h，其标记为：WW M15/P8-70-12。

3. 技术要求

（1）密度：湿拌砌筑砂浆拌合物的密度不应小于 1800kg/m³。

（2）性能指标：湿拌砂浆性能应符合表 7-34 的要求。

湿拌砂浆性能指标　　　　表 7-34

项　　目		湿拌砌筑砂浆 WM	湿拌抹灰砂浆 WP	湿拌地面砂浆 WS	湿拌防水砂浆 WW
保水率（%）		≥88	≥88	≥88	≥88
14d 抗拉伸粘结强度（MPa）		—	M5：≥0.15 >M5：≥0.20		≥0.20
28d 收缩率（%）		—	≤0.20	—	≤0.15
抗冻性	强度损失率（%）	≤25			
	质量损失率（%）	≤5			

注：有抗冻性要求时，应进行抗冻性试验。

（3）抗压强度

湿拌砂浆各强度等级的抗压强度值均应符合表 7-35 的规定。

预拌砂浆抗压强度　　　　表 7-35

强度等级	M5	M7.5	M10	M15	M20	M25	M30
28d 抗压强度（MPa）	≥5.0	≥7.5	≥10.0	≥15.0	≥20.0	≥25.0	≥30.0

（4）抗渗压力

湿拌防水砂浆抗渗压力应符合表 7-36 的规定。

预拌砂浆抗渗压力　　　　表 7-36

抗渗等级	P6	P8	P10
28d 抗渗压力（MPa）	≥0.6	≥0.8	≥1.0

二、干混砂浆

干混砂浆是由胶凝材料、干燥细骨料、掺合料和添加剂按一定配比配制，在工厂预混而成的干态混合物。该砂浆通过散装或袋装运输到工地，加水搅拌后即可使用。

（一）干混砂浆的品种与技术性质

1. 品种与代号

干混砂浆按其用途共分为 12 个品种，各品种的名称、代号见表 7-37。

干混砂浆名称与代号　　　　表 7-37

品种	干混砌筑砂浆	干混抹灰砂浆	干混地面砂浆	干混普通防水砂浆	干混陶瓷砖粘结砂浆	干混界面砂浆
代号	DM	DP	DS	DW	DTA	DIT

品种	干混保温板粘结砂浆	干混保温板抹面砂浆	干混聚合物水泥防水砂浆	干混自流平砂浆	干混耐磨地坪砂浆	干混饰面砂浆
代号	DEA	DBI	DWS	DSL	DFH	DDR

2. 强度等级与抗渗等级的分级

干混砌筑砂浆、干混抹灰砂浆、干混地面砂浆、干混普通防水砂浆的强度等级、抗渗等级的分级见表 7-38。

干混砂浆分级 　　　　　　表 7-38

项目	干混砌筑砂浆		干混抹灰砂浆		干混地面砂浆	干混普通防水砂浆
	普通砌筑砂浆	薄层砌筑砂浆	普通抹灰砂浆	薄层抹灰砂浆		
强度等级	M2.5、M5、M7.5、M10、M15、M20、M25、M30	M5、M10	M5、M10、M15、M20	M5、M10	M15、M20、M25	M10、M15、M20、
抗渗等级	—	—	—	—	—	P6、P8、P10

（二）干混砌筑砂浆与干混抹灰砂浆

干混砌筑砂浆是指用于砌筑的，能将砖、石、砌块等块体砌成砌体的预拌砂浆。干混抹灰砂浆是指涂抹在建（构）筑物表面的预拌砂浆。

1. 分类

（1）按灰缝厚度、砂浆层厚度分

干混砌筑砂浆按砌筑时灰缝厚度分为：普通砌筑砂浆（灰缝厚度大于 5mm）和薄层砌筑砂浆（灰缝厚度不大于 5mm）。

干混抹灰砂浆按砂浆层厚度分为：普通抹灰砂浆（砂浆层厚度大于 5mm）和薄抹灰砂浆（砂浆层厚度不大于 5mm）。

（2）按抗压强度分

干混砌筑砂浆按其抗压强度的大小分为：DM M2.5、DM M5、DM M7.5、DM M10、DM M15、DM M20、DM M25、DM M30 八个等级。

干混抹灰砂浆按抗压强度分为：DP M2.5、DP M5、DP M7.5、DP M10、DP M15 五个等级。

（3）按保水性能分

干混砌筑砂浆和干混抹灰砂浆的均分为低保水性（代号 L）、中保水性（代号 M）和高保水性（代号 H）三种砂浆。

2. 产品标记

按产品种类、强度等级（由产品种类的代号、强度等级代号两部分组成）、保水性顺序进行标记。

【例 7-9】 强度等级为 M10 的高保水性干混砌筑砂浆，其标记为：DM M10 H。

【例 7-10】 强度等级为 M5 的低保水性干混抹灰砂浆，其标记为；DP M5 L。

3. 技术要求

（1）粉状产品应均匀、无结块。

（2）双组分产品液料组分经搅拌后应呈均匀状态、无沉淀；粉料组分应均匀、无结块。

（3）干混普通砌筑砂浆拌合物的表观密度不应小于 $1800kg/m^3$。

（4）干混砂浆性能指标

干混砌筑砂浆、干混抹灰砂浆的各项性能指标均应满足表 7-39 的要求。

干混砂浆性能指标　　　　　　　　　　　　　　　　　　　　表 7-39

项　目		干混砌筑砂浆		干混抹灰砂浆	
保水率（%）	按灰缝厚度或砂浆层厚度	普通砌筑砂浆	薄层砌筑砂浆	普通抹灰砂浆	薄层抹灰砂浆
		≥88	≥99	≥88	≥99
	按保水性	高保水 H　中保水 M　低保水 L		高保水 H　中保水 M　低保水 L	
		≥85　　≥70　　≥60		≥85　　≥70　　≥60	
细度		4.75 筛全通过			
凝结时间（h）		普通砌筑砂浆	薄层砌筑砂浆	普通抹灰砂浆	薄层抹灰砂浆
		3.9	—	3.9	—
稠度损失率（2h）（%）		≤30	—	≤30	—
抗压强度（28d）（MPa）		达到规定强度等级			
拉伸粘结强度（14d）（MPa）		≥0.20			
收缩率（28d）（%）		≤0.15			
抗冻性	强度损失率（%）	≤25			
	质量损失率（%）	≤5			

注：1. 采用薄抹灰施工时，细度要求由供需双方协商确定；
　　2. 有抗冻要求的地区，需要进行抗冻性试验。应经 50 次冻融循环。

（5）抗压强度限值

干混砌筑砂浆、干混抹灰砂浆的 28d 抗压强度值均应符合表 7-35 的规定。

（三）干混地面砂浆和干混普通防水砂浆

干混地面砂浆是指用于建筑地面及屋面找平层的预拌砂浆。干混普通防水砂浆是用于有抗渗要求部位的预拌砂浆。

1. 产品标记

按砂浆的强度等级、抗渗等级（有要求时）、稠度、凝结时间等顺序标记。

【例 7-11】　干混普通防水砂浆的抗压强度等级为 M5，抗渗等级为 P8，其标记为：DW　M5/P8。

2. 性能要求

干混地面砂浆与干混普通防水砂浆的各项性能指标应符合表 7-40 的规定。

干混地面砂浆与干混普通防水砂浆性能指标　　　　　　　　　　　　　表 7-40

砂　浆	项　目						
	保水率（%）	凝结时间（h）	2h 稠度损失率（%）	14d 拉伸粘结强度（MPa）	28d 收缩率（%）	抗冻性	
						强度损失率（%）	质量损失率（%）
干混地面砂浆	≥88	3～9	≤30	—	—	≤25	≤5
干混普通防水砂浆	≥88	3～9	≤30	≥0.20	≤0.15		

注：有抗冻性要求时，应进行抗冻性试验。

3. 抗渗压力限值

干混普通防水砂浆的抗渗压力值应符合表 7-36 的规定。

(四) 干混保温板粘结砂浆与干混保温板抹面砂浆

干混保温板粘结砂浆与干混保温板抹面砂浆的性能指标应符合表 7-41 和表 7-42 的要求。

干混保温板粘结砂浆性能指标 表 7-41

项　　目		EPS（模塑聚苯板）	XPS（挤塑聚苯板）
拉伸粘结强度（MPa）（与水泥砂浆）	常温常态	≥0.60	≥0.60
	耐水	≥0.40	≥0.40
拉伸粘结强度（MPa）（与保温板）	常温常态	≥0.10	≥0.20
	耐水		
可操作时间（h）		1.5～4.0	

干混保温板抹面砂浆性能指标 表 7-42

项　　目		EPS（模塑聚苯板）	XPS（挤塑聚苯板）
拉伸粘结强度（MPa）（与保温板）	常温常态	≥0.10	≥0.20
	耐水		
	耐冻融		
柔韧性	抗冲击（3J 重力势能）	无环形裂纹	
	压折比	≤3.0	
可操作时间（h）		≥2	
横向变形（mm）		≥2.0	
初期干燥抗裂性		无裂纹	
24h 吸水量（g/m²）		≤1000	

注：1. 对于外墙外保温采用钢丝网做法时，柔韧性可只检测压折比；
　　2. 当吸水量不大于 500g/m²，无需进行冻融循环后的拉伸粘结强度测试。

三、预拌砂浆的应用

1. 预拌砂浆的品种、规格、型号很多，不同的基体、基材、环境条件、施工工艺等对砂浆有着不同的要求。因此，应根据设计、施工要求选择与之配套的产品。

2. 不同品种、规格的预拌砂浆不应混合使用。否则将会影响砂浆质量及工程质量。

3. 传统建筑砂浆往往是按照材料的比例进行设计的，如体积比 1:3（水泥:砂）的水泥砂浆，体积比 1:1:4（水泥:石灰膏:砂）的水泥石灰混合砂浆等；而预拌砂浆则是按照抗压强度等级划分的。两者之间的对应关系见表 7-43，供选择预拌砂浆时参考。

预拌砂浆与传统砂浆的对应关系 表 7-43

品　　种	预拌砂浆	传统砂浆
砌筑砂浆	WM M5、DM M5	M5 混合砂浆、M5 水泥砂浆
	WM M7.5、DM M7.5	M7.5 混合砂浆、M7.5 水泥砂浆
	WM M10、DM M10	M10 混合砂浆、M10 水泥砂浆
	WM M15、DM M15	M15 水泥砂浆
	WM M20、DM M20	M20 水泥砂浆

続表

品　种	预拌砂浆	传统砂浆
抹灰砂浆	MP M5、DP M5	1：1：6混合砂浆
	WP M10、DP M10	1：1：4混合砂浆
	WP M15、DP M15	1：3水泥砂浆
	WP M20、DP M20	1：2水泥砂浆、1：2.5水泥砂浆、1：1：2混合砂浆
地面砂浆	WS M15、DS M15	1：3水泥砂浆
	WS M20、DS M20	1：2水泥砂浆

第六节　质量检验与质量判断

一、砌筑砂浆

1. 试验室检验

砂浆配合比确定后，在使用前应进行试验室检验。检验项目包括：抗压强度、密度、稠度和保水性，有抗冻性要求的同时进行抗冻性试验。各项指标符合技术要求后，方可使用。

2. 施工现场检验

（1）抽检数量

每一检验批为不超过250m³砌体的各类、各种强度等级的普通砌筑砂浆，每台搅拌机应至少抽检一次。检验批的预拌砂浆、蒸压加气混凝土砌块专用砂浆，抽检可为3组。

（2）检验方法

在搅拌机出料口或在湿拌砂浆储存容器的出料口，随机取样制作砂浆试块（现场拌制的砂浆，同盘砂浆只能做一组试块），试块标养28d后做强度试验。

当施工中或验收时出现下列情况，可采用现场检验方法对砂浆或砌体强度进行实体检测，并判定其强度：

① 砂浆试块缺乏代表性或试块数量不足；

② 对砂浆试块的试验结果有怀疑或有争议；

③ 砂浆试块的试验结果，不能满足设计要求；

④ 发生工程事故，需要进一步分析事故原因。

（3）强度合格判定规则

同一检验批砂浆试块强度平均值，应大于或等于设计强度等级值的1.10倍。

同一检验批砂浆试块抗压强度的最小一组平均值，应大于或等于设计强度等级值的85%，即为合格。

注：① 砌筑砂浆的检验批，同一类型、强度等级的砂浆试块不应少于3组；同一检验批砂浆只有1组或2组试块时，每组试块抗压强度平均值应大于或等于设计强度值的1.1倍；对于建筑结构的安全等级为一级或设计使用年限为50年以上的房屋，同一检验批砂浆试块的数量不得少于3组。

② 砂浆强度应以标准养护，28d龄期的试块抗压强度为准。

③ 制作砂浆试块的砂浆稠度应与配合比设计一致。

191

二、抹灰砂浆

1. 检验批划分

（1）相同砂浆品种、强度等级、施工工艺的室外抹灰工程，每1000m²应划分为一个检验批，不足1000m²的，也应划分为一个检验批。

（2）相同砂浆品种、强度等级、施工工艺的室内抹灰工程，每50个自然间（大面积房间和走廊按抹灰面积30m²为一间）应划分为一个检验批，不足50间的也应划分为一个检验批。

2. 检验批的检查数量

（1）室外每100m²应至少抽查一处，每处不得少于10m²。

（2）室内应至少抽查10%，并不得少于3间，不足3间时，应全数检查。

3. 抗压强度试块的规定

（1）砂浆抗压强度验收时，同一检验批砂浆试块不应少于3组。

（2）砂浆试块应在使用地点或出料口随机取样，砂浆稠度应与试验室的稠度一致。

（3）砂浆试块的养护条件应与试验室的养护条件相同。

4. 抹灰层拉伸粘结强度检验批数量

抹灰层拉伸粘结强度检测时，相同的砂浆品种、强度等级、施工工艺的外墙、顶棚抹灰工程，每5000m²应为一个检验批，每个检验批应取一组试件进行检测，不足5000m²的也应取一组。

5. 强度合格判定

（1）抗压强度合格判定

同一检验批的砂浆试块抗压强度平均值，应必须大于或等于设计强度等级值，且抗压强度最小值应大于或等于设计强度等级值的75%。当同一检验批的试块少于3组时，每组试块抗压强度均应大于或等于设计强度等级值。

（2）拉伸粘结强度合格判定

同一检验批的抹灰层拉伸粘结强度平均值，应大于或等于表7-21的规定值，且最小值应大于或等于表7-21中规定值的75%。当同一检验批抹灰层拉伸粘结强度试验少于3组时，每组试件拉伸粘结强度均应大于或等于表7-21的规定值。

6. 检验结果评定

（1）检查砂浆试块强度试验报告。

当内墙抹灰工程中，抗压强度检验不合格时，应在现场对内墙抹灰层进行拉伸粘结强度检测，并应以其检测结果为准。

（2）当外墙或顶棚抹灰施工中抗压强度检验不合格时，应对外墙或顶棚抹灰砂浆加倍取样，进行抹灰层拉伸粘结强度检测，并应以其检测结果为准。

三、预拌砂浆

1. 预拌砂浆进场检验

预拌砂浆进场时，应按表7-44的规定进行进场检验。

2. 合格判定规则

按标准规定试验项目经检验后，全部检验项目符合标准规定要求时，则判定该批产品合格。若有一项不符合要求时，则判该批产品为不合格。

砂浆品种		检验项目	检验批量
预拌砌筑砂浆		保水率、抗压强度	同一生产厂家、同一品种、同一等级、同一批号且连续进场的湿拌砂浆，每 250m³ 为一个检验批，不足 250m³ 时，应按一个检验批计
预拌抹灰砂浆		保水率、抗压强度、拉伸粘结强度	
预拌地面砂浆		保水率、抗压强度	
预拌防水砂浆		保水率、抗压强度、抗渗压力、拉伸粘结强度	
干混砌筑砂浆	普通砌筑砂浆	保水率、抗压强度	同一生产厂家、同一品种、同一等级、同一批号且连续进场的干混砂浆，每 500m³ 为一个检验批，不足 500m³ 时，应按一个检验批计
	薄层砌筑砂浆	保水率、抗压强度	
干混抹灰砂浆	普通抹灰砂浆	保水率、抗压强度、拉伸粘结强度	
	薄层抹灰砂浆	保水率、抗压强度、拉伸粘结强度	
干混地面砂浆		保水率、抗压强度	
干混普通防水砂浆		保水率、抗压强度、拉伸粘结强度、抗渗压力	
聚合物水泥防水砂浆		凝结时间、耐碱性、耐热性	同一生产厂家、同一品种、同一等级、同一批号且连续进场的砂浆，每 50t 为一个检验批，不足 50t 时，应按一个检验批计
界面砂浆		14d 常温常态拉伸粘结强度	同一生产厂家、同一品种、同一等级、同一批号且连续进场的砂浆，每 30t 为一个检验批，不足 30t 时，应按一个检验批计

其他特殊要求项目的检验结果，符合合同要求为单项合格。

3. 交货

供需双方应在合同规定地点交货。

交货时，供方应提交发货单，并附上产品质量证明文件。

需方应指定专人及时对所供砂浆的质量、数量进行确认。

4. 包装

干混砂浆可袋装或散装，袋装干混砂浆每袋净含量不应少于其标志质量的 99%，随机抽取 20 袋总质量不应少于其标志质量的总和。

5. 运输和贮存

（1）不同品种和规格型号的干混砂浆，应分别贮运，不应混杂、不应受潮和混入杂物。

（2）散装干混砂浆宜采用专用罐装车运送，并提交与袋装标志相同的质量卡片。贮存罐应密封、防水、防潮，并具有除尘装置。更换砂浆品种时，贮存罐应清空并清理干净。

（3）袋装干混砌筑砂浆、抹灰砂浆、地面砂浆、普通防水砂浆、自流平砂浆，自生产之日起，其保质期为 3 个月，其他袋装干混砂浆为 6 个月。散装干混砂浆应在专用封闭式移动筒仓内储存，保质期为 3 个月。不同品种、规格型号的产品，应分别贮存，不应混杂。

思 考 题 与 习 题

7-1 何谓砌筑砂浆？其主要品种有哪些？

7-2 对砌筑砂浆的组成材料有哪些要求？

7-3 砌筑砂浆应具有哪些主要性质？

7-4 蒸压加气混凝土用砌筑砂浆有哪些主要性质？

7-5 控制砂浆稠度有什么意义？根据什么选择适宜的砂浆稠度？

7-6 测定砂浆保水性有什么意义？砌筑砂浆保水率应为多少？

7-7 砌筑砂浆强度等级如何确定？有哪几个强度等级？

7-8 混凝土小型空心砌块用砂浆应选择何种水泥？

7-9 掌握水泥砂浆、水泥混合砂浆、水泥粉煤灰砂浆、混凝土小型空心砌块及蒸压加气混凝土砌块用砌筑砂浆的配合比设计方法，复习配合比设计例题。

7-10 抹灰砂浆分为哪几类？常用的抹面砂浆有哪些品种？如何选择其品种？

7-11 抹灰砂浆主要性能与要求是什么？如何进行配合比设计？

7-12 防水剂防水砂浆有哪些常用品种？各有何特点？各适用于什么部位？

7-13 保温隔热砂浆有哪几种？各有何特点？

7-14 何谓膨胀玻化微珠保温隔热砂浆？其分为几类？各类用何代号表示？有何用途？

7-15 何谓胶粉聚苯颗粒保温砂浆？有何技术要求？如何应用？

7-16 何谓界面砂浆和抗裂砂浆？

7-17 何谓预拌砂浆？试述预拌砂浆的分类、各类预拌砂浆的品种、符号、标记、技术要求及预拌砂浆的应用。

7-18 了解砌筑砂浆、抹灰砂浆、预拌砂浆的合格判定规则及运输和贮存应注意的事项。

第八章 建筑钢材

钢材是建筑工程中不可缺少的重要材料之一。由于钢材具有良好的性能，所以在钢结构、钢筋混凝土结构以及预应力混凝土结构中被广泛应用。

第一节 钢材的力学性能与工艺性能

在工程实践中，钢材的力学性能和工艺性能是衡量钢材质量、设计和制作各种构件的技术依据。

钢材的力学性能（又称机械性能）是指在外力作用下表现出来的特性：如弹性、塑性、韧性、强度、硬度等。其中弹性、塑性和强度可通过拉伸试验测得，详见试验 7-1，图 8-1 为低碳钢试件拉伸时力-变形曲线。钢材受力各阶段的力学性能如下：

一、弹性

钢材在外力作用下产生变形，当取消外力后，能恢复原来形状不产生永久变形的性质，称为钢材的弹性。

钢材的弹性好坏，是通过比例极限、弹性极限反映的。

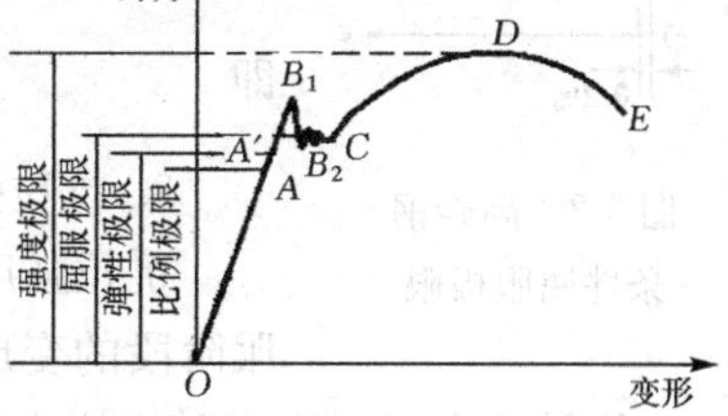

图 8-1 低碳钢拉伸时力-变形
曲线

1. 比例极限

从图 8-1 中可以看出，钢材受拉开始阶段，荷载较小，力与变形成正比，是一条直线，OA 阶段称为比例阶段。A 点对应的最大极限荷载 F_P（N），除以原始截面面积 A_0（mm^2），所得的应力称为比例极限 σ_P（MPa），即

$$\sigma_P = \frac{F_P}{A_0}$$

2. 弹性极限

当荷载超过比例极限后，力与变形失去比例关系，拉伸图由直线过渡到微弯的曲线 AA'。此时，如果卸去荷载，试件仍能恢复到原来的长度。这种性质称为弹性，这种可恢复的变形，称为弹性变形。OA' 阶段称为弹性阶段。A' 点对应的极限荷载 F_e（N），除以试件的原始横截面面积 A_0（mm^2），所得的应力称为弹性极限 σ_e（MPa）。

即

$$\sigma_e = \frac{F_e}{A_0}$$

由于绝对的弹性范围很难测准，实际上比例极限 σ_P 与弹性极限 σ_e 又非常接近，所以工程中常认为两者相等，为了方便起见工程中多用 σ_P 表示。

二、强度

强度是指钢材在外力作用下，抵抗变形和断裂的能力。强度指标主要包括：屈服点（或屈服强度）、抗拉强度。

1. 屈服点（又称屈服极限）

试件在拉伸过程中，当荷载超过弹性极限 A' 后，将产生塑性变形。此时，力与变形不再成正比，变形较力增长为快，到达 B_1 点后钢材开始暂时失去抵抗变形的能力，称为"屈服"。外力不增加而变形继续增加，B_1C 段中最高点 B_1 和最低点 B_2 对应的荷载 F_{su} 和 F_{sl}，除以原始横截面积 A_0（mm^2），所得的应力，分别称为上屈服点 σ_{su} 和下屈服点 σ_{sl}。

即

$$\sigma_{su} = \frac{F_{su}}{A_0} ; \sigma_{sl} = \frac{F_{sl}}{A_0}$$

由于下屈服点比较稳定，故设计中一般以下屈服点 σ_{sl} 作为强度取值的依据，习惯用 σ_s（或 R_{el}）表示。

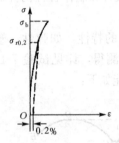

图 8-2 高碳钢
条件屈服极限

2. 屈服强度（条件屈服极限）

对于某些屈服点不明显的钢材（如高碳钢筋、高强钢丝、热处理钢等），测定屈服点比较困难，常把产生 0.2% 永久变形的荷载（$F_{r0.2}$），除以原始横截面积（A_0），所得的应力称为屈服强度或条件屈服极限，用 $\sigma_{r0.2}$（或 $R_{P0.2}$）表示（图 8-2）。

即

$$\sigma_{r0.2} = \frac{F_{r0.2}}{A_0}$$

3. 抗拉强度

抗拉强度表示钢材在拉力作用下，抵抗破坏的最大能力。当屈服阶段的变形增加到一定程度（图 8-1 中 C 点）以后，外力继续增加，曲线随之上升，变形随之增大，钢材进入强化阶段。当曲线到达最高点 D，相对应的最大荷载 F_D（在工程实践中，常用 F_b 表示），除以原始横截面面积（A_0），所得的应力，称为抗拉强度，用 σ_b（或 R_m）表示。

即

$$\sigma_b = \frac{F_b}{A_0}$$

在工程实践中，σ_s 和 σ_b 是设计中的重要依据。

三、塑性

塑性是指钢材在外力作用下，产生永久变形而不破坏的性能。塑性高低用伸长率（δ）和断面收缩率（ψ）两项指标来表示。工程中一般使用伸长率。

由图 8-1 可知，当力超过 D 点后，试件变形开始集中在某一局部区域，横截面出现显著的收缩现象（图 8-3），变形迅速增加，应力随之下降，最后被拉断。

1. 伸长率

伸长率（δ）是指试件被拉断后，所增加的长度（$L_1 - L_0$）与原来长度（L_0）的比值，见图 8-3。

$$\delta = \frac{L_1 - L_0}{L_0} \times 100\%$$

2. 断面收缩率

断面收缩率（ψ）是指拉断处横断面面积（A_1）与原来横断面面积（A_0）的比值，

见图8-3。

$$\psi = \frac{A_0 - A_1}{A_0} \times 100\%$$

图 8-3　钢材拉伸试件示意图
(a) 拉伸前；(b) 拉伸后

四、疲劳强度

钢材在受重复或交变应力作用下，循环一定周次 N（一般选取 $N = 10 \times 10^6$）后，断裂时所能承受的最大应力，称为疲劳强度。此时的 N 称为疲劳寿命。

对于承受交变荷载的结构，如工业厂房的吊车梁等，在选择钢材时必须考虑疲劳强度。

五、弯曲性能

钢材的弯曲性能（又称冷弯性能）是指钢材在常温下能承受弯曲而不破裂的能力，通过弯曲试验测定。

试验时，将钢材试件以规定的弯心（详见试验7-2），弯至90°或180°，检查在弯曲处外面及侧面有无裂纹、裂缝、断裂等情况。出现裂纹前能承受的弯曲程度愈大（弯心小，弯角大），则钢材的弯曲性能愈好。

通过弯曲试验，有利于暴露钢材的某些内在缺陷，如钢材因冶炼、轧制过程不良产生的气孔、杂质、裂纹及焊接时出现的局部脆性和焊接接头质量缺陷等。所以，钢材的弯曲性能不仅是加工性能的要求，也是评定钢材塑性和保证焊接接头质量的重要指标之一。一般钢材塑性好，其弯曲性能必然好。对于弯曲成型和重要结构用的钢材，其弯曲性能必须合格。

六、焊接性能

钢材的焊接性能（又称可焊性）是指在一定焊接工艺条件下，能否形成相当于基本钢材性能或技术条件规定的焊接件的能力。焊接性差的钢材焊接后焊缝强度低，还可能出现变形、开裂现象。所以，钢材的焊接性能是钢材加工中必须测定和注明的重要工艺性能。

七、影响钢材性能的主要因素

影响钢材力学、工艺性能的因素，主要与钢材所含化学成分及其含量有关，详见表8-1。

影响钢材性能的主要因素及说明　　　　表 8-1

影响因素	钢 材 性 能	备 注
含碳量	含碳量高，可以提高其强度性能（屈服极限和强度极限），但会使钢的塑性、冲击韧性和腐蚀稳定性下降。并使钢的焊接性能和弯曲性能变差	建筑钢的含碳量不高，但在用途允许时，可用含碳量较高的钢
含磷量	磷可使钢的屈服极限和强度极限显著提高，并可提高钢的抗大气腐蚀稳定性。但增加钢的冷脆性，使钢的可焊性及弯曲性能变差，并降低钢的塑性	建筑钢的含磷量，应控制在规定的指标以内
含硫量	硫对钢的绝大部分性能起极为有害的作用。如焊接性能、冲击韧性、疲劳强度、腐蚀稳定性等	建筑钢的含硫量应尽量减少
含氧量	氧化物对钢的热加工力学性能、横向力学性能、疲劳强度、热脆性、焊接性能、弯曲性能均有不利影响	建筑钢的含氧量应尽量减少

続表

影响因素	钢材性能	备注
含锰量	锰能在保持钢的原有塑性和冲击韧性的条件下，较显著地提高热轧钢的屈服极限和强度极限，改善钢的热加工性能，降低冷脆性。锰的有害作用是使钢的延伸性略为降低，在含量甚高时，焊接性能变差	在允许含量范围内，锰对钢的性能是益多害少
含硅量	少量硅是钢中的有益元素，可以提高屈服极限和强度极限。但当硅的含量大于0.8%～1.0%时，会使钢的塑性和冲击韧性显著降低，且增加钢的冷脆性，并使钢的焊接性能变差	
含氮量	氮能引起钢的热脆性，使焊接时热裂缝形成的倾向增加，使钢的焊接性能变差，还会使钢的塑性急剧下降，相应降低钢的弯曲性能	建筑钢的含氮量应尽量减少
含钒量	钒是钢中很好的脱氧剂和除气剂。含量小于0.5%时，能使钢的组织致密、细化晶粒，显著提高强度，改善焊接性。但含量多会降低焊接性能	
含钛量	钛是钢中很好的脱氧剂和除气剂。钛在钢中能和碳、氮作用生成碳化钛和氮化钛，起稳定碳和氮的作用。合金钢加入适量的钛可显著提高钢材的强度、冲击韧性、降低热敏感性。钛含量在0.06%～0.12%的低合金钢具有良好的机械性能和工艺性能	

第二节 建筑用钢

碳素结构钢、优质碳素结构钢、低合金高强度结构钢和合金结构钢是建筑用钢的主要钢种，用以生产建筑用型钢、钢筋、钢丝、钢绞线等。

一、碳素结构钢

碳素结构钢为含碳量小于0.24%的钢。按脱氧程度分为沸腾钢、镇静钢；按用途分为通用结构钢和专用结构钢。工程中使用的多为通用结构钢。

1. 牌号

钢的牌号是给每一种具体的钢所取的名称。钢的牌号又叫钢号。牌号不仅表明钢材的具体品种，反映其化学成分，还能大致判断其质量，从而为生产、使用和管理等工作带来很大的方便。

碳素结构钢按其屈服点分为：Q195、Q215、Q235、Q275共四个牌号。

2. 牌号、代号表示方法

碳素结构钢的牌号，通常由四部分组成。由屈服点的汉语拼音字母"Q"、屈服点的数值（MPa）、质量等级、脱氧方法符号等部分按顺序组成，其表示方法见表8-2。

由于冶炼过程中，部分铁元素被氧化成氧化亚铁，其留在钢锭中的部分会影响钢的质量。因此，在浇筑钢锭之前，先要进行脱氧处理，即加入少量锰铁、硅铁和铝等物质使之与钢水中剩余的氧化铁反应，还原出铁达到去氧的目的。根据脱氧程度的不同，将钢分为沸腾钢、镇静钢（图 8-4）。

碳素结构钢牌号、代号表示方法　　　　　　　　　　表 8-2

牌　号	统一数字代号	质量等级	脱氧方法	牌　号	统一数字代号	质量等级	脱氧方法
Q195	U11952	—	F、Z	Q275	U12752	A	F、Z
Q215	U12152	A	F、Z		U12755	B	Z
	U12155	B			U12758	C	Z
Q235	U12352	A	F、Z		U12759	D	TZ
	U12355	B					
	U12358	C	Z				
	U12359	D	TZ				

注：1. 钢的质量等级，按硫（S）、磷（P）的含量分为 A、B、C、D 四个等级。A 级为最低等级，D 级为最高
　　　等级；

　　2. F—沸腾钢；Z—镇静钢；TZ—特殊镇静钢；

　　3. Z 与 TZ 可以省略；

　　4. 表中为镇静钢、特殊镇静钢牌号的统一数字；沸腾钢牌号的统一数字代号如下：

　　　　Q195F—U11950；

　　　　Q215AF—U12150，Q215BF—U12153；

　　　　Q235AF—U12350，Q235BF—U12353；

　　　　Q275AF—U12750；

　　5. 举例

　　　　例 1. Q235CZ（省略后写作 Q235C）—表示屈服极限为 235MPa，质量等级为 C 级的镇静钢，其牌号的代
　　　　　　　号为 U12358。

　　　　例 2. Q235DTZ（省略后写作 Q235D）—表示屈服极限为 235MPa，质量等级为 D 级的特殊镇静钢，其牌
　　　　　　　号的代号为 U12359。

　　　　例 3. Q235AF—表示屈服极限为 235MPa，质量等级为 A 级的沸腾钢，其牌号的代号为 U12350。

（1）沸腾钢

沸腾钢是没有充分脱氧的钢，钢液中保留相当数量的氧化铁。当钢水注入钢锭模后，随着温度逐渐下降至凝固时，钢水中的碳和氧化铁发生反应，放出大量的一氧化碳气体，产生沸腾现象，故称沸腾钢。这种钢塑性好，成本较低；但化学成分不均匀，强度及抗腐蚀性较差，特别是低温冲击韧性显著降低。

（2）镇静钢

镇静钢是脱氧充分的钢。在浇铸和凝固过程中，钢水平静没有沸腾现象，故称镇静钢。这种钢结构致密、强度高、质量均匀、焊接性能好、抗腐蚀性强，但成本高。

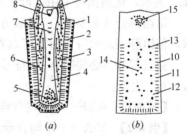

图 8-4　钢锭剖面示意图
（a）镇静钢；（b）沸腾钢

1—激冷层；2—柱状晶带；3—过渡晶带；4—锭心粗大的等轴晶带；5—沉积锥；6—倒 V 形偏析；7—V 形偏析；8—帽口疏松；9—帽口缩孔；10—坚壳带；11—蜂窝气泡带；12—中间坚实带；13—二次气泡带；14—锭心带；15—头部缩孔

3. 碳素结构钢的应用

碳素结构钢的应用见表 8-3。

二、优质碳素结构钢

优质碳素结构钢，简称优质碳素钢，这类钢主要是

镇静钢。与碳素结构钢相比，质量好，硫、磷等有害杂质含量控制较严，一般不超过 0.035%。

碳素结构钢的应用 表 8-3

牌 号	特 性	应 用
Q195 Q215	塑性好，易于弯曲和焊接，强度较低	用于受荷载较小的焊接构件，生产冷轧带肋钢筋，制造铆钉和地脚螺栓
Q235	有较高的强度，良好的塑性、韧性，易于焊接，有利于冷热加工	广泛用于建筑结构中。制作钢结构屋架、闸门、管道、桥梁、钢筋混凝土结构中的钢筋，是目前应用最广泛的钢种
Q255 Q275	屈服强度较高，塑性、韧性和可焊性较差	用于钢筋混凝土结构中的钢筋；钢结构构件；制造螺栓

1. 分类

优质碳素钢按含碳量的不同分为：低碳钢、中碳钢和高碳钢。低碳钢有良好的塑性和韧性；中碳钢性能适中，经过调质热处理有较高的综合力学性能；高碳钢有较高的强度和硬度。

优质碳素钢按含锰量的不同又可分为：普通含锰量钢（Mn＜0.8%）和较高含锰量钢（Mn＝0.7%～1.2%）。较高含锰量钢具有较好的淬透性（即钢在热处理后表面和中心部分的性能差别较小）、较高的强度和硬度。

2. 牌号及表示方法

优质碳素钢共有 31 个牌号，如 08F、10F、08、10、20、35、45AH、50、50A、70、80、85、20Mn、35Mn、50Mn、50MnE、60Mn 等。

优质碳素结构钢牌号通常由五部分组成：

第一部分：是两位阿拉伯数字，表示平均含碳量（以万分之几计）；

第二部分（必要时）：较高含锰量的优质碳素结构钢，加锰元素符号 Mn；

第三部分（必要时）：钢材冶金质量，即高级优质钢、特级优质钢，分别以"A"、"E"表示，优质钢可不用字母表示；

第四部分（必要时）：脱氧方式表示符号，即沸腾钢、镇静钢分别以"F"、"Z"表示，但镇静钢表示符号通常可以省略；

第五部分（必要时）：用符号表示产品用途、特性或工艺方法，如保证淬透性钢用符号"H"表示。

【例 8-1】 0.8F——平均含碳量为 0.08% 的优质碳素结构钢，按脱氧方式为沸腾钢。

【例 8-2】 50A——平均含碳量为 0.50% 的高级优质碳素结构钢。

【例 8-3】 50MnE——平均含碳量为 0.50% 较高含锰量的特级优质碳素结构钢。

【例 8-4】 45AH——平均含碳量为 0.45%、保证淬透性的高级优质碳素结构钢。

以上各例，除 0.8F 外，按脱氧方式均为镇静钢。

3. 优质碳素钢的应用

一般常用 30、35、40 和 45 号钢制作高强度螺栓，45 号钢还可用以制作预应力混凝土钢筋的锚具，65、70、75 和 80 号钢，用于生产预应力混凝土用的碳素钢丝、刻痕钢丝和钢绞线等。

三、低合金高强度结构钢

低合金高强度结构钢是在碳素结构钢的基础上，加入少量合金元素的钢。它是建筑工程中主要钢种。

1. 分类

（1）按脱氧程度分为镇静钢和特殊镇静钢两类。

（2）按交货状态分为：钢材以热轧、控轧、正火、正火轧制或正火加回火、热机械轧制（TMCP）或热机械轧制加回火状态交货。

2. 牌号

低合金高强度结构钢，按其屈服强度分为：Q345、Q390、Q420、Q460、Q500、Q550、Q620、Q690 八个牌号。

按目前冶金水平分类，其中 Q345、Q390、Q420 为低合金中等强度钢，Q460 以上为低合金高性能钢。

屈服极限和抗拉强度高，可焊性、冲击韧性、耐候性、耐磨性等综合性能指标均好的钢称为高性能（高强）钢。

牌号为 Q345、Q390、Q420 的钢材各分为 A、B、C、D、E 五个质量等级；Q460、Q500、Q550、Q620、Q690 的钢材各分为 C、D、E 三个质量等级。

3. 牌号表示方法

钢的牌号由代表钢的屈服点的汉语拼音字母（Q）、屈服点数值（单位 MPa）、质量等级符号三个部分组成。

【例 8-5】 Q345C——表示屈服点为 345MPa，质量等级为 C 级的低合金中强度结构钢。

【例 8-6】 Q460D——表示屈服点为 460MPa，质量等级为 D 级的低合金高性能结构钢。

4. 特点及应用

高性能钢是低合金高强度结构钢发展的方向，采用降低碳含量来提高钢的可焊性；通过低合金化或微合金化处理，改善钢的某些性能；通过降低杂质和先进脱硫技术提高均匀性；采用热机械控制轧制工艺（TMCP）使晶粒细化，提高其塑性、韧性。因其具有综合性能好的优点，在相同结构相同荷载的情况下，使用高性能钢可以节约资源、降低成本，提高结构服役安全性。

高性能钢适用于所有建筑钢结构，特别适用于大跨度、公共建筑、体育场馆、高层建筑、塔桅结构、桥梁等工程。随着 Q460 以上高性能钢的持续发展与应用，工程结构形式、结构高度及跨度都将会不断刷新，未来钢结构建筑工程将会得到飞速发展。

四、合金结构钢

合金结构钢是在优质碳素结构钢的基础上，适当加入一种和多种合金元素的合金钢。

1. 牌号及表示方法

合金结构钢，共分 81 个牌号，如 18CrMnNiMoA、20Mn2、15MnVB、40Cr、35SiMn、25CrMnSi、38CrSi、20CrNi3、38Cr3MoWVA 等。

合金结构钢牌号通常由四部分组成：

第一部分：以两位阿拉伯数字表示平均含碳量（以万分之几计）。

第二部分：合金元素含量，以化学元素符号（表 8-4）及阿拉伯数字（牌号化学成分合金元素含量 100 位取整）表示，具体表示方法为：平均含量小于 1.50％时，牌号中仅标明元素，一般不标明含量；平均含量为 1.50％～2.49％、2.50％～3.49％、3.50％～4.49％、4.50％～5.49％……时，在合金元素后相应写成 2、3、4、5……。

注：化学元素的排列顺序按含量值递减排列。如果两个或多个元素的含量相等时，相应符号位置按英文字母的顺序排列。

第三部分：钢材冶金质量，即高级优质钢、特级优质钢分别以 A、E 表示，优质钢不用字母表示。

第四部分（必要时）：用符号表示产品用途、特性或工艺方法。

【例 8-7】 30CrMnSi——表示平均含碳量为 0.30％，含有铬、锰、硅三种合金元素的合金钢。铬、锰、硅的含量均小于 1.5％。

【例 8-8】 25Cr2MoVA——表示平均含碳量为 0.25％，含有铬、钼、钒三种合金元素的高级优质合金钢。钼、钒含量均小于 1.5％，铬含量在 2.5％～3.49％。

钢中常用化学元素符号　　　　　　　　　　　表 8-4

元素名称	化学元素符号	元素名称	化学元素符号	元素名称	化学元素符号	元素名称	化学元素符号
铁	Fe	锂	Li	钐	Sm	铝	Al
锰	Mn	铍	Be	锕	Ac	铌	Nb
铬	Cr	镁	Mg	硼	B	钽	Ta
镍	Ni	钙	Ca	碳	C	镧	La
钴	Co	锆	Zr	硅	Si	铈	Ce
铜	Cu	锡	Sn	硒	Se	钕	Nd
钨	W	铅	Pb	碲	Te	氮	N
钼	Mo	铋	Bi	砷	As	氧	O
钒	V	铯	Cs	硫	S	氢	H
钛	Ti	钡	Ba	磷	P	—	—

注：混合稀土元素符号用"RE"表示。

2. 特点及应用

合金结构钢的强度高、韧性好、易于淬硬、具有较好的综合性能，适用于大型的或荷载较大的工程结构。

第三节　钢　筋

用于钢筋混凝土和预应力混凝土工程中的钢产品主要有钢筋、钢丝和钢绞线等。钢筋的分类见表 8-5。

钢 筋 的 分 类　　　　　　　　　　　表 8-5

分　类	品　种
按生产工艺	热轧钢筋、冷轧钢筋、冷轧扭钢筋、冷拉钢筋、热处理钢筋、余热处理钢筋等
按轧制外形	光圆钢筋、带肋钢筋
按化学成分	碳素钢钢筋、低合金钢钢筋
按供货方式	圆盘条钢筋、直条钢筋

一、热轧钢筋

热轧钢筋是用加热钢坯制成的条形钢筋。

1. 分类

(1) 按外形分为光圆钢筋和带肋钢筋。

光圆钢筋：是经热轧成型，横截面通常为圆形并自然冷却的成品呈光圆的钢筋。

热轧带肋钢筋：通常带有纵肋，也可不带纵肋。

热轧带纵肋钢筋：经过热轧成型，横截面通常为圆形，且表面带有两条纵肋和沿长度方向均匀分布月牙横肋的钢筋。其表面形状见图8-5。

(2) 按生产工艺分为普通热轧钢筋、细晶粒热轧钢筋和余热处理钢筋。

普通热轧钢筋：按热轧状态交货的钢筋。

细晶粒热轧钢筋：在热轧过程中，通过控轧和控冷工艺形成的细晶粒钢筋。晶粒度不粗于9级。

余热处理钢筋：是经热轧后立即穿水，进行表面控制冷却，用芯部余热自身完成回火处理的钢筋。

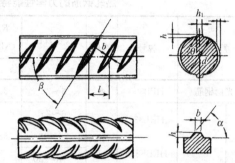

图8-5　月牙肋钢筋表面及截面形状

d—钢筋内径；α—横肋斜角；h—横肋高度；

β—横肋与轴线夹角；h_1—纵肋高度；

θ—纵肋斜角；l—横肋间距；b—横肋顶宽

(3) 普通及细晶粒热轧钢筋各按屈服强度特征值分为 335、400、500 三级，400、500 级为高强钢筋。

2. 牌号及表示方法

热轧钢筋牌号及其表示方法见表8-6。

热轧钢筋牌号及表示方法 表8-6

类　别		牌　号	牌号表示方法	表面标志
热轧光圆钢筋 （HPB）		HPB300	由 HPB＋屈服强度特征值构成	—
月牙肋钢筋	普通热轧钢筋 （HRB）	HRB335	由 HRB＋屈服强度特征值构成	3
		HRB400		4
		HRB500		5
		HRB335E		3E
		HRB400E		4E
		HRB500E		5E
	细晶粒热轧 钢筋 （HRBF）	HRBF335	由 HRBF＋屈服强度特征值构成	C3
		HRBF400		C4
		HRBF500		C5
		HRBF335E		C3E
		HRBF400E		C4E
		HRBF500E		C5E
	余热处理钢筋 （RRB）	RRB400	由 RRB＋屈服强度特征值构成	K3

注：1. 牌号 HRBF 是由热轧（Hot rolled）、带肋（Ribbed）、钢筋（Bars）、细（Fine）4 个词的首位字母构成；

　　2. 牌号后缀字母带"E"是指专用的抗震结构用钢筋。

3. 公称直径

普通及细晶粒热轧钢筋的公称直径为 6~50mm，推荐的钢筋公称直径为 6、8、10、12、16、20、25、32 和 40mm，设计中宜优先选用。

4. 技术要求

（1）外观质量：应无有害的表面缺陷。

（2）力学性能、弯曲性能与质量偏差

热轧钢筋的力学性能特征值、弯曲性能与质量偏差应符合表 8-7 的规定。

热轧钢筋的力学性能特征值、弯曲性能与质量偏差 表 8-7

类别	牌号	符号	公称直径 d(mm)	R_{el} (MPa)	R_m (MPa)	A (%)	A_{gt} (%)	弯心直径	弯曲角度	实际质量与理论质量的偏差(%)
				不小于						
光面钢筋	HPB300	φ	6~22	300	420	25	10	$d=a$		
月牙肋钢筋	HRB335	Φ	6~25	335	455	17		3d		
			28~40					4d		
	HRBF335	ΦF	>40~50				7.5	5d		
	HRB400	Φ	6~25	400	540	16		4d	180°	±7(直径小于14mm) +5(直径14~20mm) +4(直径大于20mm)
	HRBF400		28~40					5d		
	HRB400E	ΦF	>40~50				9.0	6d		
	HRBF400E									
	HRB500	Φ	6~25	500	630	15		6d		
	HRBF500		28~40				7.5	7d		
	HRB500E	ΦF	>40~50				9.0	8d		
	HRBF500E									
余热处理钢筋	RRB400	ΦR	8~25	440	600	14	—	3d	90°	
			28~40					4d		

注：1. R_{el}—钢筋屈服强度；R_m—抗拉强度；A—断裂后伸长率；A_{gt}—最大力总伸长率；d—钢筋试样公称直径；

2. 弯曲性能：按上表规定的弯心直径、弯曲角度弯曲后，钢筋受弯表面不得产生裂纹；

3. 反向弯曲试验：弯心直径比弯曲试验相应增加一个钢筋公称直径，先正向弯曲 90°，再反向弯曲 20°。两个弯曲角度均应在去载之前测量。经反向弯曲试验后，钢筋表面不得产生裂纹。

（3）抗震结构用钢筋的要求

抗震钢筋延性好，按规定用于结构的关键受力构件中，即一、二级抗震设计各类框架梁、柱的纵向受力钢筋。应选用牌号为 HRB500E、HRB400E 或 HRBF500E、HRBF400E 的热轧带肋高强钢筋。此类钢筋除符合表 8-7 的规定外，还应满足如下要求：

① 钢筋实测抗拉强度与实测屈服强度之比 R_m^0/R_{el}^0 不小于 1.25。

② 钢筋实测屈服强度与表 8-7 规定的屈服强度特征值之比 R_{el}^0/R_{el} 不大于 1.30。

③ 钢筋的最大力总伸长率 A_{gt} 不小于 9%。

（4）化学成分

对于 400、500MPa 两种热轧钢筋，为保证钢筋力学性能和工艺性能，规定了化学成分和碳当量上限值的要求，见表 8-8。

化学成分和碳当量上限值　　　　　　　　表 8-8

牌　号	化学成分（%）					碳当量（%）
	C	Si	Mn	P	S	Ceq
HRB400、HRBF400	0.25	0.80	1.6	0.045	0.045	0.54
HRB500、HRBF500						0.55

注：钢材的焊接性能很重要，碳当量数值能够在一定范围内概括地、相对地评价钢材的焊接性能。

5. 表面标志

表面标志是指在钢筋表面轧制上标记，以便鉴别钢筋的牌号，防止供货或使用时混料、错批。热轧带肋钢筋表面标志表示方法如下：

（1）钢筋表面上轧制的第一个字母表示钢种：无字母表示普通热轧钢筋；"C"表示细晶粒热轧钢筋；"K"表示余热处理钢筋；数字后字母"E"表示抗震结构用钢筋；

（2）钢筋表面上轧制的第一个数字表示强度级别，以阿拉伯数字表示。3、4、5 分别表示强度等级为 335、400、500MPa；

（3）钢筋表面上轧制的最后一组数字为公称直径，以毫米（mm）为单位的阿拉伯数字表示。例如 18、25 表示钢筋的公称直径为 18、25mm；直径 12mm 以下的细钢筋不标志直径；

（4）在字母与数字之间的符号为生产企业的专用标志；

（5）与标志相交处的横肋可以取消；

（6）光圆钢筋表面无标志，强度只有一种，直径可以直接测量；热轧带肋钢筋表面标志见图 8-6。

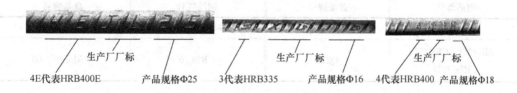

图 8-6　热轧带肋钢筋表面标志

（7）普通热轧钢筋（HRB）在其表面刻有 3、4、5 数字，结构用抗震钢筋刻有 3E、4E、5E；

（8）细晶粒热轧钢筋（HRBF）在其表面刻有 C3、C4、C5；结构用抗震钢筋表面刻有 C3E、C4E、C5E；

（9）余热处理钢筋（RRB）在其表面刻有 K3。

上述钢筋表面刻有的标志代号所对应的钢筋牌号详见表 8-6。

6. 高强钢筋的推广应用

推广应用高强钢筋将会促进我国结构用钢水平的提高。高强热轧带肋钢筋，通过采用微合金化或细晶粒等工艺，大幅度提高了钢材的综合性能，促进了钢材的升级换代。

目前 400MPa 级的热轧带肋钢筋，在国内高层建筑、大型公共建筑、工业厂房、水电、桥梁等工程中，得到了一定的应用。500MPa 级钢筋也正在推广应用中。若代替 335MPa 级钢筋，可节约钢材 15％左右。通过设计比较得出，利用提高钢筋设计强度，而不是增加用钢量，来提高建筑结构的安全储备是一项经济合理的选择。因此，按有关要求 335MPa 级钢筋将会在"十二五"末被淘汰。

二、冷轧带肋钢筋

冷轧带肋钢筋是指热轧圆盘条经冷轧后，在其表面带有沿长度方向均匀分布的三面或二面月牙形横肋的钢筋。其中高延性冷轧带肋钢筋属于四面或二面带月牙形横肋的钢筋。

高延性冷轧带肋钢筋是指经回火处理后，具有较高伸长率的冷轧带肋钢筋。

高延性冷轧带肋钢筋是国内近年来开发的新型冷轧带肋钢筋，具有较好的综合性能和性价比指数。其主要用于钢筋混凝土和预应力混凝土结构工程。

1. 牌号

冷轧带肋钢筋分为：CRB550、CRB600H、CRB650、CRB650H、CRB800、CRB800H 和 CRB970 七个牌号。其中牌号带 H 的三种均为高延性冷轧带肋钢筋。

2. 牌号表示方法

冷轧带肋钢筋的牌号，由 CRB 和钢筋的抗拉强度最小值构成。C、R、B 分别为冷轧 (Cold rolled)、带肋 (Ribbed)、钢筋 (Bars) 三个词的英文首位字母。

【例 8-9】 抗拉强度为 550MPa 的冷轧带肋钢筋，标记为：CRB550。

【例 8-10】 抗拉强度为 800MPa 的高延性冷轧带肋钢筋，标记为：CRB800H。

3. 钢筋牌号与热轧圆盘条牌号对应关系

冷轧带肋钢筋是以普通低碳钢、中碳钢或低合金钢热轧圆盘条为母材，经冷轧或回火处理而成的。钢筋与母材的对应关系见表 8-9。

冷轧带肋钢筋牌号与热轧圆盘条牌号对应关系 表 8-9

钢筋牌号	盘条牌号	钢筋牌号	盘条牌号
CRB550	Q215	CRB800、CRB800H	20MnSi、24MnTi、45
CRB600H、CRB650、CRB650H	Q235	CRB970	41MnSiV、60

4. 公称直径

用于钢筋混凝土和预应力混凝土的冷轧带肋钢筋的公称直径见表 8-10。

钢筋混凝土和预应力混凝土用的冷轧带肋钢筋的公称直径 表 8-10

钢筋混凝土用冷轧带肋钢筋公称直径（mm）		预应力混凝土用冷轧带肋钢筋的公称直径（mm）	
牌号	公称直径	牌号	公称直径
CRB550	4～12	CRB650	4、5、6
CRB600H	5～12	CRB650H	5～6
—	—	CRB800	5
—	—	CRB800H	5～6
—	—	CRB970	5

5. 外形要求

横肋呈月牙形。横肋沿钢筋截面周圈上均匀分布，其中三面肋钢筋有一面肋的倾角必须与另两面反向，二面肋钢筋一面肋的倾角必须与另一面反向。冷轧带肋钢筋的外形应与图 8-7 和图 8-8 相符。

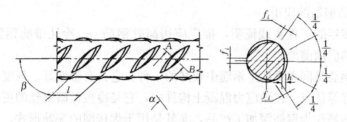

图 8-7　三面肋钢筋表面及截面形状

α—横肋斜角（不小于 45°，横肋与钢筋表面呈弧形相交）；

β—横肋与钢筋轴线交角（45°～60°）；h—横肋中点高；

l—横肋间距；f_i—横肋间隙（其总和不大于公称周长的 20%）

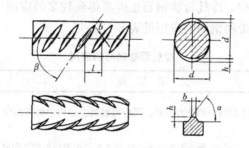

图 8-8　两面肋钢筋表面及截面形状

α—横肋斜角；β—横肋与钢筋夹角；h—横肋中点高；l—横肋间距；b—横肋宽度

6. 技术性质

冷轧带肋钢筋的力学性能与工艺性能应符合表 8-11 的规定。当进行弯曲试验时，受弯部位表面不得产生裂纹。

冷轧带肋钢筋力学性能与工艺性能　　　　　　　　表 8-11

牌号	符号	$R_{p0.2}$ (MPa) ≥	R_m (MPa) ≥	伸长率（%），≥				弯曲试验 180°	反复弯曲次数	应力松弛 初始应力应相当于公称抗拉强度的 70% 1000h 松弛率（%），≤
				$A_{5.65}$	$A_{11.3}$	A_{100}	A_{gt}			
CRB550	ΦR	500	550	—	8.0	—	5.0	D=3d	—	—
CRB600H	ΦRH	520	600	14.0	—	—	5.0		—	—
CRB650	ΦR	585	650	—	—	4.0	5.0		3	8
CRB650H	ΦRH	585	650	—	—	7.0	4.0		4	5
CRB800	ΦR	720	800	—	—	4.0	4.0		3	8
CRB800H	ΦRH	720	800	—	—	7.0	4.0		4	5
CRB970	ΦR	875	970	—	—	4.0			3	8

注：1. 表中 D 为弯心直径；d 为钢筋公称直径。反复弯曲试验的弯曲半径为 15mm；

　2. A_{gt} 为最大力作用下试样总伸长率；

　3. 应力松弛率：在一定温度下，试样施加一定应力 σ_0 后，就会产生一定的变形量，变形量保持不变，随着时间增长，由蠕变导致的应力下降（$\Delta\sigma$）现象叫应力松弛。常用应力松弛率来衡量材料的抗松弛能力，应力松弛率为若干小时后应力的降低量 $\Delta\sigma$ 与初始应力 σ_0 之比的百分率。

钢筋混凝土用冷轧带肋钢筋有 CRB550、CRB600H 两个牌号，其强度标准值由屈服强度表示。除直条供应的 CRB600H 钢筋外，均为无屈服点钢筋。

预应力混凝土用冷轧带肋钢筋，其强度标准值均由抗拉强度表示。其牌号有：CRB650、CRB650H、CRB800、CRB800H、CRB970。

7. 冷轧带肋钢筋的应用

根据国内多年的工程实践证明，推广应用高效钢筋——冷轧带肋钢筋，符合中国国情，具有广阔的应用前景。

冷轧带肋钢筋是同类冷加工钢筋中较好的一种。它具有塑性好、强度高、与混凝土粘结锚固性能良好等优点。在预应力混凝土构件中，它是冷拔低碳钢丝的更新换代产品。

冷轧带肋钢筋作为钢筋深加工产品，尤其是用于焊接网的配筋形式，具有提高工程质量、节约钢材、简化施工、缩短工期等一系列优点。因此，越来越受到工程界的重视，应用量逐年扩大。从今后发展来看，我国城镇和农村的住宅，中小跨度的仍将占较大的比重。因此，冷轧带肋钢筋仍将是中小预应力混凝土构件的主要钢种。另外，在钢筋混凝土上、下水管和电杆构件中，冷轧带肋钢筋也逐渐得到较多的应用。

各强度等级的冷轧带肋钢筋的应用见表 8-12。

冷轧带肋钢筋的应用 表 8-12

钢筋牌号	适 用 范 围	不适用范围
CRB550 CRB600H	1. 钢筋混凝土结构中的受力主筋、预应力混凝土结构中的非预应力钢筋。 2. 主要适用于钢筋混凝土板类及承受疲劳荷载作用的板类构件配筋。 3. 用于梁、柱中的箍筋，可改善高强混凝土构件延性，具有较好的塑性变形能力，提高抗震性能。 4. 用作墙体中的箍筋、拉结筋或拉结网片；钢筋网片配筋主要用于抗裂等构造要求，属于非受力钢筋。 5. 用于上述板、梁、柱、墙中的钢筋，主要采用绑扎、焊接网或焊接骨架形式应用	1. CRB550、CRB650 钢筋中直径 4mm 的，由于直径偏细，从耐久性考虑，不宜用作混凝土构件中的受力主筋。 2. 由于冷轧带肋钢筋，是经过冷加工强化的，没有明显屈服点的"硬钢"，其延性没有热轧"软钢"好，因此不得用于有抗震设防要求的梁、柱纵向受力钢筋及板、柱结构配筋
CRB650 CRB650H	直径为 4～6mm 的钢筋，适用于中、小先张法预应力构件的受力主筋，可代替冷拔低碳钢丝	
CRB800 CRB800H	1. 宜用作预应力混凝土结构的预应力筋。 2. 直径为 5mm，由热轧低合金钢盘条轧制，代替冷拉 Ⅱ 级钢筋制作空心板，节省钢筋降低造价	
CRB970	用高碳或低合金盘条轧制，用作预应力构件的主筋	

三、冷轧扭钢筋

冷轧扭钢筋使用低碳钢（Q235 或 Q215）热轧圆盘条，经专用钢筋冷轧扭机调直、冷轧并冷扭（或冷滚）一次成型，具有规定截面形式和相应节距的连续螺旋状钢筋，见图 8-9。

1. 分类

按其截面形状分为三种类型：

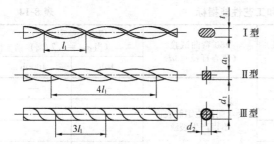

图8-9　冷轧扭钢筋形状及截面控制尺寸

t_1—近似矩形截面，较小边尺寸，称轧扁厚度；a_1—近似正方形截面的边长；d_1—近似圆形截面的外圆直径；d_2—纵向肋根底的内接圆直径；l_1—节距，指钢筋截面位置沿钢筋轴线旋转变化的前进距离

按节距分为：Ⅰ型为1/2周期（180°）；Ⅱ型为1/4周期（90°）；Ⅲ型为1/3周期（120°）

Ⅰ型——近似矩形截面；

Ⅱ型——近似正方形截面；

Ⅲ型——近似圆形截面（带螺旋状纵筋）。

按其强度等级分为550级和650级。

2. 标记

按产品名称代号（CTB）、强度等级（550、650）、标志代号（Φ^T）、主参数代号（标志直径）以及类型代号（Ⅰ、Ⅱ、Ⅲ）顺序标记。

【例8-11】　冷轧扭钢筋550级Ⅱ型，标志直径10mm，标记为：CTB550 Φ^T 10-Ⅱ。

【例8-12】　冷轧扭钢筋650级Ⅲ型，标志直径8mm，标记为：CTB650 Φ^T 8-Ⅲ。

3. 标志直径

不同强度级别及型号的冷轧扭钢筋的标志直径见表8-13。

冷轧扭钢筋标志直径　　　　　　　　　　　　　　　　表8-13

强度级别	型　　号	标志代号	标志直径 d（mm）
CTB550	Ⅰ	Φ^T	6.5、8.0、10、12
	Ⅱ		6.5、8.0、10、12
	Ⅲ		6.5、8.0、10
CTB650	Ⅲ		6.5、8.0、10

注：1. 标志直径为冷轧扭钢筋加工前原材料（母材）的公称直径 d；

　　2. 当采用母材为Q215牌号钢加工冷轧扭钢筋时，其碳的含量不得低于0.12%；

　　3. 550级Ⅱ及650级Ⅲ冷轧扭钢筋应采用Q235牌号的钢生产。

4. 技术要求

（1）力学和工艺性能

冷轧扭钢筋力学性能和工艺性能应符合表8-14的规定。冷轧扭钢筋无明显屈服点，是以极限抗拉强度（σ_b）作为条件屈服极限的钢材，并以此值作为抗拉强度标准值。

（2）外观质量

钢筋表面不应有影响钢筋力学性能的裂纹、折叠、结疤、机械损伤或其他影响使用的缺陷。

5. 冷轧扭钢筋的应用

冷轧扭钢筋具用较高的强度和足够的塑性，与混凝土粘结性能好，代替HPR235级钢筋可节约钢材30%。一般用于预制钢筋混凝土圆孔板、叠合板中的预制薄板，以及现浇钢筋混凝土楼板和先张法预应力冷轧扭钢筋混凝土中、小型结构构件。Ⅲ型冷轧扭钢筋（CTB 550级）可用于焊接网。

力学性能和工艺性能指标 表8-14

强度级别	型 号	抗拉强度 σ_b (N/mm²)	伸长率 A (%)	180°弯曲试验 (弯心直径=3d)	应力松弛率（%） (当 $\sigma_{con}=0.7f_{ptk}$)	
					10h	1000h
CTB550	I	≥550	$A_{11.3}$≥4.5	受弯曲部位钢筋表面 不得产生裂纹	—	—
	II	≥550	A≥10		—	—
	III	≥550	A≥12		—	—
CTB650	III	≥650	A_{100}≥4		≤5	≤8

注：1. d 为冷轧扭钢筋标志直径；

2. A、$A_{11.3}$分别表示以标距 5.65 $\sqrt{S_0}$ 或 11.3 $\sqrt{S_0}$（S_0 为试样原始截面面积）的试样拉断伸长率，A_{100}表示标距为 100mm 的试样拉断伸长率；

3. σ_{con} 为预应力钢筋张拉控制应力；f_{ptk} 为预应力冷轧扭钢筋抗拉强度标准值。

四、预应力混凝土用螺纹钢筋

预应力混凝土用螺纹钢筋（也称精轧螺纹钢筋，以下简称钢筋）是一种热轧而成带有不连续的外螺纹的直条钢筋。

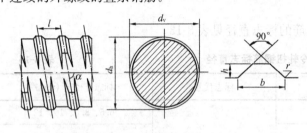

图 8-10 钢筋表面的截面形状

d_h—基圆直径；d_v—基圆直径；h—螺纹高；
b—螺纹底宽；l—螺距；r—螺纹根弧；α—导角

1. 公称直径及外形

钢筋的公称直径有 18、25、32、40mm 和 50mm 五种。推荐的钢筋公称直径为：25、32mm，可根据用户需要提供其他规格的钢筋。

钢筋外形采用螺纹状无纵筋且钢筋两侧螺纹在同一螺旋线上。其外形见图 8-10。

2. 强度等级代号

钢筋以屈服强度划分级别，其代号为"PSB"加上屈服强度最小值表示。例如：PSB830B 表示屈服强度最小值为 830MPa 的钢筋。

3. 技术要求

（1）力学性能

钢筋的力学性能应符合表 8-15 的规定。

钢筋的力学性能 表8-15

级 别	屈服强度 R_{el} (MPa)	抗拉强度 R_m (MPa)	断后伸长率 A (%)	最大力下总伸长率 A_{gt} (%)	应力松弛性能	
					初始应力	1000h 后应力 松弛率 V_r （%）
	不 小 于					
PSB785	785	980	7	3.5	0.8R_{el}	≤3
PSB830	830	1030	6			
PSB930	930	1080	6			
PSB1080	1080	1230	6			

注：无明显屈服时，用规定非比例延伸强度（$R_{p0.2}$）代替。

（2）表面质量

钢筋表面不得有横向裂纹、结疤和折叠。允许有不影响力学性能和连接的其他缺陷。

4. 应用

该钢筋在任意截面处，均可用带有匹配形状的内螺纹的连接器或锚具进行连接或锚固，用于预应力混凝土构件，施工方便。

第四节　预应力混凝土用钢丝和钢绞线

预应力混凝土用的钢丝主要有高强度碳素钢丝，中强度碳素钢丝及低合金钢丝等。

一、高强度碳素钢丝

高强度碳素钢丝是用优质高碳钢盘条，经过规定工艺处理后冷拔制成。碳素钢丝采用80号钢，其含碳量为 0.7%～0.9%。

1. 分类与代号

碳素钢丝的分类与代号见表 8-16。

碳素钢丝的分类与代号 表 8-16

分　类	品　种	代　号
按加工状态分	冷拉钢丝	WCD
	消除应力钢丝，按松弛性能又可分为：普通松弛级钢丝、低松弛级钢丝	WNR、WLR
按外形分	消除应力的光面钢丝 消除应力的刻痕钢丝 消除应力的螺旋肋钢丝	P I H

注：预应力钢丝的应力松弛是指钢材受到一定张拉力后，在长度保持不变的条件下，其应力随时间的增长而降低的现象。

2. 普通松弛级钢丝

普通松弛级钢丝（又称矫直回火钢丝）是冷拔后经高速旋转的矫直辊筒矫直，并经回火（350～400℃）处理的钢丝。

普通松弛级钢丝经矫直回火后，可消除冷拔中产生的残余应力，使其具有提高钢丝的比例极限、改善塑性、获得良好的伸直性、施工方便等优点。

3. 低松弛级钢丝

低松弛级钢丝（又称稳定化处理钢丝）是冷拔后在张力状态下经回火处理的钢丝。

低松弛级钢丝经过稳定化处理后，其弹性极限和屈服强度得到提高，应力松弛大大降低，使构件的抗裂性提高，钢材的用量减少。虽然价格略高，但综合经济效益较好。因此，低松弛级钢丝具有较强的生命力。

4. 高强度碳素钢丝的力学性能

高强度碳素钢丝的力学性能见表 8-17、表 8-18。螺旋肋钢丝、两面刻痕及三面刻痕钢丝的外形见图8-11。

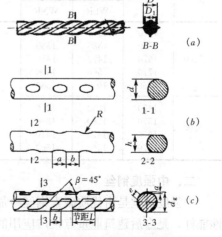

图 8-11　螺旋肋及刻痕钢丝

(a) 螺旋肋；(b) 两面刻痕；(c) 三面刻痕

消除应力光圆及螺旋肋钢丝的力学性能　　　　　　表 8-17

公称直径 d_0 (mm)	抗拉强度 σ_b (MPa) ≥	规定非比例伸长应力 $\sigma_{P0.2}$ (MPa) ≥ WLR	规定非比例伸长应力 $\sigma_{P0.2}$ (MPa) ≥ WNR	最大力下总伸长率 (L_0=200mm) δ_{gt} (%) ≥	弯曲次数 (次/180°) ≥	弯曲半径 R (mm)	初始应力相当于公称抗拉强度的百分数 (%)	1000h后应力松弛率 r (%) ≤ WLR	1000h后应力松弛率 r (%) ≤ WNR
4.00	1470	1290	1250	3.5	3	10			
	1570	1380	1330						
4.80	1670	1470	1410						
	1770	1560	1500		4	15			
5.00	1860	1640	1580				60	1.0	4.5
6.00	1470	1290	1250		4	15			
	1570	1380	1330						
6.25	1670	1470	1410		4	20	70	2.0	8.0
7.00	1770	1560	1500		4	20			
8.00	1470	1290	1250		4	20	80	4.5	12.0
9.0	1570	1380	1330		4	25			
10.00	1470	1290	1250		4	25			
12.00					4	30			

消除应力的刻痕钢丝的力学性能　　　　　　表 8-18

公称直径 d_0 (mm)	抗拉强度 σ_b (MPa) ≥	规定非比例伸长应力 $\sigma_{P0.2}$ (MPa) ≥ WLR	规定非比例伸长应力 $\sigma_{P0.2}$ (MPa) ≥ WNR	最大力下总伸长率 (L_0=200mm) δ_{gt} (%) ≥	弯曲次数 (次/180°) ≥	弯曲半径 R (mm)	初始应力相当于公称抗拉强度的百分数 (%)	1000h后应力松弛率 r (%) ≤ WLR	1000h后应力松弛率 r (%) ≤ WNR
≤5.00	1470	1290	1250	3.5	3	15	60	1.0	4.5
	1570	1380	1330						
	1670	1470	1410						
	1770	1560	1500				70	2.0	8.0
	1860	1640	1580						
>5.00	1470	1290	1250			20	80	4.5	12.0
	1570	1380	1330						
	1670	1470	1410						
	1770	1560	1500						

二、中强度钢丝

中强度钢丝是由优质碳素钢经冷加工或冷加工后热处理制成的钢丝。这种钢丝的综合性能好，是今后建筑业重点推广应用的品种，具有广阔的发展前景。

1. 分类与代号

中强度钢丝分类与代号见表 8-19。

分　　　类	品　　　　　种	强度等级（MPa）	代　　号	注
按表面形状分	光面钢筋 变形钢筋		PW DW	W（wire） D（Deformed）
按 $\sigma_{0.2}$ 与抗拉强度分		620/800 780/970 980/1270 1080/1370		

2. 外形

光面钢丝的外形应具有平滑的表面，变形钢丝的表面上应有一定间隔的刻痕或有连续的螺旋肋，见图 8-12 和图 8-13。

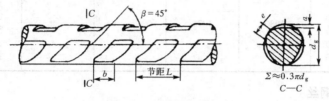

图 8-12　三面刻痕钢丝的外形

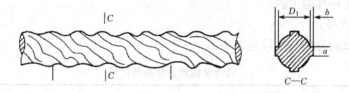

图 8-13　螺旋肋钢丝的外形

3. 力学性质

光面钢丝和变形钢丝的力学性质应符合表 8-20 的规定。

光面钢丝和变形钢丝的力学性质　　　　　表 8-20

种　类	公称直径（mm）	规定非比例伸长应力 $\sigma_{p0.2}$（MPa）≥	抗拉强度 σ_b（MPa）≥	断后伸长率 δ_{10}（%）≥	反复弯曲 次数 N ≥	反复弯曲 弯曲半径（mm）	1000h 松弛率（%）≤
620/800	4.0 5.0 6.0 7.0 8.0 9.0	620	800			10 15 20 20 20 25	
				4	4		8
780/970	4.0 5.0 6.0 7.0 8.0 9.0	780	970			10 15 20 20 20 25	

种　　类	公称直径 (mm)	规定非比例伸长应力 $\sigma_{p0.2}$ (MPa) $\geqslant$	抗拉强度 σ_b (MPa) $\geqslant$	断后伸长率 δ_{10}（%） $\geqslant$	反复弯曲		1000h 松弛率（%） $\leqslant$
					次数 N $\geqslant$	弯曲半径 (mm)	
980/1270	4.0 5.0 6.0 7.0 8.0 9.0	980	1270	4	4	10 15 20 20 20 25	8
1080/1370	4.0 5.0 6.0 7.0 8.0 9.0	1080	1370			10 15 20 20 20 25	

三、低合金钢丝

低合金钢丝是由专用的低合金钢盘条拔制而成，其强度为 $800 \sim 1200 \mathrm{MPa}$，适用于中小预应力混凝土构件的主筋。

1. 分类与代号

低合金钢丝的分类与代号见表 8-21。

低合金钢丝的分类与代号　　　　　　　　　　　表 8-21

分　　类	强度等级（MPa）	光　面　代　号	刻　痕　代　号
按强度等级分	800、1000、1200		
按外形分		YD	YZD

注："Z" 为刻痕的"轧"字汉语拼音字头。

2. 力学性能

低合金钢丝的力学性能和工艺性能应符合表 8-22 的规定。

低合金钢丝的力学性能和工艺性能　　　　　　　　表 8-22

公称直径 (mm)	级　　别	抗拉强度 σ_b (MPa)	伸长率 δ_{100} (%)	反复弯曲		应力松弛	
				弯曲半径 R (mm)	次数 N	张拉应力与公称强度比	应力松弛率最大值
5.0	YD800	800	4	15	4		8% 1000h
7.0	YD1000	1000	3.5	20	4	0.7	或
7.0	YD1200	1200	3.5	20	4		5% 10h

四、钢绞线

预应力混凝土用钢绞线，是由多根冷拉光面钢丝及刻痕钢丝在绞线机上进行螺旋形绞合制成。为减少应用时的应力松弛，钢绞线应在一定张力下进行短时热处理。

1. 分类、代号与标记

(1) 钢绞线的分类与代号见表 8-23。

按生产工艺分类	按结构分类与代号	
标准型钢绞线 （由冷拉光面钢丝捻制成的钢绞线） 刻痕钢绞线 （由刻痕钢丝捻制成的钢绞线） 模拔型钢绞线 （捻制后再经冷拔成的钢绞线）	用两根钢丝捻制的钢绞线	1×2
	用三根钢丝捻制的钢绞线	1×3
	用三根刻痕钢丝捻制的钢绞线	1×3I
	用七根钢丝捻制的标准型钢绞线	1×7
	用七根钢丝捻制又经模拔的钢绞线	（1×7）C

（2）标记

按预应力钢绞线名称、结构代号、公称直径和强度级别顺序标记。

【例 8-13】 公称直径为 15.20mm，强度级别为 1860MPa 的七根钢丝捻制的标准型钢绞线。其标记为：预应力钢绞线 1×7-15.2-1860。

【例 8-14】 公称直径为 8.74mm，强度级别为 1670MPa 的三根刻痕钢丝捻制的钢绞线。其标记为：预应力钢绞线 1×3I-8.74-1670。

【例 8-15】 公称直径为 12.70mm，强度级别为 1860MPa 的七根钢丝捻制又经模拔的钢绞线。其标记为：预应力钢绞线 （1×7）C-12.7-1860。

2. 钢绞线外形

钢绞线外形见图 8-14 和图 8-15。

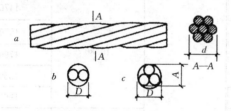

图 8-14 预应力钢绞线

图 8-15 模拔钢绞线

a—1×7 结构钢绞线；b—1×2 结构钢绞线；
c—1×3 结构钢绞线；d—钢绞线公称直径

3. 公称直径、强度级别和力学性能

（1）1×2、1×3 结构钢绞线的公称直径和强度等级见表 8-24。

1×2、1×3 结构钢绞线的公称直径和强度等级　　　表 8-24

结 构 钢绞线	公称直径 D_n(mm)	抗拉强度 R_m(MPa) ≥	结 构 钢绞线	公称直径 D_n(mm)	抗拉强度 R_m(MPa) ≥
1×2	5.00	1570	1×3	5.80	1570
		1720			1720
		1860			1860
		1960			1960

结构 钢绞线	公称直径 D_n(mm)	抗拉强度 R_m(MPa) ≥	结构 钢绞线	公称直径 D_n(mm)	抗拉强度 R_m(MPa) ≥
1×2	8.00	1470	1×3	6.50	1570
		1570			1720
		1720			1860
		1860			1960
		1960		8.60	1470
	10.00	1470			1570
		1570			1720
		1720			1860
		1860			1960
		1960		8.74	1570
	12.00	1470			1670
		1570			1860
		1720		10.80	1470
		1860			1570
1×3I	8.74	1570			1720
		1670			1860
		1860			1960
1×3	6.20	1570		12.90	1470
		1720			1570
		1860			1720
		1960			1860
					1960

（2）1×7 结构钢绞线的力学性能

1×7 结构钢绞线，是由 6 根外层钢丝围绕 1 根中心钢丝绞成，其力学性能应符合表 8-25 的规定。

4. 应用

1×3 钢绞线仅用于先张预应力混凝土构件；1×7 钢绞线的用途广泛。

五、无粘结预应力钢绞线（UPS）

无粘结预应力钢绞线，系由钢绞线通过专用设备涂包防腐润滑脂和塑料套管（护套）而构成的一种新型预应力筋。

润滑脂是用脂肪酸混合金属皂将深度精制的矿物润滑油稠化而成，并加入了多种添加剂，使其具有防锈、防蚀性能。

1×7 结构钢绞线的力学性能　　　　　　　　　　　　表 8-25

钢绞线结构	钢绞线公称直径 D_n(mm)	抗拉强度 R_m(MPa) ≥	整根钢绞线的最大力 F_m(kN) ≥	规定非比例延伸力 $F_{P0.2}$(kN) ≥	最大力总伸长率 ($L_0 \geqslant 500mm$) A_{gt}(%) ≥	应力松弛性能	
						初始负荷相当于公称最大力的百分数(%)	1000h 后应力松弛率 γ(%) ≤
1×7	9.50	1720	94.3	84.9	对所有规格	对所有规格	对所有规格
		1860	102	91.8			
		1960	107	96.3			
	11.10	1720	128	115			
		1860	138	124		60	1.0
		1960	145	131			
	12.70	1720	170	153	3.5		
		1860	184	166			
		1960	193	174		70	2.5
	15.20	1470	206	185			
		1570	220	198			
		1670	234	211			
		1720	241	217		80	4.5
		1860	260	234			
		1960	274	247			
	15.70	1770	266	239			
		1860	279	251			
	17.80	1720	327	294			
		1860	353	318			
(1×7)C	12.70	1860	208	187			
	15.20	1820	300	270			
	18.00	1720	384	346			

注：规定非比例延伸力 $F_{P0.2}$ 值不小于整根钢绞线公称最大力 F_m 的 90%。

包裹在钢绞线和防腐润滑脂外的塑料套管，是采用挤塑型高密度聚乙烯树脂制成，用以保护预应力钢绞线不受腐蚀。其主要作用是使预应力钢绞线与周围混凝土之间可永久地相对滑动，防止与周围混凝土之间发生粘结。

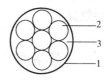

1. 断面形状

无粘结预应力钢绞线断面形状见图 8-16。

2. 标记

按无粘结预应力钢绞线的名称代号、公称直径、强度等级顺序标记。

图 8-16　无粘结预应力钢绞线的断面形状
1—塑料套管；
2—钢绞线；
3—润滑脂

【例 8-16】　公称直径为 15.20mm，强度等级为 1860MPa 的无粘结预应力钢绞线。其标记为：UPS 15.20-1860。

3. 规格与性能

无粘结预应力钢绞线主要规格和技术性能要求见表 8-26。

4. 应用

钢绞线			防腐润滑脂质量	护套厚度		
公称直径 (mm)	公称截面积 (mm²)	公称强度 (MPa)	W_3 (g/m) ≥	(mm) ≥	μ	κ
9.50	54.8	1720	32	0.8	0.04~0.01	0.003~0.004
		1860				
		1960				
12.70	98.7	1720	43	1.0	0.04~0.10	0.003~0.004
		1860				
		1960				
15.20	140.0	1570	50	1.0	0.04~0.10	0.003~0.004
		1670				
		1720				
		1860				
		1960				
15.70	150.0	1770	53	1.0	0.04~0.10	0.003~0.004
		1860				

注：1. 经供需双方协商，也生产供应其他强度和直径的无粘结预应力钢绞线；

　　2. μ——无粘结预应力筋中钢绞线与护套内壁之间的摩擦系数；

　　3. κ——考虑无粘结预应力筋每米长度局部偏差的摩擦系数。

无粘结预应力钢绞线适用于后张预应力混凝土结构。

无粘结预应力钢绞线具有摩阻损失小、便于工厂化生产、施工方便、缩短工期、可充分发挥预应力钢筋强度等优点，因此被广泛用于多层及高层建筑大跨度、大柱网、大开间楼盖体系中。采用大跨度无粘结预应力楼盖结构，可节约钢材和混凝土用量，与普通钢筋混凝土结构相比，可节约混凝土 8%~30%，节省钢材 20%~30%，将取得明显的经济和社会效益。

第五节　钢筋、钢丝及钢绞线的质量检验与质量判定

一、质量检验

钢筋、钢丝、钢绞线进场后，应按批进行检验。应由统一牌号、外形、规格、生产工艺和交货状态组成检验批。有关钢筋、钢丝和钢绞线的检验批数量的确立、取样及检验内容见表 8-27。

钢筋、钢丝和钢绞线的检验 表 8-27

钢材品种	检验批数量 (每批)	取　　样	检　验　内　容
冷轧带肋钢筋	不大于 60t	每批抽取 5%（但不少于 5 盘或捆），随机取样	外形尺寸、表面质量、质量偏差、拉伸性能、冷弯性能、应力松弛

钢材品种	检验批数量（每批）	取　　样	检　验　内　容
热轧钢筋	同上	每批抽取 5%，随机取样	外形、尺寸、质量、拉伸性能、弯曲性能、反向弯曲性能
冷轧扭钢筋	不大于 20t，不足 20t 按一批计	每批随机抽取试样，长度取偶数倍节距；且不小于 4 倍节距，同时不小于 400mm	外观质量、截面控制尺寸、节距、定尺长度、质量、拉伸性能、180°弯曲性能
钢丝	不大于 60t	钢丝直径检查按 10%选取，但不得少于 6 盘；力学检验，每批取 10%盘，但不少于 6 盘。从每盘两端取试样。强度检验，按 2%盘选取，但不得少于 3 盘	外观检验、拉伸性能、弯曲性能、应力松弛、疲劳性能
钢绞线	同钢丝	每批任取 3 盘，每盘端部正常部位取 1 根试样，进行各项试验	外观检验、拉伸性能、应力松弛、疲劳及偏斜拉伸性能

二、质量判定

当全部试验项目均符合各钢筋、钢丝和钢绞线的标准规定时，则该批钢材判定为合格。其中，拉伸性能、弯曲性能、反向弯曲性能、应力松弛的检验结果详见本章有关钢筋、钢丝和钢绞线的力学性能、工艺性能表中规定值。

当试验项目中有一项试验结果不符合标准要求时，则应从同一批钢材中，重新加倍随机取样，对不合格项目进行复验。若复验后合格，该批钢材可判定为合格；如仍有一个试样不合格，则该批钢材判定为不合格。

对于冷轧扭钢筋，除应满足上述规定外，当钢筋力学与工艺性能合格，但截面控制尺寸（轧扁厚度、边长或内外圆直径）小于标准规定值或节距大于标准规定值时，该批钢筋应降低直径规格使用。例如：标志直径 $\phi^t 14$ 降为 $\phi^t 12$ 使用；$\phi^t 12$ 降为 $\phi^t 10$ 使用等。

思 考 题 与 习 题

8-1　钢材有哪些主要性质？各性质用什么指标表示？有何实际意义？

8-2　试述低碳钢的拉伸图中，各阶段的力学性能。

8-3　影响钢材性能的主要因素有哪些？

8-4　碳素结构钢分为哪几个牌号？牌号、代号如何表示？Q235 牌号钢被广泛采用的原因是什么？

8-5　试述优质碳素结构钢的分类、牌号表示方法。

8-6　何谓低合金高强度结构钢？试述其牌号的表示方法、特点及应用。

8-7　试述合金结构钢的牌号及合金元素含量的表示方法。

8-8　试述热轧钢筋的分类、牌号，各类热轧钢筋推荐的公称直径及力学性能特征值。

8-9　通过钢筋表面标志，如何鉴别热轧带肋钢筋的牌号？

8-10　推广应用 400、500MPa 级的热轧带肋高强度钢筋有何实际意义？

8-11　冷轧带肋钢筋的发展前景如何？

8-12　何谓高延性冷轧带肋钢筋？其分几个牌号？用什么符号表示？

8-13　试述热轧钢筋、冷轧带肋钢筋、冷轧扭钢筋的牌号及标记表示方法、力学性质及应用。

    8-14   预应力混凝土用螺纹钢筋分几个强度级别？写出各强度级别的代号。

    8-15   试述钢丝和钢绞线的品种、规格、主要技术性质、应用及发展趋势。

    8-16   何谓无粘结预应力钢绞线？试述其标记，规格，主要技术性质及其应用。

    8-17   试述钢筋、钢丝和钢绞线的检验、质量判定。

第九章 防 水 材 料

随着我国新型建筑材料的迅速发展，各类防水材料品种日益增多。用于屋面、地下工程及其他工程的防水材料，除常用的沥青类防水材料外，已向高聚物改性沥青、橡胶及合成高分子防水材料等方向发展，并已在工程应用中取得了较好的防水效果。

第一节 沥 青

沥青是一种有机胶凝材料，是由高分子碳氢化合物及其衍生物组成的黑色或深褐色的不溶于水而几乎全溶于二硫化碳的混合物。沥青在常温下呈固体、半固体或液体状态，具有不导电、不吸水、耐酸、耐碱、耐腐蚀等性能。在土木建筑工程中，沥青主要作为防水、防潮、防腐蚀材料，用于屋面或地下防水工程、防腐蚀工程、铺筑道路、用作贮水池、浴池及桥梁等防腐防潮层。工程中常用的品种主要有石油沥青及改性沥青等。

一、石油沥青

石油沥青是由提炼石油的一些轻质油品（如汽油、柴油及润滑油等）后的残留物制成的产品，其中包含石油中所有的重组分。

沥青按用途分为建筑石油沥青、道路石油沥青等。

沥青按石油加工方法分为直馏沥青、蒸馏沥青、裂化沥青及氧化沥青等。

1. 组分

沥青的组分极其复杂。组成沥青的主要化学元素是碳和氢，一般采用碳和氢的含量之比来表示其化学组成。碳与氢的组分比例直接影响着沥青的物理和化学性质，其比值越大沥青的密度越大、稠度也越高。此外，芳香族碳氢化合物含量越大，沥青的均匀性越好。沥青中碳的含量约为 70%～85%、氢的含量不大于 15%，其他成分（硫、氧、氮）含量很少，但对沥青的性质影响很大。

由于沥青的组成非常复杂，因此，在研究沥青的化学组成时，将其化学成分及物理性质相似而又具有相同特征的部分划分成几个组，称为组分。沥青各组分的含量多少会直接影响沥青的一系列性质。石油沥青分为油分、树脂和地沥青质三大主要组分。有关石油沥青各组分的主要特征及其在沥青中的作用见表 9-1。

石油沥青中的各组分是不稳定的，在外界温度、阳光、空气及水等因素作用下，沥青各组分之间会不断演变。其中，油分、树脂会逐渐减少，地沥青质会逐渐增多，沥青的这一演变过程称为老化。沥青老化表现为流动性、塑性变小而脆性增大，从而使沥青变硬，直至脆裂，甚至完全松散而失去防水、防腐效果。因此，沥青在长期大气综合因素作用下，其性能的稳定程度十分重要。大气稳定性好的沥青在长期使用中可保持其原有的性质，否则，会使沥青的某些性能降低而减少沥青的使用年限。

组　分	状　态	颜　色	密度	含量（%）	作　用
油　分	黏性液体	淡黄色—红褐色	小于 1	40～60	使沥青具有流动性
树脂	中性、酸性	黏稠的半固体	红褐色—黑褐色	略大于 1	15～30	中性树脂：使沥青具有粘性和塑性 酸性树脂：增加沥青与矿物表面的黏附性
地沥青质	粉末状固体颗粒	深褐色—黑褐色	大于 1	10～30	能提高沥青的黏性和耐热性，但含量增多时，将降低沥青的塑性

2. 主要技术性质

石油沥青的性质主要包括黏滞性、塑性、温度稳定性及大气稳定性等，它们是评价沥青质量好坏的主要依据。

（1）黏滞性

黏滞性是指沥青在外力作用下抵抗发生变形的性能。各种沥青的黏滞性变化范围很大，主要由沥青的组分和温度而定，一般随地沥青质含量的增加而增大，随温度的升高而降低。

对于固体、半固体石油沥青，其黏滞性的大小用针入度表示。针入度是指在规定的条件下，用标准针垂直刺入沥青的深度（图 9-1），以 0.1mm（1 度）表示。若针入度值大，说明沥青的流动性大、黏性差。针入度范围在 5～200 度之间。它是沥青划分牌号的主要依据。

建筑石油沥青按其针入度分为 40 号、30 号和 10 号三个牌号。

（2）塑性

塑性是表示沥青开裂后自愈能力及受机械应力作用后形变而不破坏的能力。沥青之所以能被制成性能良好的柔性防水材料，在很大程度上取决于其塑性。

沥青的塑性一般随其温度的升高而增大、随其温度的降低而减少；当地沥青质含量一定时，油分、树脂含量愈多，沥青的塑性也就愈大。

沥青的塑性大小用延度指标表示。延度是指沥青在一定试验条件下可被拉伸的最大长度，以"cm"表示。沥青的延度值愈大，表示其塑性愈好。沥青延度测定示意图见图 9-2。

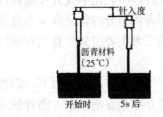

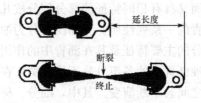

图 9-1　针入度测定示意图　　　　　　　图 9-2　沥青延度测定示意图

（3）温度稳定性

沥青的温度稳定性是指在黏滞性区域内，黏滞性随温度而变化的程度。变化程度愈大，则沥青的温度稳定性愈低。温度稳定性低的沥青，在温度降低时会很快变为脆硬的固体，受外力作用易产生裂缝以至破坏；而当温度升高时，即成为液体流淌。因此，温度稳定性是评价沥青质量的重要性质。

沥青的温度稳定性用软化点指标表示。软化点是指温度升高时固态或半固态沥青转变为黏流态的温度，可用环球法测定（图9-3）。

图9-3 软化点测定示意图（mm）

沥青的软化点高，说明其耐热性能好，但软化点过高又不易加工；软化点低的沥青，夏季易产生变形、甚至流淌。因此，在实际应用时，沥青应具有高软化点和低脆化点。为了提高沥青的耐热性和耐寒性，通常对沥青进行改性，如在沥青中掺入增塑剂、橡胶、树脂及填料等改性材料以制成改性沥青使用。

3. 技术要求

沥青的针入度、延度及软化点是评定沥青质量所必测的三项技术指标。建筑石油沥青各项技术指标应符合表9-2的规定。

建筑石油沥青技术要求　　　　　　　　　　　　　　　表9-2

项　　目	质量指标		
	10号	30号	40号
针入度（25℃，100g，5s）（1/10mm）	10～25	26～35	36～50
针入度（46℃，100g，5s）（1/10mm）	报告①	报告①	报告①
针入度（0℃，200g，5s）（1/10mm）≥	3	6	6
延度（25℃，5cm/min）（cm）≥	1.5	2.5	3.5
软化点（环球法）（℃）≥	95	75	60
溶解度（三氯乙烯）（%）≥	99.0		
蒸发后质量变化（163℃，5h）（%）≤	1		
蒸发后25℃针入度比②（%）≥	65		
闪点（开口杯法）（℃）≥	260		

注：① 报告应为其测值；
　　② 测定蒸发损失后样品的25℃针入度与原25℃针入度之比乘以100后，所得的百分比，称为蒸发后针入度比。

二、改性沥青

改性沥青是指通过氧化、乳化、催化或掺入橡胶、树脂等物质，使其性质得到不同程度改善的沥青。改性沥青可分为橡胶改性沥青、树脂改性沥青、橡胶和树脂改性沥青、再生橡胶改性沥青及矿物填充剂改性沥青。

1. 橡胶改性沥青

橡胶改性沥青是在沥青中掺入橡胶使其改性。沥青与橡胶的混溶性较好，二者混溶后的改性沥青高温变形很小，低温时具有一定的塑性。所用的橡胶有天然橡胶、合成橡胶（氯丁橡胶、丁基橡胶和丁苯橡胶（SBS）等）等。所用橡胶的品种不同，其掺入的量与方法不同时，所形成的改性沥青性能也不同。

2. 树脂改性沥青

树脂改性沥青是在沥青中掺入树脂改性。掺入树脂可改善沥青的耐寒性、耐热性、粘结性及不透气性。树脂与石油沥青的相溶性较差。常用的树脂有聚乙烯、聚丙烯及无规聚丙烯（APP）或无规聚烯烃（APAO）等。

3. 橡胶和树脂改性沥青

橡胶和树脂改性沥青是指沥青、橡胶和树脂三者混溶的改性沥青。混溶后兼有橡胶和树脂的特性，能获得较好的技术经济效果。

4. 再生橡胶改性沥青

再生橡胶改性沥青是指掺入废旧橡胶改性的沥青，可使沥青具有橡胶的一些特性。

5. 矿物填充剂改性沥青

矿物填充剂改性沥青是在沥青中掺入矿物填充料，用以增加沥青的粘结力、柔韧性等。常用的矿物填充料有滑石粉、石灰粉、云母粉、石棉粉及硅藻土等。

国外应用比较广泛的改性材料主要是 APP 和 SBS，目前我国也正在使用。

第二节　沥青防水卷材

防水卷材是指可卷成卷状的防水材料。目前，工程中使用的沥青防水卷材可分为两类，一类是传统的氧化沥青纸胎防水卷材和玻璃布胎沥青防水卷材；另一类是采用优质氧化沥青生产的玻璃纤维胎防水卷材和聚乙烯膜胎防水卷材。

一、石油沥青玻璃纤维胎防水卷材

石油沥青玻璃纤维胎防水卷材是以玻纤毡为胎基，浸涂石油沥青，在两面覆以隔离材料制成的防水卷材。

1. 分类

按产品单位面积质量分为 15 号和 25 号两类。

按产品上表面材料分为 PE 膜、砂面，也可按生产厂要求采用其他类型的上表面材料。

按产品力学性能分为Ⅰ型、Ⅱ型。

规格：卷材公称宽度为 1m，公称面积为 10、20m²。

2. 标记

按卷材名称、型号、单位面积质量、上表面材料、面积顺序标记。

【例 9-1】面积为 20m²，砂面，25 号，Ⅰ型，石油沥青玻纤胎防水卷材，标记为：沥青玻纤胎卷材Ⅰ25 号 砂面 20m²。

3. 单位面积质量

单位面积质量应符合表 9-3 的规定。

单位面积质量　　　　　　　　　　　　　　　　表 9-3

标　号	15 号		25 号	
上表面材料	PE 膜面	砂面	PE 膜面	砂面
单位面积质量（kg/m²）≥	1.2	1.5	2.1	2.4

4. 技术要求

石油沥青玻纤胎防水卷材的各项性能指标均应符合表9-4的规定。

石油沥青玻纤胎防水卷材性能指标 　　　　　　　　　　　　　表9-4

序号	项　目			指　标	
				Ⅰ型	Ⅱ型
1	可溶物含量(g/m²) ≥		15号	700	
			25号	1200	
			试验现象	胎基不燃	
2	拉力(N/50mm) ≥		纵向	350	500
			横向	250	400
3	耐热性			85℃	
				无滑动、流淌、滴落	
4	低温柔性			10℃	5℃
				无裂缝	
5	不透水性			0.1MPa，30min 不透水	
6	钉杆撕裂强度(N) ≥			40	50
7	热老化	外观		无裂纹、无起泡	
		拉力保持率(%) ≥		85	
		质量损失率(%) ≤		2.0	
		低温柔性		15℃	10℃
				无裂纹	

5. 特点及应用

石油沥青玻纤胎防水卷材与传统的石油沥青纸胎油毡相比，由于采用了优质氧化沥青，其柔度在5~10℃下弯曲无裂纹，又由于采用了耐化学微生物腐蚀的玻纤胎基，因此具有耐久性好、使用年限长等优点。其中，15号石油沥青玻纤胎防水卷材适用于一般工业与民用建筑的多层防水及作防腐保护层等；25号石油沥青玻纤胎防水卷材适用于屋面、地下及水利等工程的多层防水。

二、铝箔面石油沥青防水卷材

铝箔面石油沥青防水卷材（简称铝箔面卷材）是采用玻璃毡为胎基，浸涂石油沥青，其上表面用压纹铝箔、下表面用细砂或聚乙烯膜（PE）作为隔离处理的防水卷材。

1. 规格、标号与标记

卷材按单位面积质量将其标号分为30号和40号两种。其中30号卷材厚度不小于2.4mm，40号卷材厚度不小于3.2mm。幅宽为1000mm。产品按名称、标号等顺序标记。

【例9-2】 30号铝箔面石油沥青防水卷材，其标记为：铝箔面卷材30。

2. 技术要求

（1）卷重：卷材的单位面积质量应符合表9-5的规定。卷重为单位面积质量乘以面积。

	单位面积质量	表 9-5
标 号	30 号	40 号
单位面积质量（kg/m²）≥	2.85	3.80

（2）物理性能：各种标号铝箔面卷材的各项物理性能均应符合表 9-6 的规定。

	物 理 性 能	表 9-6
项 目	指 标	
	30 号	40 号
可溶物含量（g/m²）≥	1550	2050
拉力（N/50mm）≥	450	500
柔度（℃）	5	
	绕半径 35mm 圆弧无裂纹	
耐热度	90±2℃，2h 涂盖层无滑动、无起泡、流淌	
分层	50±2℃，7d 无分层现象	

3. 特点与应用

铝箔作为覆面材料具有反射紫外线、反射热量的功能，有美观的装饰效果，具有降低屋面及室内温度的作用。其中，30 号铝箔面油毡适用于多层防水工程的面层，40 号铝箔面油毡适用于单层或多层防水工程的面层。

第三节 改性沥青防水卷材

改性沥青防水卷材的快速发展带动了胎体材料和改性材料的发展。我国目前由于改性沥青防水卷材和高分子防水卷材的迅速发展与应用，已一改传统石油沥青纸胎油毡一统天下的落后局面。由于新型防水材料具有良好性能，因此，今后随着新型防水材料的大量应用，纸胎油毡的使用量将会逐渐减少而被淘汰。以下介绍工程中常用的改性沥青防水卷材。

一、弹性体（SBS）与塑性体（APP）改性沥青防水卷材

1. 概述

弹性体（SBS）改性沥青防水卷材，是指以聚酯毡或玻纤毡为胎基，以苯乙烯—丁二烯—苯乙烯（SBS）共聚热塑性弹性体作改性剂，两面覆以隔离材料，如聚乙烯膜、细砂、粉料或矿物粒（片）料，所制成的建筑防水卷材，简称 SBS 卷材。

塑性体（APP）改性沥青防水卷材是指以聚酯毡或玻纤毡为胎基，无规聚丙烯（APP）或聚烯烃类聚合物（APAO、APO）作改性剂，两面覆以隔离材料所制成的建筑防水卷材，统称 APP 卷材。

2. 分类及规格

（1）分类

两种卷材按胎基均分为聚酯毡（PY）、玻纤毡（G）和玻纤增强聚酯毡（PYG）。

按上表面隔离材料均分为聚乙烯膜（PE）、细砂（S）、矿物粒料（M）。下表面隔离材料为细砂（S）、聚乙烯膜（PE）。

注：细砂为粒径不超过 0.60mm 的矿物粒径。

按材料性能均分为Ⅰ型和Ⅱ型。

（2）规格

两种卷材公称宽度为 1000mm；聚酯毡卷材公称厚度为 3、4、5mm；玻璃毡卷材公称厚度为 3、4mm；玻璃增强聚酯毡卷材公称厚度为 5mm；每卷卷材公称面积为 7.5、10、15m^2。

3. 标记

按产品名称、型号、胎基、上表面材料、下表面材料、厚度、面积顺序标记。

【例 9-3】 10m^2 面积，3mm 厚，上表面为矿物粒料，下表面为聚乙烯膜，聚酯毡Ⅰ型弹性体改性沥青防水卷材，其标记为：SBS I PY M PE 3 10。

【例 9-4】 10m^2 面积，3mm 厚，上表面为矿物粒料，下表面为聚乙烯膜，聚酯毡Ⅰ型塑性体改性沥青防水卷材，其标记为：APP I PY M PE 3 10。

4. 单位面积质量、面积及厚度要求

单位面积质量、面积及厚度要求应符合表 9-7 的规定。

单位面积质量、面积及厚度　　　　　表 9-7

规格（公称厚度）(mm)		3			4			5		
上表面材料		PE	S	M	PE	S	M	PE	S	M
下表面材料		PE	PE、S		PE	PE、S		PE	PE、S	
面积 (m²/卷)	公称面积	10、15			10、7.5			7.5		
	偏差	±0.10			±0.10			±0.10		
单位面积质量（kg/m²）≥		3.3	3.5	4.0	4.3	4.5	5.0	5.3	5.5	6.0
厚度（mm）	平均值 ≥	3.0			4.0			5.0		
	最小单值	2.7			3.7			4.7		

5. 技术性质

SBS、APP 两种卷材的性能均应满足表 9-8 的要求。

SBS 卷材与 APP 卷材的性能指标　　　　　表 9-8

序号	项目		指标				
			Ⅰ		Ⅱ		
			PY	G	PY	G	PYG
1	可溶物含量 （g/m²）≥	3mm	2100				—
		4mm	2900				—
		5mm	3500				
		试验现象	—	胎基不燃	—	胎基不燃	

227

序号	项目			指标				
				I		II		
				PY	G	PY	G	PYG
2	耐热性	温度	SBS	90℃		105℃		
			APP	110℃		130℃		
		(mm) ≤		2				
		试验现象		无流淌、滴落				
3	低温柔性（℃）		SBS	−20		−25		
			APP	−7		−15		
			SBS、APP	无裂缝				
4	不透水性 30min			0.3MPa	0.2MPa	0.3MPa		
5	拉力	最大峰拉力（N/50mm）≥		500	350	800	500	900
		次高峰拉力（N/50mm）≥		—	—	—	—	800
		试验现象		拉伸过程中，试件中部无沥青涂盖层开裂或与胎基分离现象				
6	延伸率	最大峰时延伸率（%）≥	SBS	30		40		—
			APP	25	—	40	—	—
		第二峰时延伸率（%）≥		—		—		15
7	浸水后质量增加（%）≤		PE、S	1.0				
			M	2.0				
8	热老化	拉力保持率（%）≥		90				
		延伸率保持率（%）≥		80				
		低温柔性（℃）	SBS	−15		−20		
			APP	−2		−10		
			SBS、APP	无裂缝				
		尺寸变化率（%）≤		0.7	—	0.7	—	0.3
		质量损失（%）≤		1.0				
9	渗油性（张数）≤		SBS	2				
			APP	无要求				
10	接缝剥离强度（N/mm）≥		SBS	1.5				
			APP	1.0				
11	钉杆撕裂强度（N）≥			—				300
12	矿物粒料粘附性（g）≤			2.0				
13	卷材下表面沥青涂盖层厚度（mm）≥			1.0				

序号	项目		指标				
			I		II		
			PY	G	PY	G	PYG
14	人工气候加速老化	外观	无滑动、流淌、滴落				
		拉力保持率（%）≥	80				
		低温柔性（℃） SBS	—15				—20
		低温柔性（℃） APP	—2				—10
		SBS、APP	无裂缝				

注：1. 钉杆撕裂强度仅适用于单层机械固定施工方式卷材；

2. 矿物粒料粘附性仅适用于矿物粒料表面的卷材；

3. 卷材下表面沥青涂盖层厚度仅适用于热熔施工的卷材。

6. 特点及适用范围

两种卷材的特点及适用范围分别见表 9-9 和表 9-10。

SBS 改性沥青防水卷材的特性和适用范围　　　　　　　表 9-9

卷材	特　性	适　用　范　围
聚酯胎	1. 高性能胎基和改性沥青组合，综合性能优良。 2. 可形成高强度防水层，耐撕裂、耐穿刺、耐水压力、耐疲劳，并具自愈力和抵抗变形能力强。 3. 弹性好、塑性范围大、冷热均可用、耐低温（—25～—15℃弯曲不裂），—50℃仍具功能，可在严寒地区使用。 4. 耐久、寿命长	1. 特别重要、重要及一般防水等级的屋面、地下防水工程、特殊结构防水工程。 2. 市政水利工程及停车场等。 3. 冷热地区均适用，特别适用于寒冷地区。 4. 一年四季均可施工
玻纤胎	1. 厚度一般 3～4mm，可形成高强度防水层，综合性能好。 2. 具有 SBS 改性沥青优良特性，弹性、延伸性、自愈性、塑性范围大，冷热均可用，耐低温性能优良，（—25～—15℃弯曲不裂），—50℃仍具功能。 3. 耐久、寿命长	1. 重要及一般防水等级的屋面、地下防水工程。 2. 冷热地区均适用，特别适用于寒冷地区。 3. 一年四季均可施工

APP 改性沥青防水卷材的特性和适用范围　　　　　　　表 9-10

品　种	特　性	适　用　范　围
聚酯胎	1. 高性能胎基与沥青，厚度大，综合性能好。 2. 具有聚酯毡特性，可形成高强度防水层。 3. 优良的耐高温性能，130℃不流淌，适合高温高湿地区。 4. 耐紫外线照射，耐久寿命长	1. 重要和一般建筑物屋面、地下及市政桥梁防水。 2. 高温高湿地区防水
玻纤胎	1. 厚度大，可形成厚防水层，综合防水性能好。 2. 优良的耐高温性能，130℃不流淌，非常适用于高温高湿地区。 3. 耐紫外线照射，耐久寿命长	1. 一般和重要防水等级的屋面防水，也可用于地下防水工程。 2. 高温高湿地区防水

二、自粘聚合物改性沥青防水卷材

自粘聚合物改性沥青防水卷材（简称自粘卷材），是以自粘聚合物改性沥青为基料，非外露使用的无胎基或采用聚酯胎基增强的本体自粘防水卷材。

1. 分类

按产品有无胎基增强，分为无胎基（N 类）和聚酯胎基（PY 类）。

N 类按上表面材料分为聚乙烯膜（PE）、聚酯膜（PET）和无膜双面自粘（D）。

PY 类按上表面材料分为聚乙烯膜（PE）、细砂（S）和无膜双面自粘（D）。

产品按性能分为 I 型和 II 型，卷材厚度为 2.0mm 的 PY 类只有 I 型。

2. 规格

卷材公称宽度为 1000mm 和 2000mm；卷材公称面积为 10、15、20m² 和 30m²；卷材厚度为：N 类：1.2、1.5mm 和 2.0mm；PY 类：2.0、3.0mm 和 4.0mm。

3. 标记

按产品名称、类型、上表面材料、厚度、面积顺序标记。

【例 9-5】 面积为 20m²，厚度为 2.0mm 的聚乙烯膜 I 型 N 类，自粘聚合物改性沥青防水卷材，其标记为：自粘卷材 N I PE 2.0 20。

4. 技术要求

（1）面积、单位面积质量、厚度要求

面积应不小于标记值的 99%；N 类、PY 类单位面积质量、厚度应符合表 9-11 的规定。

N 类、PY 类单位面积质量和厚度 表 9-11

项目 \ 类别		N 类			PY 类					
厚度规格（mm）		1.2	1.5	2.0	2.0		3.0		4.0	
上表面材料		PE、PET、D			PE、D	S	PE、D	S	PE、D	S
单位面积质量(kg/m²) ≥		1.2	1.5	2.0	2.1	2.2	3.1	3.2	4.1	4.2
厚度（mm）	平均值 ≥	1.2	1.5	2.0	2.0		3.0		4.0	
	最小单值	1.0	1.3	1.7	1.8		2.7		3.7	

（2）物理力学性能

N 类、PY 类卷材物理力学性能应符合表 9-12 和表 9-13 的规定。

N 类卷材物理力学性能 表 9-12

序号	项目			指 标				
				PE		PET		D
				I	II	I	II	
1	拉伸性能	拉力（N/50mm） ≥		150	200	150	200	—
		最大拉力时延伸率（%） ≥		200		30		—
		沥青断裂延伸率（%） ≥		250		150		450
		拉伸时现象		拉伸过程中，在膜断裂前无沥青涂盖层与膜分离现象				

序号	项目		指标				
			PE		PET		D
			I	II	I	II	
2	耐热性		70℃滑动不超过 2mm				
3	低温柔性		−20	−30	−20	−30	−20
			无裂纹				
4	不透水性		0.2MPa，120min 不透水				
5	剥离强度（N/mm）≥	卷材与卷材	1.0				
		卷材与铝板	1.5				
6	热老化	拉力保持率（%）≥	80				
		最大拉力时延伸率（%）≥	200		30		400（沥青层断裂延伸率）
		低温柔性（℃）	−18	−28	−18	−28	−18
			无裂纹				
		剥离强度 卷材与铝板（N/mm）≥	1.5				

PY 类卷材物理力学性能　　　　表 9-13

序号	项目			指标	
				I	II
1	可溶物含量（g/m²）≥		2.0mm	1300	—
			3.0mm	2100	
			4.0mm	2900	
2	拉伸性能	拉力（N/50mm）	2.0mm	350	—
			3.0mm	450	600
			4.0mm	450	800
		最大拉力时延伸（%）≥		30	40
3	耐热性			70℃无滑动、流淌、滴落	
4	低温柔性（℃）			−20	−30
				无裂纹	
5	不透水性			0.3MPa，120min 不透水	
6	剥离强度（N/mm）≥	卷材与卷材		1.0	
		卷材与铝板		1.5	
7	热老化	最大拉力时延伸率（%）≥		30	40
		低温柔性（℃）		−18	−28
				无裂纹	
		剥离强度 卷材与铝板（N/mm）≥		1.5	
		尺寸稳定性（%）≤		1.5	1.0
8	自粘沥青再剥离强度（N/mm）≥			1.5	

5. 应用

自粘聚合物改性沥青防水卷材使用时，只需揭开隔离纸即可铺贴，稍加压力即可粘结牢固。自粘结卷材可用于地下防水，最适合于立墙的铺贴。

三、带自粘层的防水卷材

带自粘层的防水卷材是指表面覆以自粘层的冷施工防水卷材。其品种的名称是由各主体材料的名称而确定的。

主体材料有：SBS 弹性体改性沥青防水卷材、APP 塑性体改性沥青防水卷材、PVC 防水卷材、高分子片材、氯化聚乙烯-橡塑共混防水卷材等。

1. 分类与规格

此类防水卷材的分类及规格尺寸参见本章各主体卷材。其中厚度：沥青基防水卷材的厚度应包括自粘层厚度；非沥青基防水卷材的厚度不包括自粘层厚度，且自粘层厚度不小于 0.4mm。

2. 标记

按产品名称、主体材料标准标记方法顺序标记。

【例 9-6】 3mm 厚，矿物聚酯胎 I 型，10m² 的带自粘层的弹性体改性沥青防水卷材，其标记为：带自粘层 SBS I PY M3 10。

【例 9-7】 长度 20m，宽度 2.1m，厚 1.2mm，L 类，带自粘层的聚氯乙烯防水卷材，其标记为：带自粘层 PVC 卷材 L 1.2/20×2.1。

3. 技术要求

（1）卷材性能指标

带自粘层的防水卷材各项性能指标均应符合各主体材料相关产品标准要求（见本章相关内容）。除此之外应注意：

① 对拉伸强度、撕裂强度试验项目，厚度测量不包括自粘层；

② 以主体材料延伸率作为试验结果，不考虑自粘层延伸率；

③ 带自粘层的沥青防水卷材的自粘面耐热性（度）指标应符合表9-12的要求。

（2）卷材自粘层物理力学性能

卷材自粘层物理力学性能应符合表 9-14 的规定。

卷材自粘层物理力学性能 表 9-14

序号	项 目		指 标
1	剥离强度 （N/mm）	卷材与卷材	≥1.0
		卷材与铝板	≥1.5
2	浸水后剥离强度 （N/mm）		≥1.5
3	热老化后剥离强度 （N/mm）		≥1.5
4	自粘面耐热性		70℃，2h 无流淌
5	持粘性 （min）		≥15

带自粘层的防水卷材，具有很好的低温柔性、延展性和耐热性、不透水性、自愈性，由于自身能自行与基层及卷材粘接，所以施工方便、安全，对环境无污染。

4. 应用

带自粘层的防水卷材适用于建筑屋面和地下防水工程。

（1）聚酯胎基（PY）带自粘层的弹性体改性沥青防水卷材Ⅰ型，适用于一般建筑和较寒冷地区的屋面防水；Ⅱ型较Ⅰ型具有较高的抗拉强度，较大伸长率和优异的耐高低温及耐热老化性能，适用于严寒地区的屋面和地下工程防水。

（2）玻纤毡胎基（G）带自粘层卷材，适用于一般屋面和地下防水工程。

（3）外露使用应采用上表面隔离材料为矿粒料的防水卷材。

（4）地下工程宜采用表面隔离材料为细砂的防水卷材。

第四节　合成高分子防水卷材

高分子防水卷材是以合成橡胶、合成树脂或两者共混体系为基料，加入适量的化学助剂和填充剂等，经过混炼、塑炼、压延或挤出成型、硫化、定型等工序加工制成的片状可卷曲的防水材料。

高分子防水卷材，按基料可分为橡胶类、树脂类、橡塑共混三大类；按加工工艺将橡胶类分为硫化型和非硫化型，增强或不增强型；根据需要可制成均质片、复合片、自粘片、异形片和点（条）粘片五类。

均质片：以高分子合成材料为主要材料，各部位结构均匀一致的防水片材。

复合片：以高分子合成材料为主要材料，复合织物等为保护或增强层，以改变其尺寸稳定性和力学特性，各部位截面结构均匀一致的防水片材。

片材的分类见表9-15。

片 材 的 分 类　　　　　　　　　　　　　　　表9-15

分 类		代 号	主 要 原 材 料
均质片	硫化橡胶类	JL1	三元乙丙橡胶
		JL2	橡塑共混
		JL3	氯丁橡胶、氯磺化聚乙烯、氯化聚乙烯等
	非硫化橡胶类	JF1	三元乙丙橡胶
		JF2	橡塑共混
		JF3	氯化聚乙烯
	树脂类	JS1	聚氯乙烯等
		JS2	乙烯醋酸乙烯共聚物、聚乙烯等
		JS3	乙烯醋酸乙烯共聚物与改性沥青共混等
复合片	硫化橡胶类	FL	（三元乙丙、丁基、氯丁橡胶、氯磺化聚乙烯等）/织物
	非硫化橡胶类	FF	（氯化聚乙烯、三元乙丙、丁基、氯丁橡胶、氯磺化聚乙烯等）/织物
	树脂类	FS1	聚氯乙烯/织物
		FS2	（聚乙烯、乙烯醋酸乙烯共聚物等）/织物

一、三元乙丙橡胶防水卷材

三元乙丙橡胶防水卷材（以下简称三元乙丙卷材），是以三元乙丙橡胶或掺入适量丁基橡胶为基本原料，加入软化剂、填充剂、补强剂、硫化剂、促进剂和稳定剂等，经配料、密炼、塑炼、过滤、拉片、挤出或压延成型、硫化等工序制成的高强度弹性防水材料。目前，国内生产只有均质型，按工艺分为硫化型（代号 JLI）和非硫化型（JFI）两种，其中硫化型占主导地位。

1. 规格与标记

三元乙丙卷材的规格：每卷长度≥20m；幅宽为 1.0、1.1、1.2m；厚度为 1.2、1.5、1.8、2.0mm。

产品按工艺类型代号、材质（简称或代号）、规格（长×宽×厚）顺序标记。

【例 9-8】 均质片，长为 20.0m，宽为 1.0m，厚为 1.2mm 的硫化型三元乙丙橡胶（EPDM）片材，其标记为：JLI-EPDM-20.0m×1.0m×1.2mm。

2. 技术要求

均质片和复合片防水卷材的物理性质应符合表 9-16 的规定。

均质片和复合片防水卷材的性能指标　　　　表 9-16

卷材原材料的名称及代号 项　目	分类	均质片		复合片	
		指　标			
		硫化橡胶类		树脂类 FS2	
		三元乙丙防水卷材 JL1	氧化聚乙烯-橡胶共混防水卷材 JL2	聚乙烯类 F-PE、乙烯-乙酸乙烯共聚物类、高分子增强复合防水片材 F-EVA	
				厚度≥1.0mm	厚度<1.0mm
拉伸强度（MPa）	常温（23℃）　≥	7.5	6.0	纵/横 60N/cm	纵/横 50N/cm
	高温（60℃）　≥	2.3	2.1	纵/横 30N/cm	纵/横 30N/cm
拉断伸长率（%）	常温（23℃）　≥	450	400	纵/横 400	纵/横 100
	低温（−20℃）　≥	200	200	纵/横 300	纵/横 80
撕裂强度（kN/m）　　≥		25	24	纵/横 50N	纵/横 50N
不透水性（30min），0.3MPa		无渗漏		无渗漏	
低温弯折温度（℃），无裂纹		−40	−30	−20	
加热伸缩量（mm）	延伸　　≤	2	2	2	2
	收缩　　≤	4	4	4	4
热空气老化（80℃×168h）	拉伸强度保持率（%）　≥	80	80	纵/横 80	纵/横 80
	拉断伸长率保持率（%）≥	70	70	纵/横 70	纵/横 70
耐碱性〔饱和 Ca(OH)₂ 溶液 23℃×168h〕	拉伸强度保持率（%）　≥	80	80	纵/横 80	纵/横 80
	拉断伸长率保持率（%）≥	80	80	纵/横 80	纵/横 80
臭氧老化（40℃×168h）	伸长率40%，500×10⁻⁸	无裂纹	—	—	—
	伸长率20%，200×10⁻⁸	—	无裂纹	—	—
	伸长率20%，100×10⁻⁸	—	—	—	—

项目		均质片		复合片	
卷材原材料的名称及代号 分类		指 标			
		硫化橡胶类		树脂类 FS2	
		三元乙丙防水卷材 JL1	氧化聚乙烯-橡胶共混防水卷材 JL2	聚乙烯类 F-PE、乙烯-乙酸乙烯共聚物类、高分子增强复合防水片材 F-EVA	
				厚度≥1.0mm	厚度<1.0mm
人工气候老化 60℃	拉伸强度保持率（%）≥	80	80	80	—
	拉断伸长率保持率（%）≥	70	70	70	—
粘结剥离强度（片材与片材）	标准试验条件（N/mm）≥	1.5		1.5	—
	浸水保持率（23℃×168h）≥	70		70	—
复合强度（表层与芯层）（MPa）≥		—	—	0.8	0.8

注：非外露使用，可以不考核臭氧老化与人工气候老化。

3. 特点与应用

三元乙丙卷材与传统的沥青防水材料相比，具有防水性能优异、耐候性好、耐臭氧和耐化学腐蚀性强、弹性和抗拉强度高、对基层材料的伸缩或开裂变形适应性强、质量轻、使用温度范围宽（-60～120℃）、使用年限长（30～50年）、可以冷施工、施工成本低等优点。

三元乙丙卷材最适用于屋面工程作单层外露防水，也适用于有保护层的屋面或室内楼地面、厨房、厕所及地下室、贮水池、隧道等土木建筑工程防水。

二、氯化聚乙烯-橡胶共混防水卷材

氯化聚乙烯-橡胶共混防水卷材是指氯化聚乙烯树脂和丁苯橡胶混合体为基本原料，加入适量软化剂、防老化剂、稳定剂、填充剂和硫化剂，经混合、混炼、过滤、挤出或压延成型、硫化等工序，加工制成的防水卷材，简称共混卷材。

共混卷材为硫化均质型。其产品规格为：幅宽1000、1200mm两种；厚度1.0、1.2、1.5、1.8、2.0mm五种；长度20m。

产品代号为JL2，其技术要求见表9-16。

共混卷材具有塑料和橡胶的特点，具有高强度和较好的耐老化性能，以及高弹性、高延伸性和耐臭氧性及良好的耐低温性能。共混卷材大气稳定性好，使用年限长。可采用单层冷作业粘贴，工艺简便。可用于屋面工程作单层外露防水，也可用于有保护层的屋面或楼（地）面、厨房、卫生间及贮水池等处防水。

三、高分子增强复合防水片材

以聚乙烯、乙烯-乙酸乙烯共聚物等高分子材料为主体材料，复合织物等为保护或增强层制成的复合防水片材。

1. 分类

按主体材料分为以下两类：

（1）聚乙烯类复合环保片材的代号为F-PE；

（2）乙烯-乙酸乙烯共聚物类复合环保片材的代号为F-EVA。

2. 规格尺寸

长度≥20m；宽度 1.0、1.2、1.5、2.0、2.5、3.0、4.0、6.0m；厚度＞0.5mm。

3. 标记

片材按产品类型代号、规格（长度×宽度×厚度）顺序标记。

【例 9-9】 长度为 50m，宽度为 1.2m，厚度为 0.7mm 的聚乙烯类复合环保片材，标记为：F-PE-50m×1.2m×0.7mm。

4. 物理性能

高分子增强复合防水片材的物理性能指标应符合表 9-16 的规定。

5. 配套用水性胶粘剂性能

高分子增强复合防水片材的配套用水性胶粘剂的性能应符合表 9-17 的规定。

6. 应用

高分子增强复合防水片材，适用于屋面、室内、墙体、水利水工设施、地下工程等构筑物的防水、防潮以及各类绿化种植屋面的防水工程。

配套用水性胶粘剂性能要求   表 9-17

项　　　目		指　　　标
潮湿基面粘接强度（MPa）（常温×168h）	≥	0.6
抗渗性（MPa）（常温×168h）	≥	1.0
剪切状态下的粘合性（片材与片材）（N/mm）	≥	3.0 或粘合面外断裂
游离甲醛（g/kg）	≤	1.0
总挥发性有机物（g/l）	≤	110

四、热塑性聚烯烃（TPO）防水卷材

TPO 防水卷材是指两种以上热塑性聚烯烃共聚或共混制得的，可以热焊接施工的一种高分子防水卷材，又称柔性聚烯烃防水卷材。

1. 分类

按产品的组成分为：均质卷材（代号 H）、带纤维背衬卷材（代号 L）、织物内增强卷材（代号 P）。

（1）均质热塑性聚烯烃防水卷材：不采用内增强材料或背衬材料的热塑性聚烯烃防水卷材。

（2）带纤维背衬的热塑性聚烯烃防水卷材：用织物如聚酯无纺布等复合在卷材下表面的热塑性聚烯烃防水卷材。

（3）织物内增强的热塑性聚烯烃防水卷材：用聚酯或玻纤网格布在卷材中间增强的热塑性聚烯烃防水卷材。

2. 规格

公称长度为：15、20、25m；公称宽度为：1.00、2.00m；厚度为：1.20、1.50、1.80、2.00mm。

3. 标记

按产品名称（代号 TPO 卷材）、类型、厚度、长度、宽度的顺序标记。

【例 9-10】 长度 20m，宽度 2.00m，厚度 1.5mm，P 类热塑性聚烯烃防水卷材，其标记为：TPO 片材 P 1.5mm/20m×2.00m。

4. 技术要求

(1) 物理性能

卷材物理性能应满足表 9-18 的规定。

(2) 热老化性能与耐化学性能

卷材热老化性能与耐化学性能应符合表 9-19 的规定。

卷材物理性能指标　　　　　　　　　　　　　　表 9-18

序号	项　　目			指　　标				
				H	L	P	G	GL
1	中间胎基上面树脂层厚度（mm）		≥	—		0.4		
2	拉伸性能	最大拉力（N/cm）　≥	TPO	—	200	250	—	—
			PVC	—	120	250	—	120
		拉伸强度（MPa）　≥	TPO	12.0				
			PVC	10.0		—		10.0
		最大拉伸力时伸长率（%）　≥	TPO			15		
			PVC					
		断裂伸长率（%）　≥	TPO	500	250			
			PVC	200	150	—	200	100
3	热处理尺寸变化率（%）　≤		TPO	2.0	1.0	0.5		
			PVC	2.0	1.0	0.5	0.1	0.1
4	低温弯折性		TPO	−40℃	无裂纹			
			PVC	−25℃	无裂纹			
5	不透水性			0.3MPa，2h 不透水				
6	抗冲击性能			0.5kg·m 不渗水				
7	抗静态荷载		TPO	20kg 不渗水				
			PVC					
8	接缝剥离强度（N/mm）　≥		TPO	4.0 或卷材破坏	3.0	—	—	
			PVC	4.0 或卷材破坏	—		3.0	
9	直角撕裂强度（N/cm）　≥		TPO	60				
			PVC	50			50	
10	梯形撕裂强度（N）　≥		TPO	—	250	450		
			PVC		150	250		220
11	吸水性（70℃，168h）（%）		TPO　≤	4.0				
		PVC	浸水后≤	4.0				
			晾置后≥	−4.0				

注：抗静态荷载仅用于压铺屋面的卷材。

237

序号	项　目			指　标				
				H	L	P	G	GL
1	时间（h）		TPO			672		
2	外观		PVC		无起泡、裂纹、分层、粘结与孔洞			
3	热老化性能 PTO（115℃） PVC（80℃）， 耐化学性能	最大拉力保持率（%） ≥	TPO	—	90	90	—	—
			PVC	—	85	85	—	85
4		拉伸强度保持率（%） ≥	TPO	90				
			PVC	85			85	
5		最大拉力时伸长率保持率（%）≥	TPO				90	
			PVC				80	
6		断裂伸长率保持率（%） ≥	TPO	90	90			
			PVC	80	80		80	80
7		低温弯折性	TPO			−40℃无裂纹		
			PVC			−20℃无裂纹		

5. 特性与应用

TPO 卷材含有一定量的三元乙丙橡胶，故具有良好的耐臭氧和耐老化性能。其使用寿命长，可以冷施工。另外，其低温柔性好，在−30℃条件下，仍具有柔韧性，故可在较低温度下进行施工。TPO 卷材质量轻，施工方便，价格比三元乙丙橡胶防水片材低约 30%。

TPO 卷材可用于屋面工程，作为单层外露防水，也适用于有保护层的屋面或地下室、贮水池等建筑防水。TPO 卷材是"十二五"期间重点推荐产品。

随着我国对安全、节能、环保型新能源的深入研究与开发利用，2011 年末，首次在性能优异、使用温度范围广、使用年限长的 TPO 和 EPDM 防水卷材屋面上，成功铺设柔性非晶硅光伏太阳能电池组件，实现中国首个在 TPO 和 EPOM 光伏防水卷材柔性太阳能屋面联网发电，成为真正的光伏建筑一体化（BIPV）太阳能屋面系统。

五、聚氯乙烯（PVC）防水卷材

聚氯乙烯防水卷材是以聚氯乙烯树脂为主要原料，掺加增塑剂、填充剂、抗氧化剂、抗紫外线吸收剂和其他助剂等，加工而成的一种塑料防水卷材。

1. 分类

按产品的组成分为：均质卷材（代号 H）、带纤维背衬卷材（代号 L）、织物内增强卷材（代号 P）、玻璃纤维内增强卷材（代号 G）、玻璃纤维内增强带纤维背衬卷材（代号 GL）。

（1）均质聚氯乙烯防水卷材：不采用内增强材料或背衬材料的聚氯乙烯防水卷材。

（2）带纤维背衬的聚氯乙烯防水卷材：用织物如聚酯无纺布等复合在卷材下表面的聚氯乙烯防水卷材。

（3）织物内增强的聚氯乙烯防水卷材：用聚酯或玻纤网格布在卷材中间增强的聚氯乙烯防水卷材。

（4）玻璃纤维内增强的聚氯乙烯防水卷材：在卷材中加入短切玻璃纤维或玻璃纤维无纺布，对拉伸性能等力学性能无明显影响，仅提高商品尺寸稳定性的聚氯乙烯防水卷材。

（5）玻璃纤维内增强带纤维背衬的聚氯乙烯防水卷材：在卷材中加入短切玻璃纤维或玻璃纤维无纺布，并用织物如聚酯无纺布等复合在卷材下表面的聚氯乙烯防水卷材。

2. 规格与标记

PVC 卷材的规格：同 TPO 防水卷材。

标记：按产品名称（代号 PVC 卷材）、是否外露使用、类型、厚度、长度、宽度的顺序标记。

【例 9-11】 长度 20m，宽度 2.00m，厚度 1.50mm，L 类外露使用的聚氯乙烯防水卷材，标记为：PVC 卷材 外露 L1.50mm/20m×2.00m。

3. 技术要求

（1）物理性能指标

PVC 卷材物理性能指标应符合表 9-18 的规定。

（2）热老化性能与耐化学性能

PVC 卷材热老化性能与耐化学性能指标应符合表 9-19 的规定。

4. 特性及应用

PVC 防水卷材的拉伸强度高，延伸率好，对基层伸缩或开裂变形的适应性强，具有较好的低温柔性和耐热性，同时抗老化性能良好。PVC 卷材可以冷施工，可采用热风熔接，施工方便，机械化程度高。

PVC 防水卷材可用于工业与民用建筑的各种屋面防水、建筑物的地下防水、隧道防水以及旧屋面的维修等。

六、聚乙烯丙纶卷材与粘结料复合防水材料

（一）聚乙烯丙纶卷材与非固化型防水粘结料复合而成的防水材料

1. 聚乙烯丙纶卷材

聚乙烯丙纶卷材是以聚乙烯与助剂等化合热熔后挤出，同时在两面热覆丙纶纤维无纺布，一次加工而成的树脂类（FS2）高分子复合片卷材。

（1）规格

聚乙烯丙纶卷材的主要规格应符合表 9-20 的规定。

聚乙烯丙纶卷材规格　　　　　　　　　　　　　表 9-20

项　目	规　格		允许偏差（%）
长度（m）	100	50	+0.05
宽度（m）	≥1.0		+0.05
厚度（mm）	0.6、0.7、0.8	0.9、1.0、1.2、1.5	0～+15

（2）物理性能指标

聚乙烯丙纶卷材的物理性能指标应符合表 9-21 的规定。

聚乙烯丙纶卷材物理性能指标　　　　　　　　表 9-21

项　　　目		指　　　标
断裂拉伸强度（N/cm）	常温	≥60
	60℃	≥30
扯断伸长率（%）	常温	≥400
	−20℃	≥10
撕裂强度（N）		≥20
不透水性 0.3MPa，30min		无渗漏
低温弯折温度（℃）		≤−20
加热伸缩量（mm）	延伸	2
	收缩	4
热空气老化（80℃×168h）	断裂拉伸强度保持率（%）	≥80
	扯断伸长率保持率（%）	≥70
耐碱性（质量分数为 10% 的 Ca(OH)₂ 溶液，常温×168h）	断裂拉伸强度保持率（%）	≥80
	扯断伸长率保持率（%）	≥80
人工气候老化	断裂拉伸强度保持率（%）	≥80
	扯断伸长率保持率（%）	≥70
粘结剥离强度（片材与片材）	标准试验条件（N/mm）	≥1.5
	浸水保持率（常温×168h）（%）	≥70
复合强度（表层与芯层）（N/mm）		≥1.2

2. 非固化型防水粘结料

非固化型防水粘结料是由橡胶、沥青改性材料和特种添加剂制成的弹塑性膏状体，与空气长期接触不固化的防水材料。

非固化型防水粘结料的物理性能应符合表 9-22 的规定。

非固化型防水粘结料物理性能　　　　　　　　表 9-22

序号	项　　　目	指　　　标
1	外观	黑色粘稠状
2	固体含量（%）	≥99
3	耐热度（℃）	≥80
4	不透水性（0.1MPa，30min）	不透水
5	粘结强度（MPa）	≥0.3
6	低温柔度（℃）	−20
7	延伸性，无处理（mm）	≥30

（二）聚乙烯丙纶卷材与聚合物水泥胶结料复合的防水材料

1. 聚乙烯丙纶卷材

聚乙烯丙纶卷材的规格、物理性能指标见表 9-20、表 9-21。

2. 聚合物水泥防水胶结料

聚合物水泥防水胶结料以聚合物乳液或聚合物再分散性粉末等聚合物材料和水泥为主

要材料组成，具有良好的和易性、保水性和阻水性，专门用于聚乙烯丙纶卷材的粘接并具有较高的粘结强度。其性能指标应符合表 9-23 的规定。

聚合物水泥防水胶结材料的性能指标 表 9-23

项 目		指 标
与水泥基层的拉结强度（MPa）	常温 28d	≥0.6
	耐水	≥0.4
	耐冻融	≥0.4
操作时间（h）		≥2
抗渗性能（MPa）	抗渗压力差 7d	≥0.2
	抗渗压力 7d	≥1.0
抗压强度（MPa）7d		≥9
柔韧性 28d	抗压强度/抗折强度	≤3
剪切状态下的粘合性（N/mm）常温	卷材与卷材	≥2.0
	卷材与基底	≥1.8

以上两种类型防水材料均为两种防水材料复合使用，提高并强化了防水功能。尤其是非固化型防水粘结料可吸收基层开裂产生的拉应力，适应基层变形能力强，并可以自愈合。虽然卷材是满粘，但同时又达到了空铺的效果，既不蹿水，又能适应基层开裂变形，是一种全新的防水理念，具有非常好的防水效果。

（三）施工技术及适用范围

聚乙烯丙纶卷材与粘结料复合防水材料的特点是冷施工、环保，并可在低温及潮湿基面上施工。其适用于建筑（屋面、种植屋面、地下防水等）、轨道交通、隧道、游泳池等防水和防渗工程。

其中聚乙烯丙纶卷材与非固化型防水粘结料施工时，应将基层彻底清理干净后，采用专用设备将非固化型防水粘结料挤出并以刮涂法施工。先在底层刮涂厚度不小于 2mm 的橡胶沥青非固化防水涂料，对基面易活动和变形部位增刮到 3mm，形成一层永不固化并可滑移的密封防水层。然后，将聚乙烯丙纶防水卷材粘贴在上面，卷材与卷材之间也采用非固化型防水粘结料粘结，从而形成复合防水层。

七、种植屋面用耐根穿刺防水卷材

随着我国城市化建设的推进，为改善区域环境，种植屋面在一些城市逐渐兴起。

从广义上讲，凡是在建筑空间屋面板或单建式地下顶板上做植物种植的，统称为种植屋面。

种植屋面工程由种植、防水、排水、保温隔热等各项技术构成。其中防水技术尤为重要，一旦被植物根系刺穿防水层，发生渗漏，就会造成较大的经济损失。为避免植物根系的穿刺，需要在普通防水层上，再铺设一道耐根穿刺的防水卷材。

1. 卷材品种

目前耐根穿刺的防水卷材有以下 10 种：

（1）铅锡锑合金防水卷材，厚度不应小于 0.5mm。

（2）复合铜胎基 SBS 改性沥青防水卷材，厚度不应小于 4mm。

（3）铜箔胎 SBS 改性沥青防水卷材，厚度不应小于 4mm。

（4）SBS 改性沥青耐根刺防水卷材，厚度不应小于 4mm。

（5）APP 改性沥青耐根刺防水卷材，厚度不应小于 4mm。

（6）聚乙烯胎高聚物改性沥青防水卷材，厚度不应小于 4mm，胎体厚度不应小于 0.6mm。

（7）聚氯乙烯防水卷材（内增强型），厚度不应小于 1.2mm。

（8）高密度聚乙烯土工膜，厚度不应小于 1.2mm。

（9）铝胎聚乙烯复合防水卷材，厚度不应小于 1.2mm。

（10）聚乙烯丙纶防水卷材-聚合物水泥胶结料复合耐根穿刺防水卷材。其中聚乙烯丙纶防水卷材的聚乙烯膜层厚度不应小于 0.6mm。

2. 物理性能

第（2）～（6）种防水卷材的物理性能指标应符合表 9-24 的规定。

物 理 性 能 指 标   表 9-24

项目 卷材名称	复合铜胎基 SBS 改性沥青 防水卷材	铜箔胎 SBS 改性沥青 防水卷材	SBS 改性沥青 耐根穿刺 防水卷材	APP 改性沥青 耐根穿刺 防水卷材	聚乙烯胎高聚 物改性沥青 防水卷材
可溶物含量（g/m²）	≥2900	≥2900	≥2900	≥2900	≥2900
拉力（N/50mm）	≥800	≥800	≥800	≥800	≥500
断裂延伸率（%）	≥40	—	≥40	≥40	≥300
耐根穿刺试验	合 格				
耐热度（℃）	106	105	105	130	105
低温柔度（℃）	−25	−25	−25	−15	−25

第（1）、（7）、（8）、（9）、（10）种防水卷材的物理性能指标应符合表 9-25 的规定。

物 理 性 能 指 标   表 9-25

项目 卷材名称	铝锡锑合金 防水卷材	聚氯乙烯 防水卷材 （内增强型）	高密度聚氯 乙烯土工膜	铝胎聚乙烯 复合防水卷材	聚乙烯丙纶防水 卷材-聚合物水泥 胶结料复合耐根穿刺 防水卷材
拉伸强度（MPa）	≥20	≥10	≥25	拉力（N/cm）≥80	拉力（N/cm）≥60
断裂延伸率（%）	≥30	≥180	≥500	≥100	≥400
耐根穿刺试验	合 格				
低温柔度（℃）	−3	−25	−30	−20	−20
尺寸变化率（%）	—	≤1.0	≤1.5	≤1.0	—
抗冲击性	无裂纹或穿孔	—	—	—	—
加热伸缩量（mm）	—	—	—	—	+2，−4

聚合物水泥胶结料主要物理性能见表 9-26。

聚合物水泥胶结料主要物理性能　　　　表 9-26

项　　目	与水泥基层粘结强度 (MPa)	剪切状态下的粘合性（N/mm）		抗渗性能 (MPa) 7d	抗压强度 (MPa) 7d
		卷材-基层	卷材-卷材		
性能要求	≥0.4	≥1.8	≥2.0	≥1.0	≥9.0

3. 应用

以上 10 种耐根穿刺防水卷材，其中（2）、（4）、（5）、（7）四个品种防水卷材，是经过德国 DIN52123 和 FLL 标准种植试验获得合格证，其余卷材是经种植乔木和灌木，有三年以上工程实践，未发现根系穿透的材料，暂视为耐根穿刺防水材料。

设计选用耐根穿刺防水卷材时，生产厂家须提供相应的检验报告或三年以上种植工程证明，并应满足有关规定。

第五节　防　水　涂　料

建筑防水涂料是无定形材料（液体、稠状物、粉剂加水现场拌合、液体加粉剂现场拌合等），通过现场刷、刮、抹、喷等施工操作，固化形成具有防水功能的膜层材料。

一、分类

建筑防水涂料可分为：挥发型，包括溶剂型和水乳型；反应型，包括固化剂固化型和湿气固化型；反应挥发型；水化结晶渗透型，包括水化成膜型和渗透结晶型。各类防水涂料主要品种见表 9-27。

各类防水涂料的主要品种　　　　表 9-27

合成树脂类	单组分	溶剂型：丙烯酸酯、聚氯乙烯
		水乳型：丙烯酸酯、丁苯
	双组分	聚硫环氧
橡胶类	单组分	溶剂型：氯磺化聚乙烯橡胶、乙丙橡胶
		水乳型：硅橡胶、丁苯、羰基丁苯、氯丁橡胶、丙烯酸酯
		反应型：单组分聚氨酯
	双组分	聚氨酯、焦油聚氨酯、沥青聚氨酯、聚硫橡胶、聚脲
橡胶沥青类	溶剂型：氯丁橡胶类、再生橡胶沥青、SBS 改性沥青、丁基橡胶沥青	
	水乳型：氯丁橡胶沥青、羰基氯丁橡胶沥青、再生橡胶沥青	
沥青类	水分散型：膨润土沥青、石棉沥青	
	溶剂型：沥青涂料	
聚合物水泥复合涂料	Ⅰ型、Ⅱ型、Ⅲ型	
其他防水涂料	水化成膜型、渗透结晶型	

二、聚氨酯防水涂料

聚氨酯防水涂料为化学反应型涂料，分为双组分与单组分两种。双组分的甲组分为聚氨酯预聚体；乙组分为固化组分。使用时将甲、乙组分按比例均匀混合即可。它是借助组分间发生反应由液态变为固态形成高弹性膜层，发挥防水作用。

单组分型的为聚氨酯预聚体，在涂覆后，经过与水和潮气的反应成膜。

（1）品种与质量等级

聚氨酯防水涂料的品种主要有焦油聚氨酯防水涂料、石油沥青聚氨酯防水涂料、纯聚氨酯防水涂料。按其质量有一等品和合格品之分。

因焦油聚氨酯防水涂料对环境和人体有害，今后主要向石油沥青聚氨酯和纯聚氨酯防水涂料方向发展。

（2）特点与应用

聚氨酯涂膜防水有透明、彩色、黑色等品类，并兼有耐磨、装饰及阻燃等性能，由于它的防水、延伸及温度适应性能优异，施工简便，故在中高级建筑的卫生间、水池等防水工程及地下室和有保护层的屋面防水工程中得到广泛应用。

三、聚丙烯酸酯防水涂料

聚丙烯酸酯防水涂料，是以纯丙烯酸酯、苯乙烯与丙烯酸酯共聚物、硅橡胶与丙烯酸酯共聚物的高分子乳液为基料，掺加助剂与无机填料加工而成。其特点与应用见表9-28。

聚丙烯酸酯防水涂料特点与应用　　　　　　　　　　　　表9-28

优　　　点	缺　　　点	适　用　范　围
1. 无毒、无味、不污染环境 2. 潮湿基面可施工，具有一定透气性 3. 刮涂2～3遍，膜后可达2mm 4. 施工简便，维修方便 5. 可制成多种颜色，兼具防水、装饰效果 6. 可作橡胶沥青类黑色防水层的保护层	1. 施工中对基层平整度要求较高 2. 气温低于5℃不宜施工 3. 地下工程要进行长期浸水试验	1. 屋面、墙体的防水防潮工程 2. 黑色屋面的保护层 3. 卫生间防水

四、聚合物水泥防水涂料（简称JS防水涂料）

JS防水涂料是以丙烯酸酯、乙烯-乙酸乙烯酯等聚合物乳液和水泥为主要原料，加入填料及其他助剂配制而成，经水分挥发和水泥水化反应固化成膜的双组分水性防水涂料。

1. 分类和标记

产品按物理力学性能分为Ⅰ型、Ⅱ型和Ⅲ型。产品按其名称、类型进行标记。

【例9-12】Ⅰ型聚合物水泥防水涂料，其标记为：JS防水涂料Ⅰ。

2. 物理力学性能

产品物理力学性能应符合表9-29的规定。

物理力学性能　　　　　　　　　　　　表9-29

序号	试　验　项　目			技　术　指　标		
				Ⅰ型	Ⅱ型	Ⅲ型
1	固体含量（%）		≥	70	70	70
2	拉伸强度	无处理（MPa）	≥	1.2	1.8	1.8
		加热处理后保持率（%）	≥	80	80	80
		碱处理后保持率（%）	≥	60	70	70
		浸水处理后保持率（%）	≥	60	70	70
		紫外线处理后保持率（%）	≥	80	—	—

序号	试验项目			技术指标		
				Ⅰ型	Ⅱ型	Ⅲ型
3	撕裂伸长率	无处理（MPa）	≥	200	80	30
		加热处理（%）	≥	150	65	20
		碱处理（%）	≥	150	65	20
		浸水处理（%）	≥	150	65	20
		紫外线处理（%）	≥	150	—	—
4	低温柔性（φ10mm棒）			−10℃无裂纹	—	—
5	粘结强度	无处理（MPa）	≥	0.5	0.7	1.0
		潮湿基层（%）	≥	0.5	0.7	1.0
		碱处理（%）	≥	0.5	0.7	1.0
		浸水处理（%）	≥	0.5	0.7	1.0
6	不透水性（0.3MPa，30min）			不透水	不透水	不透水
7	抗渗性（砂浆背水面）（MPa）		≥	—	0.6	0.8

3. 应用

聚合物水泥防水涂料可用于建筑屋面、外墙、地下室、厕浴间及裂缝补修工程等的防水。Ⅰ型适用于活动量较大的基层；Ⅱ型和Ⅲ型适用于活动量较小的基层。

五、喷涂聚脲防水涂料

喷涂聚脲防水涂料是以异氰酸酯类化合物为甲组分，胺类化合物为乙组分，采用喷涂施工工艺使两组分混合、反应生成的弹性体防水涂料。

1. 分类和标记

产品按组成分为：喷涂（纯）聚脲防水涂料（代号 JNC）、喷涂聚氨酯（脲）防水涂料（代号 JNJ）；产品按物理力学性能分为：Ⅰ型和Ⅱ型。

产品按其代号、类别顺序标记。

【例9-13】Ⅰ型喷涂聚氨酯（脲）防水涂料，其标记为：JNJ 防水涂料Ⅰ。

2. 物理力学性能

喷涂聚脲防水涂料的基本性能应符合表9-30的规定。

喷涂聚脲防水涂料的基本性能 表9-30

序号	项 目		技术指标	
			Ⅰ型	Ⅱ型
1	固体含量（%）	≥	96	98
2	凝胶时间（s）	≤	45	
3	表干时间（s）	≤	120	
4	拉伸强度（MPa）	≥	10.0	16.0
5	断裂伸长率（%）	≥	300	450
6	撕裂强度（N/mm）	≥	40	50

序号	项 目		技 术 指 标	
			Ⅰ型	Ⅱ型
7	低温弯折性（℃）	≤	−35	−40
8	不透水性		0.4MPa，2h不透水	
9	加热伸缩率（%）	伸长 ≤	1.0	
		收缩 ≤	1.0	
10	粘结强度（MPa）	≥	2.0	2.5
11	吸水率（%）	≤	5.0	

3. 特殊性能

喷涂聚脲防水涂料的特殊性能应符合表9-31的规定。

喷涂聚脲防水涂料的特殊性能   表 9-31

序号	项 目		技 术 指 标	
			Ⅰ型	Ⅱ型
1	硬度（邵A）	≥	70	80
2	耐磨性[（750g/500r）/mg]	≤	40	30
3	耐冲击性/(kg·m)	≥	0.6	1.0

4. 应用

喷涂聚脲防水涂料具有良好的理化性能、热稳定性，可在120℃下长期使用。喷涂工艺施工不受环境温度和湿度的影响。喷涂聚脲防水涂料是一种新型防水涂料，适用于建筑工程、基础设施等的防水。

第六节 建 筑 密 封 材 料

建筑密封材料是指能承受接缝位移，以达到气密和水密目的而嵌入建筑接缝中的材料。按其产品形式分为：定型密封材料（止水带、密封圈、密封带、密封件等）；半定型密封材料（遇水密封胶条等）；无定型密封材料（密封胶）。在建筑工程中应用最多的是各种建筑密封胶。

密封胶是以非成型状态嵌入接缝中，通过与接缝表面粘结而密封接缝的材料。主要基料有聚硫橡胶、有机硅橡胶、氯丁橡胶、聚氨酯、丙烯酸酯、改性硅酮和硅化丙烯酸等。

一、密封胶分类和分级

1. 分类：按产品用途分为两类：

G类——镶装玻璃接缝用玻璃胶。

F类——镶装玻璃以外的建筑接缝用密封胶。

2. 分级：按其满足接缝功能的位移能力分为四级，即25、20、12.5和7.5四个等级。25级和20级适用于G类和F类密封胶；12.5级和7.5级仅适用于F类密封胶。其中：

（1）25 级和 20 级密封胶，按其拉伸模量分为低模量（代号 LM）和高模量（代号 HM）两级。

（2）12.5 级密封胶，按其弹性恢复率又分为弹性恢复率≥40％，代号 E（弹性）和弹性恢复率＜40％，代号 P（塑性）两级。

25 级和 20 级和 12.5E 级密封胶，称为弹性密封胶；12.5P 级和 7.5 级密封胶，称为塑性密封胶。弹性密封胶耐候性好，使用寿命长，在建筑中大量应用。

二、工程中常用的密封材料

工程中常用密封材料的特性和应用见表 9-32。

三、遇水膨胀止水胶

遇水膨胀止水胶（简称止水胶）是一种单组分、无溶剂、遇水膨胀的聚氨酯类无定型膏状体。其具有双重密封止水功能，当水进入接缝时，它可以利用橡胶的弹性（以压缩应力止水）和遇水膨胀体积增大（以膨胀压力止水）填塞缝隙，起到止水作用。

1. 分类与标记

按其体积膨胀率分为：

（1）膨胀倍率为≥220％且＜400％的遇水膨胀止水胶，代号为 PJ-220。

（2）膨胀倍率为≥400％的遇水膨胀止水胶，代号为 PJ-400。

其按产品名称、代号顺序标记。

【例 9-14】 体积膨胀倍率为不小于 400％的遇水膨胀止水胶，标记为：遇水膨胀止水胶 PJ-400 。

2. 性能指标

止水胶的性能指标应符合表 9-33 的规定。

3. 特性及应用

止水胶适用于各种接缝部位及不规则的基面接缝防水，施工简便，可操作性强；尤其是不同材质之间，操作空间小，施工难度高，潮湿部位的密封止水。遇水后其膨胀倍率可达原始体积的 220％以上，可在垂直面施工，不下垂；耐久性好，化学稳定性好。主要用于建筑的地下工程、隧道工程、防护工程、地下铁道和污水处理池等的施工缝（含后浇缝）、变形缝和预埋构件的防水，以及既有工程渗漏水的治理。

密封材料的特性与应用   表 9-32

品 种	定 义	性 能 特 点	应 用 范 围
硅酮密封胶	以室温硫化液态硅橡胶为基料的密封胶	可分为单组分与双组分型。按性能与用途可分为：高模量、中模量和低模量型。 ① 高模量型：抗拉强度≥2.4MPa，相对伸长率为 150％～350％，多为脱醋酸型及中性型，变形能力较差。 ② 中模量型：抗拉强度≥1.3MPa，相对伸长率为＞350％，多为中性型，适应变形能力较强。 ③ 低模量型：抗拉强度≥0.5MPa，相对伸长率＞600％	高模量型：脱醋酸型多用于玻璃密封。 中性型：可用于一般混凝土与铝、塑料、混凝土等接缝处的密封。 低模量型：用于变形范围较大混凝土接缝的处理

品 种	定 义	性 能 特 点	应 用 范 围
聚氨酯密封胶	以双异氰酸酯与聚多元酸合成聚合物为基料的密封胶	可分为单组分型和双组分型密封胶。 ① 强度≥0.2 MPa，延伸率大≥200%，弹性大。 ② 粘结强度≥1MPa。 ③ 低温性能好-30℃。 ④ 抗裂性好。 ⑤ 恢复率>85（%）	用于屋面、地下、厕浴间、特殊部位的密封，防水卷材施工的辅助材料，外墙板缝密封，厕浴间及周边密封，墙面裂缝密封。 不得在潮湿基面上施工，不得外露使用
丙烯酸酯密封胶	以丙烯酸酯为基料的密封胶	单组分水乳型自交联密封胶，水为稀释剂。 ① 可在潮湿基面上施工。 ② 可配制成与墙面颜色一致的各种颜色。 ③ 耐候性好可外露使用。 ④ 粘结强度高；恢复率≥85%；强度≥0.02~0.15MPa；伸长率≥150%。无毒、无溶剂污染	刚性屋面及水泥砂浆基层裂缝的填充，外墙板缝密封
聚硫密封胶	以液体聚硫橡胶为基料的密封胶	双组分型按其性能及用途可分为高模量型和低模量型。 ① 粘结性能好，耐候性能好，可外露使用。 ② 气密、水密性能好。 ③ 物理性能好，高模量型强度≥1.2MPa；恢复率≥90%；延伸率≥100%；低模量型强度≥0.2MPa，恢复率≥80%，延伸率≥400%。 ④ 适应变形能力强，使用温度范围-40℃~90℃	屋面、结构缝隙处理，金属幕墙、游泳池及地下工程裂缝隙的处理
高聚物改性沥青油膏	以石油沥青为基料加入橡胶、SBS树脂、废橡胶等改性材料，热熔共混制成	① 粘结性能好。 ② 密封性能好	做一般填缝用，用于低档房屋的缝隙处理
自粘性密封带	具有自粘性能的带状合成橡胶	① 具有很好的粘结性、密封性。 ② 有一定强度，延伸率大。 ③ 适应变形能力强	大跨度夹心钢板屋面接缝的密封，卷材防水层搭接缝及复杂部位的密封

止水胶性能指标   表 9-33

项 目	指 标	
	PJ-220	PJ-400
固含量（%）	≥85	
密度（g/cm³）	规定值±0.1	
下垂度（mm）	≤2	
表干时间（h）	≤24	
7d 拉伸粘结强度（MPa）	≥0.4	≥0.2
低温柔度	-20℃，无裂纹	

项目		指标	
		PJ-220	PJ-400
拉伸性能	拉伸强度（MPa）	≥0.5	
	断裂伸长率（%）	≥400	
体积膨胀倍率（%）		≥220	≥400
长期浸水体积膨胀倍率保持率（%）		≥90	
抗水压（MPa）		1.5，不渗水	2.5，不渗水
实干厚度（mm）		≥2	
浸泡介质后体积膨胀倍率 保持率a（%）	饱和 Ca（OH)₂溶液	≥90	
	5%NaCl溶液	≥90	
有害物质 含量	VOC（g/l）	≤200	
	游离甲苯二异氰酸酯 TDI（g/kg）	≤5	

注：上标 a 表示此项根据地下水性质由供需双方商定执行。

第七节 防水材料的检验、判定及选用

一、防水材料的质量检验

工程所采用的防水材料应有产品合格证书和性能检测报告，材料的品种、规格、性能等应符合现行国家产品标准和设计要求。材料进场后，屋面材料应按表 9-34 规定抽样复验，并提出试验报告。不合格的材料，不得在防水工程中使用。

屋面防水材料进场抽样及检验项目   表 9-34

序号	防水材料名称	现场抽样数量	外观质量检验	物理性能检验
1	高聚合物改性沥青防水卷材	大于 1000 卷抽 5 卷，每 500～1000 卷抽 4 卷，100 卷～499 卷抽 3 卷，100 卷以下抽 2 卷，进行规格尺寸和外观质量检验，在外观质量检验合格的卷材中，任取一卷做物理性能检验	表面平整、边缘整齐，无孔洞、缺边、裂口、胎基未浸透，矿物粒料粒度，每卷卷材的接头	可溶物含量、拉力、最大拉力时延伸率、耐热度、低温柔度、不透水性
2	合成高分子防水卷材		表面平整、边缘整齐，无气泡、裂纹、粘结疤痕，每卷卷材的接头	断裂拉伸强度、扯断伸长率、低温弯折性、不透水性
3	高聚物改性沥青防水涂料	每 10t 为一批，不足 10t 按一批抽样	水乳型：无色差、凝胶、结块、明显沥青丝。 溶剂型：黑色黏稠状、细腻、均匀胶状液体	固体含量、耐热性、低温柔性、不透水性、断裂伸长率或抗裂性
4	合成高分子防水涂料		反应固化型：均匀黏稠状、无凝胶、结块。 挥发固化型：经搅拌后无结块、呈均匀状态	固体含量、拉伸强度、断裂伸长率、低温柔性、不透水性
5	聚合物水泥防水涂料		液体组分：无杂质、无凝胶的均匀乳液。 固体组分：无杂质、无结块的粉末	固体含量、拉伸强度、断裂伸长率、低温柔性、不透水性

序号	防水材料名称	现场抽样数量	外观质量检验	物理性能检验
6	改性石油沥青密封材料	每1t产品为一批，不足1t的按一批抽样	黑色均匀膏状、无结块和未浸透的填料	耐热性、低温柔性、拉伸粘结性、施工度
7	合成高分子密封材料		均匀膏状或黏稠液体，无结皮、凝胶或不易分散的固体团状	拉伸模量、断裂伸长率、定伸粘结性

二、防水材料的质量判定

表 9-34 中所列的防水材料，其质量应符合下列规定：

1. 按表 9-34 中规定的试验项目经检验后，各项物理力学性能均符合现行标准规定时，判定该批产品物理力学性能合格；若有一项指标不合格，应在该批产品中，再随机抽样，对该项进行复验，达到标准规定时，则判定该批产品合格；复验后仍达不到要求，则判定该批产品物理力学性能不合格。

2. 总判定：外观、规格尺寸（指防水卷材）与物理力学性能均符合标准规定的全部技术要求，且包装标志符合规定时，则判定该批产品为合格。

三、防水材料的选用

根据防水工程重要性和所在部位选用防水材料。例如屋面防水工程应根据建筑物的类别、重要程度、使用功能要求，确定防水等级，并应按防水等级进行防水设防和选择防水材料。屋面防水等级和设防要求见表 9-35。

屋面防水等级和设防要求　　　　　　　　　　表 9-35

防水等级	建筑类别	设防要求
Ⅰ	重要建筑和高层建筑	两道防水设防
Ⅱ	一般建筑	一道防水设防

1. 卷材、涂膜屋面防水等级及防水做法

卷材、涂膜屋面防水等级及防水做法应符合表 9-36 的规定。

卷材、涂膜屋面防水等级及防水做法　　　　　　　　表 9-36

防水等级	防水做法
Ⅰ级	卷材防水层和卷材防水层、卷材防水层和涂膜防水层、复合防水层
Ⅱ级	卷材防水层、涂膜防水层、复合防水层

2. 不同防水材料每道防水层最小厚度

每道卷材防水层、涂膜防水层和复合防水层的最小厚度应符合表 9-37～表 9-39 的规定。

每道卷材防水层最小厚度（mm）　　　　　　　　表 9-37

防水等级	合成高分子防水卷材	高聚物改性沥青防水卷材		
		聚酯胎、玻纤胎、聚乙烯胎	自粘聚酯胎	自粘无胎
Ⅰ级	1.2	3.0	2.0	1.5
Ⅱ级	1.5	4.0	3.0	2.0

每道涂膜防水层最小厚度（mm） 表 9-38

防水等级	合成高分子防水涂膜	聚合物水泥防水涂膜	高聚物改性沥青防水涂膜
I 级	1.5	1.5	2.0
II 级	2.0	2.0	3.0

复合防水层最小厚度（mm） 表 9-39

防水等级	合成高分子防水卷材＋合成高分子防水涂膜	自粘聚合物改性沥青防水卷材（无胎）＋合成高分子防水涂膜	高聚物改性沥青防水卷材＋高聚物改性沥青防水涂膜	聚乙烯丙纶卷材＋聚合物水泥防水胶结材料
I 级	1.2＋1.5	1.5＋1.5	3.0＋2.0	(0.7＋1.3)×2
II 级	1.0＋1.0	1.2＋1.0	3.0＋1.2	0.7＋1.3

思考题与习题

9-1 何谓石油沥青？石油沥青按用途分哪几类？

9-2 试述石油沥青的组分及其特征，各组分的相对含量对沥青的性质有何影响？

9-3 如何划分石油沥青的牌号？牌号大小与主要性质间的关系如何？

9-4 何谓黏滞性、塑性、温度稳定性？各用什么技术指标表示？

9-5 什么是改性沥青？有哪几种？各具哪些特点？

9-6 沥青防水卷材如何分类？主要品种、技术要求及各自特性如何？

9-7 高聚物改性沥青防水卷材、合成高分子防水卷材有哪些主要品种？试述其各自特性及适用范围。

9-8 常用哪两种聚乙烯丙纶卷材与粘结料复合防水材料？两者有何不同？如何应用？

9-9 种植屋面用耐根穿刺防水卷材有哪些品种？其有哪些技术要求？应用中应注意哪些问题？

9-10 工程中常用哪几种防水涂料？有何特性？

9-11 试述聚合物水泥防水涂料、喷涂聚脲防水涂料的分类、标记、技术要求及应用。

9-12 何谓密封材料？可分几类？各类主要品种有哪些？各具有哪些特点？适用于何处？

9-13 何谓遇水止水胶？共分几类？各用什么符号表示？有何特性？可用于哪些工程？

9-14 在施工现场对防水材料的复验应包括哪些内容？

9-15 在施工现场复验后，如何判定防水材料是否合格？

9-16 如何选择屋面防水材料？对不同防水材料每道防水层的最小厚度有何规定？

第十章 石灰、石膏、水玻璃

石灰、石膏和水玻璃均为气硬性无机胶凝材料。石灰、石膏和水玻璃分别加水后形成的浆体，均只能在干燥空气中凝结硬化，而不能在水中硬化，因此只能用于干燥环境中的工程部位，而不能用于潮湿环境及水中的工程部位。

第一节 石 灰

石灰是一种传统的胶凝材料，使用历史悠久，早在两千多年以前，在中国的砖石结构中就比较广泛地使用石灰。工程中石灰的主要用途为配制砂浆、配制三合土和灰土等。

一、石灰的分类

1. 按石灰的化学成分划分

按石灰中 MgO 含量对生石灰粉、建筑消石灰粉的具体分类及指标见表 10-1。

生石灰粉和消石灰粉按化学成分的分类 表 10-1

石灰品种	种 类	MgO 含量	石灰品种	种 类	MgO 含量
生石灰粉	钙质生石灰粉	≤5%	消石灰粉	钙质消石灰粉	<4%
	镁质生石灰粉	>5%		镁质消石灰粉	4%<MgO<24%
				白云石质消石灰粉	24%<MgO<30%

2. 按石灰煅烧的程度划分

生石灰按煅烧程度分为过火石灰、正火石灰和欠火石灰三种。其特性见表 10-2。

过火石灰、正火石灰和欠火石灰的特性 表 10-2

石灰品种	过火石灰	正火石灰	欠火石灰
煅烧情况	过度	充分	不充分
表观密度	大	小	大
水化速度	慢	快	快，但残渣较多
颜色	较深，有玻璃状结瘤	白色或微黄	表面和内部不一致

3. 按生石灰的熟化速度划分

按生石灰熟化速度（加水至石灰内部达到最高温度所需时间），分为快熟石灰、中熟石灰和慢熟石灰三种。它们的熟化速度分别为：快熟石灰（<10min）、中熟石灰（10～30min）、慢熟石灰（>30min）。

4. 按 CaO+MgO 含量划分

按石灰中 CaO+MgO 含量的不同，建筑生石灰、建筑生石灰粉、建筑消石灰粉分别可分为优等品、一等品和合格品三个等级。

二、石灰的特性

石灰通常是生石灰和熟石灰的统称。

1. 生石灰又称块灰，主要成分为氧化钙，呈块状，颜色为白色、淡黄色或灰色，具有极强的吸水性和吸湿性。将生石灰粉碎，磨细成粉状，得到生石灰粉。

2. 熟石灰，又称消石灰，是由生石灰加水消化（熟化）而成，消化过程中放出大量热量，体积膨胀。熟石灰主要成分为氢氧化钙，属于强碱，具有腐蚀性。

将生石灰淋以适量的水，经过消化作用，可得到呈粉状的消石灰粉；将生石灰或熟石灰加以足量的水，可制得厚浆状的石灰浆，又称石灰膏；石灰浆再加水稀释，即成为石灰乳。

生石灰与水作用生成氢氧化钙，当进一步吸收空气中的二氧化碳时，则生成碳酸钙，而使石灰浆凝结硬化。

石灰浆的凝结硬化时间，与空气的湿度及二氧化碳的含量有关：

（1）在干燥及含二氧化碳充足的空气中，凝结硬化较快，反之则较慢；

（2）纯石灰浆凝结硬化较慢，一般情况下须经 $7\sim10d$，而且硬化后强度不高，收缩较大，易产生裂缝。因此，纯石灰浆不能单独使用。在工程中常以石灰浆作为调节和改善砂浆性能的掺合料，用于配制建筑砂浆或掺入其他材料制成硅酸盐制品、碳化石灰制品等。

三、技术性质及应用

1. 技术性质

工程中使用的石灰品种主要有块状生石灰、磨细生石灰粉、消石灰粉和熟石灰膏等。

建筑生石灰、建筑生石灰粉和建筑消石灰粉的技术指标分别见表 10-3、表 10-4 和表10-5。

建筑生石灰技术指标　　　　　　　　　　　　　　　　　表 10-3

项 目	钙质生石灰			镁质生石灰		
	优等品	一等品	合格品	优等品	一等品	合格品
CaO＋MgO 含量（%），≥	90	85	80	85	80	75
未消化残渣含量（5mm 圆孔筛余）（%），≤	5	10	15	5	10	15
CO_2（%），≤	5	7	9	6	8	10
产浆量（L/kg），≥	2.8	2.3	2.0	2.8	2.3	2.0

建筑生石灰粉技术指标　　　　　　　　　　　　　　　　表 10-4

项 目		钙质生石灰粉			镁质生石灰粉		
		优等品	一等品	合格品	优等品	一等品	合格品
CaO＋MgO 含量（%），≥		85	80	75	80	75	70
CO_2（%），≥		7	9	11	8	10	12
细度	0.90mm 的筛余（%），≤	0.2	0.5	1.5	0.2	0.5	1.5
	0.125mm 筛的筛余（%），≤	7.0	12.0	18.0	7.0	12.0	18.0

项　目	钙质消石灰粉			镁质消石灰粉			白云石消石灰粉		
	优等品	一等品	合格品	优等品	一等品	合格品	优等品	一等品	合格品
$CaO+MgO$ 含量（%），≥	70	65	60	65	60	55	65	60	55
CO_2（%），≤	0.4~2	0.4~2	0.4~2	0.4~2	0.4~2	0.4~2	0.4~2	0.4~2	0.4~2
体积安定性	合格	合格	—	合格	合格	—	合格	合格	—
细度　0.90mm 筛筛余（%），≤	0	0	0.5	0	0	0.5	0	0	0.5
细度　0.125mm 筛筛余（%），≤	3	10	15	3	10	15	3	10	15

建筑消石灰粉技术指标　　　　表 10-5

2. 应用

（1）石灰乳刷白：由于石灰乳具有颜色洁白、装饰性好等特点，石灰乳可以用于墙面、顶棚的涂刷。

（2）配制三合土和灰土：石灰与黏土、砂按照一定的比例（通常体积比为 1∶2∶3）可配制三合土；石灰、黏土或粉煤灰、碎砖或砂等原材料可以配制石灰粉煤灰土、碎砖三合土、灰土等。三合土和灰土主要用作基础垫层。

（3）可配制水泥石灰抹灰砂浆和水泥混合砂浆，广泛应用于砌筑、抹灰等工程中。

（4）作为某些硅酸盐制品的原材料：以石灰为原材料，可以生产蒸压灰砂砖、碳化砖、加气混凝土等硅酸盐制品。

第二节　石　膏

石膏是以天然石膏矿（生石膏或二水石膏，主要成分为 $CaSO_4 \cdot 2H_2O$）为主要原料，在一定的温度下经煅烧后，所得的以半水硫酸钙（α 型和 β 型，$CaSO_4 \cdot 0.5H_2O$）为主要成分，不加任何外加剂的粉状气硬性无机胶凝材料。

一、石膏分类

建筑石膏的分类，按煅烧温度不同可分为低温煅烧石膏和高温煅烧石膏两类。

1. 低温煅烧石膏

低温煅烧石膏是在 107~170℃ 的低温条件下，天然二水石膏（即生石膏，$CaSO_4 \cdot 2H_2O$）经过加热煅烧、脱水后所得的产品，主要成分为半水石膏（$CaSO_4 \cdot 0.5H_2O$）。低温煅烧石膏的主要品种包括建筑石膏、模型石膏和高强石膏。

（1）建筑石膏：天然二水石膏在炒锅或回转窑内加热煅烧、脱水、磨细后所得到的产品。由于煅烧时燃烧设备与大气相通，水分呈蒸汽排出，生成的半水石膏为细小的晶体，称为 β 型半水石膏（$\beta\text{-}CaSO_4 \cdot 0.5H_2O$），主要用于建筑工程中，称为建筑石膏。

（2）模型石膏：与建筑石膏化学成分相同，也是 β 型半水石膏（$\beta\text{-}CaSO_4 \cdot 0.5H_2O$），但含杂质较少，细度小。可制作成各种模型和雕塑。

（3）高强石膏：以高品位的天然二水石膏于蒸压釜中，在 124℃，0.13MPa 的压力下蒸炼磨细后所得到的产品。生成的半水石膏为粗大的晶体，称为 α 型半水石膏

（α-$CaSO_4 \cdot 0.5H_2O$）。高强石膏的晶粒粗大，与建筑石膏相比，达到相同稠度的需水量较小，制成的制品密实度较大，因此抗压强度较高，可达 $15\sim25MPa$。

2. 高温煅烧石膏

高温煅烧石膏是在 $600\sim900℃$ 下煅烧后经磨细后得到的产品。高温煅烧石膏与建筑石膏相比，凝结硬化较慢，但耐水性、耐磨性较好，强度较高，也称为地板石膏。

二、特性

1. 建筑石膏

建筑石膏是一种白色粉末状的气硬性胶凝材料，在使用过程中主要有以下特性：

（1）凝结硬化快。建筑石膏的凝结硬化较快，初凝不早于 $6min$，终凝不迟于 $30min$，一般几天即可硬化。为了使石膏不过快产生凝结，在生产制品时可掺入缓凝剂，如亚硫酸纸浆废液等。为了加快石膏的硬化，可以采用对石膏制品进行加热的方法。

（2）孔隙率较大。建筑石膏与水反应的理论需水量为 18.6%；在实际生产中，为了使石膏浆体达到一定的稠度以满足工艺要求，需加入 $60\%\sim80\%$ 的水。硬化后多余水分蒸发，在制品内部留下大量孔隙，故强度较低；但表观密度小，导热系数小（一般在 $0.121\sim0.205W/$（$m \cdot K$）），具有较好的保温隔热性能。

（3）吸湿性强，耐水性差。建筑石膏硬化后具有较大的孔隙率，且开口孔和毛细孔的数量较多，使石膏具有较强的吸湿性。这种吸湿性可以调节室内空气的湿度。硬化后的二水硫酸钙微溶于水，吸水饱和后石膏强度明显下降。软化系数较小，一般为 $0.20\sim0.30$。石膏制品不适用于潮湿环境及水中的工程部位。

（4）防火性能好。硬化后的石膏制品大约含有 20% 左右的结晶水，其本身不燃烧，具有较好的阻燃性。

（5）硬化后体积微膨胀。建筑石膏硬化后体积产生微膨胀，大约 1% 左右。这是石膏的特性之一，因此石膏硬化后不会产生收缩裂纹。

（6）具有良好的可加工性和装饰性。建筑石膏制品在加工和使用时，可以采用很多加工方式，如锯、刨、钉、钻、螺栓连接等。质量较纯净的石膏，采用模具经浇注成型可形成各种图案，具有较好的装饰效果。

2. 模型石膏

模型石膏的特性大致与建筑石膏相同。比较而言，含杂质较少。

3. 高强石膏

高强石膏的强度较高，硬化后可达 $15\sim25MPa$。其他特性与建筑石膏基本相同。

三、技术性质与应用

1. 技术性质

建筑石膏按强度、细度和凝结时间分为优等品、一等品和合格品三个等级。其技术要求见表 10-6。

建筑石膏的技术要求　　　　　　　　　　表 10-6

技 术 要 求	优 等 品	一 等 品	合 格 品
抗折强度（MPa），$\geqslant$	2.5	2.1	1.8
抗压强度（MPa），$\geqslant$	4.9	3.9	2.9

续表

技 术 要 求	优 等 品	一 等 品	合 格 品
细度，0.2mm方孔筛筛余（%）	5.0	10.0	15.0
凝结时间	初凝不早于6min，终凝不迟于30min		

2. 应用

（1）建筑石膏

1）室内高级粉刷和配制石膏砂浆。石膏颜色洁白，材质细密，与水调制成的石膏浆体可用于室内高级粉刷。加入少许颜料可配制不同色彩的石膏浆体，可作彩色墙面。

2）用作油漆、涂料打底用腻子的原料。

3）生产各种建筑装饰石膏制品。用建筑石膏可以生产各种建筑石膏制品，如普通纸面石膏板、装饰石膏板、浮雕艺术石膏装饰配件等。石膏装饰制品无毒无味，外观造型线条分明，表面饱满洁白，质感光滑细腻，是室内装饰装修中常用的材料。

（2）模型石膏和高强石膏

模型石膏主要制作陶瓷工业的模型或制作室内雕塑。高强石膏用于有较高要求的装饰工程，与纤维材料一起可生产高质量的石膏板材；掺入防水剂后石膏制品的耐水性大大提高，用于湿度较高的环境。

第三节　水　玻　璃

一、水玻璃组成

水玻璃俗称泡花碱，为无定型硅酸钾或硅酸钠的水溶液，工程中常用钠水玻璃。水玻璃通常为无色、青绿或灰黄色的黏稠液体。其化学通式为 $R_2O \cdot nSiO_2$，式中 n 为水玻璃模数，n 值越大，则水玻璃黏度越大，粘结力越大，但越难溶于水；反之，黏度和粘结力越小，但较易溶于水。同一模数的液体水玻璃，浓度越大，粘结力越大。建筑工程中常用的水玻璃模数为 2.6～2.8，密度为 1.36～1.50g/cm³。

液体水玻璃在空气中与二氧化碳发生化学反应生成二氧化硅凝胶（$nSiO_2 \cdot mH_2O$），二氧化硅凝胶干燥脱水，析出固态二氧化硅（SiO_2）而使水玻璃硬化。由于空气中二氧化碳含量较低，这一硬化过程较为缓慢。为了加快水玻璃的凝结硬化，需要加入促硬剂氟硅酸钠（Na_2SiF_6），掺量一般占水玻璃质量的 12%～15%。

二、特性

由于硬化后的水玻璃是以二氧化硅（SiO_2）为主要成分的固体，属于非晶态空间网状结构，因此水玻璃具有较高的粘结强度、良好的耐酸性能和较高的耐热性。

三、应用

1. 用作涂料。水玻璃可以涂刷在天然石材、水泥混凝土和硅酸盐制品表面，能够填充材料的孔隙，提高其密实度、强度和耐久性。

2. 配制耐酸材料。水玻璃具有较强的耐酸性，除了少数酸如氢氟酸外，几乎对所有酸有较高的化学稳定性。与耐酸粉料、粗细骨料一起，配制耐酸胶泥、耐酸砂浆和耐酸混凝土等。

3. 作为耐热材料、耐火材料的胶凝材料。水玻璃硬化后具有良好的耐热性，与耐热骨料一起配制成耐热砂浆、耐热混凝土。

4. 加固土体和地基。用水玻璃与氯化钙溶液交替灌入地基土体内，可固结土体，提高地基的承载能力。

第四节　石灰、石膏的运输及保管

一、石灰

建筑生石灰、生石灰粉在运输时不得与易燃易爆、液体物品混装，要采取防雨防水措施。石灰应分类、分等贮存在干燥的仓库内，贮存期不宜过长，一般不超过一个月。

二、石膏

建筑石膏在运输与贮存时不得受潮和混入杂物。不同等级的建筑石膏应分别贮运，不得混杂。建筑石膏自生产之日算起，贮存期为三个月。三个月之后应重新进行质量检验，以确定其质量等级。

思考题与习题

10-1　石灰、石膏和水玻璃三种胶凝材料有何共同特点？

10-2　石灰的分类方法如何？质量等级如何划分？质量等级有哪些？

10-3　石灰有何特性？石灰用途如何？

10-4　石膏的分类方法如何？石膏有何特性？石膏的用途如何？

10-5　水玻璃的组成如何？水玻璃的特性和用途各如何？

10-6　石灰、石膏在运输和保管时需要注意哪几个方面？

第十一章 建筑塑料及胶粘剂

第一节 建 筑 塑 料

塑料是指以合成树脂或天然树脂为主要原料，必要时加入各种助剂，在一定的温度、压力下，经混炼、塑化、成型，形成在常温下保持制品形状不变的材料。建筑塑料是指用于建筑工程中各种塑料及其制品。

一、塑料的分类

塑料的分类方法见表 11-1。

塑 料 的 分 类 表 11-1

分类方法	种 类	特 性
按性能和用途划分	通用塑料	在一般工业中应用较广泛的塑料
	工程塑料	具有较高机械强度和其他特殊性能的聚合物
按热性能划分	热塑性塑料	受热时软化或熔化，冷却后硬化、定型，反复加热冷却均具有这种性质。具有加工成型方便、机械性能好等特点，但耐热性和刚度较差
	热固性塑料	在加热时软化，冷却后固化成型，变硬后不能再加热软化的塑料。在加热过程中发生了化学变化。具有较好的耐热性和刚度，但机械强度较低

二、特性

1. 优点

(1) 加工性能好。塑料可以根据使用要求通过改变配方、加工工艺，制成具有各种特殊性能和各种形状的工程材料，如高强碳纤维复合材料，隔声、保温复合板材等。

(2) 自重轻，比强度大。塑料的密度小，大约在 $0.8 \sim 2.0 \mathrm{g/cm^3}$ 之间。塑料的比强度大，是一种轻质高强材料。

(3) 导热系数小。塑料的导热系数小，大约为金属的 $1/600 \sim 1/500$。泡沫塑料的导热系数更小，约为 $(0.02 \sim 0.046)$ W/ (m·K)，是较理想的绝热材料。

(4) 化学稳定性、电绝缘性好。塑料的耐腐蚀性能较好，对一般的酸、碱、盐及油脂有较好的耐腐蚀性；塑料也是电的不良导体，具有较好的电绝缘性能。

(5) 具有较好的装饰性。塑料可以制成各种透明制品、各种颜色的制品，且色泽美观、耐久；还可以采用印花、电镀、烫金技术等制成具有各种图案、花纹的制品，以及表面具有立体感、金属感的制品。

2. 缺点

(1) 易老化。塑料制品老化是指制品在阳光、空气、热及环境介质等因素作用下，增塑剂挥发，从而产生机械性能变差，甚至发生硬脆、破坏的现象。随着化工工业的发展，通过改进塑料的配方和加工技术，塑料制品的抗老化性能已大大提高。

（2）易燃烧。塑料不仅可燃，而且燃烧时产生较大的烟雾，甚至产生有毒气体。在建筑装饰工程中要尽量使用不燃或难燃的塑料制品。

（3）耐热性较差，刚度小。塑料在受热时，产生较大的变形，甚至产生破坏。塑料在长期荷载作用下会产生蠕变，即随时间的迁延，变形增大。温度越高，变形增大越快。

三、常用建筑塑料性能

1. 热塑性塑料

（1）聚乙烯（PE）：聚乙烯由乙烯单体聚合而成。具有良好的化学稳定性和耐低温性能，密度小（0.91～0.97g/cm³），透气性、吸水性低，但强度不高、质地柔软，无毒。

（2）聚氯乙烯（PVC）：聚氯乙烯是由氯乙烯单体经悬浮聚合而成。聚氯乙烯树脂加入不同量的增塑剂和各种添加剂可得到各种硬质的和软质的、透明的和彩色的塑料。硬质聚氯乙烯塑料具有较好的抗老化性能和良好的抗腐蚀性；软质聚氯乙烯塑料耐摩擦、耐腐蚀、易于加工成型。

（3）聚苯乙烯（PS）：聚苯乙烯是由苯乙烯单体经聚合而成，是合成树脂中最轻的树脂之一。聚苯乙烯塑料透明度达88%～92%；耐光、耐水、耐化学腐蚀性好；但脆性大，耐热性差。

（4）聚甲基丙烯酸甲酯（PMMA）：聚甲基丙烯酸甲酯，又称有机玻璃，透光率达90%以上；有良好的机械强度；耐化学腐蚀性、电绝缘性和着色性好；但较脆、易开裂、耐摩擦性能差。

2. 热固性塑料

（1）酚醛（PF）：酚醛树脂以苯酚与甲醛缩聚而成，具有耐热、耐化学腐蚀和良好的电绝缘性，但本身脆性大，不能单独作为塑料使用，需要加入填料制成酚醛塑料。

（2）脲醛（UF）：脲醛树脂是由尿素与甲醛缩合而成，低分子量时呈液态，溶于水或某些有机溶剂，常用作胶粘剂、涂料等；高分子量时为白色固体，无色、无味、无毒、着色性好，粘结强度高，有自熄性，制品表面光洁如玉，但耐热性和耐水性差。

四、应用

塑料是化学建材的常用品种之一。聚乙烯塑料主要用于生产防潮薄膜、给水排水管和卫生洁具等。硬质聚氯乙烯塑料主要用作雨水管、外覆墙面板、给水排水管、塑料门窗等。软质聚氯乙烯塑料可挤压成板、片型材及涂塑壁纸等。聚苯乙烯塑料主要用作隔热泡沫塑料、饰面板等。有机玻璃主要用作采光、装饰材料和生产卫生洁具等。

酚醛塑料主要用作生产各种层压板、保温绝热材料等。脲醛树脂加入发泡剂制成的泡沫塑料是很好的保温、吸声材料。

第二节　胶　粘　剂

胶粘剂是指能在两个物体表面形成薄膜并能把它们紧密地胶结起来的材料。

一、组成

胶粘剂是以合成高分子材料为胶料，加入固化剂、填料和稀释剂等配制而成的材料。
胶料是胶粘剂的主要成分，一般用几种聚合物配制而成。

固化剂主要使胶粘剂固化，增加胶层的内聚强度。常用固化剂有胺类、高分子类等。

填料可以改善胶粘剂的性能，如提高强度、降低膨胀系数或收缩性、提高耐热性等。常用的填料有金属及其氧化物粉末、水泥、玻璃及石棉纤维制品等。

稀释剂用于溶解和调节胶粘剂的黏度，增加浸润力，从而有利于施工。常用有环氧丙烷、丙酮等。

二、胶粘剂分类

胶粘剂的分类，按化学成分分为有机胶粘剂和无机胶粘剂两类。有机胶粘剂又分为天然胶粘剂和合成胶粘结剂。目前应用较多的胶粘剂主要为合成胶粘剂。

三、常用胶粘剂的品种、特性和用途

建筑工程中常用胶粘剂的品种、特性和用途见表 11-2。

建筑工程中常用胶粘剂的品种、特性和用途   表 11-2

种 类		特 性	主 要 用 途
热塑性树脂胶粘剂	改性聚乙烯醇甲醛胶粘剂	108 胶，粘结强度高，抗老化，成本低，施工方便	粘贴塑料壁纸、瓷砖、墙布等。加入水泥砂浆中改善砂浆性能，也可配制地面涂料
	聚醋酸乙烯酯胶粘剂	粘附力好，水中溶解度高，常温固化快，稳定性好，成本低。但耐水性和耐热性差	粘结各种非金属材料、玻璃、陶瓷、塑料、纤维织物、木材等
热固性树脂胶粘剂	环氧树脂胶粘剂	万能胶，固化速度快，粘结强度高，耐热性、耐水性、耐冷热冲击性能好。使用方便	粘结混凝土、砖石、玻璃、木材、皮革、橡胶、金属等，多种材料的自身粘结与相互粘结。适用于各种材料的快速粘结、固定和修补
	酚醛树脂胶粘剂	粘附性好，柔韧性好，耐疲劳	粘结各种金属、塑料和其他非金属材料
合成橡胶胶粘剂	丁腈橡胶胶粘剂	弹性及耐候性能好，耐疲劳、耐油、耐热、耐溶剂性能好，有良好的混溶性。粘附力差，成膜缓慢	耐油部件指橡胶与橡胶、橡胶与金属、织物等的粘结。尤其适用于粘结软质聚氯乙烯材料
	氯丁橡胶胶粘剂	粘附力、内聚强度高，耐燃、耐油、耐溶液性好。储存稳定性差	用于结构粘结或不同材料的粘结。如橡胶、木材、陶瓷、金属、石棉等不同材料的粘结

思 考 题 与 习 题

11-1 塑料的分类如何？塑料有何优点和缺点？

11-2 常用建筑塑料有哪些？塑料在建筑工程中的应用如何？

11-3 胶粘剂的种类如何？建筑工程中常用胶粘剂的种类有哪些？

第十二章 天 然 石 材

第一节 建筑工程中常用的天然石材

一、天然石材

天然石材是天然岩石经过加工后形成的建筑材料。天然岩石按照形成条件分为岩浆岩、沉积岩和变质岩三大类。为了保证工程质量，石材在使用前必须进行必要的物理性质、力学性质和工艺性质检验和鉴定。

1. 物理性质

（1）表观密度：致密的石材，其表观密度较大，约为 $2500\sim3100\mathrm{kg/m^3}$，如花岗岩、大理岩。疏松多孔的石材，其表观密度较小，约为 $500\sim1700\mathrm{kg/m^3}$，如火山灰凝灰岩、浮石。天然石材按表观密度的大小可分为轻质石材和重质石材两种：

轻质石材：表观密度 $\rho_0 < 1800\mathrm{kg/m^3}$，多用作墙体材料；

重质石材：表观密度 $\rho_0 \geq 1800\mathrm{kg/m^3}$，可用于基础、桥涵、挡土墙及道路等。

（2）吸水性：石材吸水性的大小用吸水率表示，其大小主要与石材的化学成分、孔隙率大小、孔隙特征等因素有关。酸性岩石比碱性岩石的吸水性强。常用岩石的吸水率：花岗岩小于 0.5%；致密石灰岩一般小于 1%；贝壳石灰岩约为 15%。石材吸水后，降低了矿物的粘结力，破坏了岩石的结构，从而降低石材的强度和耐水性。

（3）耐水性：石材耐水性的大小用软化系数表示。根据软化系数的大小，将石材分为高、中、低三个等级。软化系数大于 0.90 为高耐水性；在 0.75～0.90 之间为中耐水性；在 0.60～0.75 之间为低耐水性石材。软化系数小于 0.60 的石材不允许用于重要建筑中。

（4）抗冻性：用抗冻等级表示，一般有 F5，F10，F15，F25，F50，F100 及 F200 等。致密石材的吸水率较小，抗冻性较好。吸水率小于 0.5% 的石材，认为是抗冻的，可不进行抗冻试验。

（5）导热性：导热性主要与石材的密实度有关。重质石材导热系数可达 $2.91\sim3.49\mathrm{W/(m\cdot K)}$；轻质石材导热系数一般为 $0.23\sim0.70\mathrm{W/(m\cdot K)}$。

2. 力学性质

（1）抗压强度：石材的抗压强度是以边长为 50mm 的立方体试件，用标准试验方法测得的抗压强度。石材的强度等级按其抗压强度划分，有 MU100、MU80、MU60、MU50、MU40、MU30、MU20、MU15、MU10 共九个强度等级。

（2）硬度：硬度是指石材抵抗其他较硬物体压入的能力，即表面抵抗变形的能力。岩石的硬度用莫氏硬度表示。由致密、坚硬矿物组成的石材，其硬度较高。

（3）耐磨性：耐磨性是指石材在使用条件下抵抗摩擦、剪切以及冲击等综合作用的能力，以磨耗率表示。磨耗率越大，则耐磨性越差。用于路面、台阶、楼梯等部位时，石材应具有较高的耐磨性。

3. 工艺性质

（1）加工性：加工性是指对岩石劈解、破碎、锯切等加工的难易程度。一般强度高、硬度大、韧性较好的石材，加工难度大。质脆而粗糙，有颗粒交错结构，含有层状或片状构造以及风化的岩石，难以满足加工要求。

（2）磨光性：磨光性是指岩石能够磨成光滑表面的性质。致密、均匀和细粒的岩石，具有较好的磨光性。疏松多孔、片状结构、较软的岩石，磨光性较差。

（3）抗钻性：抗钻性指岩石钻孔的难易程度。岩石强度越高、硬度越大，则抗钻性越好。

二、常用天然石材

1. 花岗岩

花岗岩是火成岩中分布最广的一种岩石，主要由石英、长石及少量云母组成，有时还含有少量的角闪石、辉石。颜色有淡灰、淡红、青灰、淡黄等。

花岗岩的密度约为 $2.7g/cm^3$，表观密度为 $2600\sim2800kg/m^3$，抗压强度约为 $120\sim250MPa$；孔隙率和吸水率较小，均小于 1%；抗冻性好，耐风化性能好，耐酸碱腐蚀，使用年限为 $75\sim200$ 年。但耐火性能差。

花岗岩经加工或磨光后具有色泽美观、耐久性好、装饰性好的特点，主要用于基础、桥墩、台阶、路面和一些高级建筑物的室内地面和墙面的装饰，天然花岗石建筑板材是一种高级建筑装饰材料。

2. 砂岩

砂岩主要是由石英砂或石灰石等矿物经沉积重新胶结而成。砂岩的性质决定于胶结物的种类及胶结的致密程度；致密的硅质砂岩，性能与花岗岩较接近，表观密度高达 $2600kg/m^3$，抗压强度可达 $250MPa$，硬度高，加工较困难；钙质砂岩，性质类似于石灰岩，抗压强度约为 $60\sim80MPa$，易于加工，应用较广；泥质砂岩耐水性差，不适合用于潮湿工程部位。

3. 石灰岩

石灰岩俗称灰岩或青石，主要成分为方解石，常含有白云石、菱镁矿及其他碳酸岩矿物等。石灰岩的品种主要有石灰石、硅质石灰岩、贝壳石灰岩和白垩等。

石灰岩晶粒细密，无明显断面；硬度低，易碎裂。表观密度为 $1800\sim2400kg/m^3$，抗压强度为 $14\sim100MPa$，吸水率大约为 $0.2\%\sim5.0\%$。纯净的石灰石为白色，一般含有一定的杂质而呈淡黄、灰色或浅红色。

石灰岩储藏量丰富，易于开采和加工，具有较高的强度和耐久性。在工程中，用破碎后的石灰石作为混凝土的集料；块体石材可用作砌体材料，主要用于砌筑墙体、桥墩、基础及台阶等。白垩俗称大白，含杂质较少且结构松软，可作为粉刷材料和水泥原料。

4. 大理岩

大理岩又称为大理石、云石，因盛产于云南大理而得名。大理岩由石灰岩或白云石经高温高压后重结晶变质而成。表观密度为 $2600\sim2700kg/m^3$，构造致密，抗压强度为 $70\sim110MPa$，吸水率不大于 0.75%。但耐酸性、耐候性差，除少数品种外，大理石不宜用于室外装饰。

纯净的白色大理石，俗称汉白玉，由于具有花岗石结构，可用于室外饰面及雕塑等。一般含有一定杂质的大理石呈各种不同的颜色且具有天然的花纹，比较著名的有红奶油、墨玉、云彩、晚霞等。天然大理石板材主要用于室内墙面、柱面等饰面。

第二节 天然石材产品

一、毛石

毛石也称为片石或块石，是由爆破后直接得到的形状不规则的石块。毛石按平整程度分为乱毛石和平毛石。

1. 乱毛石

乱毛石形状不规则，一般在一个方向的尺寸达 300～400mm，质量约为 20～30kg，见图 12-1。乱毛石常用于砌筑毛石基础、墙身、堤坝、挡土墙等，也可以作为毛石混凝土的集料。

2. 平毛石

平毛石是将乱毛石进行加工后形成的石块。形状比乱毛石整齐，一般有六个面，其中部厚度应不小于 200mm，见图 12-2。常用于砌筑基础、墙身、桥墩、涵洞等。

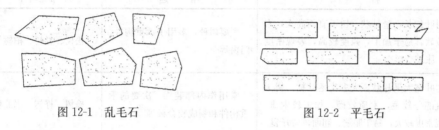

图 12-1　乱毛石　　　　　　　　　　　　图 12-2　平毛石

二、料石

料石是由人工或机械开采后加工成较规则的六面体石块。主要有四种：

1. 毛料石

毛料石是一般不加工或稍加工修整，厚度不小于 200mm，长度为厚度的 1.5～3 倍，叠砌面凹凸深度不大于 25mm，外形大致方正的石块。

2. 粗料石

粗料石是外形较方正，截面的宽度和高度不应小于 200mm 且不小于长度的 1/4，叠砌面凹凸深度不大于 20mm 的石块。

3. 半细料石

半细料石是外形方正，规格尺寸同粗料石，叠砌面凹凸深度不大于 15mm 的石块。

4. 细料石

细料石是经过细加工，外形规则，叠砌面凹凸深度不大于 10mm 的石块。料石一般采用致密的花岗岩、砂岩、石灰岩开采凿制。料石常用于砌筑墙身、地坪、踏步、桥拱以及纪念碑等，形状复杂的料石制品可用于柱头、柱基、窗台板、栏杆和其他装饰等。

思 考 题 与 习 题

12-1　天然岩石按形成条件分为哪几类？各有何特点？

12-2　花岗岩、大理岩的性能和用途各如何？

12-3　毛石和料石有何区别？毛石和料石分别有哪几种？毛石和料石的应用各如何？

第十三章 木 材

木材作为建筑材料使用具有悠久的历史。木材具有轻质高强、良好的弹性和韧性、良好的绝热性、较好的装饰性等许多优良性能，因此广泛应用于工程中，主要用作梁、柱、门窗、地板、桥梁、脚手架、混凝土模板以及室内外装修等。但木材也存在构造不均匀、缺陷（如：木节、腐朽、裂纹、斜纹及虫蛀等）、强度和变形随含水率变化而改变、易腐朽及虫害、易燃等缺点。

树木按树种分为针叶树木和阔叶树木两类。其特点见表13-1。

树木的分类及特点 表 13-1

种类	特 点	用 途	常见树种
针叶树	树叶细长，呈针状，树干直而高大，木质较软，易于加工，强度较高，表观密度小，胀缩变形小	主要树种，多用于承重构件、门窗等	松树、杉树、柏树等
阔叶树	树叶宽大呈片状，大多为落叶树。树干通直部分较短，木质较硬，加工较困难。表观密度较大，易于胀缩、翘曲，易开裂	常用作内部装饰、次要的承重构件和制成胶合板等	榆树、桦树、水曲柳等

由于树木的大量砍伐，会导致森林面积减少、生态破坏，因此一方面要尽量减少木材的使用，减少树木的砍伐，另一方面更要大力植树造林，搞好木材的综合利用。

第一节 木材的基本构造

一、宏观构造

木材的宏观构造是指用肉眼和放大镜所能观察到的木材组织。可通过横切面、径切面和弦切面了解其构造，见图13-1。

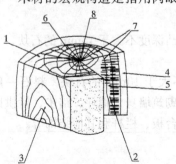

图 13-1 木材的宏观构造

1—横切面；2—径切面；3—弦切面；
4—树皮；5—木质部；6—年轮；
7—髓线；8—髓心

1. 横切面（垂直于树轴的切面）

从横切面看，木材是由树皮、髓心和木质部组成的。木质部是使用的主要部分，在木质部中靠近髓心、颜色较深的部分称为心材；靠近树皮、颜色较浅的部分称为边材。一般心材比边材的利用价值大。

横切面上深浅相同的同心圆环称为年轮。在同一年轮内，较紧密且颜色较深的部分是夏天生长的，称为夏材（晚材）；较疏松且颜色较浅的部分是春天生长的，称为春材（早材）。夏材部分越多，年轮越密且均匀，木材的质量越好。

树干的中心称为髓心，其质松软、强度低、易腐朽和虫害。从髓心向外的射线称为髓线，干燥时易从髓线开裂。

2. 弦切面（平行于树轴的纵切面）

从弦切面看，包含在树干或主枝木材中的枝条部分称为节子。节子破坏木材的均匀性与完整性，对木材的性能有重要影响。

3. 径切面（通过树轴的纵切面）

从径切面看，木材中纤维排列与纵轴方向不一致出现的倾斜纹理称为斜纹。斜纹主要降低木材的强度。

二、微观构造

微观构造是指在显微镜下看到的木材组织。木材由无数细小空腔的长形细胞组成，每个细胞有细胞壁和细胞腔。细胞壁是由细胞纤维组成，其连接纵向比横向牢固，因此木材具有各向异性，其纵向强度高，而横向强度低。

木材细胞中存在的水可分为自由水和吸附水。自由水存在于细胞腔、细胞间隙中，对木材的性能基本无影响；而吸附水存在于细胞壁内为木纤维所吸附，对木材的性能影响较大。

木材中除纤维、水外，还含有树脂、色素、糖分、淀粉等有机物，这些成分是木材腐朽、虫害、燃烧的内因。

第二节　木材的物理力学性能

一、含水量

木材含水量大小用含水率表示。

当木材中无自由水，而细胞壁内充满吸附水达到饱和状态时的含水率，称为木材的纤维饱和点；其值大小与树种有关，纤维饱和点一般为 25%～35%，平均值大约为30%。

当木材在空气中放置一段时间，木材从空气中吸收的水分与放出的水分基本相等，即木材的含水率与周围空气的湿度达到平衡状态，此时的含水率称为平衡含水率。为了保证木材的性能稳定，在加工使用前必须将木材干燥至平衡含水率。中国木材的平衡含水率平均为 15%，北方大约为 12%，南方大约为 18%。木材平衡含水率与空气温度和相对湿度的关系见图 13-2。

二、密度和强度

1. 木材的密度

木材的密度约为 1.55g/cm³；气干表观密度约为 500kg/m³，通常以含水率为 15%（标准含水率）时的值为准。

2. 木材的强度

木材的强度按受力状态分为抗拉强度、抗

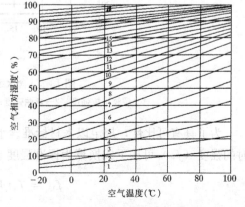

图 13-2　木材的平衡含水率与空气温度和相对湿度的关系（%）

压强度、抗剪强度和抗弯强度四种。抗拉、抗压、抗剪强度有顺纹和横纹之分。顺纹是指作用力方向与纤维方向平行；横纹是指作用力方向与纤维方向垂直。木材具有各向异性，其顺纹强度与横纹强度有较大差别。各种强度的对比关系见表 13-2。

木材各项强度值比较（以顺纹抗拉强度为 1）   表 13-2

抗　压		抗　拉		抗　弯	抗　剪	
顺纹	横纹	顺纹	横纹		顺纹	横纹切断
1	$\frac{1}{20} \sim \frac{1}{10}$	2～3	$\frac{1}{20} \sim \frac{1}{3}$	$1\frac{1}{2} \sim 2$	$\frac{1}{7} \sim \frac{1}{3}$	$\frac{1}{2} \sim 1$

　　木材的强度除由本身组织构造因素决定外，还与树种、缺陷、含水率、负荷持续时间、温度等因素有关。

　　树种不同，纤维之间的结合力及孔隙率不同，其强度也不同。一般阔叶树木材的强度高于针叶树木材。木材的缺陷，如节子、裂纹、腐朽、虫害、斜纹等对木材的强度也有明显的影响。

　　木材的含水率低于纤维饱和点时，含水率越小，吸附水减少，细胞壁紧密，木材的强度越高；当含水率超过纤维饱和点时，木材中只是自由水增加，木材的强度基本不受影响。木材的含水率对各种强度的影响程度是不同的。含水率的大小对顺纹抗压强度的影响最大，其次是抗弯强度，对顺纹抗剪强度的影响较小，影响最小的是顺纹抗拉强度，见图 13-3。

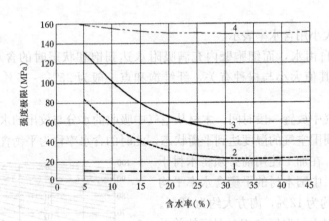

图 13-3　含水率对木材强度的影响
1—顺纹抗拉强度；2—弯曲强度；3—顺纹抗压强度；4—顺纹抗剪强度

　　为了具有可比性，规定以木材标准含水率 15% 时的强度为标准，其他含水率（W%）时的强度（f_w）可按下式换算为标准强度（f_{15}）：

$$f_{15} = f_w[1 + \alpha(W - 15)]$$

式中　α——含水率校正系数，其值按树种和作用力形式确定，见表 13-3。

　　当含水率在 8%～23% 时，上述公式计算误差较小。

木材的含水率校正系数   表 13-3

强度类型	树　　种	α	强度类型	树　　种	α
顺纹抗压	红松、落叶松、杉榆、桦树	0.05	静力弯曲	所有树种	0.04
	其他树种	0.04	抗　剪	不分树种和剪切类型	0.03
			顺纹抗拉	阔叶树	0.015

第三节　工程中常用木材

一、锯材规格

木材按其加工程度和用途不同，常分为原条、原木、锯材和枕木四种。在建筑工程中应用最广泛的是锯材。锯材的规格标准规定如下：

1. 锯材的长度　针叶树锯材为 1~8m，阔叶树锯材为 1~6m；长度进级为：自 2m 以上按 0.2m 进级，不足 2m 的按 0.1m 进级。

2. 板材的宽度、厚度的规定见表 13-4。

针叶树和阔叶树锯材的宽度和厚度   表 13-4

分　　类	厚　度（mm）	宽　度（mm）	
		尺寸范围	进　级
薄　板	12，15，18，21		
中　板	25，30，35	60~300	10
厚　板	40，45，50，60		

二、分等

针叶树和阔叶树锯材分别分为普通锯材和特等锯材两类。普通锯材按照缺陷情况分为一、二、三等。

三、质量要求

1. 尺寸允许偏差

针叶树和阔叶树锯材的尺寸允许偏差见表 13-5。

2. 缺陷

针叶树和阔叶树锯材的缺陷允许限度，应符合相应标准的规定。

针叶树和阔叶树锯材的尺寸允许偏差   表 13-5

种　　类	尺寸范围	偏　差	种　　类	尺寸范围	偏　差
长　度（m）	不足 2.0	+3cm -1cm	宽度、厚度（mm）	自 25 以下	±1
	自 2.0 以上	+6cm -2cm		25~100	±2
				100 以上	±3

第四节　木材的综合利用

木材的综合利用是将木材加工过程中的大量边角、碎料、刨花和木屑等，经过再加工处理、制成各种人造板材。木材的综合利用克服了木材的某些天然缺陷，可以提高木材的利用率，减少树木的砍伐。

一、胶合板

胶合板是将三层或多层单板，纤维方向互相垂直胶合而成的薄板。胶合板面板的树种即为该胶合板的树种：如阔叶树材胶合板、椴木胶合板、水曲柳胶合板等。

1. 分类

按构成成分可分为：单板胶合板和木芯胶合板。木芯胶合板又可分为：细木工板、层积板和复合胶合板。

按外形和形状分为：平面的和成型的两种。

按耐久性分为：干燥条件下使用、潮湿条件下使用和室外条件下使用三种。

按外观质量（翘曲度）分为：优等品、一等品和合格品。

按表面加工状态分为：未砂光板、砂光板、预饰面板和贴面板（装饰单板、薄膜、浸渍纸等）。

按用途分为：普通胶合板和特种胶合板。普通胶合板又分为三类（Ⅰ类胶合板、Ⅱ类胶合板和Ⅲ类胶合板）。

2. 规格

平面状普通胶合板的幅面尺寸应符合表 13-6 的规定。厚度有 2.7、3、5、12、25mm 等。

胶合板的幅面尺寸（mm）   表 13-6

宽　度	长　　度				
	915	1220	1830	2135	2440
915	915	1220	1830	2135	—
1220	—	1220	1830	2135	2440

注：特殊尺寸由供需双方协议。

3. 物理力学性能

（1）含水率：胶合板出厂时的含水率应符合表 13-7 的规定。

胶合板的含水率（%）   表 13-7

胶合板材种	Ⅰ、Ⅱ类	Ⅲ类
阔叶树材（含热带阔叶树材）	6～14	6～16
针叶树材		

（2）胶合强度：各类胶合板的胶合强度指标值，应符合表 13-8 的规定

胶合强度指标值（MPa）   表 13-8

树种名称或木材名称或国外商品材名称	类　　别	
	Ⅰ、Ⅱ类	Ⅲ类
椴木、杨木、拟赤杨、泡桐、橡胶木、柳安、奥克榄、白梧桐、异翘香、海棠木	≥0.70	≥0.70
水曲柳、荷木、枫香、槭木、榆木、柞木、阿必东、克隆、山樟	≥0.80	
桦　木	≥1.00	
马尾松、云南松、落叶松、云杉、辐射松	≥0.80	

（3）甲醛释放量：室内用胶合板中有害物质甲醛的释放量，应符合表13-9的规定。以便改善室内环境，确保人的身体健康。

胶合板的甲醛释放限量（mg/L）   表13-9

级 别 标 志	限 量 值	备 注
E_0	≤0.5	可直接用于室内
E_1	≤1.5	可直接用于室内
E_2	≤5.0	必须饰面处理后可允许用于室内

4. 特性与应用

普通胶合板中的Ⅰ类胶合板（耐气候胶合板），能通过煮沸试验，可供室外条件下使用；Ⅱ类胶合板（耐水胶合板），能通过$63\pm3℃$热水浸渍试验，供潮湿条件下使用；Ⅲ类胶合板，是不耐潮胶合板，能通过干燥试验，供干燥条件下使用。

二、纤维板

纤维板是将树皮、刨花、树枝等废料经破碎、浸泡、研磨成木浆，加入一定的胶料经热压成型、干燥处理而成的板材。以植物纤维为原料加工成表观密度大于$800kg/m^3$的纤维板称为硬质纤维板，在工程中应用较广泛。

1. 分类

（1）按成型时温度和压力不同分为硬质（大于$800kg/m^3$）、半硬质（$400\sim800kg/m^3$）、软质（小于$400kg/m^3$）纤维板三种。

（2）硬质纤维板按厚度分为厚型硬质纤维板（厚度大于等于2.5mm）和薄型硬质纤维板（厚度小于2.5mm，大于等于1.8mm）。

2. 规格

硬质纤维板的名义尺寸与极限偏差见表13-10。

硬质纤维板的名义尺寸与极限偏差   表13-10

种 类	厚 度（mm）	幅面尺寸（mm）	极限偏差（mm）		
			长 度	宽 度	厚 度
硬质纤维板	2.50，3.00，3.20，4.00，5.00	610×1220 915×1830 1000×2000 915×2135 1220×1830 1220×2440	±5	±3	±0.30
薄型硬质纤维板	小于2.5，大于等于1.8	610×1220 915×1830 1000×2000 1220×1830 1220×2440	±5	±3	±0.20

3. 分等

按外观质量和物理力学性能，硬质纤维板分为特级、一级、二级、三级四个等级；薄型硬质纤维板分为优等品、一等品和合格品三个等级。

4. 特性及应用

硬质纤维板构造均匀，而且完全克服了木材的各种缺陷，不易变形、翘曲和开裂，各方向强度一致，有一定的绝缘性能，可代替木材用于室内墙面、顶棚、地板等装饰工程部位。半硬质纤维板常制成带一定孔型的盲孔板，表面施以白色涂料，具有吸声和装饰作用，可作室内顶棚材料。软质纤维板适合作保温材料。

三、细木工板

细木工板是具有实木板心的胶合板。按板芯结构分为：实心细木工板和空心细木工板；按板心拼接状况分为：胶拼与不胶拼细木工板；按表面加工状况分为：单面砂光、双面砂光和石砂光细木工板；按使用环境分为：室内用及室外用细木工板；按层数分为：三层、五层及多层细木工板；按用途分为：普通用和建筑用细木工板。

细木工板构造均匀，不易变形、翘曲和开裂，装饰性好，主要用于室内墙面、顶棚、地板等装饰工程部位和制作家具等。

四、刨花板、木丝板、木屑板

刨花板、木丝板、木屑板是分别以木材加工过程中产生的刨花、木丝、木屑等为原材料，经干燥后加入胶料拌合后热压而成的板材。所用胶料一般为合成树脂，也可采用水泥、菱苦土等无机胶凝材料。

此类板材表观密度较小，强度较低，主要用作绝热材料和吸声材料。热压树脂刨花板，表面可粘贴塑料贴面或采用胶合板面层，可用作顶棚、隔墙装饰和制作家具等。

思 考 题 与 习 题

13-1 木材的宏观构造和微观构造各如何？

13-2 什么是木材的纤维饱和点和平衡含水率？各有何实际意义？

13-3 木材的含水率大小对木材的强度有何影响？是如何影响的？

13-4 什么是锯材？锯材的等级有哪些？锯材的等级是如何划分的？

13-5 胶合板如何分类？普通胶合板的分类、特性和用途各如何？有何技术要求？其外观质量等级如何划分？

13-6 纤维板的分类方法如何？质量等级如何划分？有哪些质量等级？其用途如何？

13-7 简述细木工板、刨花板、木丝板、木屑板的性能和用途。

第十四章 建筑装修材料

建筑装修材料的品种很多，按照建筑装饰的部位分为外墙装饰材料、内墙装饰材料、地面装饰材料、顶棚装饰材料、屋面装饰材料等。

第一节 玻璃及其制品

一、平板玻璃

平板玻璃包括普通平板玻璃和浮法玻璃。

普通平板玻璃按厚度分为 2、3、4、5mm 四类；按等级分：优等品、一等品、合格品三类。玻璃板应为矩形，尺寸一般不小于 600mm×400mm。弯曲度不得超过 0.3%。边部凸出残缺部分不得超过 3mm，一片玻璃只许有一个缺角，沿原角等分线测量不得超过 5mm。可见光总透过率：2mm，不低于 88%；3mm 不低于 87%；4mm 不低于 86%；5mm 不低于 84%。

浮法玻璃的成型是在熔融的金属锡液面上漂浮完成。其平整度较一般普通平板玻璃高得多。按厚度分为 2、3、4、5、6、8、10、12、15、19mm 共十类；按用途分为制镜级、汽车级、建筑级。在供应时为矩形，对角线差应不大于对角线平均长度的 0.2%，弯曲度不应超过 0.2%，其他性能应符合有关规定。除透明玻璃外，还有着色浮法玻璃。

平板玻璃和浮法玻璃在建筑工程中主要用作建筑物的门窗玻璃。

二、中空玻璃

两片或多片平板玻璃其周边用间隔框分开，并用密封胶密封，使玻璃层间形成有干燥气体空间的产品。中空玻璃的规格和尺寸见表 14-1，允许尺寸偏差、厚度偏差及外观质量应符合有关标准的规定。

中空玻璃的规格和尺寸（mm） 表 14-1

原片玻璃厚度	空气层厚度	方 形 尺 寸	矩 形 尺 寸
3		1200×1200	1200×1500
4		1300×1300	1300×1500，1300×1800，1300×2000
5	6，9，12	1500×1500	1500×2400，1600×2400，1800×2500
6		1800×1800	1800×2400，2000×2500，2200×2600

中空玻璃具有良好的隔热、隔声以及降低建筑物自重的特点，已被广泛应用于建筑工程中。

三、夹层玻璃

由一层玻璃与一层或多层玻璃、经高强树脂胶粘材料紧粘而成的玻璃制品。按性能分为Ⅰ类夹层玻璃、Ⅱ-1 类夹层玻璃、Ⅱ-2 类夹层玻璃、Ⅲ类夹层玻璃。按形状分为平面夹层玻璃和曲面夹层玻璃。

夹层玻璃中不允许存在裂纹；长度或宽度爆边不得超过玻璃的厚度；划伤和磨伤不得影响使用；不允许存在脱胶；气泡、中间层杂质及其他可观察到的不透明物等缺陷允许个数应符合相关规定。平面夹层玻璃的弯曲度不得超过 0.3%。

夹层玻璃属安全玻璃，具有耐冲击性、耐切割、防风性及抗震性好、防紫外线性能好等许多优点，主要用于建筑物有安全要求的部位。

四、防火玻璃

防火玻璃是指在标准耐火试验条件下，能满足耐火完整性、耐火隔热性及满足隔热辐射强度要求的特种玻璃。

1. 分类与标记

（1）防火玻璃按结构分为：复合防火玻璃（FFB）和单片防火玻璃（DFB）两种。

FFB：由两层或两层以上玻璃复合而成或由一层玻璃和有机材料复合而成，并满足相应耐火等级要求的特种玻璃。DFB：由单层玻璃构成，并满足相应耐火等级要求的特种玻璃。

（2）防火玻璃按耐火性能分为：A、B、C 三类。

A 类防火玻璃：同时满足耐火完整性、耐火隔热性要求的防火玻璃。B 类防火玻璃：同时满足耐火完整性、热辐射强度要求的防火玻璃。C 类防火玻璃：满足耐火完整性要求的防火玻璃。

以上三类防火玻璃按耐火等级可分为Ⅰ级、Ⅱ级、Ⅲ级、Ⅳ级。

（3）标记

【例 14-1】一块公称厚度为 15mm、耐火性能为 A 类、耐火等级为Ⅰ级的复合防火玻璃，其标记为：FFB-15-AⅠ。

2. 耐火性能

按标准规定方法进行耐火性能试验，A、B、C 类防火玻璃的耐火性能应符合表 14-2 的规定。

防火玻璃的耐火性能 表 14-2

类　别	耐火等级	Ⅰ级	Ⅱ级	Ⅲ级	Ⅳ级
A		90	60	45	30
B	耐火时间（min）≥	90	60	45	30
C		90	60	45	30

注：A 类防火玻璃为满足耐火完整性、耐火隔热性要求的耐火时间；
　　B 类防火玻璃为满足耐火完整性、热辐射强度要求的耐火时间；
　　C 类防火玻璃为满足耐火完整性要求的耐火时间。

防火玻璃不仅具有理想的防火隔热效果，而且美观通透、隔声性好，具有一定的装饰效果。防火玻璃可用于建筑工程中有防火要求的工程部位。

五、幕墙用钢化玻璃和半钢化玻璃

钢化玻璃是将玻璃加热到接近玻璃软化点温度（600～650℃），以迅速冷却或用化学方法钢化处理所得到的玻璃深加工制品。半钢化玻璃是玻璃经热处理后，其强度比普通玻璃高 1～2 倍，耐热冲击性能显著提高，一旦破碎，其碎片状态呈粒状与普通玻璃迥异。

幕墙用钢化玻璃和半钢化玻璃分别分为水平法生产和垂直法生产的钢化玻璃两类。按厚度（mm）分为3、4、5、6、8、10、12等七个规格，其尺寸偏差应符合表14-3的规定。

幕墙用钢化玻璃和半钢化玻璃的尺寸偏差（mm） 表14-3

公称厚度	尺 寸 偏 差			对 角 线 偏 差	
	$L\leqslant1000$	$1000<L\leqslant2000$	$2000<L\leqslant3000$	$L\leqslant2000$	$2000<L\leqslant3000$
3，4，5，6	+1.0 −1.0	+1.0 −2.0	+1.0 −3.0	≤3.0	≤4.0
8，10，12	+1.0 −2.0	+1.0 −2.0	+2.0 −4.0	≤3.5	≤4.5

注：L为边的长度。

幕墙用钢化玻璃主要应用于玻璃幕墙、隔墙、门窗、桌面玻璃等。半钢化玻璃主要用于暖房、温室及隔墙等的玻璃窗。

第二节 饰 面 砖

一、陶瓷砖

陶瓷砖是由黏土和其他无机非金属原料制成的，用于覆盖墙面和地面的薄板制品。陶瓷砖是在室温下通过挤压或干压或其他方法成型，干燥后在满足性能要求的温度下烧制而成。分为有釉（GL）或无釉（UGL）两类。

1. 陶瓷墙地砖

陶瓷墙地砖包括内外墙贴面砖和室内外地面铺贴用砖。陶瓷墙地砖具有强度高、耐磨、化学稳定性好、易清洗、不燃烧、耐久性好等许多优点，工程中应用较广泛。

（1）彩色釉面陶瓷墙地砖：简称为彩釉砖，是采用陶瓷质为基材，表面施釉的陶瓷砖。因有各种不同的颜色而称为彩色釉面陶瓷墙地砖。其规格主要有：200mm×100mm×（8～10）mm和150mm×75mm×（8～10）mm。按表面质量和变形允许偏差分为优等品、一级品和合格品三个等级。其技术性能必须符合GB 11947—1989的有关规定。

（2）无釉陶瓷地砖：是采用半干压成型烧制而成的一种表面无釉、吸水率在3％～6％，用于建筑物地面、道路和庭院等装饰用的陶瓷砖。主要规格有：50mm×50mm；150mm×150mm；200mm×50mm；100mm×50mm；150mm×75mm；200mm×200mm；100mm×100mm；152mm×152mm；300mm×200mm；108mm×108mm；200mm×100mm和300mm×300mm等。按照其表面质量和变形偏差分为优等品、一级品和合格品三个质量等级。

2. 釉面内墙砖

釉面内墙砖简称釉面砖、瓷砖或瓷片，以下简称釉面砖。按表面釉层不同，可分为结晶釉、花釉、有光釉等类别。釉面砖按釉面颜色分为单色（含白色）、花色和图案砖。

釉面砖常用的规格为：108mm×108mm，152mm×152mm，200mm×200mm，200mm×300mm，300mm×300mm，厚度为5～10mm。釉面砖根据外观质量分为优等品、一级品和合格品三个等级。

釉面砖具有热稳定性好、防潮、防火、耐酸碱、表面光滑、易清洗等许多优点，因此

273

主要用于建筑物的室内墙面、柱面和台面等，但不宜用于室外。

3. 陶瓷锦砖

陶瓷锦砖俗称马赛克，又称纸皮砖。表面分有釉和无釉两种，目前多用的产品为无釉品种；按砖联分为单色、拼花两种。陶瓷锦砖每联面积约为 0.093mm²，每 40 联为一箱，可铺贴面积大约为 3.7m²。陶瓷锦砖按尺寸允许偏差和外观质量分为优等品和合格品两个等级。

陶瓷锦砖质地坚实、经久耐用，色泽图案多样，具有耐酸碱、耐火、耐磨、吸水率小、不渗水、易清洗、防滑性好等特点，主要用于室内地面装饰，也可用作内外墙饰面，并可镶拼成各种壁画，形成别具风格的锦砖壁画艺术，且可提高建筑物的耐久性。

二、陶瓷劈离砖

劈离砖又称为劈裂砖，是将黏土、页岩、耐火土等几种原料按一定比例混合，经湿化、真空挤出成型、干燥、施釉（或不施釉）、烧结、劈离（将一块双联砖分为两块）、分选和包装等工序制成。劈离砖分有釉和无釉两种，是近几年来开发的新型装饰材料。陶瓷劈离砖主要用于建筑物的外墙、内墙、地面、台阶等部位。

陶瓷劈离砖的规格见表 14-4。其技术要求必须符合表 14-5 的规定。

陶瓷劈离砖的规格　　　　　　　　　　表 14-4

品　种	规　格（mm）
有釉面和无釉面砖	240×52×11，240×115×11，194×94×11，190×190×13，240×115/52×13，194×94/52×13

劈离砖的技术要求　　　　　　　　　　表 14-5

项目	技术要求	项目	技术要求
抗折强度	≥20MPa	耐急冷、急热性	20～150℃六次热交换无开裂
吸水率	深色不超过 6%，浅色不超过 3%		
抗冻性	−15～20℃反复冻融循环 15 次，无开裂	耐酸碱能力	在 70%浓硫酸和 20%氢氧化钾溶液中浸泡 28d 无侵蚀

劈离砖兼有普通黏土砖和彩釉砖的特性。内部结构特征类似黏土砖，具有一定的强度、抗冲击性、抗冻性和粘结性能；表面可以施釉，具有彩釉砖的装饰效果及可清洗性。正是由于这些特点，劈离砖在世界很多国家，迅速推广使用。

三、玻璃锦砖

玻璃锦砖又称玻璃马赛克，是将各种颜色和形状的玻璃质小块铺贴在纸上而制成的一种装饰材料。玻璃锦砖的规格一般为 25mm×50mm，50mm×50mm，50mm×105mm 三种，其他规格尺寸由供需双方协商。玻璃锦砖具有质地坚硬、性能稳定、耐热、耐寒、耐候、耐酸碱，以及价格较低、施工方便等特点，主要用于建筑物的内、外墙装饰。

第三节 饰 面 板

一、天然石饰面板

1. 天然花岗石建筑板材

天然花岗石建筑板材是采用天然花岗石荒料，经切割、表面磨光后得到的装饰板材。

板材按形状分为普型板（PX）、圆弧板（HM）和异型板（YX）三种。圆弧板是装饰面轮廓线的曲率半径处处相同的饰面板材，异型板是普型板和圆弧板以外其他形状的板材。

板材按表面加工程度分为亚光板（YG）、镜面板（JM）和粗面板（CM）三种。亚光板是表面平整细腻、能使光线产生漫反射现象的板材，粗面板指表面粗糙规则有序、端面锯切整齐的板材。

按普型板规格尺寸偏差、平面度公差、角度公差、外观质量等将板材分为优等品（A）、一等品（B）和合格品（C）三个等级。

天然花岗石建筑板材具有色泽美观、耐久性好、装饰性好的特点，主要用于高级建筑物的室内外地面、墙面的装饰。

2. 天然大理石建筑板材

天然大理石建筑板材是采用天然大理石荒料，经切割、表面磨光后，得到的装饰板材。

按形状分为普型板（PX）、圆弧板（HM）两种。

普型板按规格尺寸偏差、平面度公差、角度公差、外观质量等将板材分为优等品（A）、一等品（B）和合格品（C）三个等级。圆弧板按规格尺寸偏差、直线度公差、线轮廓度公差及外观质量将板材分为优等品（A）、一等品（B）和合格品（C）三个等级。

天然大理石建筑板材因易受侵蚀，主要用于建筑物室内装饰，只有少数品种如汉白玉板材可用于室外装饰。

二、金属类装饰板

1. 彩色涂层钢板

彩色涂层钢板是在薄型钢板表面涂上一层涂层后形成的钢板。钢板涂层分为有机涂层、无机涂层和复合涂层。有机涂层钢板可以配以不同的色彩和花纹，因此称为彩色涂层钢板，是发展最快、应用最广泛的品种。

彩色涂层钢板具有良好的装饰性、耐污染性能、耐高低温性能，具有良好的可加工性，色彩色泽能够长期保持，主要用作建筑外墙板、屋面板、护壁板等。

2. 铝合金装饰板

铝合金装饰板是采用铝合金为原材料，经过轧制而成的板材。主要品种有铝合金花纹板、铝合金波纹板（装饰板）、铝合金穿孔板等。具有质轻、装饰性好、美观大方、耐高温、耐腐蚀等特点。铝合金花纹板主要用于建筑物的墙面装饰及楼梯踏板之处，铝合金穿孔板主要用于有吸声要求的室内装饰。

三、石膏装饰板

石膏装饰板是以建筑石膏为主要原料，掺入适量纤维增强材料和外加剂，与水一起搅拌成均匀的料浆，经浇注成型、干燥而成的不带护板面纸的装饰板材。

板材正面可为平面、带孔或带浮雕图案。石膏装饰板的主要品种有装饰石膏板、嵌装式装饰石膏板。嵌装式装饰石膏板板材背面四边加厚，并带有嵌装企口。规格有500mm×500mm、600mm×600mm两种。石膏装饰板适用于室内墙面和吊顶的装饰。

四、装饰吸声板

常用的装饰吸声板，主要品种有矿棉装饰吸声板、珍珠岩装饰吸声板、聚苯乙烯泡沫塑料装饰吸声板、玻璃棉装饰吸声板、钙塑泡沫装饰吸声板等。装饰吸声板具有质轻、吸声和装饰性能好、美观大方、防火性能好、施工简便等共同特点，主要用于有吸声要求的建筑物的室内和顶棚装饰。

第四节　壁　　纸

塑料壁纸是以一定材料为基材，用高分子乳液在表面涂塑后，经印花、压花或发泡处理等多种工艺制成的墙面装饰材料。塑料壁纸可分为普通壁纸、发泡壁纸和特种壁纸。

一、普通壁纸

普通壁纸是以 $80g/m^2$ 的纸作基材，涂覆 $100g/m^2$ 左右聚氯乙烯（PVC）糊状树脂，经印花、压花而制成。主要有单色印花、印花压花、有光印花和平光印花壁纸等品种。普通壁纸具有品种多、适用面广、装饰效果好、价格低等特点，主要用于一般住房、公共建筑的内墙装饰。

二、发泡壁纸

以 $100g/m^2$ 的纸作基材，涂覆 $300\sim400g/m^2$ 掺有发泡剂的 PVC 糊状树脂，经印花后加热发泡而成。分高发泡印花、中发泡印花、低发泡印花等品种。发泡后形成的表面具有立体装饰效果，主要用于室内墙面、门厅墙面等部位。

三、特种壁纸

特种壁纸主要有耐水壁纸、防火壁纸、彩色砂粒壁纸等品种。耐水壁纸以玻璃纤维毡作基材，防火壁纸以石棉纸作基材。耐水壁纸适用于卫生间、浴室墙面；防火壁纸适用于防火要求较高的建筑物和木板墙面；砂粒壁纸用于门厅、柱头、走廊等表面装饰。

第五节　建　筑　涂　料

建筑涂料是指涂于建筑物表面，能够形成连续薄膜，并起保护、装饰及其他特殊功能的材料。

一、涂料的组成

涂料主要由成膜物质、颜料、溶剂和助剂等材料组成。

1. 成膜物质

成膜物质能将其他成分粘结为一个整体，并能附着在被涂表面形成坚韧的保护膜，是涂料中的主要成分。常用的成膜物质有油料类和树脂类。油料类成膜物质分为干性油、半干性油和不干性油，常用品种为干性油。树脂类成膜物质：天然树脂有虫胶、天然沥青、松香等；合成树脂主要有酚醛树脂、醇酸树脂、环氧树脂及丙烯酸类树脂等。

2. 颜料

涂料中采用的颜料，一般为不溶于水和油、具有较高稳定性的无机颜料，常为金属氧化物类，如钛白、铬黄、铁红、铬绿、炭黑等。颜料除了起着色作用外，还起填充和骨架作用，提高膜层的密实度和强度，降低膜层的收缩率。

3. 溶剂

溶剂又称为稀释剂,能调整涂料稠度,便于涂料施工。涂料中常用溶剂有松香水、香蕉水、汽油、苯、甲苯、乙醇、丙酮、醋酸乙烯等,视成膜材料而定。

4. 助剂

涂料中加入少量助剂可改善性能。助剂按功能分为催干剂、增塑剂、固化剂、稳定剂、乳化剂、引发剂、紫外线吸收剂等。

二、涂料的分类

建筑涂料的分类见表14-6。

建 筑 涂 料 的 分 类

表 14-6

序 号	分 类 方 法	种 类 名 称
1	按使用部位分	外墙涂料、内墙涂料和地面涂料
2	按主要成膜物质划分	油漆类、天然树脂类、醇酸树脂类、丙烯酸树脂类、聚酯树脂类、辅助材料类等
3	按主要成膜物质的化学成分划分	有机涂料、无机涂料、复合涂料 有机涂料又分为溶剂型、水溶型和乳胶型
4	按漆膜光泽的强弱划分	无光涂料、半光(亚光)涂料、有光涂料
5	按形成涂膜的质感划分	薄质涂料、厚质涂料、粒状涂料

三、建筑工程中常用的涂料

1. 油漆涂料

(1) 天然漆:又称中国漆、大漆。天然漆具有漆膜坚硬、耐久性好、耐酸耐热、光泽度好等优点,可直接使用,也可加入油类、颜料等制成不同颜色与用途的漆使用。

(2) 调合漆:在熟干性油中加入颜料、溶剂、催干剂等调合而成,是最常用的一种油漆。常用品种有油性调合漆、磁性调合漆等。调合漆质地均匀、较软,漆膜耐腐蚀性较好,遮盖力强,耐久性好,施工方便,适用于室内外钢铁、木材等表面涂刷。

(3) 清漆:以天然树脂或合成树脂加入挥发性的溶剂制成,可形成透明或半透明漆膜。清漆的主要品种有酯胶清漆、酚醛清漆、醇酸清漆、虫胶清漆和硝基清漆等,主要应用于调制磁漆和磁性调合漆。

2. 建筑涂料

工程中常用合成树脂乳液涂料。即以合成树脂乳液为基料,与颜料、体质颜料及各种助剂配制而成的,施涂后能形成表面平整的薄质涂层的涂料。该涂料适用于建筑物和构筑物等外表面的装饰和防护。

(1) 合成树脂乳液内墙涂料

1) 聚乙烯醇水玻璃涂料:以聚乙烯醇树脂的水溶液和水玻璃为胶粘剂,加入一定数量的体质颜料和少量助剂,经搅拌、研磨而成的水溶性涂料,通常称为106涂料。无毒无味,能在稍显潮湿的墙面基层上涂刷,与墙面有一定的粘结力,涂层干燥快,表面光洁平滑,色泽丰富,具有一定的装饰效果。

2) 苯丙乳胶内墙漆:由苯丙共聚物乳液与钛白粉、其他颜料、填料经研磨而成的一种水性乳胶涂料,是一种高浓度的乳胶涂料。可涂刷、喷涂,施工方便,而且平流性好、干燥快、无臭、无着火危险，还可在略微潮湿的表面上施工，涂膜具有良好的保色性和耐擦洗性等。

3) 乙—丙有光乳胶漆：以乙—丙共聚乳液为主要成膜物质，具有光泽。涂料具有乳液的光稳定性且耐候性好，涂膜的柔韧性好，同时具有资源丰富、价格适中等特点，是一种高档的内墙涂料。

（2）合成树脂乳液外墙涂料

1) 过氯乙烯外墙涂料：以过氯乙烯树脂为主要成膜物质，并用少量其他树脂，加入颜料、填料及助剂等，经一定的工艺制成的溶剂型外墙涂料。具有干燥快、施工方便、耐候性好、耐化学腐蚀性强、耐水等特点，但附着力较差，需加入适当的合成树脂以增强其附着力。

2) 聚氨酯系列外墙涂料：以聚氨酯或聚氨酯与其他树脂复合物为主要成膜物质。具有弹性高、装饰性好等特点，但价格较高，适用于高级建筑物的外墙装饰。

第六节　建筑装修材料的管理

建筑装修材料在运输、贮存和保管中，必须采取有效措施，确保装修材料不变质、不损坏、装饰面不污损等，以保证工程质量，并节约材料、降低成本。

一、建筑装修材料的运输

建筑装修材料在运输过程中，需要注意以下几个方面：

（1）运输途中和装卸时必须有防雨、防潮、防晒、防冻等措施。

（2）在运输时，必须根据材料的特点进行放置，以防止冲击、滚摔。

（3）在搬运时应轻拿轻放，严禁摔扔和从高处扔下。

（4）溶剂型涂料应按危险品运输方式进行运输，以确保运输中的安全。

二、建筑装修材料的贮存和保管

建筑装修材料在贮存和保管中，需要注意以下方面：

（1）材料按品种、规格、级别、色号、尺寸偏差、工程部位等分开堆放，并确保码放整齐、取用方便。

（2）在干燥房间内保管，屋面不得漏雨，防止受潮和霉变；避免阳光直射、远离热源等。

（3）按规定的方法进行放置，防止冲击和滑倒。

（4）涂料不得超过贮存期，溶剂型涂料必须按危险品贮存。涂料产品贮存期一般不超过 6 个月；合成树脂乳液涂料的贮存期不超过 3 个月。

思考题与习题

14-1　平板玻璃按生产方法不同分为哪几种？浮法玻璃的规格有哪些？

14-2　中空玻璃、夹层玻璃的特点和用途各如何？

14-3　何谓防火玻璃？防火玻璃按耐火性能分为几类？对各类防火玻璃的耐火性能有何规定？

14-4　何谓陶瓷砖？陶瓷砖的分类方法如何？陶瓷墙地砖、釉面内墙砖、陶瓷锦砖、玻璃锦砖的特点和用途各如何?

14-5　说明天然花岗石板材和天然大理石板材的品种、质量等级和用途。

14-6　常用金属类装饰板有哪些? 其用途各如何?

14-7　涂塑壁纸分为哪几种? 其各自的特点和用途如何?

14-8　建筑涂料的组成、分类如何? 建筑工程中常用的涂料有哪些?

14-9　建筑装修材料在运输、贮存和保管中应注意哪些方面?

建 筑 材 料 试 验

试验一 水 泥 试 验

水泥取样：详见第二章第五节。

试样及用水：水泥试样应充分拌匀，通过 0.9mm 方孔筛，并记录筛余物情况；试验用水为洁净的饮用水，如对水质有争议时也可用蒸馏水。

试验室温湿度：试验室温度为 18～22℃，相对湿度大于 50%。水泥试样、拌合水、仪器及用具的温度，应与试验室相一致。

试验 1-1 水泥细度检验

一、试验目的

检验水泥的颗粒粗细程度，作为评定水泥质量的技术依据之一。

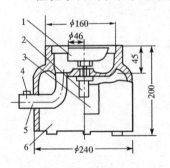

图试 1-1 负压筛析仪筛座示意图（mm）

1—喷气嘴；2—微电机；3—控制板开口；4—负压表接口；5—负压源及收尘器接口；6—壳体

细度检验方法，按 GB 1345—2005 的规定有：负压筛法、水筛法与手工干筛法三种。在检验工作中，如果对测定结果有争议，则以负压筛法为主。

二、负压筛法

1. 仪器设备

（1）负压筛析仪：由筛座（图试 1-1）、负压筛（筛网孔边长为 80μm，图试 1-2）、负压源及收尘器组成。其中筛座由转速为 30±2r/min 的喷气嘴（图试 1-3）、负压表、控制板、微电机及壳体等构成。

（2）喷气嘴：上口平面与筛网之间的距离为 2mm×8mm。

（3）天平：最小分度值不大于 0.01g。

2. 试验步骤

（1）将负压筛放在筛座上，盖上筛盖，接通电源，检查控制系统，调节负压至 4000～6000Pa 范围内。

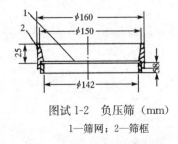

图试 1-2 负压筛（mm）

1—筛网；2—筛框

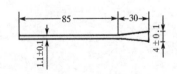

图试 1-3 喷嘴上开口示意图（mm）

（2）试样应具有代表性，并保持清洁。试验时，$80\mu m$ 筛析试验称取试样 25g，$45\mu m$ 筛析试验称取试样 10g。称取试样精确至 0.01g。置于洁净的负压筛中，放在筛座上，盖上筛盖，开动筛析仪连续筛析 2min，在此期间如有试样附着在筛盖上，可轻轻地敲击筛盖，使试样落下。筛毕，用天平称量全部筛余物。

（3）工作负压小于 4000Pa 时，应清理吸尘器内水泥，使负压恢复正常。

三、手工筛析法

1. 仪器设备

试验筛：$45\mu m$ 和 $80\mu m$ 方孔标准筛。天平：同负压筛法。

2. 试验准备

试验前所用试验筛应保持清洁、干燥。试验时，$80\mu m$ 筛析试验称取试样 25g，$45\mu m$ 筛析试验称取试样 10g。

3. 试验步骤

（1）称取水泥试样精确至 0.01g，倒入手工筛内；

（2）用一只手持筛往复摇动，另一只手轻轻拍打，往复摇动和拍打过程应保持近于水平。拍打速度 120 次/min，每 40 次向同一方向转动 60°，使试样均匀分布在筛网上，直至每分钟通过的试样量不超过 0.03g 为止。称量全部筛余物。

四、试验结果

上述方法的试验结果均按下式计算。

$$F = \frac{m_s}{m} \times 100\%$$

式中　F——水泥试样的筛余百分数，%；

　　　m_s——水泥筛余物的质量，g；

　　　m——水泥试样的质量，g。

结果计算至 0.1%。

试验 1-2　水泥标准稠度用水量测定（标准法）

一、试验目的

水泥标准稠度净浆对标准试杆（或试锥）的沉入具有一定阻力。通过试验不同含水量水泥净浆的穿透性，以确定水泥标准稠度净浆中所需加入的水量。以此水量，作为水泥凝结时间、安定性试验用水量的标准。不仅可以直接比较水泥的需水性大小，而且使凝结时间、安定性的测试准确，统一可比。

二、仪器设备

1. 维卡仪：见图试 1-4（a）；标准稠度测定用试杆见图试 1-4（b）；维卡仪滑动部分的总质量为 $300\pm1g$。

2. 金属试模：见图试 1-4（a）。

3. 水泥净浆搅拌机：见图试 1-5。净浆搅拌机主要由搅拌锅、搅拌叶片、传动机构和控制系统组成。

三、试验步骤

1. 试验前必须检查维卡仪（图试 1-4a）。金属圆杆能自由滑动；将试杆调整至接触玻

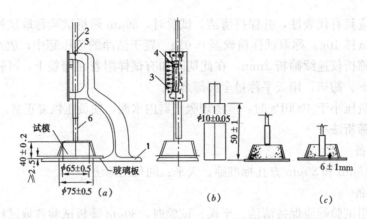

图试 1-4　水泥标准稠度测定（标准法）（mm）

(a) 维卡仪；(b) 试杆；(c) 标准稠度测定示意图

1—铁座；2—圆杆；3—标尺；4—指针；5—松动螺钉；6—试杆

璃板时，指针应对准标尺零点；搅拌机应运转正常等。

2. 将量好的 142.5mL 拌合水（准确至 0.5mL），倒入事先用湿布擦过的搅拌锅内，然后在 5～10s 内将称好的 500g 水泥加入水中，将锅放到搅拌机锅座上，升至搅拌位置，启动搅拌机，低速搅拌 120s，停 15s，同时将叶片和锅壁上的水泥浆刮入锅中间，再高速搅拌 120s 停机。

图试 1-5　水泥净
浆搅拌机

3. 拌合结束后，立即取适量水泥净浆，一次性将其装入已置于玻璃底板上的试模中，浆体超过试模上端。用宽约 25mm 的直边刀，轻轻拍打超出试模部分的浆体 5 次，以排除浆体中的孔隙，然后在试模上表面约 1/3 处，略倾斜于试模分别向外轻轻锯掉多余净浆，再从试模边缘轻轻抹顶部一次，使净浆表面光滑。在锯掉多余净浆和抹平的操作过程中，注意不要压实净浆；抹平后迅速将试模和底板移到维卡仪上，并将其中心定在试杆下。

4. 将试杆降至与水泥净浆表面接触，拧紧螺钉 1～2s 后，突然放松，使试杆垂直自由地沉入水泥净浆中。在试杆停止沉入或释放试杆 30s 时，纪录试杆距底板之间的距离。升起试杆后，立即擦净。

整个操作应在搅拌后 1.5min 内完成。

四、试验结果

以试杆沉入净浆并距底板 6±1mm 的水泥净浆为标准稠度净浆。其拌合水量为该水泥的标准稠度用水量（P），按水泥质量的百分比计。

试验 1-3　水泥净浆凝结时间测定

一、试验目的

测定试针沉入水泥标准稠度净浆至一定深度所需的时间，以评定水泥的质量。

二、仪器设备

1. 维卡仪：同标准稠度测定，见图试 1-6 (a)，只是在测定凝结时间时取下试杆，换上钢制的试针及附件（图试 1-6b、c）。

2. 试模：见图试 1-6 (a)。

3. 湿气养护箱：温度为 20±1℃，相对湿度不低于 90%。

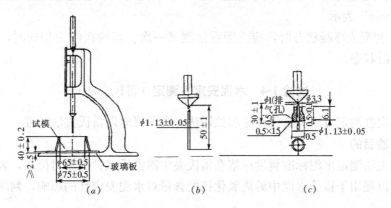

图试 1-6　水泥凝结时间测定（mm）

(a) 维卡仪；(b) 初凝用试针；(c) 终凝用试针及环形附件

三、试验步骤

1. 试验前检查维卡仪的金属圆杆应能自由滑动，调节维卡仪的试针，使其接触玻璃板时，仪器上标尺的指针应对准零点。

2. 试件的制备：以标准稠度用水量的水制成标准稠度净浆，按试验 1-2 (3) 的方法装模和刮平后，立即放入湿气养护箱内。并记录水泥全部加入水中的时间，作为凝结时间的起始时间。

3. 初凝时间的测定：试件在湿气养护箱中养护至加水泥后 30min 时，进行第一次测定。

将试模从养护箱中取出放在试针下，调整试针使其针尖与水泥净浆表面接触（图试 1-7a），拧紧螺钉待 1～2s 后突然放松，试针垂直自由地沉入水泥净浆，观察试针停止下沉或释放试针 30s 时，指针所指标尺上的读数。临近初凝时，每隔 5min（或更短时间）测定一次。

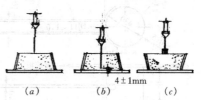

图试 1-7　水泥凝结时间测定示意图

(a) 初凝时间的测定；(b) 初凝状态；

(c) 终凝状态

4. 终凝时间的测定：为了准确观测试针沉入的状况，在终凝试针上安装了一个环形附件，见图试 1-6(c)。在完成初凝时间测定后，立即将试模连同浆体以平移的方式从玻璃板上取下，翻转 180°，使直径大端向上，小端向下，放在玻璃板上，再放入湿气养护箱中继续养护。临近终凝时间时，每隔 15min（或更短时间）测定一次。

注：

① 在最初测定操作时，应轻轻扶持圆杆，使其徐徐下落，以防试针撞弯。但结果以自由下落为准。

② 每次测试的试针不得落入原针孔内；每次测试完毕，应将试针擦净并将试模放回湿气养护箱中。测定全过程应防止试模受振。

③ 在整个测试过程中，试针沉入的位置，至少应距试模内壁 10mm。

四、试验结果

1. 当试针沉入净浆至距底板 4±1mm 时，即为水泥达到初凝状态（图试 1-7b）；由水泥全部加入水中至初凝状态的时间，即为水泥的初凝时间，用"min"表示。

2. 当试针沉入试件 0.5mm 时，即环形附件开始不能在试体上留下痕迹时，为水泥达到终凝状态。见图试 1-7 (c)。由水泥全部加入水中至终凝状态的时间，即为水泥的终凝时间，用"min"表示。

3. 到达初凝或终凝状态时，应立即重复测试一次。当两次结论相同时，才能定为达到初凝或终凝状态。

试验 1-4　水泥安定性测定（雷氏夹法）

水泥安定性测定方法有雷氏夹法和试饼法。有争议时以雷氏夹法为准。

一、试验目的

用雷氏夹法测定水泥标准稠度净浆在雷氏夹中沸煮后试针的相对位移，表征其体积的膨胀程度，以便用于检验水泥中游离氧化钙的含量对水泥安定性的影响，判断水泥安定性是否合格。

二、仪器设备

1. 沸煮箱：有效容积为 410mm×240mm×130mm。

2. 雷氏夹：用铜质材料制成，其结构见图试 1-8。当一根指针的根部先悬挂在一根金属丝或尼龙丝上，另一根指针的根部再挂上质量为 300g 的砝码时，两根指针的针尖距离增加应在 17.5±2.5mm 范围内，即 $2x=17.5\pm2.5\text{mm}$（图试 1-9）。当去掉砝码后，针尖的距离能恢复至挂砝码前的状态。

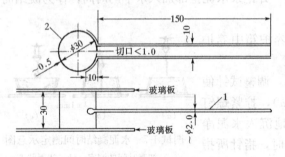

图试 1-8　雷氏夹示意图（mm）
1—指针；2—环模

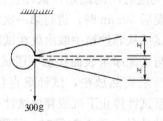

图试 1-9　雷氏夹受力示意图

3. 量水器：最小刻度为 0.1mL，精度为 1%。

4. 天平：最大称量不小于 1000g，能准确称量至 1g。

5. 湿气养护箱：应能使温度控制在 20±1℃，相对湿度大于 90%。

6. 雷氏夹膨胀测量仪：见图试 1-10。

7. 玻璃板：每个雷氏夹需配边长或直径约 80mm，厚度 4~5mm 的玻璃板两块。

三、试验步骤

1. 按标准稠度用水量的水制成标准稠度净浆；

2. 将事先准备好的雷氏夹，放在已稍擦油的玻璃板上，并立即将标准稠度净浆一次装满雷氏夹试模中。装模时一只手轻轻扶持试模，另一只手用宽约 25mm 的直边小刀在浆体表面轻轻插捣 3 次，然后抹平盖上稍涂油的玻璃板，立即将试件移至湿气养护箱内，养护 24±2h。

3. 调整沸煮箱内的水位，使试件能在整个沸煮过程中浸没在水里，并在沸煮的中途不需添补试验用水，同时又能保证在 30±5min 内升温至水沸腾。

4. 脱去玻璃板取下试件，先测量试件指针尖端间的距离（A），精确到 0.5mm，将试件放入水中算板上，指针朝上，然后在 30±5min 内加热水至沸腾，并恒沸 3h±5min。沸煮结束后，立即放掉箱中热水，打开箱盖待箱体冷却至室温，取出试件。

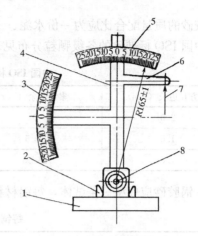

图试 1-10　雷氏夹膨胀值测量
仪示意图

1—底座；2—模子座；3—测弹性标尺；
4—立柱；5—测膨胀值标尺；6—悬臂；
7—悬丝；8—弹簧顶扭

四、试验结果

测量雷式夹指针尖端间的距离（C），准确至 0.5mm。当两个试件沸煮后增加距离（C—A）的平均值不大于 5.0mm 时，即认为该水泥安定性合格，当两个试件的（C—A）的平均值大于 5.0mm 时，应用同一水泥样品立即重做一次试验。再如此，则认为该水泥安定性不合格。

试验 1-5　水泥胶砂强度检验（ISO 法）

本方法适用于通用水泥的强度检验。

一、试验目的

对水泥进行合格检验，确定水泥是否符合有关的规定。

二、仪器设备

图试 1-11　搅拌机

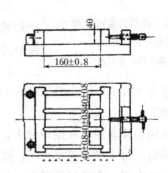

图试 1-12　（典型的）试模（mm）

①试验筛；②行星式胶砂搅拌机（图试 1-11）；③试模（图试 1-12）；④振动台（图试 1-13）；⑤电动抗折强度试验机；⑥抗压强度试验机；⑦抗压夹具。

三、试件成型

1. 胶砂的制备

（1）配合比

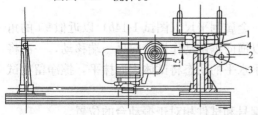

图试 1-13　（典型的）振动台（mm）

1—突头；2—凸轮；3—止动器；4—随动轮

胶砂的质量配合比应为一份水泥、三份中国 ISO 标准砂和半份水。水灰比为 0.5。中国 ISO 标准砂的各级颗粒分布见表试 1-1。

中国 ISO 标准砂的各级颗粒分布 表试 1-1

筛方孔边长（mm）	累计筛余（%）	筛方孔边长（mm）	累计筛余（%）
2.0	0	0.5	67±5
1.6	7±5	0.16	87±5
1.0	33±5	0.08	99±1

一锅胶砂应成型三条试体，每锅材料需要量见表试 1-2。

每锅胶砂的材料数量 表试 1-2

水 泥 品 种	水泥（g）	标准砂（g）	水（g）
硅酸盐水泥、普通水泥、矿渣水泥、粉煤灰水泥、复合硅酸盐水泥、石灰石硅酸盐水泥	450±2	1350±5	225±1

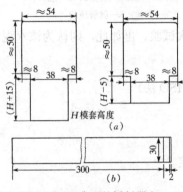

图试 1-14 典型的播料器和
金属刮平尺（mm）
（a）播料器；（b）金属刮平尺

（2）搅拌

① 把水加入锅内，再加入水泥，把锅放在固定架上，上升至固定位置。

② 立即开动机器，低速搅拌 30s 后，在第二个 30s 开始的同时，均匀地将砂子加入。对于各级预配合的混合包装的砂，可一次性加入；当各级砂是分装时，从最粗粒级开始，依次将所需的每级砂量加完。把机器转至高速再拌 30s。

③ 停拌 90s，在第一个 15s 内用一胶皮刮具，将叶片和锅壁上的胶砂刮入锅中间。在高速下继续搅拌 60s。各个搅拌阶段，时间误差应在 ±1s 以内。

2. 试件的制备

试件尺寸为 40mm×40mm×160mm 的棱柱体。胶砂制备后立即进行成型。

其步骤如下：

（1）空试模和模套固定在振动台上，用一个适当勺子从搅拌锅里将胶砂分两层装入试模。装第一层时，每个槽里均放 300g 胶砂。用大播料器（图试 1-14a）垂直架在模套顶部，沿每个模槽来回一次将料层播平，接着振实 60 次。再装入第二层胶砂，用小播料器播平，再振实 60 次。

（2）移走模套，从振动台上取下试模，用一金属刮平尺（图试 1-14b）以近似 90°的角度架在试模模顶的一端，然后沿试模长度方向以横向锯割动作慢慢向另一端移动，一次将超过试模顶部的胶砂刮去，并用同一直尺以近乎水平的状态将试体表面抹平，擦净留在试模外四周的胶砂。

（3）在试模上作标记或加字条，标明试件编号和试件相对于振动台的位置。

四、试件的养护与脱模

1. 带模养护

试件成型后，立即将作好标记的试模放入雾室或湿箱（养护箱）的水平架上，不得将试模放在其他试模上。试件带模养护的雾室或养护箱，温度应保持在20±1℃，相对湿度不低于90%，湿空气应能与试模各边接触。一直养护到规定的脱模时间，取下脱模。

2. 脱模

脱模前，用防水墨水或颜料笔对试体进行编号和作其他标记。两个龄期以上的试体，在编号时应将同一试模中的三条试体分在两个以上龄期内。脱模应非常小心。对于24h龄期的，应在破型试验前20min内脱模。对于24h以上龄期的，应在成型后20~24h之间脱模。

3. 水中养护

最初用自来水装满养护池（或容器），随后随时加水，保持适当的恒定水位，不允许在养护期间全部换水。

将脱模后的试件，立即水平或竖直放入20±1℃的水中养护。水平放置时，刮平面应朝上。试件应放在不易腐烂的箅子上，并彼此间保持不小于5mm的间距，使水与试件的六个面接触。养护期间试体上表面的水深不得小于5mm。

每个养护池只养护同类型水泥的试件。

试体应在破型试验前15min从水中取出，揩去试体表面沉积物，并用湿布覆盖至试验为止。

五、抗折强度试验

1. 强度试验试体的龄期

试体龄期是从水泥加水搅拌开始试验时算起。不同龄期强度试验应在表试1-3规定的时间内进行。

不同龄期强度试验的时间   表试1-3

试体龄期（h）	试验时间	试体龄期（d）	试验时间
24	24h±5min	7	7d±2min
48	48h±30min	>28	28d±8min
72	72h±45min		

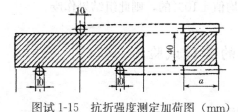

图试1-15　抗折强度测定加荷图（mm）

2. 抗折强度试验步骤

以中心加荷法测定抗折强度，见图试1-15。

将试件一个侧面放在抗折试验机支撑圆柱上，试体长度方向垂直支撑圆柱。通过加荷圆柱，以50±10N/s的速率均匀地将荷载垂直地加在棱柱体相对侧面上，直至断裂。

抗折强度按下式计算，精确至0.1MPa。

$$f_{ce,f} = \frac{1.5F_f L}{b^3}$$

式中　F_f——折断时施加于棱柱体中部的荷载，N；

L——支撑圆柱之间的距离，100mm；

b——棱柱体正方形截面的边长，mm。

六、抗压强度试验

经抗折强度试验后的 6 个半截棱柱体，应立即分别置于压力机压板上，进行抗压强度试验。试验时以试体的侧面作为受压面。

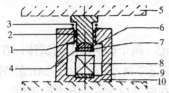

图试 1-16　抗压强度试验夹具
1—滚珠轴承；2—滑块；3—复位弹簧；4—压力机球座；5—上压板；6—夹具球座；7—夹具上压板；8—试件；9—底板；10—夹具下垫板

半截棱柱体中心与压力机压板受压中心差，应在 ±0.5mm 内，棱柱体露在压板外的部分约有 10mm。

当试验机没有球座，或球座已不灵活，或直径大于 120mm 时，应另加一个专用的夹具进行试验。

当需要使用夹具时，应把它放在压力机的上下压板之间，并与压力机处于同一轴线。以便将压力机的荷载，传递至胶砂试件表面。夹具的受压面积为 40mm×40mm。夹具在压力机上的位置见图试 1-16。

在整个加荷过程中，以 2400±200N/s 的速率均匀地加荷，直至半截棱柱体破坏。

抗压强度按下式计算，精确至 0.1MPa。

$$f_{ce} = \frac{F_c}{A}$$

式中　　F_c——破坏时的最大荷载，N；

　　　　A——受压部分面积，mm^2（40mm×40mm＝1600mm^2）。

七、试验结果

1. 抗折强度

以一组三个棱柱体抗折结果的算术平均值作为试验结果。当三个强度值中有超出平均值±10%时，应剔除后再取平均值，作为抗折强度试验结果。

2. 抗压强度

以一组三个棱柱体上得到的六个抗压强度测定值的算术平均值（精确至 0.1MPa）作为试验结果。

如六个测定值中，有一个超出平均值的±10%，就应剔除这个数值，以剩下五个的平均值为结果。如果五个测定值中，再有超过它们平均值±10%的，则此组结果作废。

试验二　普通混凝土的骨料试验

一、砂、石试样数量

砂单项试验的最少取样数量应符合表试 2-1 的规定。

砂单项试验取样数量　　　　　　　　　　　　　　　表试 2-1

序号	试验项目	最少取样数量（kg）	序号	试验项目	最少取样数量（kg）
1	颗粒级配	4.4	3	堆积密度	5.0
2	表观密度	2.6	4	含水率	1.0

碎石与卵石单项试验的最少取样数量应符合表试 2-2 的规定。

碎石、卵石单项试验取样数量

表试 2-2

序号	试验项目	最大公称粒径（mm）下的最少取样量（kg）							
		9.5	16.0	19.0	26.5	31.5	37.5	63.0	75.0
1	颗粒级配	9.5	16.0	19.0	26.5	31.5	37.5	63.0	75.0
2	表观密度	8.0	8.0	8.0	8.0	12.0	16.0	24.0	24.0
3	堆积密度与空隙率	40.0	40.0	40.0	40.0	80.0	80.0	120.0	120.0
4	含水率（%）	按试验要求的粒级和数量取样							

二、砂、石试样处理（采用人工四分法）

将所取样品置于平板上，砂样品在潮湿状态下拌合均匀，并堆成厚度约为 20mm 的圆饼；碎石或卵石应在自然状态下拌合均匀，并堆成圆堆。然后沿互相垂直的两条直径，把圆饼或圆堆分成大致相等的四份，取其中对角线的两份重新拌匀，再堆成圆饼或圆堆。重复上述过程，直至把样品缩分到试验所需数量为止。

注：机制砂坚固性及砂石堆积密度试验所用试样可不经缩分，在拌匀后直接进行试验。

试验 2-1　砂的颗粒级配试验

一、试验目的

测定砂的颗粒级配及细度模数，以评定砂的孔隙率和总表面积。

二、仪器设备

1. 鼓风干燥箱：温度控制在 $105\pm5℃$。

2. 天平：称量 1000g，感量 1g。

3. 方孔筛：规格为 $150\mu m$、$300\mu m$、$600\mu m$、1.18mm、2.36mm、4.75mm 及 9.50mm 的筛各一只，并附有筛底和筛盖。

4. 摇筛机：见图试 2-1。

5. 搪瓷盘、毛刷等。

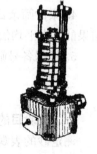

三、试验步骤

1. 按表试 2-1 规定取样，筛除大于 9.50mm 的粒径（算出其筛余百分率），并将试样缩分至约 1100g，放在干燥箱中，于 $105\pm5℃$ 下烘干至恒量，待冷却至室温后，分为大致相等的两份备用。

图试 2-1　摇筛机

注：恒量系指试样在烘干 3h 以上情况下，其前后质量之差，不大于该项试验所要求的称量精度（下同）。

2. 称取试样 500g，精度至 1g。将试样倒入按孔径大小从上到下组合的套筛（附筛底）上，然后进行筛分。

3. 将套筛置于摇筛机上，摇 10min；取下套筛，按筛孔大小顺序再逐个用手筛，筛至每分钟通过量小于试样总量 0.1% 为止。通过的试样并入下一号筛中，并和下一号筛中的试样一起过筛，这样顺序进行，直至各号筛全部筛完为止。

4. 称出各号筛的筛余量，精确至 1g，试样在各号筛上的筛余量，不得超过按下式计算出的量。

$$G = \frac{A \times d^{1/2}}{200}$$

式中 G——在一个筛上的筛余量，g；

A——筛面面积，mm²；

d——筛孔尺寸，mm。

200 系经验数字，生产控制时用，仲裁时此值取 300。

超过时按下列方法之一处理：

（1）将该粒级试样分成少于按上式计算出的量，分别筛分，并以筛余量之和作为该号筛的筛余量；

（2）将该粒级及以下各粒级的筛余混合均匀，称出其质量，精确至 1g。再用四分法缩分为大致相等的两份，取其中一份，称出其质量，精确至 1g，继续筛分。计算该粒级及以下各粒级的分计筛余量时，应根据缩分比例进行修正。

四、试验结果

1. 计算分计筛余百分率：各号筛的筛余量与试样总量之比，计算精确至 0.1%。

2. 计算累计筛余百分率：该号筛的分计筛余百分率加上该号筛以上各分计筛余百分率之和，精确至 0.1%。筛分后，如每号筛的筛余量与筛底的剩余量之和同原试样质量之差超过 1% 时，应重新试验。

3. 砂的细度模数按下式计算，精确至 0.01：

$$M_x = \frac{(A_2 + A_3 + A_4 + A_5 + A_6) - 5A_1}{100 - A_i}$$

式中 M_x——细度模数；

A_1、A_2、A_3、A_4、A_5、A_6——分别为 4.75mm、2.63mm、1.18mm、600μm、300μm、150μm 筛的累计筛余百分率。

4. 累计筛余百分率取两次试验结果的算术平均值，精确至 1%。细度模数取两次试验结果的算术平均值，精确至 0.1；如两次试验的细度模数之差超过 0.20 时，应重新试验。

5. 根据各号筛的累计筛余百分率，采用修约值比较法评定该试样的颗粒级配。

试验 2-2　砂表观密度试验（标准法）

一、试验目的

测定砂的表观密度。

二、仪器设备

1. 鼓风干燥箱：能使温度控制在 105±5℃；

2. 天平：称量 1kg，感量 0.1g；

3. 容量瓶：500mL；

4. 干燥器、搪瓷盘、滴管、毛刷、温度计等。

三、试验步骤

1. 按表试 2-1 取样，并将试样缩分至约 600g，放在干燥箱中，在 105±5℃下烘干至恒量。待冷却至室温后，分为大致相等的两份备用。

2. 称取烘干试样 300g，精确至 0.1g。将试样装入容量瓶，注入冷开水至接近 500mL 的刻度处。用手旋转摇动容量瓶，使砂样充分摇动，排除气泡，塞紧瓶盖，静置 24h。然后用滴管小心加水至容量瓶 500mL 刻度处，塞紧瓶塞，擦干瓶外壁水分，称出其质量，精确至 1g。

3. 倒出瓶内水和试样，洗净容量瓶，再向容量瓶内注水（前后水温相差不超过 2℃，并在 15～25℃ 范围内）至 500mL 刻度处，塞紧瓶塞，擦干瓶外壁水分，称出其质量，精确至 1g。

四、试验结果

砂的表观密度按下式计算，精确至 $10kg/m^3$：

$$\rho_0 = \left(\frac{m_0}{m_0 + m_2 - m_1} - \alpha_t \right) \times \rho_{水}$$

式中 ρ_0——表观密度，kg/m^3；

$\rho_{水}$——1000，kg/m^3；

m_0——烘干试样的质量，g；

m_1——试样、水及容量瓶的总质量，g；

m_2——水及容量瓶的总质量，g；

α_t——水温对砂的表观密度影响的修正系数，见表试 2-3。

修 正 系 数　　　　　　　　　表试 2-3

水温（℃）	15	16	17	18	19	20	21	22	23	24	25
α_t	0.002	0.003	0.003	0.004	0.004	0.005	0.005	0.006	0.006	0.007	0.008

表观密度取两次试验结果的算术平均值，精确至 $10kg/m^3$；如两次试验结果之差大于 $20kg/m^3$，须重新试验。

试验 2-3　砂松散堆积密度试验

一、试验目的

测定砂子堆积密度，作为混凝土配合比设计的依据。

二、仪器设备

1. 鼓风烘箱：能使温度控制在 105±5℃；

2. 天平：称量 10kg，感量 1g；

3. 容量筒：圆柱形金属筒，容积为 1L，内径 108mm，壁厚 2mm，筒底厚 2mm；

4. 方孔筛：孔径为 4.75mm，一只；

5. 直尺、漏斗或料勺、搪瓷盘、毛刷等。

三、试验步骤

1. 用搪瓷盘装取有代表性试样约 3L，放入烘箱中在 105±5℃ 下烘干至恒量，待冷却至室温后，筛除大于 4.75mm 的颗粒，分为大致相等的两份备用。

2. 取试样一份，用漏斗或铝制料勺将试样从容量筒中心上方距容量筒筒口不超过 50mm 处徐徐倒入，让试样以自由落体落下，当容量筒上部试样呈锥体，且容量筒四周溢满时，即停止加料。然后用直尺将多余的试样沿筒口中心线向两边刮平（试验过程应防止触动容量筒），称出试样和容量筒总质量，精确至 1g。

四、试验结果

砂的松散堆积密度按下式计算，精确至 $10kg/m^3$。

$$\rho'_0 = \frac{m_1 - m_2}{V}\%$$

式中 ρ'_0——松散堆积密度，kg/m^3；

　　m_1——容量筒和试样总质量，g；

　　m_2——容量筒质量，g；

　　V——容量筒的容积，L。

松散堆积密度取两次试验结果的算术平均值，精确至 $10kg/m^3$。

试验 2-4　砂含水率试验（标准法）

一、试验目的

测定砂含水情况。

二、仪器设备

1. 鼓风干燥箱：能使温度控制在 $105\pm5℃$。

2. 天平：称量 1000g，感量 0.1g。

3. 容器（烧杯、浅盘等）、小勺、毛刷等。

三、试验步骤

1. 将自然潮湿状态下的试样，用四分法缩分至约 1100g，拌匀后分为大致相等的两份备用。

2. 称取一份试样的质量，精确至 0.1g。将试样倒入已知质量的烧杯中，放在干燥箱中于 $105\pm5℃$ 下烘至恒量。待冷却至室温后，再称出其质量，精确至 0.1g。

四、试验结果

含水率按下式计算，精确至 0.1%。

$$W_含 = \frac{m_2 - m_1}{m_1} \times 100\%$$

式中　$W_含$——含水率，%；

　　m_2——烘干前的试样质量，g；

　　m_1——烘干后的试样质量，g。

含水率取两次试验结果的算术平均值，精确至 0.1%，两次试验结果之差大于 0.2% 时，应重新试验。

试验 2-5　碎石、卵石颗粒级配试验

一、试验目的

测定碎石或卵石的颗粒级配及最大粒径，作为混凝土配合比设计的依据。

二、仪器设备

1. 鼓风干燥箱：能使温度控制在 $105\pm5℃$。

2. 天平：称量 10kg，感量 1g。

3. 方孔筛：孔径为 2.36、4.75、9.50、16.0、19.0、26.5、31.5、37.5、53.0、63.0、75.0mm 及 90.0mm 的筛各一只，并附有筛底和筛盖（筛框内径为 300mm）。

4. 摇筛机：见图试 2-1。

5. 搪瓷盘、毛刷等。

三、试验步骤

1. 按表试 2-2 规定取样，并将试样缩分至略大于表试 2-4 规定的数量，烘干或风干后备用。

颗粒级配试验所需试样数量 　　　　　　　　　　　　　　　　　　表试 2-4

最大粒径（mm）	9.5	16.0	19.0	26.5	31.5	37.5	63.0	75.0
最少试样质量（kg）	1.9	3.2	3.8	5.0	6.3	7.5	12.6	16.0

2. 根据试样的最大粒径，称取按表试 2-4 的规定数量试样一份，精确到 1g。将试样倒入按孔径大小从上到下组合的套筛（附筛底）上，然后进行筛分。

3. 将套筛置于摇筛机上，摇 10min；取下套筛，按筛孔大小顺序再逐个用手筛，筛至每分钟通过量小于试样总量 0.1% 为止。通过颗粒并入下一号筛中，并和下一号筛中的试样一起过筛，这样顺序进行，直至各号筛全部筛完为止。当筛余颗粒的粒径大于 19.0mm 时，在筛分过程中，允许用手指拨动颗粒。

4. 称量出各号筛的筛余量，精确至 1g。

四、试验结果

1. 计算分计筛余百分率：各号筛的筛余量与试样总质量之比，精确至 0.1%。

2. 计算累计筛余百分率：该号筛及以上各筛的分计筛余百分率之和，精确至 0.1%。筛分后如每号筛的筛余量与筛底的筛余量之和，同原试样质量之差超过 1% 时，应重新试验。

3. 根据各号筛的累计筛余百分率，采用修约值比较法评定该试样的颗粒级配。

试验 2-6　碎石、卵石表观密度试验（标准法）

一、试验目的

采用液体比重天平法，测定碎石或卵石的表观密度，作为评定石子质量和混凝土配合比设计的依据。

二、仪器设备

1. 鼓风干燥箱：能使温度控制在 105±5℃。

2. 天平：称量 5kg，感量 5g；其型号及尺寸应能允许在臂上悬挂盛试样的吊篮，并能将吊篮放在水中称量，见图试 2-2。

3. 吊篮：直径和高度约为 150mm，由孔径为 1～2mm 的筛网或钻有 2～3mm 孔洞的耐锈蚀金属板制成；

4. 方孔筛：孔径为 4.75mm 的方孔筛一只；

5. 水容器：有溢流孔；

6. 温度计、搪瓷盘、毛巾等。

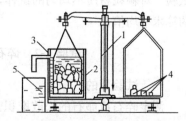

图试 2-2　液体天平

1—5kg天平；2—吊篮；3—带有溢流孔的金属容器；4—砝码；5—容器

三、环境条件

试验时各项称量可在 15～25℃ 范围内进行，但从试样加水静止的 2h 起至试验结束，其温度变化不应超过

2℃。

四、试验步骤

1. 按表试 2-2 规定取样，并将试样缩分至略大于表试 2-5 规定的数量，风干后筛除小于 4.75mm 的颗粒，然后洗刷干净，分为大致相等的两份备用。

表观密度试验所需试样数量   表试 2-5

最大粒径（mm）	≤26.5	31.5	37.5	63.0	75.0
最少试样质量（kg）	2.0	3.0	4.0	6.0	6.0

2. 取试样一份装入吊篮，并浸入盛水的容器中，水面至少高出试样 50mm。浸泡 24h 后，移放到称量用的盛水容器中，并用上下升降吊篮的方法排除气泡（试样不得露出水面）。吊篮每升降一次约 1s，升降高度为 30~50mm。

3. 测定水温后（此时吊篮应全浸在水中），准确称出吊篮及试样在水中的质量，精确至 5g。称量时，盛水容器中水面的高度由容器的溢流孔控制。

4. 提起吊篮，将试样倒入浅盘，放在干燥箱中于 105±5℃下烘干至恒量，待冷却至室温后，称出其质量，精确至 5g。

5. 称出吊篮在同样温度水中的质量，精确至 5g。称量时盛水容器的水面高度仍由溢流孔控制。

五、试验结果

碎石、卵石表观密度按下式计算，精确至 10kg/m³。

$$\rho_0 = \left(\frac{m_0}{m_0 + m_2 - m_1} - \alpha_t \right) \times \rho_{水}$$

式中　ρ_0——表观密度，kg/m³；

　　　m_0——烘干后试样的质量，g；

　　　m_1——吊篮及试样在水中的质量，g；

　　　m_2——吊篮在水中的质量，g；

　　　$\rho_{水}$——1000，kg/m³；

　　　α_t——水温对表观密度影响的修正系数，见表试 2-3。

表观密度取两次试验结果的算术平均值，两次试验结果之差大于 20kg/m³ 时，应重新试验。对颗粒材质不均匀的试样，如两次试验结果之差超过 20kg/m³，可取 4 次试验结果的算术平均值。

试验 2-7　碎石、卵石的松散堆积密度与空隙率试验

一、试验目的

测定碎石或卵石的松散堆积密度与空隙率，作为混凝土配合比设计的依据。

二、仪器设备

1. 天平：称量 10kg，感量 10g，1 台；称量 50kg 或 100kg，感量 50g，1 台。

2. 容量筒：容量筒规格见表试 2-6。

容量筒的规格要求

最大粒径（mm）	容量筒容积（L）	容量筒规格		
		内径（mm）	净高（mm）	壁厚（mm）
9.5, 16.0, 19.0, 26.5	10	208	294	2
31.5, 37.5	20	294	294	3
53.0, 63.0, 75.0	30	360	294	4

3. 垫棒：直径 16mm，长 600mm 的圆钢。

4. 直尺、小铲等。

三、试验步骤

1. 按表试 2-2 规定取样，烘干或风干后，拌匀并把试样分为大致相等的两份备用。

2. 取试样一份，用小铲将试样从容量筒口中心上方 50mm 处徐徐倒入，让试样以自由落体落下，当容量筒上部试样呈锥体，且容量筒四周溢满时，即停止加料。除去凸出容量筒口表面的颗粒，并以合适的颗粒填入凹陷部分，使表面稍凸起部分和凹陷部分的体积大致相等（试验过程应防止触动容量筒），称出试样和容量筒总质量。

四、试验结果

1. 松散堆积密度按下式计算，精确至 10kg/m³。

$$\rho_0' = \frac{m_1 - m_2}{V}$$

式中　ρ_0'——松散堆积密度，kg/m³；

　　　m_1——容量筒和试样的总质量，g；

　　　m_2——容量筒的质量，g；

　　　V——容量筒的容积，L。

2. 空隙率按下式计算，精确至 1%。

$$P = \left(1 - \frac{\rho_0'}{\rho'}\right) \times 100\%$$

式中　P——空隙率，%；

　　　ρ_0'——松散堆积密度，kg/m³；

　　　ρ'——表观密度，kg/m³。

堆积密度取两次试验结果的算术平均值，精确至 10kg/m³。空隙率取两次试验结果的算术平均值，精确至 1%。

采用修约值比较法进行评定。

试验 2-8　碎石、卵石含水率试验

一、试验目的

测定碎石、卵石含水率，作为混凝土配合比设计的依据。

二、仪器设备

1. 鼓风干燥箱：能使温度控制在 105±5℃。

2. 天平：称量 10kg，感量 1g。

3. 容器、小铲、搪瓷盘、毛巾、刷子等。

三、试验步骤

1. 按表试 2-2 规定取样，并将试样缩分至 4.0kg，拌匀后分为大致相等的两份备用。

2. 称取试样一份，精确至 1g，放在干燥箱中于 105±5℃ 下烘至恒量，待冷却至室温后，称出其质量，精确至 1g。

四、试验结果

含水率按下式计算，精确至 0.1%。

$$W_{含} = \frac{m_1 - m_2}{m_2} \times 100$$

式中　$W_{含}$——含水率，%；

　　　　m_2——烘干后的试样质量，g；

　　　　m_1——烘干前的试样质量，g。

含水率取两次试验结果的算术平均值，精确至 0.1%。

试验三　普通混凝土拌合物性能试验

一、取样

1. 同一组混凝土拌合物的取样应从同一盘混凝土或同一车混凝土中取样。取样数量应多于试验所需量的 1.5 倍，且不宜小于 20L。

2. 混凝土拌合物的取样应具有代表性，宜采用多次采样的方法。一般在同一盘混凝土或同一车混凝土中的约 1/4 处、1/2 处和 3/4 处之间分别取样，从第一次取样到最后一次取样不宜超过 15min，然后人工搅拌均匀。

3. 从取样完毕到开始做各项性能试验不宜超过 5min。

二、试样的制备

1. 在试验室制备混凝土拌合物时，拌合时试验室的温度应保持在 20±5℃，所用材料的温度应与试验室温度保持一致。

注：需要模拟施工条件下所用的混凝土时，所用原材料的温度宜与施工现场保持一致。

2. 试验室拌合混凝土时，材料用量应以质量计。称量精度：骨料为 ±1%；水、水泥、掺合料、外加剂均为 ±0.5%。

3. 混凝土拌合物的制备应符合《普通混凝土拌合物性能试验方法标准》GB/T 50080—2002 中的有关规定。

4. 从试样制备完毕到开始到各项性能试验不宜超过 5min。

三、试验记录

1. 取样记录应包括下列内容：

（1）取样日期和时间；

（2）工程名称、结构部位；

（3）混凝土强度等级；

（4）取样方法；

（5）试样编号；

（6）试样数量；

（7）环境温度及取样的混凝土温度。

2. 在试验室制备混凝土拌合物时，除应记录以上内容外，还应记录以下内容：

（1）试验室温度；

（2）各种原材料品种、规格、产地及性能指标；

（3）混凝土配合比及每盘混凝土的材料用量。

试验 3-1 稠度试验——坍落度与坍落扩展度法

一、试验目的

测定混凝土拌合物的坍落度与坍落扩展度值，用以评定混凝土拌合物的稠度（即流动性）及评定其和易性。

二、仪器设备

1. 坍落度筒：由薄钢板或其他金属制成的圆台形筒，见图试 3-1。内壁应光滑，在筒三分之二高度处安两个手把，下端应焊脚踏板。

2. 捣棒：直径 16mm，长约 650mm 的钢棒，端部应磨圆。

3. 小铲、钢尺、抹刀等。

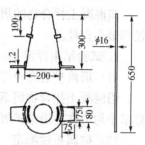

图试 3-1 坍落度筒和捣棒示意图 （mm）

三、坍落度法试验

本方法适用于骨料粒径不大于 40mm，坍落度不小于 10mm（即 10～220mm）的混凝土拌合物的稠度测定。

1. 坍落度法试验步骤

（1）湿润坍落度筒及底板，在坍落度筒内壁和底板上应无明水。底板应放置在坚实水平面上，并把筒放在底板中心，然后用脚踩住两边的脚踏板，坍落度筒在装料时应保持固定的位置。

（2）把按要求取得的混凝土试样用小铲分三次均匀地装入筒内，使捣实后每层的高度为筒高的三分之一左右。每层用捣棒插捣 25 次。插捣应沿螺旋方向由外向中心进行，各次插捣应在截面上均匀分布。插捣筒边混凝土时，捣棒可以稍稍倾斜。插捣底层时，捣棒应贯穿整个深度，插捣第二层和顶层时，捣棒应插透本层至下一层表面；浇灌顶层时，混凝土应灌至高出筒口。插捣过程中，如混凝土沉落到低于筒口，则应随时添加。顶层插捣完后，刮去多余的混凝土，并用抹刀抹平。

（3）清除筒边、底板上的混凝土后，垂直平稳地提起坍落度筒。坍落度筒的提离过程应在 5～10s 内完成；从开始装料到提坍落度筒的整个过程应不间断地进行，并应在 150s 内完成。

2. 试验结果评定

（1）坍落度及和易性评定

提起坍落度筒后，测量筒高与坍落后混凝土试体最高点之间的高度差，即为该混凝土拌合物的坍落度值；坍落度筒提离后，如混凝土发生崩坍或一边剪坏现象，则应重新取样另行测定；如第二次试验仍出现上述现象，则表示该混凝土和易性不好，应予记录备查。

（2）黏聚性和保水性评定

观察坍落后的混凝土试体的黏聚性及保水性。

1) 黏聚性的检查方法是用捣棒在已坍落的混凝土锥体侧面轻轻敲打，此时如果锥体逐渐下沉，则表示黏聚性良好；如果锥体倒塌、部分崩裂或出现离析现象，则表示黏聚性不好。

2) 保水性以混凝土拌合物稀浆析出的程度来评定。坍落度筒提起后，如有较多的稀浆由底部析出，锥体部分的混凝土也因失浆而骨料外露，则表明此混凝土拌合物的保水性不好；如坍落度筒提起后，无稀浆或仅有少量稀浆自底部析出，则表示此混凝土拌合物的保水性良好。

四、坍落扩展度法试验

本方法适用于坍落度大于 220mm 的混凝土拌合物的稠度测定。

1. 坍落扩展度法试验步骤

当混凝土拌合物的坍落度大于 220mm 时，用钢尺测量出混凝土扩展后最终的最大直径和最小直径。

2. 试验结果评定

(1) 坍落扩展度评定

当混凝土拌合物坍落扩展后，测得的最大直径与最小直径之差小于 50mm 时，用其算术平均值作为坍落扩展度值；否则，此次试验无效。

(2) 抗离析性测定

如果发现粗骨料在中央集堆或边缘有水泥浆析出，表示此混凝土拌合物抗离析性不好，应予记录。

(3) 混凝土拌合物坍落度和坍落扩展度值以毫米为单位，测量精确至 1mm，结果表达修约至 5mm。

五、稠度试验报告内容

混凝土拌合物稠度试验报告内容，除前面所述试验记录内容外，还应报告混凝土拌合物坍落度值或坍落扩展度值。

试验 3-2　稠度试验——维勃稠度法

一、试验目的

测定混凝土拌合物的维勃稠度值，用以评定混凝土拌合物坍落度小于 10mm 时的稠度。

二、仪器设备

维勃稠度仪：维勃稠度仪，如图试 3-2 所示，由以下部分组成：

1. 振动台：台面长 380mm、宽 260mm，振动频率为 50 ± 3Hz，振幅为 0.5 ± 0.1mm。

2. 容器：由钢板制成，内径 240 ± 5mm，高为 200 ± 2mm，筒壁厚 3mm，筒底厚 7.5mm。

3. 旋转架：与测杆与喂料斗相连。测杆下部装有透明且水平的圆盘，直径为 230 ± 2mm，厚度为 10 ± 2mm。

4. 坍落度筒、捣棒，同前。

三、试验步骤

本方法适用于骨料最大粒径不大于 40mm，维勃稠度在 5～30s 之间的混凝土拌合物稠度测定。

1. 把维勃稠度仪放置在坚实的地面上，用湿布把容器、坍落度筒、喂料斗内壁及其他用具润湿。

2. 将喂料斗提到坍落度筒上方扣紧，校正容器位置，使其中心与喂料斗中心重合，然后拧紧固定螺钉。

3. 把按要求取得的混凝土试样，用小铲分三层经喂料斗均匀地装入筒内。装料及插捣的方法与测定坍落度时相同。

4. 把喂料斗转离，垂直地提起坍落度筒，此时并应注意不使混凝土试体产生横向的扭动。

5. 把透明圆盘转到混凝土圆台体顶面，放松测杆螺钉，降下圆盘，使其轻轻接触到混凝土顶面。

6. 拧紧定位螺钉，并检查测杆螺钉是否已经完全放松。

7. 在开动振动台的同时，用秒表计时。当振动到透明圆盘的底面被水泥浆布满的瞬间，停止计时，并关闭振动台。

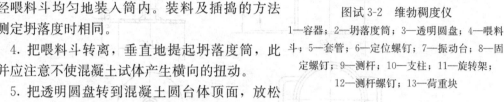

图试 3-2　维勃稠度仪

1—容器；2—坍落度筒；3—透明圆盘；4—喂料斗；5—套管；6—定位螺钉；7—振动台；8—固定螺钉；9—测杆；10—支柱；11—旋转架；12—测杆螺钉；13—荷重块

四、试验结果

由秒表读出的时间（s），即为该混凝土拌合物的维勃稠度值。读数精确至 1s。

五、试验报告内容

除前面所列试验记录内容外，尚应报告混凝土拌合物的维勃稠度值。

试验 3-3　稠度试验——增实因数法

一、试验目的

利用跳桌对一定量的混凝土拌合物做一定量的功，使其密度增大，以混凝土拌合物增实后的密度与绝对密实状态下的密度之比，作为稠度指标，它以示值读数（增实因数 JC）判定拌合物的稠度。

二、仪器设备

1. 跳桌：应符合《水泥胶砂流动度测定方法》GB 2419—2005 中有关技术要求的规定。

2. 台秤：称量 20kg，感量 20g。

3. 圆筒：钢制，内径 150 ± 0.2mm，高 300 ± 0.2mm，连同提手共重 4.3 ± 0.3kg，见图试 3-3。

4. 盖板：钢制，直径 146 ± 0.1mm，厚 6 ± 0.1mm，连同提手共重 830 ± 20kg，见图试 3-3。

5. 量尺：刻度误差不大于 1‰，见图试 3-4。

三、增实因数试验用混凝土拌合物的质量确定方法

1. 当混凝土拌合物配合比及原材料的表观密度已知时，按下式确定混凝土拌合物的质量：

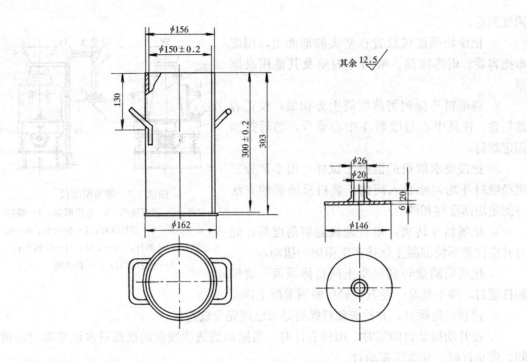

图试 3-3　圆筒及盖板（mm）

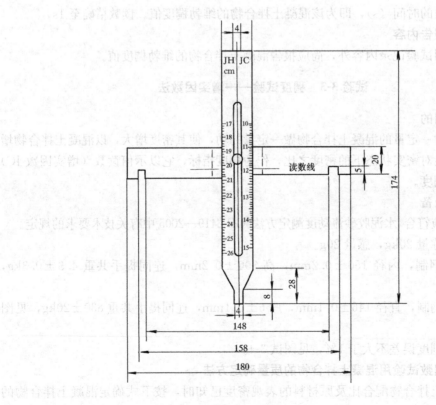

图试 3-4　量尺（mm）

$$Q = 0.003 \times \frac{W+C+F+S+G}{\dfrac{W}{\rho_\mathrm{w}}+\dfrac{C}{\rho_\mathrm{c}}+\dfrac{F}{\rho_\mathrm{f}}+\dfrac{S}{\rho_\mathrm{s}}+\dfrac{G}{\rho_\mathrm{g}}}$$

式中 Q——绝对体积为 3000mL 时混凝土拌合物的质量，kg;

   W、C、F、S、G——分别为水、水泥、掺合料、细骨料和粗骨料的质量，kg;

ρ_w、ρ_c、ρ_f、ρ_s、ρ_g——分别为水、水泥、掺合料、细骨料和粗骨料的表观密度，kg/m³。

2. 当混凝土拌合物配合比及原材料的表观密度未知时，应按下述方法确定混凝土拌合物的质量：

先在圆筒内装入 7.5kg 的混凝土拌合物，无需振实，将圆筒放在水平平台上，用量筒沿筒壁徐徐注水，并轻轻拍打筒壁，将拌合物中夹持的气泡排出，直至筒内水面与筒口平齐。记录注入圆筒中的水的体积，混凝土拌合物的质量应按下式计算：

$$Q = 3000 \times \frac{7.5}{V-V_\mathrm{w}} \times (1+A)$$

式中 Q——绝对体积为 3000mL 时混凝土拌合物的质量，kg;

     V——圆筒的容积，mL;

     V_w——注入圆筒中水的体积，mL;

     A——混凝土含气量。

计算应精确至 0.05kg。

注：圆筒容积应经常予以校正，校正方法可采用一块能覆盖住圆筒顶面的玻璃板，先称出玻璃板和空筒的质量，然后向圆筒中注入清水，当水接近上口时，一边不断加水，一边把玻璃板沿筒口徐徐推入盖严。应使玻璃板下不带入任何气泡。然后擦净玻璃板面及筒壁外的余水，将圆筒连同玻璃板放在台秤上称其质量。两次质量之差（g）即为容量筒的容积（mL）。

四、增实因数试验步骤

本方法适用于骨料最大粒径不大于 40mm，增实因数大于 1.05 的塑性、干硬性混凝土拌合物稠度测定，其步骤如下：

1. 将圆筒放在台秤上，用圆勺铲取混凝土拌合物，不加任何振动与扰动地装入圆筒，圆筒内混凝土拌合物的质量按上述第三款规定的方法确定后称取。

2. 用不吸水的小尺轻拨拌合物表面，使其大致成为一个水平面，然后将盖板轻放在拌合物上。

3. 将圆筒轻轻移至跳桌台面中央，使跳桌台面以每秒一次的速度连续跳动 15 次。

五、试验结果

将量尺的横尺置于筒口，使筒壁卡入横尺的凹槽中，滑动有刻度的竖尺，将竖尺的底端插入盖板中心的小筒内，读取混凝土增实因数 JC，精确至 0.01。

注：维勃稠度与增实因数之间的关系，见表试 3-1，供使用时参考。

维勃稠度与增实因数之间的关系   表试 3-1

维勃稠度 S	增实因数 JC	维勃稠度 S	增实因数 JC
<10	1.05~1.18	30~50	1.3~1.4
10~30	1.18~1.3	50~70	>1.4

六、实验报告内容

混凝土拌合物稠度试验报告内容，除前面所列试验记录内容外，尚应列出增实因数值和其他应说明的事项。

试验 3-4 凝结时间试验

一、试验目的

通过对混凝土拌合物中筛出的砂浆，进行贯入阻力的测定来确定混凝土的凝结时间，它对混凝土工程中的混凝土搅拌、运输及施工具有重要的参考作用。

二、仪器设备——贯入阻力仪

贯入阻力仪应由加荷装置、测针、砂浆试样筒和标准筛组成，可以是手动的，也可以是自动的。贯入阻力仪应符合下列要求：

1. 加荷装置：最大测量值应不小于 1000N，精度为±10N。

2. 测针：长为 100mm，承压面积为 100、50、20mm² 三种，在距贯入端 25mm 处刻有一圈标记。

3. 砂浆试样筒：上口径为 160mm，下口径为 150mm，净高为 150mm 刚性不透水的金属圆筒，并配有盖子。

4. 标准筛：筛孔为 5mm 的符合国家现行标准《试验筛》GB／T 6005 规定的金属圆孔筛。

三、试验步骤

1. 应从按标准要求制备或现场取样的混凝土拌合物试样中，用 5mm 标准筛筛出砂浆，每次应筛净，然后将其拌合均匀。将砂浆一次分别装入三个试样筒中，做三个试验。取样混凝土坍落度不大于 70mm 的混凝土宜用振动台振实砂浆；取样混凝土坍落度大于 70mm 的宜用捣棒人工捣实。用振动台振实砂浆时，振动应持续到表面出浆为止，不得过振。用捣棒人工捣实时，应沿螺旋方向由外向中心均匀插捣 25 次，然后用橡皮锤轻轻敲打筒壁，直至插捣孔消失为止。振实或插捣后，砂浆表面应低于砂浆试样筒口约 10mm，砂浆试样筒应立即加盖。

2. 砂浆试样制备完毕，编号后应置于温度为 20±2℃ 的环境中或现场相同条件下待试，并在以后的整个测试过程中，环境温度应始终保持 20±2℃。现场同条件测试时，应与现场条件保持一致。在整个测试过程中，除在吸取泌水或进行贯入试验外，试样筒应始终加盖。

3. 凝结时间测定从水泥与水接触瞬间开始计时。根据混凝土拌合物的性能，确定测针试验时间，以后每隔 0.5h 测试一次，在临近初、终凝时可增加测定次数。

4. 在每次测试前 2min，将一片 20mm 厚的垫块垫入筒底一侧使其倾斜，用吸管吸去表面的泌水，吸水后平稳地复原。

5. 测试时将砂浆试样筒置于贯入阻力仪上，测针端部与砂浆表面接触，然后在 10±2s 内均匀地使侧针贯入砂浆 25±2mm 深度，记录贯入压力，精确至 10N；记录测试时间，精确至 1min；记录环境温度，精确至 0.5℃。

6. 各测点的间距应大于测针直径的 2 倍且不小于 15mm，测点与试样筒壁的距离应不小于 25mm。

7. 贯入阻力测试在 0.2～28MPa 之间应至少进行 6 次，直至贯入阻力大于 28MPa为止。

8. 在测试过程中应根据砂浆凝结状况，适时更换测针，更换测针宜按表试 3-2 选用。

测针选用规定表 表试 3-2

贯入阻力（MPa）	0.2～0.35	3.5～20	20～28
测针面积（mm²）	100	50	20

四、试验结果

贯入阻力的结果计算以及初凝时间和终凝时间的确定应按下述方法进行：

1. 贯入阻力应按下式计算：

$$f_{PR} = \frac{P}{A}$$

式中　f_{PR}——贯入阻力，MPa；

　　　P——贯入压力，N；

　　　A——测针面积，mm²。

计算应精确至 0.1MPa。

2. 用绘图拟合方法确定凝结时间。

混凝土凝结时间的确定有两种方法：线性回归法和绘图拟合法。

（1）绘图拟合方法是以贯入阻力为纵坐标，经过的时间为横坐标（精确至 1min），绘制出贯入阻力与时间之间的关系曲线，以 3.5MPa 和 28MPa 画两条平行于横坐标的直线，分别与曲线相交的两个交点的横坐标即为混凝土拌合物的初凝和终凝时间。

（2）绘图拟合方法的实例，测试数据见表试 3-3。

用绘图拟合方法，以贯入阻力为纵坐标（精确至 0.1MPa），经过的时间为横坐标（精确至 1min），比例宜以 15mm 长度分别代表纵坐标 3MPa 和横坐标 h，绘制出贯入阻力与时间之间的关系曲线。以纵坐标 3.5MPa 和 28MPa 分别对应的横坐标上的时间就是初凝时间为 288min，终凝时间为 389min（图试 3-5）。

贯入阻力试验数据 表试 3-3

序　号	贯入阻力 f_{PR}（MPa）	时　间 t（min）	序　号	贯入阻力 f_{PR}（MPa）	时　间 t（min）
1	0.3	200	6	6.9	335
2	0.8	230	7	13.8	350
3	1.5	260	8	17.6	365
4	3.7	290	9	24.3	380
5	6.9	320	10	30.6	395

在图中可以明显地看到，第 6 点明显地偏离曲线，应舍去。其初凝时间和终凝时间分别为 4h：50min 和 6h：30min。

3. 试验结果确定

用 3 个试验结果的初凝和终凝时间的算术平均值，作为此次试验的初凝和终凝时间。

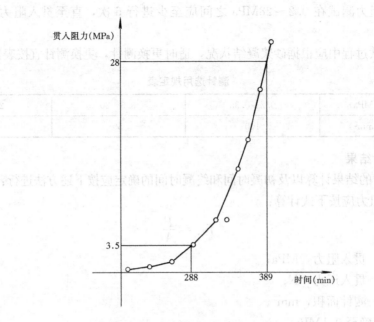

图试 3-5　绘图法确定凝结时间

如果 3 个测值的最大值或最小值中有一个与中间值之差超过中间值的 10%，则以中间值试验结果；如果最大值和最小值与中间值之差，均超过中间值的 10% 时，则此次试验无效。

凝结时间以 h：min 表示，并修约至 5min。

五、凝结时间试验报告内容

除前面所列试验记录内容外，还应包括以下内容：

1. 每次做贯入阻力试验时所对应的环境温度、时间、贯入压力、测针面积和计算出来的贯入阻力值。

2. 根据贯入阻力和时间绘制的关系曲线。

3. 混凝土拌合物的初凝和终凝时间。

4. 其他应说明的情况。

试验 3-5　泌　水　试　验

一、试验目的

通过泌水试验可衡量混凝土拌合物的泌水性能。泌水性能是混凝土拌合物在施工中的重要性能之一。

二、仪器设备

1. 试样筒：容积为 5L 的容量筒并配有盖子。

2. 台称：称量为 50kg，感量为 50g。

3. 量筒：容量为 10、50、100mL 的量筒及吸管。

4. 振动台：应符合《混凝土试验用振动台》JG/T 245—2009 中的技术要求。

5. 捣棒。

三、试验步骤

本方法适用于骨料最大粒径不大于 40mm 的混凝土拌合物泌水测定，其步骤如下：

1. 应用湿布湿润试样筒内壁后立即称量，记录试样筒的质量。再将混凝土试样装入试样筒，混凝土装料及捣实方法有两种：

（1）方法 A：用振动台振实。将试样一次装入试样筒内，开启振动台，振动要持续到表面出浆为止，且应避免过振；并使混凝土拌合物表面低于试样筒口 30±3mm，用抹刀抹平。抹平后立即计时并称量，记录试样筒与试样的总质量。

（2）方法 B：用捣棒捣实。采用捣棒捣实时，混凝土拌合物应分两层装入，每层插捣次数应为 25 次；捣棒由边缘向中心均匀地插捣，插捣底层时捣棒应贯穿整个深度，插捣第二层时，捣棒应插透本层直至下一层的表面；每一层捣完后用橡皮锤轻轻沿容量筒外壁敲打 5~10 次，进行振实，直至拌合物表面插捣孔消失并不见大气泡为止；并使混凝土拌合物表面低于试样筒筒口 30±3mm，用抹刀抹平。抹平后立即计时并称量，记录试样筒与试样的总质量。

2. 在以下吸取混凝土拌合物表面泌水的整个过程中，应使试样筒保持水平，不受震动；除了吸水操作外，应始终盖好盖子；室温应保持在 20±2℃。

3. 从计时开始后 60min 内，每隔 10min 吸取 1 次试样表面渗出的水。60min 后，每隔 30min 吸 1 次水，直至认为不再泌水为止。为了便于吸水，每次吸水前 2min，将一片 35mm 厚的垫块垫入筒底一侧使其倾斜，吸水后平稳地复原。吸出的水放入量筒中，记录每次吸水的水量并计算累计水量，精确至 1mL。

四、试验结果

泌水量和泌水率的结果计算及其确定，应按下列方法进行：

1. 泌水量应按下式计算：

$$B_a = \frac{V}{A}$$

式中 B_a——泌水量，mL/mm^2；

　　　　V——最后一次吸水后累计的泌水量，mL；

　　　　A——试样外露的表面面积，mm^2。

计算应精确至 0.01mL/mm^2。泌水量取三个试样测值的平均值。三个测值中的最大值或最小值，如果有一个与中间值之差超过中间值的 15%，则以中间值为试验结果；如果最大值和最小值与中间值之差均超过中间值的 15% 时，则此次试验无效。

2. 泌水率应按下式计算：

$$B = \frac{V_W}{(W/G)G_W} \times 100$$

$$G_W = G_1 - G_0$$

式中 B——泌水率，%；

　　　　V_W——泌水总量，mL；

　　　　G_W——试样质量，g；

　　　　W——混凝土拌合物总用水量，mL；

G——混凝土拌合物总质量，g；

G_1——试样筒及试样总质量，g；

G_0——试样筒质量，g。

计算应精确至 1%。

3. 试验结果确定

泌水率取三个试样测值的平均值。三个测值中的最大值或最小值，如果有一个与中间值之差超过中间值的 15%，则以中间值为试验结果；如果最大值和最小值与中间值之差均超过中间值的 15% 时，则此次试验无效。

五、泌水试验报告内容

除前面所列试验记录内容外，还应包括以下内容：

1. 混凝土拌合物总用水量和总质量。

2. 试样筒质量。

3. 试样筒和试样的总质量。

4. 每次吸水时间和对应的吸水量。

5. 泌水量和泌水率。

试验 3-6 压力泌水试验

一、试验目的

通过此项试验来衡量混凝土拌合物，在压力状态下的泌水性能。混凝土压力泌水性能的好坏，关系到混凝土在泵送过程中是否会因离析堵泵。混凝土压力泌水性能是泵送混凝土的重要性能之一。

二、仪器设备

1. 压力泌水仪：其主要部件包括压力表、缸体、工作活塞、筛网等（图试 3-6）。压力表最大量程 6MPa，最小分度值不大于 0.1MPa；缸体内径 125 ± 0.02mm，内高 200 ± 0.2mm；工作活塞压强为 3.2MPa，公称直径为 125mm；筛网孔径为 0.315mm。

2. 量筒：容量 200mL。

3. 捣棒。

三、试验步骤

本方法适用于骨料最大粒径不大于 40mm 的混凝土拌合物压力泌水测定，具体步骤如下：

1. 混凝土拌合物应分两次装入压力泌水仪的缸体容器中，每层的插捣次数应为 20 次。捣棒由边缘向中心均匀地插捣，插捣底层时捣棒应贯穿整个深度，插捣第二层时，捣棒应插透本层至下一层的表面；每一层捣完后用橡皮锤轻轻沿容器外壁敲打 5~10 次，进行振

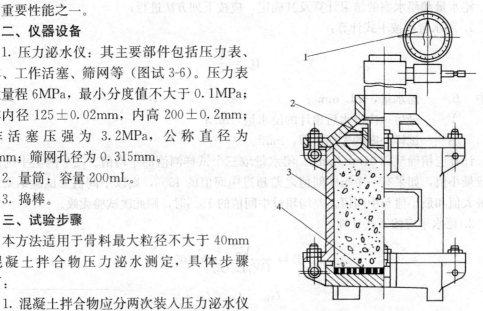

图试 3-6 压力泌水仪

1—压力表；2—工作活塞；3—缸体；4—筛网

实，直至拌合物表面插捣孔消失并不见大气泡为止；使拌合物表面低于容器口以下约30mm处，用抹刀将表面抹平。

2. 将容器外表擦干净，压力泌水仪按规定安装完毕后，应立即给混凝土试样施加压力至3.2MPa，并打开泌水阀门同时开始计时，保持恒压，泌出的水接入200mL量筒里；加压至10s时读取泌水量V_{10}，加压至140s时读取泌水量V_{140}。

四、试验结果

压力泌水率应按下式计算：

$$B_V = \frac{V_{10}}{V_{140}} \times 100$$

式中　B_V——压力泌水率，%；

　　　V_{10}——加压至10s时的泌水量，mL；

　　　V_{140}——加压至140s时的泌水量，mL。

压力泌水率的计算应精确至1%。

五、压力泌水试验报告内容

除前面所列试验记录内容外，还应包括以下内容：

1. 加压至10s时的泌水量V_{10}，加压至140s时的泌水量V_{140}；

2. 压力泌水率。

试验3-7　表观密度试验

一、试验目的

测定混凝土拌合物捣实后的单位体积质量，以备修正、核实混凝土配合比计算中的材料用量。

二、仪器设备

1. 容量筒：容量筒为金属制成的圆筒，两旁装有把手。

对骨料最大粒径不大于40mm的拌合物，应采用容积为5L的容量筒。其内径与内高均为186±2mm；骨料最大粒径大于40mm时，容量筒的内径与内高均应大于骨料最大粒径的4倍。

2. 台秤：称量为50kg，感量为50g。

3. 振动台：振动频率为50±3Hz，振幅为0.5±0.1mm。

4. 捣棒：直径16mm，长约650mm的钢棒，端部应磨圆。

三、试验步骤

1. 用湿布把容量筒内外擦干净，称出筒的质量，精确至50g。

2. 混凝土的装料及捣实方法，应根据拌合物的稠度而定。坍落度不大于70mm的混凝土，用振动台振实为宜，大于70mm的用捣棒捣实为宜。

采用捣棒捣实时，应根据容量筒的大小确定分层与插捣次数。用5L容量筒时，混凝土拌合物应分两层装入，每层的插捣次数应为25次。用大于5L的容量筒时，每层混凝土的高度不应大于100mm，每层插捣次数应按每10000mm² 截面不小于12次计算。各次插捣应均匀地分布在每层截面上。插捣底层时，捣棒应贯穿整个深度。插捣第二层时，捣棒应插透本层至下一层的表面。每一层捣完后，用橡皮锤轻轻沿容器外壁敲打 5～10 次，进行振实，直至拌合物表面插捣孔消失并不见大气泡为止。

采用振动台振实时，应一次将混凝土拌合物灌到高出容量筒口。装料时，可用捣棒稍加插捣。振动过程中，如混凝土沉落到低于筒口，则应随时添加混凝土，振动直到表面出浆为止。

3. 用刮尺沿筒口将多余的混凝土拌合物刮去，表面如有凹陷应予填平。将容量筒外壁擦净，称出混凝土试样与容量筒的总质量，精确至 50g。

四、试验结果

混凝土拌合物实测表观密度 $\rho_{c,t}$ 按下式计算，精确至 10kg/m^3。

$$\rho_{c,t} = \frac{m_2 - m_1}{V} \times 100\%$$

式中　$\rho_{c,t}$——混凝土拌合物实测表观密度，kg/m^3；

　　　m_1——容量筒质量，kg；

　　　m_2——容量筒及试样总质量，kg；

　　　V——容量筒容积，L。

五、试验报告内容

除前面所列试验记录内容外，还包括以下内容：

1. 容量筒质量和容积。

2. 容量筒和混凝土试样总质量。

3. 混凝土拌合物的表观密度。

试验四　混凝土抗压强度试验

试验 4-1　试件制备及养护

一、试验目的

通过此项试验，提供检验混凝土强度用的试件。

二、仪器设备

1. 试模：由铸铁或钢制成，应具有足够的刚度，并且拆装方便，见图试 4-1。

2. 振动台：振动频率为 $50 \pm 3 \text{Hz}$，空载振幅为 0.5mm。

3. 捣棒：直径 16mm，长约 650mm，端部应磨圆。

三、试件的尺寸与数量

试件的尺寸应根据混凝土骨料的最大粒径，按表试 4-1 选定。

混凝土抗压强度试件，以三个试件为一组。每组试件应同条件制备和养护。

混凝土立方体试件尺寸选用表　　　　表试 4-1

试件尺寸（mm）	骨料最大粒径（mm）
100×100×100	31.5
150×150×150	40
200×200×200	63

四、试件制作的规定

1. 成型前应检查试模尺寸，试模内表面应涂一薄层矿物油或其他不与混凝土发生反应的脱模剂。

2. 在试验室拌制混凝土时，其材料用量应以质量计，称量的精度：水泥、掺合料、水和外加剂为±0.5%；骨料为±1%。

图试 4-1　混凝土试模
(a) 100mm×100mm×100mm；
(b) 150mm×150mm×150mm；
(c) 200mm×200mm×200mm

3. 取样或试验室拌制的混凝土应在拌好之后尽量短的时间内成型，一般不宜超过 15min。

4. 根据混凝土拌合物的稠度确定混凝土成型方法，坍落度不大于 70mm 的混凝土宜用振动台振实；大于 70mm 的宜用捣棒人工捣实。检验现浇混凝土或预制构件的混凝土，试件成型方法宜与实际采用的方法相同。

5. 取样或拌制好的混凝土拌合物，至少用铁锹再来回拌合三次。

6. 按上述规定，选择适宜成型方法成型试件。

五、试件成型方法

1. 振动台振实法

(1) 将混凝土拌合物一次装入试模，装料时应用抹刀沿各试模壁插捣，并使混凝土拌合物高出试模口；

(2) 试模应附着或固定在振动台上，振动时试模不得有任何跳动，振动应持续到表面出浆为止，不得过振。

2. 人工插捣法

(1) 混凝土拌合物应分两层装入模内，每层的装料厚度大致相等。

(2) 插捣应按螺旋方向从边缘向中心均匀进行，在插捣底层混凝土时，捣棒应达到试模底部；插捣上层时，捣棒应贯穿上层后插入下层 20~30mm；插捣时捣棒应保持垂直，不得倾斜。然后用抹刀沿试模内壁插拔数次。

(3) 每层插捣次数在 10000mm² 截面积内不得少于 12 次。

(4) 插捣后应用橡皮锤轻轻敲击试模四周，直至插捣棒留下的空洞消失为止。

3. 插入式振捣棒振实法

(1) 将混凝土拌合物一次装入试模，装料时应用抹刀沿各试模壁插捣，并使混凝土拌合物高出试模口；

(2) 宜用直径为 25mm 的插入式振捣棒，插入试模振捣时，振捣棒距试模底板 10~20mm 且不得触及试模底板，振动应持续到表面出浆为止，且应避免过振，以防止混凝土离析；一般振捣时间为 20s。振捣棒拔出时要缓慢，拔出后不得留有孔洞。

(3) 刮除试模上口多余的混凝土，待混凝土临近初凝时，用抹刀抹平。

六、试件的养护

1. 试件成型后应立即用不透水的薄膜覆盖表面。

2. 采用标准养护的试件，应在温度为 20±5℃的环境中静置一昼夜至二昼夜，然后编号、拆模。拆模后应立即放入温度为 20±2℃，相对湿度为 95%以上的标准养护室中养护，或在温度为 20±2℃的不流动的 Ca(OH)₂ 饱和溶液中养护。标准养护室内的试件应放在支架上，彼此间隔 10～20mm，试件表面应保持潮湿，并不得被水直接冲淋。

3. 同条件养护试件的拆模时间可与实际构件的拆模时间相同，拆模后，试件仍需保持同条件养护。

4. 标准养护龄期为 28d（从加水搅拌开始计时）。

试验 4-2　立方体抗压强度试验

一、试验目的

检验混凝土强度等级，确定、校核配合比，并为检验或控制混凝土施工质量提供依据。

二、仪器设备

1. 压力机或万能试验机

试验机的上下压板应平整并有足够刚度。试验机的精度（示值的相对误差）不超过 ±2%，其量程应能使试件的预期破坏荷载值不小于全量程的 20%，也不大于全量程的 80%。

2. 钢垫板

两承压面均应经过机械加工。

三、试验步骤

试件从养护地点取出后，应尽快进行试验，试验步骤如下：

1. 将试件擦拭干净，测量尺寸，并检查其外观。试件尺寸测量精确至 1mm，并据此计算试件的承压面积。如果实测尺寸与公称尺寸之差不超过 1mm，可按公称尺寸进行计算。要求试件相对两面应平行，表面倾斜偏差不得超过 0.5mm。

2. 将试件安放在实验机的下压板上，试件承压面应与成型时的顶面垂直，试件的中心应与试验机下压板对准。开动试验机，当上下压板与试件接近时，调整球座使其接触均衡。

3. 混凝土试件的试验应连续均匀地加荷，混凝土等级低于 C30 时，其加荷速度为 0.3～0.5MPa/s；混凝土等级高于或等于 C30 时，其加荷速度为 0.5～0.8MPa/s；混凝土等级高于或等于 C60 时，其加荷速度为 0.8～1.0MPa/s。当试件接近破坏而开始迅速变形时，停止调整试验机油门，直至试件破坏。然后记下破坏荷载。

4. 混凝土立方体试件抗压强度按下式计算（精确至 0.1MPa）：

$$f_{cu} = \frac{F}{A}$$

式中　f_{cu}——混凝土立方体试件抗压强度，MPa；

　　　　F——破坏荷载，N；

　　　　A——试件承压面积，mm²。

四、试验结果

1. 以三个试件测值的算术平均值，作为该组试件的抗压强度值。三个测值中的最大值或最小值，如果有一个与中间值的差超过中间值的 15% 时，则把最大值及最小值一并舍去，取中间值作为该组试件的抗压强度值；如果有两个测值与中间值的差均超过中间值的 15%，则该组试件的试验结果无效。

抗压强度试件尺寸换算系数	表试 4-2
试件尺寸（mm）	尺寸换算系数
100×100×100	0.95
150×150×150	1.00
200×200×200	1.05

2. 混凝土强度等级＜C60 时，用非标准试件测其强度值，当混凝土强度等级≥C60 时，宜采用标准试件，测其强度值。取 150mm×150mm×150mm 试件的抗压强度为标准值。用其他试件测得的强度值，均应乘以尺寸效应系数。见表试 4-2。

试验五 烧结普通砖试验

试验 5-1 外观质量检验

一、试验目的

测定烧结普通砖的外观质量：尺寸偏差、缺损、裂纹、弯曲、杂质在砖面上凸出的高度等，为判定砖的质量等级提供依据。

二、取样、试样制备

验收检验所用砖样的抽取应在供方堆场上，由供需双方人员共同进行。尺寸偏差抽取砖样 20 块，外观质量抽取砖样 50 块。抽样砖垛数量见表试 5-1。砖垛中的抽样位置可按随机码数确定，具体方法见《砌墙砖试验方法》GB/T 2542—2012。

三、主要仪器设备

1. 砖用卡尺：分度值为 0.5mm，见图试 5-1。

抽 样 砖 垛 数 量			表试 5-1
抽样数量（块）	可抽样砖垛数（垛）	抽样砖垛数（垛）	垛中抽样数（块）
50	≥250	50	1
	125～250	25	2
	＜125	10	5
20	≥100	20	1
	＜100	10	2
10 或 5	任意	10 或 5	1

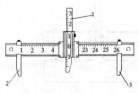

图试 5-1 砖用卡尺
1—垂直尺；2、3—支脚

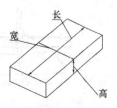

图试 5-2 尺寸量法

2. 钢直尺：分度值 1mm。

四、试验步骤

1. 尺寸量法

长度应在砖的两个大面中间处分别测量两个尺寸；宽度应在砖的两个大面中间处分别测量两个尺寸；高度应在两个条面中间处分别测量两个尺寸，如图试 5-2 所示。当被测处有缺损或凸出时，可在其旁边测量，但应选择不利的一侧，精确至 0.5mm。

2. 外观质量检查

(1) 缺损

1) 缺棱掉角在砖上造成的破损程度，以破损部分对长、宽、高三个棱边的投影尺寸来度量，称为破坏尺寸。见图试 5-3。

2) 缺损造成的破坏面，系指缺损部分对条、顶面（空心砖为条、大面）的投影面积。见图试 5-4。空心砖内壁残缺及肋残缺尺寸，以长度方向的投影尺寸来度量。

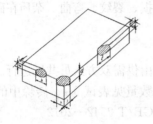

图试 5-3　缺棱掉角破坏
尺寸量法

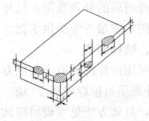

图试 5-4　缺损在条、
顶面上造成破坏面量法

(2) 裂纹

裂纹分为长度方向、宽度方向和水平方向三种，以被测方向的投影长度表示。如果裂纹从一个面延伸至其他面上时，则累计其延伸的投影长度。见图试 5-5。

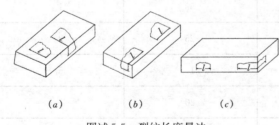

　(a)　　　　(b)　　　　(c)

图试 5-5　裂纹长度量法

(a) 宽度方向裂纹长度量法；(b) 长度方向裂纹长度量法；(c) 水平方向裂纹长度量法

多孔砖的孔洞与裂纹相通时，则将孔洞包括在裂缝内一并测量。

(3) 弯曲

弯曲分别在大面和条面上测量。测量时将卡尺的两支脚沿棱边两端放置，择其弯曲最大处将垂直尺推至砖面，但不应将因杂质或碰伤造成的凹处计算在内，以弯曲中测得的较大者作为测量结果。见图试 5-6。

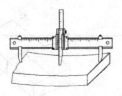

图试 5-6　弯曲量法

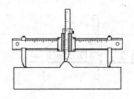

图试 5-7　杂质凸出量法

（4）杂质凸出量法

杂质在砖面上造成的凸出高度，以杂质距砖面的最大距离表示。测量时将砖用卡尺的两支脚置于凸出两边的砖平面上，以垂直尺测量，见图试 5-7。

（5）色差

在外观质量检测的 50 块砖样中，随机抽取砖 20 块，装饰面朝上随机分两排并列，在自然光下距离 2m 处目测。

五、试验结果评定

外观测量以 mm 为单位，不足 1mm 者，按 1mm 计。

1. 尺寸测量

每一方向尺寸以两个测量值的算术平均值表示，精确至 1mm。

2. 外观质量

（1）裂纹：裂纹长度以三个方向上分别测得的最长裂纹，作为测量结果。

（2）弯曲：以弯曲中测得的较大者作为测量结果。

（3）色差：以目测结果评定。

试验 5-2　抗压强度试验

一、试验目的

测定砖的抗压强度，为评定砖的强度等级、判定砖的强度是否合格提供依据。

二、取样、试样制备

1. 取样

验收检验砖样的抽取应在供方堆场上，由供需双方人员会同进行。强度等级试验抽取砖样 10 块。抽样砖垛数量见表试 5-1。砖垛中的抽样位置可按随机码数确定，具体方法见《砌墙砖试验方法》GB/T 2542—2003。

2. 试样制备

（1）将砖样切断或锯成两个半截砖，断开的半截砖长不得小于 100mm，见图试 5-8 所示。如果不足 100mm，应另取备用试样补足。

（2）在试样制备平台上，将已断开的半截砖放入室温的净水中浸 10～20min 后取出，并以断口相反方向叠放，两者中间用厚度不超过 5mm 的砌墙砖抗压强度试验专用净浆材料粘结。上下两面用厚度不超过 3mm 的同种专用净浆抹平。制成的试件上下两面须互相平行，并垂直于侧面，如图试 5-9 所示。

砌墙砖抗压强度试验专用净浆材料是以石膏和细集料为原料，掺入外加剂，再加入适量的水，经砂浆搅拌机搅拌均匀制成；在砌墙砖抗压强度试验中，用于找平受压面的浆体材料。

石膏（加 24％～26％水）2h 抗压强度大于 22.0MPa。砌墙砖抗压强度试验用净浆材料的各项指标应符合表试 5-2 的要求。

物理指标　　　　　　　　　　　　　　　　　　　　　　　　　　　表试 5-2

项　目	指　标
抗压强度（4h）（MPa）	19.0～21.0

项　　目	指标
流动度（提桶法）（mm）	饼径 160～164
初凝时间（min）	15～19
终凝时间（min）	＜30

3. 试件养护

将制成抹面试件，置于不低于 10℃的不通风室内养护 3d，进行抗压试验。

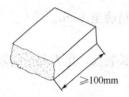

图试 5-8　半截砖尺
寸要求

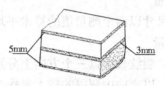

图试 5-9　砖抗压试件示意图

三、主要仪器设备

1. 材料试验机：试验机的示值相对误差不大于±1％，其下加压板应为球铰支座，预期最大破坏荷载应在量程的 20％～80％之间。

2. 抗压试件制备平台：试件制备平台必须平整水平，可用金属或其他材料制作。

3. 水平尺：规格为 250～300mm。

4. 钢直尺：分度值为 1mm。

四、试验步骤

1. 测量每个试件连接面或受压面的长、宽尺寸各两个，分别取其平均值，精确至 1mm。

2. 分别将 10 块试件平放在加压板的中央，垂直于受压面加荷，应均匀平稳，不得发生冲击或振动。加荷速度为 4kN/s 为宜，直至试件破坏为止，分别记录最大破坏荷载 F（单位为 N）。

五、试验结果评定

1. 按照以下公式分别计算 10 块砖的抗压强度值，精确至 0.1MPa。

$$f_{mc} = \frac{F}{L \cdot B}$$

式中　f_{mc}——抗压强度，MPa；

　　　　F——最大破坏荷载，N；

　　　　L——受压面（连接面）的长度，mm；

　　　　B——受压面（连接面）的宽度，mm。

2. 按以下公式计算 10 块砖强度变异系数、抗压强度的平均值和标准值。

$$\delta = \frac{s}{\overline{f}_{mc}}; \quad \overline{f}_{mc} = \sum_{i=1}^{10} f_{mc,i}$$

$$s = \sqrt{\frac{1}{9} \sum_{i=1}^{10} (f_{mc,i} - \overline{f}_{mc})^2}$$

式中 δ——砖强度变异系数，精确至 0.01MPa；

$\overline{f}_{mc}$——10 块砖抗压强度的平均值，精确至 0.1MPa；

s——10 块砖抗压强度的标准差，精确至 0.01MPa；

$f_{mc,i}$——分别为 10 块砖的抗压强度值（$i=1\sim10$），精确至 0.1MPa。

3. 强度等级评定

（1）平均值—标准值方法评定

当变异系数 $\delta \leqslant 0.21$ 时，按实际测定的砖抗压强度平均值和强度标准值，根据标准中强度等级规定的指标（表 6-2），评定砖的强度等级。

样本量 $n=10$ 时的强度标准值按下式计算：

$$f_k = \overline{f}_{mc} - 1.8s$$

式中 f_k——10 块砖抗压强度的标准值，精确至 0.1MPa。

（2）平均值—最小值方法评定

当变异系数 $\delta > 0.21$ 时，按抗压强度平均值、单块最小值评定砖的强度等级（表 6-2）。单块抗压强度最小值精确至 0.1MPa。

试 验 六 建 筑 砂 浆 试 验

1. 取样

建筑砂浆试验用料，应从同一盘砂浆或同一车砂浆中取样。取样量不应少于试验所需量的 4 倍。

当施工过程中进行砂浆试验时，砂浆取样方法应按相应施工验收规范执行，并宜在现场搅拌点或预拌砂浆卸料点的至少 3 个不同部位及时取样。对于现场取得的试样，试验前应人工搅拌均匀。

从取样完毕到开始进行各项性能试验，不宜超过 15min。

2. 试样的制备

在试验室制备砂浆试样时，所用材料应提前 24h 运入室内。拌合时，试验室的温度应保持在 20±5℃。当需要模拟施工条件下所用的砂浆时，所用原材料的温度宜与施工现场保持一致。

试验所用原材料应与现场使用材料一致。砂应通过 4.75mm 的筛。

试验室拌制砂浆时，材料用量应以质量计。水泥、外加剂、掺合料等的称量精度，应为±0.5%，细骨料的称量精度应为±1%。

在试验室搅拌砂浆时，应采用机械搅拌，搅拌的用量宜为搅拌机容量的 30%～70%，搅拌时间不应少于 120s。掺有掺合料和外加剂的砂浆，其搅拌时间不应少于 180s。

试验 6-1 砂浆稠度试验

一、试验目的

用于确定砂浆的配合比或施工过程中控制砂浆稠度。

二、仪器设备

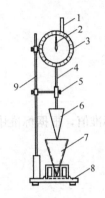

图试 6-1 砂浆
稠度测定仪

1—齿条测杆；2—指针；
3—刻度盘；4—滑杆；
5—制动螺丝；6—试锥；
7—盛浆容器；8—底座；
9—支架

1. 砂浆稠度仪：见图试 6-1，由试锥、容器和支座三部分组成。试锥由钢材或铜材制成，其高度为 145mm，锥底直径为 75mm，试锥连同滑杆的质量为 300±2g；盛浆容器由铜板制成，筒高为 180mm，锥底内径为 150mm；支座包括底座、支架及刻度显示三个部分，是由铸铁、钢或其他金属制成。

2. 钢制捣棒：直径为 10mm，长度为 350mm，端部磨圆。

3. 秒表。

三、试验步骤

1. 用少量润滑油轻擦滑杆，再将滑杆上多余的油用吸油纸擦净，使滑杆能自由滑动。

2. 用湿布擦净盛浆容器和试锥表面，将砂浆拌合物一次装入容器，砂浆表面宜低于容器口 10mm，用捣棒自容器中心向边缘均匀地插捣 25 次，轻轻地将容器摇动或敲击 5~6 下，使砂浆表面平整后，将容器置于稠度测定仪的底座上。

3. 拧开制动螺丝，向下移动滑杆，当试锥尖端与砂浆表面刚接触时，应拧紧制动螺丝，使齿条测杆下端刚接触滑杆上端，并将指针对准零点。

4. 拧开制动螺丝，同时计时间，10s 时立即拧紧螺丝，将齿条侧杆下端接触滑杆上端，从刻度盘上读出下沉深度（精确至 1mm），即为砂浆的稠度值。

5. 盛浆容器内的砂浆，只允许测定一次稠度，重复测定时，应重新取样测定。

四、试验结果

1. 同盘砂浆应取两次试验结果的算术平均值作为测定值，并应精确至 1mm。

2. 当两次试验值之差大于 10mm 时，应重新取样测定。

试验 6-2 砂浆保水性试验

一、试验目的

测定砂浆拌合物各组分的稳定性或保持水分的能力。

二、仪器设备

1. 金属或硬塑料圆环试模：内径为 100mm，内部高度应为 25mm。

2. 可密封的取样容器应清洁、干燥。

3. 2kg 的重物。

4. 金属滤网：网格尺寸 25μm，圆形，直径为 110±1mm。

5. 超白滤纸：应采用符合规定的中速定性滤纸，直径应为 110mm，单位面积质量应为 200g/m²。

6. 两片金属或玻璃的方形或圆形不透水片，边长或直径应大于110mm。

7. 天平：量程为200g，感量为0.1g；量程为2000g，感量为1g。

8. 烘箱。

三、试验步骤

1. 称量底部不透水片与干燥试模质量 m_1 和15片中速定性滤纸质量 m_2。

2. 将砂浆拌合物一次性装入试模，并用抹刀插捣数次，当装入的砂浆略高于试模边缘时，用抹刀以45°角一次性将试模表面多余的砂浆刮去，然后再用抹刀以较平的角度在试模表面反方向将砂浆刮平。

3. 抹掉试模边的砂浆，称量试模、底部不透水片与砂浆总质量 m_3。

4. 用金属滤网覆盖在砂浆表面，再在滤网表面上放上15片滤纸，用上部不透水片盖在滤纸表面，以2kg的重物把上部不透水片压住。

5. 静置2min后移走重物及上部不透水片，取出滤纸（不包括滤网），迅速称量滤纸质量 m_4。

6. 按照砂浆的配比及加水量计算砂浆的含水率，当无法计算时，可按下述方法测定砂浆含水率。

7. 砂浆保水率应按下式计算：

$$W = \left[1 - \frac{m_4 - m_2}{\alpha \times (m_3 - m_1)} \right] \times 100$$

式中　W——砂浆保水率，%；

m_1——底部不透水片与干燥试模质量，单位g；精确至1g；

m_2——15片滤纸吸水前的质量，单位g；精确至1g；

m_3——试模、底部不透水片与砂浆总质量，单位g；精确至1g；

m_4——15片滤纸吸水后的质量，单位g；精确至1g；

α——砂浆含水率，%。

四、试验结果

1. 取两次试验结果的算术平均值作为砂浆的保水率，精确至0.1%，且第二次试验应重新取样测定。

2. 当两个测定值之差超过2%时，此组试验结果无效。

五、测定砂浆含水率

1. 试验步骤

测定砂浆含水率时，应称取100±10g砂浆拌合物试样，置于一干燥并已称重的盘中，在105±5℃的烘箱中烘干至恒量。砂浆含水率应按下式计算：

$$\alpha = \frac{m_6 - m_5}{m_6} \times 100$$

式中　α——砂浆含水率，%；

m_5——烘干后砂浆试样的质量，单位g；精确至1g；

m_6——砂浆试样的总质量，单位g；精确至1g。

2. 试验结果

取两次试验结果的算术平均值作为砂浆的含水率，精确至0.1%，当两个测定值之差超过 2%时，此组试验结果无效。

<h2 align="center">试验 6-3 砂浆分层度试验（标准法）</h2>

一、试验目的

测定砂浆拌合物在停放或运输时的稳定性。用以评定砂浆的和易性。

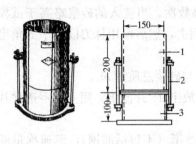

图试 6-2 砂浆分层度筒（mm）

1—无底圆筒；2—连接螺栓；3—有底圆筒

二、仪器设备

1. 砂浆分层度筒：见图试 6-2。内径为 150mm、上节高度为 200mm、下节带底净高为 100mm，用金属板制作。上、下层连接处须加宽到 3～5mm，并设有橡胶垫圈。

2. 水泥胶砂振动台：振幅为 0.5 ± 0.05mm，频率为 50 ± 3Hz。

3. 稠度仪、木锤等。

三、试验步骤

1. 首先将砂浆拌合物，按稠度试验方法测定其稠度 K_1（mm）。

2. 将砂浆拌合物一次装入分层度筒内，待装满后，用木锤在分层度筒周围距离大致相等的四个不同位置，轻轻敲击 1～2 下，如果砂浆沉落到低于筒口，则应随时添加，然后刮去多余的砂浆，并用抹刀抹平。

3. 静置 30min 后，去掉上节 200mm 砂浆，将剩余的 100mm 砂浆倒出，放在拌合锅内搅拌 2min，再按上述稠度测定方法测定其稠度 K_2（mm）。

前后两次测得的稠度值差即为该砂浆的分层度值，即：$\Delta=K_1-K_2$（mm）。

四、试验结果

1. 取两次试验结果的算术平均值，作为该砂浆的分层度值，精确至 1mm。

2. 两次分层度试验值之差如果大于 10mm，应重做试验。

<h2 align="center">试验 6-4 立方体抗压强度试验</h2>

一、试验目的

检验砂浆配合比及强度等级能否满足设计和施工要求。

二、仪器设备

1. 试模：见图试 6-3，为 70.7mm×70.7mm×70.7mm 的带底试模，应具有足够的刚度并拆装方便。试模的内表面应机械加工，其不平度应为每 100mm 不超过 0.05mm，组装后各相邻面不垂直度不应超过±0.5°。

2. 钢制捣棒：直径为 10mm，长度为 350mm，端部磨圆。

3. 压力试验机：精度应为 1%，试件破坏荷载应不小于压力机量程的 20%，且不应大于全量程的 80%。

4. 垫板：试验机上、下压板及试件之间可垫钢垫板，垫板的尺寸应大于试件的承压面，其不平度应为每

图试 6-3 砂浆试模

100mm 不超过 0.02mm。

5. 振动台：空载中台面的垂直振幅应为 0.5±0.05mm，空载频率应为 50±3Hz，空载台面振幅均匀度不应大于 10%，一次试验应至少能固定 3 个试模。

三、试件的制备

1. 采用立方体试件，每组试件 3 个。

2. 采用黄油等密封材料涂抹试模的外接缝，试模内应涂刷薄层机油或隔离剂。将拌制好的砂浆一次性装满砂浆试模。成型方法应根据稠度确定：当稠度大于 50mm 时，宜采用人工插捣成型；当稠度不大于 50mm 时，宜采用振动台振实成型。

（1）人工插捣：应采用捣棒均匀地由边缘向中心按螺旋方式插捣 25 次，插捣过程中当砂浆沉落低于试模口时，应随时添加砂浆，可用油灰刀插捣数次，并用手将试模一边抬高 5～10mm 各振动 5 次，砂浆应高出试模顶面 6～8mm。

（2）机械振动：将砂浆一次装满试模，放置到振动台上，振动时试模不得跳动，振动 5～10s 或持续到表面泛浆为止，不得过振。

3. 待表面水分稍干后，再将高出试模部分的砂浆沿试模顶面刮去并抹平。

四、试件养护

1. 试件制作后应在温度为 20±5℃的环境下静置 24±2h，对试件进行编号、拆模。当气温较低时，或者凝结时间大于 24h 的砂浆，可适当延长时间，但不应超过 2d。试件拆模后应立即放入温度为 20±2℃，相对湿度为 90%以上的标准养护室中养护。养护期间，试件彼此间隔不得小于 10mm，混合砂浆、湿拌砂浆试件上面应覆盖，防止有水滴在试件上。

2. 从搅拌加水开始计时，标准养护龄期应为 28d，也可根据相关标准要求增加 7d 或 14d。

五、立方体试件抗压强度试验

1. 试件从养护地点取出后应及时进行试验。试验前应将试件表面擦拭干净，测量尺寸，检查其外观，并应计算试件的承压面积。当实测尺寸与公称尺寸之差不超过 1mm 时，可按公称尺寸进行计算。

2. 将试件安放在试验机的下压板或下垫板上，试件的承压面应与成型时的顶面垂直，试件中心应与试验机下压板或下垫板中心对准。

3. 开动试验机，当上压板与试件或上垫板接近时，调整球座，使接触面均衡受压。承压试验应连续而均匀地加荷，加荷速度应为 0.25～1.5kN/s；砂浆强度不大于 2.5MPa 时，宜取下限。当试件接近破坏而开始迅速变形时，停止调整试验机油门，直至试件破坏，记录破坏荷载。

砂浆立方体抗压强度应按下式计算：

$$f_{m,cu} = K \frac{F}{A}$$

式中　$f_{m,cu}$ ——砂浆立方体试件抗压强度 MPa，应精确至 0.1MPa；

　　　　F ——试件破坏荷载，N；

　　　　A ——试件承压面积，mm^2；

　　　　K ——换算系数，取 1.35。

六、试验结果

1. 以三个试件测值的算术平均值，作为该组试件的砂浆立方体抗压强度平均值 f_2，精确至 0.1MPa。

2. 当三个测值的最大值或最小值中，有一个与中间值的差值超过中间值的 15% 时，应把最大值及最小值一并舍去，取中间值作为该组试件的抗压强度值。

3. 当两个测值与中间值的差值，均超过中间值的 15% 时，该组试验结果无效。

试验 6-5 拉伸粘结强度试验

一、试验条件

砂浆拉伸粘结强度试验条件，应符合如下规定：

1. 温度为 20±5℃；

2. 相对湿度为 45%～75%。

二、仪器设备

1. 拉力试验机：破坏荷载应在其量程的 20%～80% 范围内，精度应为 1%，最小示值为 1N。

2. 拉伸专用夹具见图试 6-4、图试 6-5。

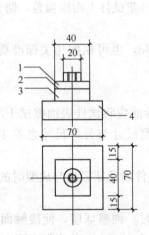

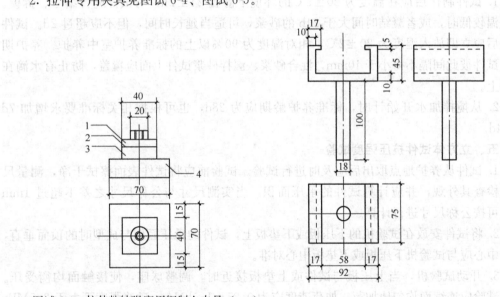

图试 6-4 拉伸粘结强度用钢制上夹具（mm）
1—拉伸用钢制上夹具；2—胶粘剂；
3—检验砂浆；4—水泥砂浆块

图试 6-5 拉伸粘结强度用
钢制下夹具（mm）

3. 成型框：外框尺寸应为 70mm×70mm，内框尺寸应为 40mm×40mm，厚度应为 6mm，材料应为硬聚氯乙烯或金属。

4. 钢制垫板：外框尺寸应为 70mm×70mm，内框尺寸应为 43mm×43mm，厚度为 3mm。

三、基底水泥砂浆块的制备

1. 原材料：水泥应采用现行国家标准《通用硅酸盐水泥》规定的 42.5 级水泥；采用中砂，并应符合普通混凝土用砂、石质量及检验方法标准的有关规定。采用符合现行标准

《混凝土用水标准》规定的用水。

2. 配合比：水泥∶砂∶水＝1∶3∶0.5（质量比）。

3. 成型：将制成的水泥砂浆倒入 70mm×70mm×20mm 的硬质聚氯乙烯或金属的模具中，振动成型或用抹灰刀均匀插捣 15 次，人工振实 5 次，转 90°，再振实 5 次，然后用刮刀以 45°方向抹平砂浆表面；试模内壁事先宜涂刷水性隔离剂，待干备用。

4. 应在成型 24h 后脱模，并放入 20±2℃水中养护 6d，再在试验条件下放置 21d 以上。试验前，应用 200 号砂纸或磨石将水泥砂浆试件的成型面磨平备用。

四、砂浆料浆的制备

1. 干混砂浆料浆的制备

（1）待检样品应在试验条件下，放置 24h 以上。

（2）应称取不少于 10kg 的待检样品，并按产品制造商提供的比例进行水的称量；当产品制造商提供比例是一个值域范围时，应采用平均值。

（3）应先将待检样品放入砂浆搅拌机中，再启动机器，然后徐徐加入规定质量的水，搅拌 3～5min。搅拌好的料应在 2h 内用完。

2. 现拌砂浆料浆的制备

（1）待检样品应在试验条件下，放置 24h 以上。

（2）应按设计要求的配合比进行物料的称量，且干物料总量不得少于 10kg。

（3）应先将称好的物料放入砂浆搅拌机中，再启动机器，然后徐徐加入规定量的水，搅拌 3～5min。搅拌好的料应在 2h 用完。

五、拉伸粘结强度试件的制备

1. 将制备好的基底水泥砂浆块，在水中浸泡 24h，并提前 5～10min 取出，用湿布擦拭其表面。

2. 将成型框放在基底水泥砂浆块的成型面上，再将按上述砂浆料浆的制备规定制备好的砂浆料浆或直接从现场取来的砂浆试样倒入成型框中，用抹灰刀均匀插捣 15 次，人工振实 5 次，转 90°，再振实 5 次，然后用刮刀以 45°方向抹平砂浆表面，24h 内脱模，然后在温度 20±2℃、相对湿度 60％～80％的环境中养护至规定龄期。

3. 每组砂浆试样应制备 10 个试件。

六、拉伸粘结强度试验

1. 先将试件在标准条件下养护 13d，再在试件表面和上夹具表面涂上环氧树脂等高强度胶粘剂，然后将上夹具对正位置放在胶粘剂上，并确保上夹具不歪斜，除去周围溢出的胶粘剂，继续养护 24h。

2. 测定拉伸粘结强度时，应先将钢制垫板套入基底砂浆块上，再将拉伸粘结强度夹具安装到试验机上，然后将试件置于拉伸夹具中，夹具与试验机的连接宜采用球铰活动连接，以 5±1mm/min 速度加荷至试件破坏。

3. 当破坏形式为拉伸夹具与胶粘剂破坏时，试验结果无效。

拉伸粘结强度应按下式计算：

$$f_{at} = \frac{F}{A_z}$$

式中 f_{at}——砂浆拉伸粘结强度，MPa；

F——试件破坏时的荷载，N；

A_z——粘结面积，mm²。

七、拉伸粘结强度试验结果

1. 应以10个试件测值的算术平均值作为拉伸粘结强度的试验结果。

2. 当单个试件的强度值与平均值之差大于20%时，应逐次舍弃偏差最大的试验值，直至各试验值与平均值之差不超过20%。当10个试件中有效数据不少于6个时，取有效数据的平均值为试验结果，结果精确至0.01MPa。

3. 当10个试件中有效数据不足6个时，此组试验结果无效，应重新制备试件进行试验。

4. 对于有特殊条件要求的拉伸粘结强度，应先按照特殊要求处理后，再进行试验。

试验七　钢筋性能试验

一、取样

自每批钢筋中任意抽取两根，在距钢筋端部50cm处，各取一套试件。在每套试件中取一根作拉伸试验，另一根作弯曲试验。

二、试件制备

1. 试件尺寸

拉伸试件：短试件为$5d_0+200$mm；长试件为$10d_0+200$mm。

弯曲试件：$L=0.5\pi(d+d_0)+140$mm。

式中　L——试件长度，mm；

　　　d——弯曲压头或弯心直径，mm；

　　　d_0——弯曲试验时，钢筋直径，mm。

进行拉伸试验和弯曲试验的试件，在工程中一般不经车削加工，称非标准试件。如受到试验机吨位限制时，直径为20～50mm，或大于50mm的钢筋可进行车削加工，制成原始直径（d_0）为20mm（拉伸用）或25mm（弯曲用）的标准试件，进行试验。拉伸用的标准试件见图试7-1。

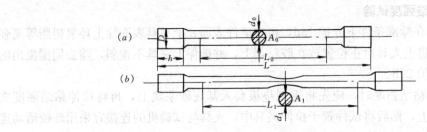

图试7-1　标准试件

(a) 拉伸前；(b) 拉伸后

d_0—原始标距部分直径；L_0—原始标距部分长度；L—原始试件长度；

L_1—拉断后标距部分的长度；h—夹具夹持部分的长度（100mm左右）

2. 试件的原始标距长度

(1) 试件的原始标距长度，是根据钢筋的原始截面积确定的。如钢筋的直径为d_0，长试件的原始标距长度取 $10d_0$，短试件取 $5d_0$。用划线器做出用以标明原始标距长度的两个标记，沿试件的标距长度每隔 5mm 或 10mm 作一系列等距小冲点或细划线，以便拉伸后计算试件的伸长率。

（2）对于脆性试件或小尺寸试件，建议用快干墨水或带色涂料标出原始标距。

3. 试件原始横截面积测定

（1）试件的原始直径确定：每个试件测量不应少于三处，应在标距的两端及中间两个相互垂直的方向上各测一次。测量的精确度为 0.01mm。用测得的六个数值中的最小值作为试件的原始直径。

（2）原始横截面面积的计算：

1）标准试件（经车削加工试件），用游标卡尺按上述方法测量其原始直径后，按下式计算试件原始横截面面积：

$$A = \frac{\pi d_0^2}{4}$$

式中　A——试件原始横截面面积，mm^2；

　　　d_0——试件标距部分原始直径，mm。

2）非标准试件（未经车削加工试件），可采用质量法测定其平均原始横截面面积，按下式计算：

$$A = \frac{m}{\rho L} \times 1000$$

式中　A——钢筋试件的横截面面积，mm^2；

　　　m——钢筋试件的质量，g；

　　　L——钢筋试件的总长度，cm；

　　　ρ——钢筋的密度 $7.85g/cm^3$。

试件质量和试件总长度的测量精确度，均应为 $\pm0.5\%$。

试验 7-1　钢筋拉伸性能试验

一、试验目的

通过试验测得钢筋的屈服点（或屈服强度）、抗拉强度、伸长率三个指标，作为评定钢筋是否合格的主要技术依据。

二、仪器设备

试验机：应备有调速指示装置、记录或显示装置，以满足测定钢筋力学性能的要求。

三、屈服点及屈服强度的测定

1. 具有明显屈服现象的钢筋

对有明显屈服现象的钢筋，应测定其屈服点、上屈服点和下屈服点。其屈服点可借助于试验机测力度盘的指针或拉伸曲线来确定。

（1）指针法

1）调整试验机测力度盘的指针对准零点。

2）将试件固定在试验机夹头内，开动试验机进行拉伸。拉伸速度为：屈服前，应力增加速度为 10MPa/s；屈服后，试验机夹头在荷载作用下的移动速度应不大于 $0.5L/min$

（注：对于不经车削试件 $L=L_0+2h_1$）。

3）当测力度盘的指针首次停止转动的恒定力（F_s），或指针首次回转前的最大力（F_{su}），或不计初始瞬时效应时的最小力（F_{sl}），分别对应的应力即为屈服点（σ_s）、上屈服点（σ_{su}）和下屈服点（σ_{sl}）。计算公式如下：

$$\sigma_s = F_s/A;\quad \sigma_{su} = F_{su}/A;\quad \sigma_{sl} = F_{sl}/A$$

（2）图示法

屈服点也可以从试验机自动记录装置纪录的力-伸长曲线或力-夹头位移曲线图上确定。力轴每毫米所代表的应力一般不大于 $10\text{N}/\text{mm}^2$，伸长（夹头位移）的放大倍数应根据材质适当选择。曲线应至少绘制到屈服阶段结束点。在曲线上确定屈服平台（是指力不变而试件继续伸长时之平台）。恒定的力（F_s），或屈服阶段中力首次下降前的最大力（F_{su}），或不计初始瞬时效应时的最小力（F_{sl}），见图试 7-2。它们分别对应的应力为屈服点、上屈服点和下屈服点。

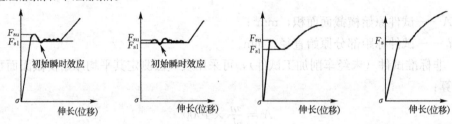

图试 7-2　屈服点、上屈服点、下屈服点

对于有明显屈服现象的钢筋，但标准或协议中无特殊规定时，一般只测定屈服点（σ_s）或下屈服点（σ_{sl}）。

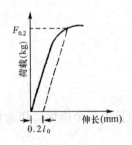

图试 7-3　利用力-伸
长曲线测定 $\sigma_{r0.2}$
示意图

2. 无明显屈服现象的钢筋

应测定其残余伸长应力 $\sigma_{r0.2}$，即屈服强度（是指试样在拉伸过程中标距部分残余伸长达到原标距的 0.2% 时的强度）。

屈服强度 $\sigma_{r0.2}$ 可用引伸计进行测定，也允许用试验机自动记录装置绘制力-伸长曲线方法求得。用自动记录力-伸长曲线测定屈服强度 $\sigma_{r0.2}$ 时，其变形放大率应不低于 50：1，而纵坐标每毫米长度所代表的应力不得大于 $10\text{N}/\text{mm}^2$，见图试 7-3。

屈服强度按下式计算：

$$\sigma_{r0.2} = \frac{F_{r0.2}}{A}$$

式中　$\sigma_{r0.2}$——无明显屈服现象钢筋的屈服强度，MPa；

　　　$F_{r0.2}$——残余变形率为 0.2% 时的荷载，N；

　　　A——钢筋试件的横截面面积，mm^2。

四、抗拉强度的测定

试样拉至断裂，从拉伸曲线图上确定试验过程中的最大力（图试 7-4），或从测力度盘上读出最大力。抗拉强度按下式计算：

$$\sigma_b = \frac{F_b}{A}$$

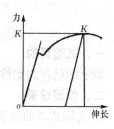

图试 7-4　拉伸曲线

式中　σ_b——钢筋的抗拉强度，MPa；

F_b——试件拉断时的最大荷载，N；

A——钢筋试件的原始横截面面积，mm^2。

五、伸长率测定

试件拉断后，将其断裂部分紧密对接在一起，并尽量使其位于一条轴线上。如果断裂处形成缝隙，则此缝隙应计入该试样拉断后的标距内。

1. 断后标距 L_1 的测量

（1）直测法：如果拉断处到最临近标距端点的距离大于 $L_0/3$ 时，直接测量标距两点间的距离。

（2）移位法：如果拉断处到最近标距端点的距离小于或等于 $L_0/3$ 时，则按下列方法测定 L_1：

在长段上从拉断处 O 取基本等于短段格数，得 B。然后取等于长段所余格数（偶数，图试 7-5a）的一半，得 C 点；或者取所余格数（奇数，图试 7-5b）分别减 1 与加 1 的一半，得 C 点和 C_1 点。

移位后的 L_1 分别为：$AB+2BC$ 和 $AB+BC+BC_1$。

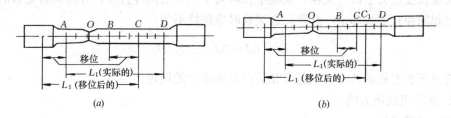

图试 7-5　钢材拉伸试件拉断后示意图

2. 断后伸长率按下式计算，精确至 0.5%

$$\delta = \frac{L_1 - L_0}{L_0} \times 100\%$$

式中　δ——试件的伸长率，%；

L_1——试件断裂后标距部分的长度，mm；

L_0——试件原始标距长度，mm。

注：短试件和长试件的伸长率，分别用符号 δ_5 和 δ_{10} 表示。

六、试验结果

钢筋在拉伸试验的两根试件中，如其中一根试样的屈服点、抗拉强度、伸长率三个指标中，有一个指标不符合规定数值时，即为拉伸试验不合格。应再取双倍数量的试件，重新测定三个指标。

在第二次拉伸试验中，如仍有一个指标不符合规定，不论这个指标在第一次试验中是否合格，拉伸试验项目也视为不合格，该钢筋为不合格品。

试验 7-2　钢筋弯曲试验

一、试验目的

测定钢筋弯曲塑性变形的能力。

二、仪器设备

1. 支辊式弯曲装置（图试 7-6）

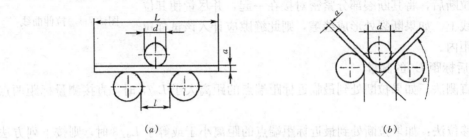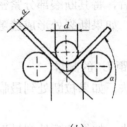

(a)　　　　　　　　　　　　　　　(b)

图试 7-6　支辊式弯曲装置

(a) 弯曲前示意图；(b) 弯曲后示意图

L—试样的长度；l—翻板间距离；a—钢筋试件直径；

d—弯曲压头或弯心直径；α—试件弯曲角度

支辊长度应大于试件直径，支辊半径应为 1～10 倍试件直径，并应具有足够的硬度。支辊间距按下式确定，此距离在试验时应保持不变。

$$L = (d + 3d_0) \pm 0.5d_0$$

弯曲压头直径的选择，应符合相关产品标准中的规定。

2. 试验机或压力机

三、试验步骤

1. 按规定弯曲角度的试验步骤

将试件放在两支辊上（图试 7-6a），试件轴线应与弯曲压头轴线垂直，弯曲压头在两支座之间的中点处，对试样连续加力使之弯曲，直至达到规定的角度。

如不能直接达到规定的弯曲角度，应将试件置于两平行压板之间（图试 7-7），连续加力，压其两端使进一步弯曲，直至达到规定的弯曲角度。

2. 弯曲至 180°角度的弯曲试验步骤

首先对试样进行初步弯曲，（弯曲角度应尽可能大），然后将试件置于两平行压板之间（图试 7-7），连续加力，直至两臂平行（图试 7-8）。

图试 7-7　试件置于两平行压板之间　　　　图试 7-8　试件弯曲至两臂平行

3. 弯曲至两臂接触的弯曲试验步骤

首先对试样进行初步弯曲（弯曲角度应尽可能大），然后将其置于两压板之间（图试 7-7）。连续加力，压其两端使其进一步弯曲，直至两臂直接接触（图试 7-9）。

四、试验结果

应按照相关产品标准的要求评定弯曲试验结果。如未规定具体要求，弯曲试验后试件弯曲外表面无肉眼可见的裂纹时，即评定为合格。

图试 7-9　试件弯曲至两臂直接接触

试验八　高分子防水材料（均质片、复合片）试验

一、试样制备

将规格尺寸检验合格的卷材展平后，在标准状态下静置 24h，裁取试验所需的足够长度。均质片试样按表试 8-1、图试 8-1 裁取试样；复合片试样按表试 8-2、图试 8-2 裁取所需试样。试样距卷材边缘不得小于 100mm。裁切复合片时，应顺着织物的纹路，尽量不破坏纤维并使工作部分保证最大的纤维根数。

1. 均质片试样的形状、尺寸与数量（表试 8-1）

均质片试样的形状、尺寸与数量　　　　　　　　　　　　表试 8-1

项　　目		试样代号	试样形状及尺寸		试样数量	
					纵向	横向
不透水性		A	140mm×14mm		3	
拉伸性能	常温（23℃）	B, B'	GB/T 528 中 Ⅰ型哑铃片	FS2 类片材	200mm×25mm	5	5
	高温（60℃）	D, D'			5	5
	低温（-20℃）	E, E'		100mm×25mm	5	5
撕裂强度		C, C'	GB/T 529 中直角形试片		5	5
低温弯折		S, S'	120mm×50mm		2	2
加热伸缩量		F, F'	300mm×30mm		3	3
热空气老化		G, G'	GB/T 528 中 Ⅰ型哑铃片	—	3	3
耐碱性		I, I'		FS2 类片材，200mm×25mm	3	3
臭氧老化		L, L'	GB/T 528 中 Ⅰ型哑铃片	FS2 类片材，200mm×25mm	3	3
人工气候老化		H, H'			3	3
粘结剥离强度	标准试验条件	M	200mm×150mm		2	—
	浸水 168h	N			2	—
复合强度		K	FS2 类片材，50mm×50mm		5	—

注：试样代号中，字母上方有"'"者应横向取样。

图试 8-1 均质片试样裁样示意图（mm）

2. 复合片试样的形状、尺寸与数量（表试 8-2）

复合片试样的形状、尺寸与数量   表试 8-2

项　目		试样代号	试样形状及尺寸	试样数量	
				纵向	横向
不透水性		A	140mm×140mm	3	
拉伸性能	常温	B, B′	200mm×25mm	5	5
	高温	H, H′	100mm×25mm	5	5
	低温	E, E′	100mm×25mm	5	5
撕裂强度		C, C′	GB/T 529 中直角形试片	5	5
低温弯折		D, D′	120mm×50mm	2	2
加热伸缩量		F, F′	300mm×30mm	3	3

项 目	试样代号	试样形状及尺寸	试样数量	
			纵向	横向
热空气老化	G，G′	200mm×25mm	3	3
耐碱性	I，I′	200mm×25mm	3	3
复合强度	J	50mm×50mm	5	

注：试样代号中，字母上方有"′"者应横向取样。

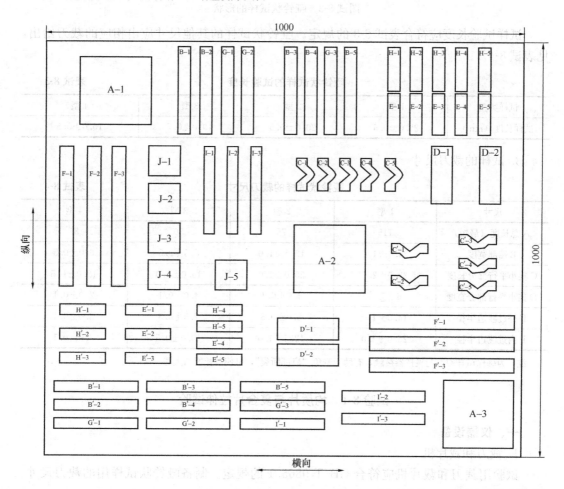

图试 8-2　复合片试样裁样示意图（mm）

二、哑铃状试样

1. 试样形状

哑铃状试样的形状见图试 8-3。哑铃状试样规定有：1 型、2 型、3 型和 4 型四种类型。仅当在制备大试样材料不够时，才使用 3 型和 4 型哑铃状试样。这些试样特别适用于产品试验及用于某些产品标准的试验。

2. 试样局部尺寸的规定

试样狭窄部分的标准厚度，1 型、2 型、3 型为 2.0±0.2mm，4 型为 1.0±0.1mm。

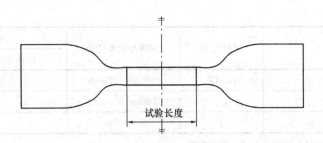

试验长度

图试 8-3　哑铃状试样的形状

试样试验长度应符合表试 8-3 的规定。哑铃状试样的其他尺寸应由相应的裁刀给出，见表试 8-4。

哑铃状试样的试验长度　　　　　　　　　　　　表试 8-3

试样类型	1 型	2 型	3 型	4 型
试样长度（mm）	25.0±0.5	20.0±0.5	10.0±0.5	10.0±0.5

3. 试样的裁刀尺寸

哑铃状试样的裁刀尺寸　　　　　　　　　　　　表试 8-4

尺寸	1 型	2 型	3 型	4 型
A 总长度（最短）	115	75	50	35
B 端部宽度	25.0±1.0	12.5±1.0	8.5±0.5	6.0±0.5
C 狭小平行部分长度	33.0±2.0	25.0±1.0	16.0±1.0	12.0±0.5
D 狭小平行部分宽度	$6.0^{+0.4}_{0.0}$	4.0±0.1	4.0±0.1	2.0±0.1
E 外过渡边半径	14.0±1.0	8.0±0.5	7.5±0.5	3.0±0.1
F 内过渡边半径	25.0±2.0	12.5±1.0	10.0±0.5	3.0±0.1

注：为确保试样端部与夹持器接触，有助于避免"肩部断裂"，可使总长度稍大些。

试验 8-1　均质片与复合片拉伸试验

一、仪器设备

1. 裁刀和裁片机

试验用裁刀和裁片机应符合 GB/T 9865.1 的规定。制备哑铃状试样用的裁刀尺寸、规格应符合表试 8-4 和图试 8-4 的要求。

2. 测厚计

测厚计：分度为 1/100mm，压力为 22±5kPa，测足直径为 6mm。

3. 变形测定装置

4. 拉力试验机

拉力试验机应符合 HG2369 的规定，其测力精度应为 B 级。

二、试验条件

1. 试验室温度：23±2℃。

2. 试样在试验室温度条件下存放时间不少于 24h。

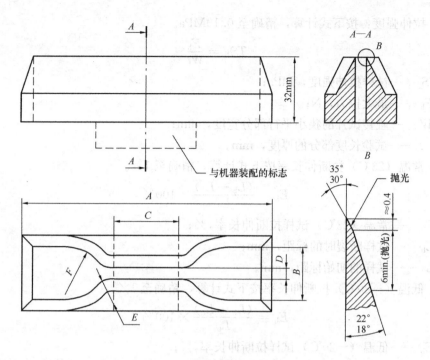

图试 8-4　哑铃状试样的裁刀尺寸

三、试样制备

1. 均质片：拉伸试验需采用 1 型哑铃状试样。其试样制备可按表试 8-1、图试 8-1 及按表试 8-3、表试 8-4 选用相应的哑铃状试样裁刀尺寸，来裁切规定的试样。

2. FS2 型复合片试样按表试 8-2、图试 8-2 的规定采取相应的矩形试样。

四、试样的标记

如果使用无接触变形测量装置，则应用适当的打标器，按表试 8-3 的要求，在试样的狭小平行部分，打上两条平行的标线。每条标线（图试 8-3）应与试样中心等距且与试样长轴方向垂直。试样在进行标记时，不应发生变形。

五、试样的测量

用测厚计在试样的中部和试样长度的两端测量其厚度。取三个测量值的中位数，计算横截面的面积。在任何一个哑铃状试样中，狭小平行部分的三个厚度值均不应超过中位数的 2%。若两组试样进行对比，每组厚度中位数不应超出两组的厚度中位数的 7.5%。取裁刀狭小平行部分刀刃间距离作为试样的宽度，精确至 0.05mm。

六、试验步骤

1. 将试样匀称地置于上、下夹持器上，使拉力均匀分布到横截面上。根据试验要求，可安装一个变形测定装置，开动试验机，在整个试验过程中，连续监测试样长度和力的变化，按试验项目的要求进行记录和计算，精确至 ±2%。

2. 试样夹持器的移动速度：橡胶类为 500±50mm/min；树脂类为 250±50mm/min，其中 FS2 型复合片材为 100±10mm/min。

七、试验结果

1. 均质片（哑铃状试样）

（1）拉伸强度：按下式计算，精确至 0.10MPa。

$$TS_b = \frac{F_b}{Wt}$$

式中　TS_b——试样拉伸强度，MPa；

　　　F_b——最大拉力，N；

　　　W——哑铃试片的狭小平行部分宽度，mm；

　　　t——试验长度部分的厚度，mm。

（2）常温（23℃）拉断伸长率按下式计算，精确至 1%。

$$E_b = \frac{(L_b - L_0)}{L_0} \times 100\%$$

式中　E_b——常温（23℃）试样拉断伸长率，%；

　　　L_b——试样断裂时的标距，mm；

　　　L_0——试样的初始标距，mm。

（3）低温（−20℃）拉断伸长率按下式计算，精确至 1%。

$$E_b = \frac{(L_b - L_0)}{L_0} \times 100\%$$

式中　E_b——低温（−20℃）试样拉断伸长率，%；

　　　L_b——试样完全断裂时夹持器间的距离，mm；

　　　L_0——试样的初始夹持器间距离（Ⅰ型试样 50mm，Ⅱ型试样 30mm）。

　　注：① 拉伸试验用Ⅰ型试样，高温（60℃）和低温（−20℃）试验时，如Ⅰ型试样不适用，可用Ⅱ型试样，将试样在规定温度下预热或冷却 1h；② 仲裁检验试样的形状为哑铃Ⅱ型。

　　2. FS2 型复合片（矩形试样）

　　（1）拉伸强度：按下式计算，精确至 0.1N/cm。

$$TS_b = \frac{F_b}{W}$$

式中　TS_b——断裂试样拉伸强度，N/cm；

　　　F_b——布断开始记录的力，N；

　　　W——矩形试片宽度，cm。

　　（2）拉断伸长率，按下式计算，精确至 1%。

$$E_b = \frac{(L_b - L_0)}{L_0} \times 100\%$$

式中　E_b——试样拉断伸长率，%；

　　　L_b——试样完全断裂时夹持器间的距离，mm；

　　　L_0——试样的初始夹持器间距离，mm。

　　矩形试样尺寸为 200mm×25mm，夹持距离为 120mm，试样夹持器移动速度为 100±10mm/min，若试样拉伸至设备极限（如大于 600%）而不能断裂时，可采用 50mm 夹持距离重新试验。高温（60℃）和低温（−20℃）试验时，将试样在规定的温度下，预热或预冷 1h，然后在该温度下直接进行拉伸试验。试样尺寸为 100mm×25mm，夹持距离为50mm。试样夹持器移动速度同上。

　　3. 均质片、复合片的拉伸强度、拉断伸长率，均测试（纵横）五个试样，取中值为试验结果的判定值。

试验 8-2　无割口直角形试样撕裂强度试验

无割口直角撕裂强度，是指用与试样长度方向一致的外力作用于规定的直角试样，将试样撕断所需的最大力除以试样的厚度。

一、仪器设备

1. 裁刀

直角型试样所用裁刀的尺寸见图试 8-5。

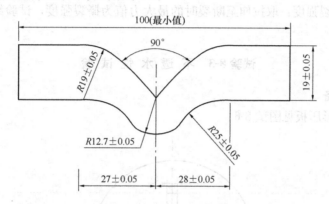

图试 8-5　直角型试样裁刀（mm）

2. 拉力试验机

拉力试验机应符合 GB 2369 的规定，其测力精度应不低于 B 级。作用力误差控制在 2% 之内，试验过程中要保持匀速。

3. 夹持器

夹持器是具有随张力的增加而自动夹紧试样并对其施加均匀压力的装置。

二、试验条件

试验应在 23±2℃ 或 27±2℃ 标准温度条件下进行。

三、试样制备

均质片、复合片按表试 8-1、表试 8-2 的规定，用直角试样裁刀裁切试样。每组试样的数量，纵、横方向均不应少于 5 个。

四、试样测量

均质片按规定测量试样撕裂区域的厚度，不得少于 3 点，取中位数。厚度值不得偏离所取中位数的 2%。如果多组试样进行比较，则每组试样厚度的中位数，必须在各组试样厚度中位数的 7.5% 范围内。

五、试验步骤

将试样置于试验机的夹持器上，试样应沿轴向对准拉伸方向分别夹入上下夹持器上，并应夹持一定深度，以保证在平行的位置上充分均匀地夹紧。夹持器的移动速度：橡胶类为 500±50mm/min；树脂类为 250±60mm/min；其中 FS2 型复合片材为以 （100±10）mm/min 的速度对试样进行拉伸；对无割口直角形复合试片的撕裂强度试验，为以 250±50mm/min 的速度对试样进行拉伸，直至试样撕断，记录撕裂所需的力。

六、试验结果

1. 均质片撕裂强度按下式计算：

$$T_s = \frac{F}{d}$$

式中　T_s——撕裂（纵、横向）强度，kN/m；

　　　F——试样撕裂时所需的力，N；

　　　d——试样厚度中位数，mm。

取五个试样的中位数，作为试验结果的判定值。

2. 复合片撕裂强度：取拉伸至断裂时的最大力值为撕裂强度，试验结果取 5 个试样的中位数。

试验 8-3　不 透 水 性 试 验

一、仪器设备

透水仪十字形压板见图试 8-6。

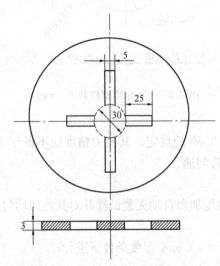

图试 8-6　透水仪压板示意图（mm）

二、试样制备

均质片、复合片，按表试 8-1、图试 8-1，表试 8-2、图试 8-2 的规定裁取试样。

三、试验步骤

片材的不透水性试验采用图试 8-6 所示的十字形压板。试验时按透水仪的操作规程，将试样装好，并一次性升压至规定压力，保持 30min 后，观察试样有无渗漏。

四、试验结果

以三个试样均无渗漏为合格。

试验 8-4　低 温 弯 折 试 验

一、仪器设备

低温弯折仪由低温箱和弯折板两部分组成。

1. **低温箱**：应能在 0～－40℃ 之间自动调节，误差为 ±2℃，且能使试样在被操作过程中保持恒定温度。

2. 弯折板：由金属平板、转轴和调距螺丝组成，平板间距可任意调节，见图试 8-7。

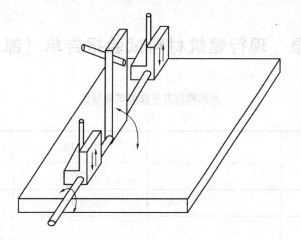

图试 8-7　弯折板示意图

二、试验条件

1. 试验室温度：23±2℃。

2. 试样在试验室温度下存放时间不少于 24h。

三、试样制备

均质片、复合片，按表试 8-1、图试 8-1，表试 8-2、图试 8-2 规定制备试样。

四、试验步骤

1. 将按规定制备的试样弯曲 180°，使 50mm 宽的试样边缘重合、齐平，并用定位夹或 10mm 宽的胶布将边缘固定，以保证在试验中不发生错位，并将弯折仪的两平板间距调到片材厚度的 3 倍。

2. 将弯折仪上平板打开，将厚度相同的两块试样平放在底板上，重合的一边朝向转轴，且距转轴 20mm；在规定温度下保持 1h 之后，迅速压下上平板，达到所调间距位置，保持 1s 后将试样取出，观察试样弯折处是否断裂，并用放大镜观察试样弯折处受力面有无裂纹。

五、试验结果判定

用 8 倍放大镜观察试样表面，以纵横向试样均无裂纹为合格。

附录　现行建筑材料试验报告单（部分）

来样编号：

水泥物理力学性能试验报告

年　月　日

试验编号：

委托单位		委托日期	年 月 日
工程名称		出厂日期	年 月 日
使用部位		成型日期	年 月 日
生产厂家		强度试验日期	d	年 月 日
品种、强度等级			
代表批量	t		d	年 月 日

试 验 项 目			标准规定	试验结果
强　度（MPa）	d	抗　折		
		抗　压		
	d	抗　折		
		抗　压		
凝结时间		初　凝	≥ min	h min
		终　凝	≤ h min	h min
安定性		雷式法、试饼法	必须合格	
细　度		干筛、水筛、负压筛	≤ · %	%
		透气法（勃氏法）	>　m²/kg	m²/kg
执行标准				
评　语				

试验　　审核　　技术负责人　　试验单位

技术负责人：　　　　　　监理工程师：

××市建筑工程质量监督站监制

砂 试 验 报 告

年　月　日

委托单位				委托日期			年 月 日	
工程名称				试验日期			年 月 日	
产　地				代表批量				
试验项目	标准规定		试验结果	试验项目	标准规定			试验结果
表观密度，kg/m³				有机物含量	浅于标准色			
堆积密度，kg/m³				云母含量（%）	Ⅰ	Ⅱ	Ⅲ	
吸水率，%				＜	1.0	2.0	2.0	
含泥量，%＜	Ⅰ	Ⅱ	Ⅲ	氧化物	0.01	0.02	0.06	
	1.0	3.0	5.0	坚固性				
泥块含量，%＜	0	1.0	2.0	碱活性				
人工砂石粉含量（%）＜	MB值＜1.4或合格	3.0	5.0	7.0	轻物质含量，%	≤1.0		
	MB值≥1.4或不合格	0	1.0	2.0				
硫化物及硫酸盐含量（%）≤			0.5	含水率				

颗　粒　级　配

筛孔尺寸，mm		9.50	4.75	2.36	1.18	600μm	300μm	150μm
Ⅰ区	累计筛余,%	0	10～0	35～5	65～35	85～71	95～80	100～90
Ⅱ区		0	10～0	25～5	50～10	70～41	92～70	100～90
Ⅲ区		0	10～0	15～5	25～0	40～16	85～55	100～90

试验结果	累计筛余,%	
	细度模数	
	级配区	
执行标准		
评　语		

试验　　审核　　技术负责　　试验单位
技术负责人：　　　　　监理工程师：

来样编号

试验编号

碎、卵石试验报告

年　月　日

委托单位			委托日期		年月日			
工程名称			试验日期		年月日			
产　地			代表批量					
试验项目	标准规定	试验结果	试验项目	标准规定			试验结果	
表观密度，kg/m³			有机物含量					
堆积密度，kg/m³			坚固性 <	Ⅰ	Ⅱ	Ⅲ		
吸水率，%				5	8	12		
含泥量，%≤	Ⅰ Ⅱ Ⅲ		压碎指标 <	碎石	10 20 30			
	0.5 1.0 1.5			卵石	12 16 16			
泥块含量，%≤	0 0.5 0.7		岩石强度，MPa					
针片状颗粒含量，%≤			SO₃含量，%					
	5 15 25		碱骨料反应					
含水率，%			硫化物及硫酸盐	0.5 1.0 1.0				

颗　粒　级　配

筛孔尺寸，mm	90.0	75.0	63.0	53.0	37.5	31.5	26.5	19.0	16.0	9.5	4.75	2.36
标准颗粒级配范围累计筛余，%												
实际累计筛余，%												

结　果	
执行标准	
评　语	

试验　　审核　　技术负责　　试验单位

混凝土砂浆配合比报告

来样编号：

试验编号：　　　　　　　　　　　年　月　日

委托单位		工程量	
设计强度		工作度	
水泥用量		工程名称	
施工部位		委托日期	

配合比	试配强度	配合比（质量比）	每立方米混凝土（砂浆）用料量（kg）					
			水泥	砂子	石子	水	掺合料	外加剂

试件强度	龄期	试件尺寸	实测	折算	养护条件
		长×宽×高（mm³）	MPa	MPa	

附注

试验：　　　审核：　　　技术负责：　　　试验单位：

混凝土抗压强度试验报告

来样编号：

试验编号： 　　　　　　　　　　　年　月　日

委托单位		委托日期	年　月　日
工程名称		成型日期	年　月　日
使用部位		试验日期	年　月　日
设计强度等级		水泥品种、龄期	d
配合比（质量比）		强度等级	
水灰比		砂子种类、规格	
水泥用量	（kg/m³）	石子种类、规格	
稠度（坍落度或坍落扩展度、维勃稠度或增实因数值）		外加剂品种、掺量	
养护条件		试件边长	

<table>
<tr><td colspan="6" align="center">试　验　结　果</td></tr>
<tr><td>试件编号</td><td>抗压强度
（MPa）</td><td>强度代表值
（MPa）</td><td>尺寸折算
系数</td><td>标准试件
抗压强度
（MPa）</td><td>备　注</td></tr>
<tr><td>1</td><td></td><td rowspan="3"></td><td rowspan="3"></td><td rowspan="3"></td><td rowspan="3"></td></tr>
<tr><td>2</td><td></td></tr>
<tr><td>3</td><td></td></tr>
<tr><td>执行标准</td><td colspan="5"></td></tr>
<tr><td>评　语</td><td colspan="5" align="right">达到设计强度等级　　　％</td></tr>
</table>

试验：　　　审核：　　　技术负责人：　　　试验单位：

××市建筑工程质量监督站监制

来样编号：

试验编号：

砂浆抗压强度试验报告

年 月 日

委托单位		委托日期	年 月 日
工程名称		成型日期	年 月 日
使用部位		试验日期	年 月 日
品种、强度等级		水泥品种、龄期	d
配合比（质量比）		强度等级	
水泥用量	kg/m³	砂品种规格	
稠　度	mm	掺合物	
养护条件		外加剂品种、掺量	
试件尺寸			
试　验　结　果			
试件编号	单块抗压强度（MPa）	标准取值（MPa）	备　注
1			
2			
3			
执行标准			
评　语		达到设计强度等级　　%	

试验：　　审核：　　技术负责人：　　试验单位：

烧结普通砖试验报告

　　　　　　　　　　年　月　日

委托单位		委托日期	年 月 日
工程名称		试验日期	年 月 日
使用部位		品种规格	
产地厂家		进场数量	（千块）

试 验 结 果

项　　目		标准规定		试验结果			单项评定
		平均值（$\bar{f}$）	标准值（f_k）	平均值（$\bar{f}$）	变异系数（δ）	标准值（f_k）	
强度等级	抗压强度（MPa）						
外观检查							
泛　霜							
石灰爆裂							
吸水率（％）							
冻　融		冻融循环　　　　　　次 质量损失　　　　　　％ 强度　　　　　　MPa		冻融循环　　　　　　次 质量损失　　　　　　％ 强度　　　　　　MPa			
执行标准							
评　语							

试验：　　　　审核：　　　技术负责：　　　试验单位：

××市建筑工程质量监督站监制

来样编号：

试验编号：　　　　　　　　　　　　　　　　年　月　日

委托单位					委托日期	年　月　日
工程名称					试验日期	年　月　日
使用部位					生产厂家	
公称直径	mm				实测尺寸	mm
代表批量						

项目标准规定　品种规格	屈服点或屈服强度（MPa）≥（　）	抗拉强度（MPa）≥（　）	伸长率（％）≥（　）	弯　曲 弯心直径 d 弯曲角度（°）	反复弯曲 弯曲半径 mm 次数不小于 次	冲击韧性	硬度（　）

执行标准			
评　语		备　注	

试验：　　　　审核：　　　　技术负责：　　　　试验单位：

参 考 文 献

[1]　李业兰主编. 建筑材料（第二版）. 北京：中国建筑工业出版社，2009.

[2]　李业兰主编. 工程材料. 北京：中国建筑工业出版社，1998.

[3]　中国建筑防水材料工业协会编. 建筑防水手册. 北京：中国建筑工业出版社，2001.

[4]　吕平等编著. 新型装饰工程材料. 上海：同济大学出版社，1999.

[5]　建筑业 10 项新技术应用指南. 北京：中国建筑工业出版社，2011.

[6]　现行有关建筑材料的国家和行业标准、规范、规程及试验方法.